SOFTWARE ARCHITECTURE
WITH PYTHON

软件架构

Python语言实现

[印度] 阿南德 · 巴拉钱德拉 · 皮莱 (Anand Balachandran Pillai) 著

李必信 廖力 王璐璐 周颖 等译

图书在版编目（CIP）数据

软件架构：Python 语言实现 /（印）阿南德·巴拉钱德拉·皮莱著；李必信等译．—北京：机械工业出版社，2018.2

（架构师书库）

书名原文：Software Architecture with Python

ISBN 978-7-111-59094-1

I. 软…　II. ① 阿…　② 李…　III. 软件工具 - 程序设计　IV. TP311.561

中国版本图书馆 CIP 数据核字（2018）第 025273 号

本书版权登记号：图字　01-2017-7518

软件架构：Python 语言实现

出版发行：机械工业出版社（北京市西城区百万庄大街 22 号　邮政编码：100037）

责任编辑：张梦玲　　责任校对：李秋荣

印　　刷：北京市荣盛彩色印刷有限公司　　版　　次：2018 年 3 月第 1 版第 1 次印刷

开　　本：186mm × 240mm　1/16　　印　　张：25

书　　号：ISBN 978-7-111-59094-1　　定　　价：79.00 元

凡购本书，如有缺页、倒页、脱页，由本社发行部调换

客服热线：（010）88379426　88361066　　投稿热线：（010）88379604

购书热线：（010）68326294　88379649　68995259　　读者信箱：hzit@hzbook.com

译 者 序

近年来，人们对软件架构的关注度和重视程度越来越高了，具体表现在：一方面，几乎所有高等院校的计算机学院、软件学院，甚至物联网学院、网络安全学院等都在开设软件架构相关课程，而且很多高校和研究院所投入大量的人力从事软件架构的研究和开发；另一方面，大型软件企业、互联网企业和电商企业也开始非常重视软件架构的设计、实现和演化，很多著名的企业（例如，华为、腾讯、阿里巴巴、微软、IBM、谷歌等）都成立了专门的软件架构部门，甚至成立了研究院。每年的世界架构师大会、各种类型的软件架构研讨会、工作会议等，把全世界从事软件架构相关工作的人聚集在一起，为软件架构的知识体系添砖加瓦，为软件架构的未来发展出谋划策。

遗憾的是，现有的很多软件架构书籍要么只注重理论阐述、内容太过抽象，缺少软件架构实践内容；要么融合了很多与软件架构核心内容不太相关的其他知识点，使得大家在学习时无法掌握重点，甚至是无法正确地理解软件架构。由此带来的后续问题是，学生虽然学习了软件架构课程，但对软件架构的认识仍然不够深入，仍然缺乏软件架构的实践经验，走入社会后也很难承担软件架构方面的工作。

作为一本软件架构方面的书，本书的定位准确，且全面、系统地介绍了软件架构的核心内容。本书共10章，在阐述软件架构各个层面的知识点的同时，又重点突出了软件架构的特点和重要性，如何设计好的软件架构，软件架构对系统性能、可靠性和安全性的影响，以及软件架构与其他各种软件质量属性（例如，可测试性、可维护性等）的关系等。另外，本书的一个主要特色是，结合Python语言阐述了设计和实现良好软件架构的过程，是一本难得的既有软件架构的理论阐述，又有软件架构的实践案例的好书。

本书的用途和读者对象如下：①作为高等院校的教科书，面向高年级本科生和研究生；②作为软件架构研究人员的参考书，本书打穿了软件架构从设计到实现再到演化的各个环节，为实验和仿真研究提供了很好的基础；③作为软件架构师及其他工程技术人员的工具书，本书中的软件架构设计和实现案例为解决实践中遇到的架构问题具有很好的借鉴作用。

参加本书翻译工作的人员主要是来自东南大学软件工程研究所、东南大学计算机科学与工程学院的教师和部分高年级研究生，包括廖力、王璐璐、周颖、宋启威、韩伟娜、李慧丹、谢仁松、杨安奇、杜鹏程、尹强、宋震天、葛丹薇、孔祥龙、王桐、刘辉辉、熊壬浩、邱建鹏、汪小飞、苏晓威、段鹏飞、王家慧、汤立辉等。在翻译过程中，还得到了倪巍伟、周晓宇、戚晓芳、汪鹏、张祥等老师的帮助。在此，对他们的辛勤劳动表示衷心的感谢，也特别感谢机械工业出版社张梦玲编辑的无私帮助。

限于水平，对内容的理解和中文语言表达难免存在不当之处，在此敬请读者批评指正。但无论怎样，本书是一本非常优秀的软件架构读物，本人也十分荣幸能够向读者推荐，认真地阅读本书一定使你受益匪浅。

李必信
2017 年于南京九龙湖

关于作者

Anand Balachandran Pillai是一名工程技术专家，在软件企业有18年以上的工作经历，在产品工程、软件设计、架构设计和相关研究方面具有非常丰富的经验。

他曾获得印度理工学院机械工程专业的学士学位。曾在Yahoo!、McAfee和Infosys等公司任职，担任产品开发团队的首席工程师。

他的主要兴趣在于软件性能工程、高可扩展性架构、安全和开源社区等方面。他也经常在Startups工作，担任首席技术专家或顾问。

他还是班加罗尔Python用户联盟的奠基人和Python软件协会（PSF）的会士。Anand现在是Yegii公司的首席架构师。

关于评审人

Mike Driscoll 从 2006 年开始使用 Python。他喜欢写一些关于 Python 的博客，见 http://www.blog.pythonlibrary.org/。他曾合著了《the Core Python refcard for DZone》一书，并参与了《Python 3 Object Oriented Programming》《Python 2.6 Graphics Cookbook》《Tkinter GUI Application Development Hotshot》的评审工作和其他几本书的撰写工作。他最近刚完成《Python 101》的编写，目前正在写作他的下一本书。

感谢我的妻子 Evangeline 一如既往的支持，感谢我的朋友和家人对我的无私帮助。

前　言

软件架构，可以说是为特定的应用软件创建一个蓝图设计。软件架构中存在两大挑战：首先，软件架构与需求必须保持一致，对尚未发现的需求或者发生演化的需求都是如此；其次，尽管常常发生架构实现的变更，但软件架构与其对应的架构实现必须保持一致。

本书包含很多示例和用例，通过这种直观的方法来帮助你获取成为一名成功的软件架构师所需的一切。本书将帮助你了解 Python 的来龙去脉，以便可以用 Python 来构建和设计高度可扩展的、健壮的、简洁的、性能强大的应用程序。

主要内容

第 1 章介绍了软件架构的核心思想，简要介绍了架构质量属性和一些隐含的原理。这将使你能够在软件架构原理和基本属性方面拥有良好的知识基础。

第 2 章包括开发中软件架构的可修改性和可读性。它将帮助你深入理解架构的可维护性等质量属性，并获得用 Python 编写代码来测试应用程序的各种技巧和策略。

第 3 章帮助你理解软件架构的可测试性，以及如何为 Python 应用程序构建架构以满足可测试性。你还将了解可测试性和软件测试的各个方面，以及 Python 中可用的各种库和模块，以便编写各种可测试的应用程序。

第 4 章讨论了在编写 Python 代码过程中关于性能的方方面面。你不仅可以学习架构性能的基本知识，还可以掌握在何时何地需要进行性能优化。例如，你会学习到何时进行 SDLC 的性能优化。

第 5 章不仅阐述了编写可扩展应用程序的重要性，还讨论了实现应用程序可扩展性的各种不同方法，并论述了如何利用 Python 来实现各种可扩展性技术。你不仅能学到可扩展性的理论方面的知识，还能学到业界的最佳实践。

第 6 章讨论了架构安全性的方方面面，并使你掌握一些最佳实践和技巧来编写安全性高的应用程序。你会了解在 Python 架构应用程序中可能出现的各种不同的安全问题，以及 Python 是如何从头开始保障安全性的。

第 7 章从程序员实用性的角度，简要论述了 Python 中出现的各种设计模式以及每个模式的理论背景。这些设计模式对程序员来说是非常实用的。

第 8 章从较高抽象层次角度介绍 Python 中现有的架构模式，同时给出了几个示例，用来说明如何利用 Python 库和框架来实现基于这些模式的高层次架构问题的解决方法。

第 9 章讨论如何正确地在远程环境中或云上使用 Python 轻松部署代码的方方面面。

第 10 章讨论了一些 Python 代码调试技术，包括最简单实用的打印语句、日志记录和系统调用跟踪机制等，这些对程序员来说都是非常容易获得的，也有助于系统架构师指导他的团队。

阅读本书需要准备什么

为运行本书中展示的大部分代码示例，需要在系统中安装 Python 3。其他的预备知识会在相应的实例中提到。

本书的读者对象

本书适用于有经验的 Python 开发人员，他们渴望成为企业级应用程序的架构师；本书也适用于软件架构师，他们希望利用 Python 的特长来创建更有效的应用程序蓝图。

约定

书中的代码块设置如下：

```
class PrototypeFactory(Borg):
    """ A Prototype factory/registry class """

    def __init__(self):
        """ Initializer """

        self._registry = {}

    def register(self, instance):
        """ Register a given instance """

        self._registry[instance.__class__] = instance

    def clone(self, klass):
        """ Return clone given class """

        instance = self._registry.get(klass)
        if instance == None:
            print('Error:',klass,'not registered')
        else:
            return instance.clone()
```

当希望重点关注代码块的某个特定部分时，会将相关的行（line）或项（item）设置成粗体：

```
[default]
exten => s,1,Dial(Zap/1|30)
exten => s,2,Voicemail(u100)
exten => s,102,Voicemail(b100)
exten => i,1,Voicemail(s0)
```

任何命令行输入或输出写成如下形式：

```
>>> import hash_stream
>>> hash_stream.hash_stream(open('hash_stream.py'))
'30fbc7890bc950a0be4eaa60e1fee9a1'
```

新术语和重要词汇以粗体形式表示。

示例代码下载

可以从 http://www.packtpub.com 下载本书的示例代码文件（需要 Packt 账户）。也可以访问 http://www.packtpub.com/support 并注册账户，Packt 将通过 email 把文件直接发送给你。

可以按照以下步骤下载代码文件：

（1）使用你的电子邮件地址和密码注册或登录到我们的网站。

（2）将鼠标指针悬停在顶部的 SUPPORT 选项卡上。

（3）单击 Code Downloads & Errata 选项。

（4）在 Search 框中输入图书的名称。

（5）选择要下载代码文件的书。

（6）从下拉菜单中选择本书的购买渠道。

（7）单击 Code Download 下载。

你还可以单击 Packt Publishing 网站中图书页面上的 Code Files 按钮下载代码文件，也可以通过在 Search 框中输入图书的名称来访问此页面。请注意，你需要首先登录 Packt 账户。

下载文件后，请确保使用这些最新版软件来解压缩文件或文件夹：

- WinRAR / 7-Zip for Windows
- Zipeg / iZip / UnRarX for Mac
- 7-Zip / PeaZip for Linux

该书的代码包也由 GitHub 托管在 https://github.com/PacktPublishing/Software-Architecture-with-Python。你还可从 Packt 提供的图书和视频目录中获取其他代码包，网址为 https://github.com/PacktPublishing/。

目 录

第1章 软件架构原理

这是一本关于 Python 的书，同时也是一本关注软件开发全生命周期中软件架构及其各种属性的书。

为了便于读者理解这两个方面，并使之有机结合（这是从本书中受益的关键），需要掌握如下三个方面内容：软件架构的基础知识，与之相关的主题和概念，以及软件架构的各种质量属性。

实际软件开发工作中，许多在其团队中担任重要角色的软件工程师往往对软件设计、架构的定义，以及他们在构建可测试、可维护、可扩展、安全和功能性软件中的角色有不同的解释。

尽管有大量的讨论软件架构的文献，包括传统的纸书和互联网上的电子资料，但很多时候，仍然有很多实践者难以掌握某些非常重要的概念。这通常是因为他们迫切要**学习的是架构技术**，而忽视了在构建系统过程中所需的基本设计和架构原理的学习。在软件开发组织中这是一种常见的现象或做法，因为对他们来说交付运行代码的压力往往超过其他一切。

本书力图超越中间路径，在软件开发中，将架构质量属性相关的深奥理论与使用编程语言、库和框架构建软件的平凡细节相结合——希望在这种情况下，使用 Python 及其开发者生态系统。

本章尽量用非常简单明了的术语向读者解释一些基本概念，目的是为读者理解本书其余部分奠定基础。希望读到本书的结尾，读者会发现这些概念和实践细节表达了一个连贯的知识体系。

接下来进入正题，本章大致将分为以下部分：

- 软件架构定义
  - 软件架构与设计
  - 软件架构相关的几个方面
- 软件架构的特征
- 软件架构的重要性
- 系统架构与企业架构
- 架构的质量属性
  - 可修改性
  - 可测试性

- 可扩展性 / 性能
- 安全性
- 可部署性

1.1 软件架构定义

相关文献中有各种对软件架构的定义，其中一个简单的定义如下：

软件架构是对软件系统的子系统或组件以及它们之间关系的描述。

下面是《Recommended Practice for Architectural Description of Software-Intensive Systems (IEEE) technology》给出的一个更为正式的定义：

"架构是一个系统的基本组织结构，涵盖所包含的组件、组件之间的关系、组件与环境的关系，以及指导架构设计和演进的原则等内容。"

如果在网上搜索，会得到大量的关于软件架构的定义。这些定义可能看起来有所不同，但是所有的定义都指向软件架构背后的一些核心的或基本的方面。

1.1.1 软件架构与设计

根据作者的经验，针对软件架构和软件设计这两个概念的讨论，似乎在线上论坛和线下论坛中经常出现。因此，先花点时间来讨论如何理解这方面的问题。

虽然这两个术语有时可互换使用，但是系统架构与系统设计还是存在着区别，可以粗略概括如下：

- ❑ 架构关注如何对系统中的结构和交互进行较高级别的描述，它关注的是那些与系统骨架相关的决策问题，例如，功能、组织、技术、业务和质量属性等。
- ❑ 设计关注构成系统的部件或组件，以及子系统是如何组织的，这里关注的问题通常更接近所讨论的代码或模块自身，例如：
  - 将代码分成哪些模块？如何组织？
  - 给不同的功能分配哪些类（或模块）？
  - 对于类"C"应该使用哪种设计模式？
  - 在运行时对象之间是如何交互的？传递什么消息？如何实施交互？

软件架构关注整个系统的设计，而软件设计更多地是关注设计细节，通常是指组成这些子系统的各种更低层次子系统和组件的实现级的细节问题。

换句话说，在软件架构和软件设计中有"**设计**"的意思，但与后者相比，前者具有更高的抽象性和更广的范围。

软件架构和软件设计都有丰富的知识体系可用，分别是**架构模式和设计模式**。本书将在后面的章节中详细讨论这两个主题。

1.1.2 软件架构相关的几个方面

无论是在 IEEE 给出的正式定义中，还是前面提到的相对来说非正式的定义中，都会发现一些共同的、重复的词汇，为了进一步讨论软件架构，对它们的准确理解是非常重要的：

- **系统**：系统是以特定方式组织的组件集合，以实现特定的功能。软件系统是其软件组件的集合。一个系统通常可以划分成若干个子系统。
- **结构**：结构是根据某个指导规则或原则来组合或组织在一起的一组元素的集合。元素可以是软件或硬件系统。软件架构可以根据观察者的上下文展示各个层次的结构。
- **环境**：软件系统所在的上下文或环境对其软件架构有直接的影响。这样的上下文因素可以是技术、商业、专业、操作等。
- **利益相关者**：任何对某个系统及其成功与否感兴趣或关心的个体或团体，都是利益相关者。例如，架构师、开发团队、客户、项目经理和营销团队等。

既然已经了解软件架构的一些核心方面，现在简要地列出软件架构的一些特征。

1.2 软件架构的特征

所有软件架构都具有一组共同的特征，来看看其中一些最重要的架构特征。

1.2.1 用架构来定义一种结构

某个系统的架构是该系统结构细节的最好表示方式。为了表示子系统之间的关系，工程师通常将系统架构绘制为结构化的组件图或类图。

例如，以下架构图描述了一个应用程序的后端，它从使用 ETL 进程加载的分层数据库系统中读取数据。

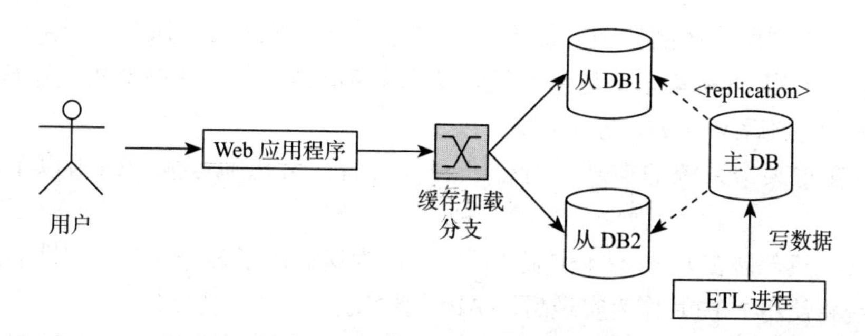

结构（structure）提供了一种深入理解架构的视角，也提供一种独特的视角来分析架构及其质量属性。

一些结构示例如下：

- ❑ 运行时结构。在运行时创建的对象及其之间的交互方式经常决定部署架构（deployment architecture）。部署架构与可扩展性、性能、安全性和互操作性等质量属性密切相关。
- ❑ 模块结构，为了分解任务，如何拆分代码并把代码组织到模块和包中，这与系统的可维护性和可修改性（可扩展性）密切相关。因为：
  - 在代码组织过程中考虑到可扩展性的话，通常会将父类放在单独定义好的具有恰当文档和配置的包中，这样就可以轻易地通过增加外部模块进行扩展，而不需要处理太多的依赖关系。
  - 对于那些依赖于外部或第三方开发者（库、框架等）的代码，通常会根据提供的安装或部署步骤，从外部源手动或自动地获取并补全各种依赖。此类代码还提供多种文档（例如 README、INSTALL 等），它们清楚地记录了这些步骤。

1.2.2 由架构来挑选一组核心元素

一个定义良好的架构只会捕获那些构建系统核心功能所需的核心结构元素，这些核心结构元素一般会对系统有持久的影响，绝不是像流水账似地记录系统每个组件的所有细节。

例如，某个架构师正在描述用户与 Web 服务器交互以浏览 Web 页面的架构——这是一个典型的 C/S(客户端 - 服务器）架构——将主要关注两个组件：用户的浏览器（客户端）和远程 Web 服务器（服务器）。它们构成了系统的核心元素。

系统可能有其他组件，例如在从服务器到客户端的路径中用到的多个缓存代理，或者服务器上的远程缓存，它们是用来加快 Web 页面的传送速度。但是，这些都不是架构描述的关注点。

1.2.3 由架构来捕获早期的设计决策

这是基于前文所描述的架构特征得到的推论。能够帮助架构师专注于系统的一些核心元素（及其交互）的决策一定是系统早期设计决策的结果。这些决策从一开始就占有重要分量，在系统的后续开发中充当重要角色。

例如，在对某个系统的需求进行仔细分析之后，架构师可能会做出以下早期设计决策：

- ❑ 系统将只部署在 Linux 64 位服务器上，因为这满足了客户端需求和性能约束。
- ❑ 系统将使用 HTTP 作为实现后端 API 的协议。
- ❑ 该系统将尝试对 API 使用 HTTPS，将敏感数据从后端传递到前端时，要使用 2048 位或更高的加密证书。
- ❑ 系统后端的编程语言将是 Python，前端编程语言是 Python 或 Ruby。

注意：第一个决策在很大程度上将系统的部署选择固定在特定的操作系统和系统架构上。接下来的两个决策对如何实现后端 API 有约束。最后一个决策确定了系统的编程语言选择。

早期的设计决策需要在仔细分析需求之后才能做出，同时满足一些约束和限制条件。这些约束和限制条件包括组织的、技术的、人员的和时间的，等等。

1.2.4　由架构来管理利益相关者的需求

一个系统的设计和构建终究是在其利益相关者的需求下进行的。然而，这些需求有时相互矛盾，因此每个利益相关者的需求无法全部满足。例如：

- 营销团队关注的是有一个功能齐全的应用软件，而开发团队在添加特征（feature）时关注的是**特征演化**和性能问题。
- 系统架构师关心的是如何使用最新技术将部署扩展到云上，而项目经理则担心如果以这类新技术来部署会对预算产生多大影响。终端用户关心的是功能的正确性、性能、安全性、可用性和可靠性等问题，而开发组织（架构师、开发团队和管理人员）关心的是在交付所有特性的同时项目的进度和预算不受影响。
- 好的架构会通过折中尽力平衡这些需求，并交付具有良好质量属性的系统，同时兼顾人员和资源成本的限制。
- 架构提供了利益相关者之间的一种通用的语言，使利益相关者能够通过这种约束性的表达来进行有效的沟通，并帮助架构师实现可最有效捕获这些需求和平衡点的架构。

1.2.5　架构影响着组织结构

架构描述的系统结构通常可以直接映射到系统构建团队的结构。

例如，架构可以具有数据访问层，用以描述一组读取和写入大量数据的服务——很自然地会想到把这样的系统按功能分配给已具备相关技能的数据库团队。

由于系统的架构最好以自顶向下的结构描述，它也经常作为任务分解结构的基础。因此，软件架构往往直接影响着构建它的组织结构：Web 搜索应用程序的系统架构如下图所示。

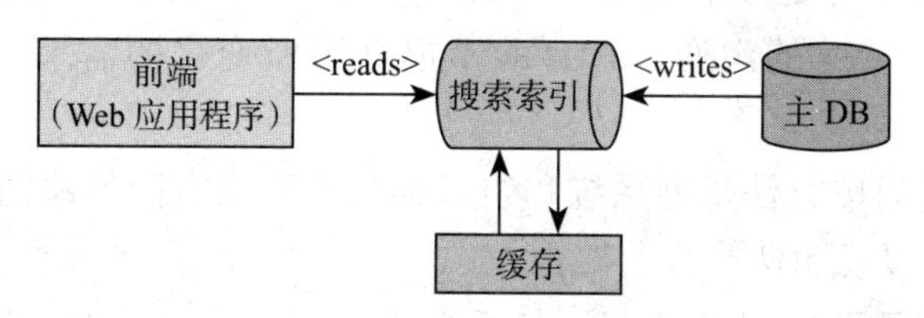

下图显示了从架构到构建此应用程序的团队结构的映射。

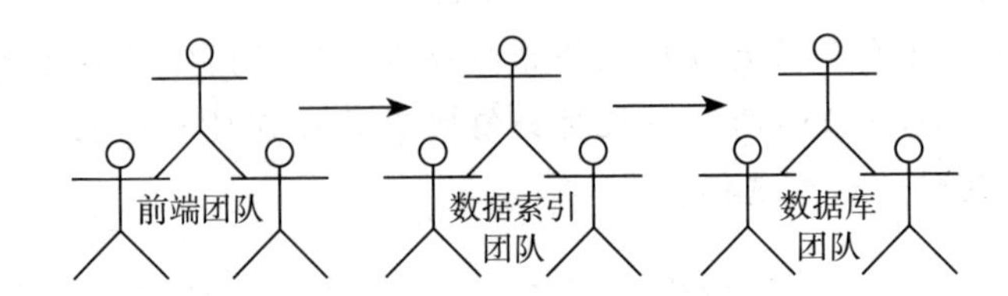

1.2.6 架构受到环境的影响

环境（environment）会对架构施加外部约束或限制，架构必须在这样的环境中发挥作用。在文献 [Bass，Kazman] 中，环境通常被称为上下文架构（architecture in context）。例如：

- **质量属性需求**：当今的 Web 应用普遍将应用的可扩展性和可用性需求作为早期的技术约束，并在架构中体现出来。这是一个典型的从业务角度受技术环境影响的例子。
- **标准遵从性**：通常在一些有大量软件管理标准的组织中，特别是在银行、保险和卫生保健等领域，这些标准会被添加到架构的早期约束中。这是一个典型的受外部技术环境影响的例子。
- **组织约束**：通常对于一些组织，它们对某类架构的使用很有经验，或者具有一组在特定编程环境下操作这种架构的团队（J2EE 是一个很好的例子），考虑在这类架构上的投资和要掌握的相关技能，它们倾向于为未来的项目采取相似的架构，从而降低成本，保证生产效率。这是一个典型的内部业务环境的例子。
- **专业背景**：除了这些外部环境之外，架构师对系统架构的选择，主要是由他的独特经验所决定的。对于一个架构师来说，往往会继续在新项目中使用过去最成功的一组架构。

架构的选择还受个人的教育和职业培训，以及专业同行的影响。

1.2.7 架构是对系统的文档化

每个系统都有一个架构，无论它是否被正式地文档化。但是，合理的架构文档可以有效地刻画系统。由于架构捕获了系统的初始要求、约束条件和利益相关者的权衡，所以用文档来正确记录架构是一个很好的做法，该文档可以作为后续培训的基础。它还有助于利益相关者之间持续的沟通，并有助于根据不断变化的需求对架构进行后续迭代更新。

架构文档化的最简单方法是为系统和组织架构的不同方面创建图表，包括组件架构、部署架构、通信架构以及团队或企业架构。

其他一些数据也需要在早期捕获，包括系统需求、约束条件、早期设计决策以及这些决策的依据等。

1.2.8　架构通常会遵循某个模式

大多数架构都遵循一定的风格，这些风格在实践中取得了很大的成功，它们被称为架构模式。例如，这类架构模式有客户机 - 服务器模式、管道和过滤器模式、基于数据的架构模式和其他模式。当架构师选择了一个现有的架构模式时，他将参考甚至重用许多与此模式相关的现有用例和实例。当前可见的架构中，架构师的工作是同时使用多个模式和匹配现成可用的模式集来解决手边问题。

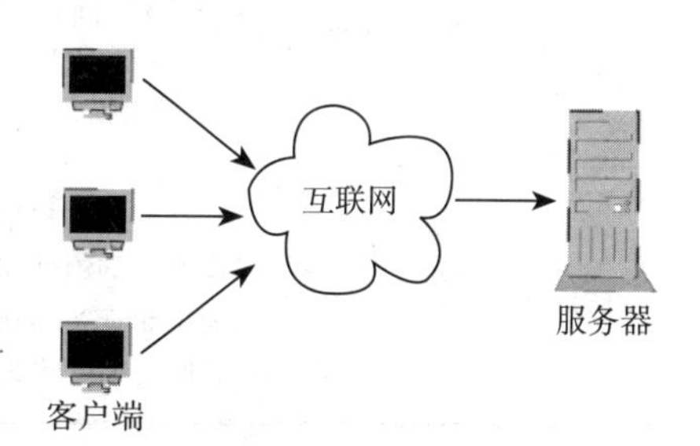

例如，右图是一个客户端 - 服务器架构的示例。

下图描述了另一种常见的架构模式，即用于处理数据流的管道和过滤器架构。

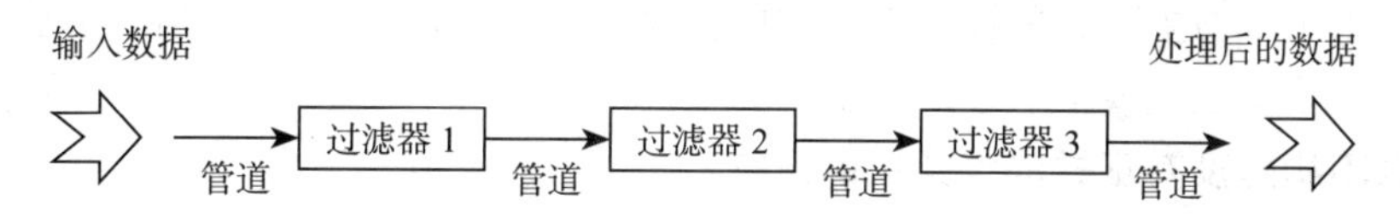

我们将在本书的后面看到更多的架构模式的例子。

1.3　软件架构的重要性

到目前为止，我们已经讨论了软件架构的基本原理，并看到了它的一些特征。显然，这些部分认为软件架构很重要，而且是软件开发过程的关键一步。

现在是唱反调的时候了，回顾一下软件架构，并提出一些存在的问题：

- ❑ 为什么要用软件架构？
- ❑ 为什么软件架构很重要？
- ❑ 为什么不构建没有正式软件架构的系统？

大家要熟悉软件架构提供的一些关键洞察，否则在一个非正式的软件开发过程中很容易忽视它们。在下表中，我们重点关注与系统相关的技术或开发方面的内容。

方面	见解 / 影响	例子
根据架构来选择能对系统进行优化的质量属性	系统的可扩展性、可用性、可修改性、安全性等方面取决于在选择架构时的早期决策和权衡。经常会牺牲一个属性来提升另一个属性	必须使用分散式架构来开发针对可扩展性进行优化的系统，其中元素不紧密耦合。例如，微服务、代理
架构促进早期原型设计	定义架构以允许开发组织尝试构建早期的原型，这为系统的行为提供了宝贵的洞察视角，而无需构建完整的系统	许多组织会构建服务的快速原型——通常只构建这些服务的外部 API，而忽视其余的行为。这使得早期集成测试可以执行，也能更早发现架构中的交互问题

（续）

方面	见解 / 影响	例子
架构允许系统以组件化方式构建	具有明确定义的架构允许重用和组合现有的易于使用的组件来实现功能，而无需从头开始实现所有内容	为服务提供可立即使用的构建块的库或框架技术。 例如：像 Django/RoR 这样的 Web 应用程序框架，以及像 Celery 这样的任务分发框架
架构有助于管理系统变更	架构师会根据架构分离出在修改中受影响的组件和不受影响的组件。这有助于在实施新功能、性能修复等操作时将系统的变更保持在最低限度	如果正确地实现了架构，对于系统数据库读取的性能修改，只需要对数据库和数据访问层（Data Access Layer，DAL）进行修改则可，根本不需要触及应用程序的代码。这就是大多数现代 Web 框架的构建方式

还有一些与系统的业务环境相关的其他方面，对这些方面架构也都能提供宝贵的指导。然而，由于本书主要是关注软件架构的技术，所以只讨论上表中列出的几个方面。

现在，让我们来谈谈下一个问题：

为什么不构建没有正式软件架构的系统？

如果你已经完全理解了上述洞察，就会不难找到这个问题的答案，它可以总结为以下几句话：

- 每个系统都有一个架构，不管它是否有文档记录。
- 用正式的文档描述架构，使得它在利益相关者之间共享成为可能，也使得修改管理和迭代开发成为可能。
- 当你有了正式的架构定义和文档描述时，就可以利用软件架构的所有其他好处和特征。
- 你可能仍然能够在没有正式架构的情况下工作和构建功能系统，但这不会产生可扩展性和可修改性好的系统，并且很有可能使系统的一系列质量属性远远达不到原始要求。

1.4 系统架构与企业架构

你可能听说过**架构师**这个称呼只在很少的实际环境中使用。在软件企业或行业中，以下这些工作中的**角色**或**称号**往往代表架构师：

- 技术架构师
- 安全架构师
- 信息架构师
- 基础架构师

你也可能听说过**系统架构师**，或许是**企业架构师**，更或许是**解决方案架构师**。有趣的问题是：**这些人做什么？**

现试着找出这个问题的答案。

企业架构师考虑一个组织或机构的整体业务和组织策略，并应用架构原理和实践来指导该组织或机构通过业务、信息、流程和技术变更需求执行策略。企业架构师通常具有较高的策略关注度和较低的技术关注度。其他架构师角色负责自己的子系统和进程。例如：

- **技术架构师**：技术架构师关注一个组织或机构使用的核心技术（硬件、软件、网络）。安全架构师创建或调整应用程序使用的安全策略，以适应团队的信息安全目标。信息架构师提出了架构解决方案，以使输入应用程序的信息或者从应用程序中获得的信息可用，从而促进团队的业务目标得以实现。

这些具体的架构角色都关心自己的系统和子系统。因此，这些角色都是系统架构师角色。

这些架构师帮助企业架构师了解他们所负责的每个业务领域的小区域，这有助于企业架构师获得信息来制定业务和组织策略。

- **系统架构师**：系统架构师通常具有较高的技术关注度和较低的策略关注度。在一些面向服务的软件组织中，一个实际的做法是：有一个解决方案架构师，他将通过集成不同的系统为某个特定的客户端创建一个解决方案。在这种情况下，不同的架构师角色通常被组合成一个，具体取决于组织的规模，以及项目的具体时间和成本要求。
- **解决方案架构师**：解决方案架构师通常跨越策略与技术关注点、组织与项目范围，处在中间位置。

下图描绘了一个组织或机构中的不同层级——**技术**、**应用程序**、**数据**、**人员**、**流程**和**业务**，并非常清晰地展示了不同架构师角色各自的关注领域：

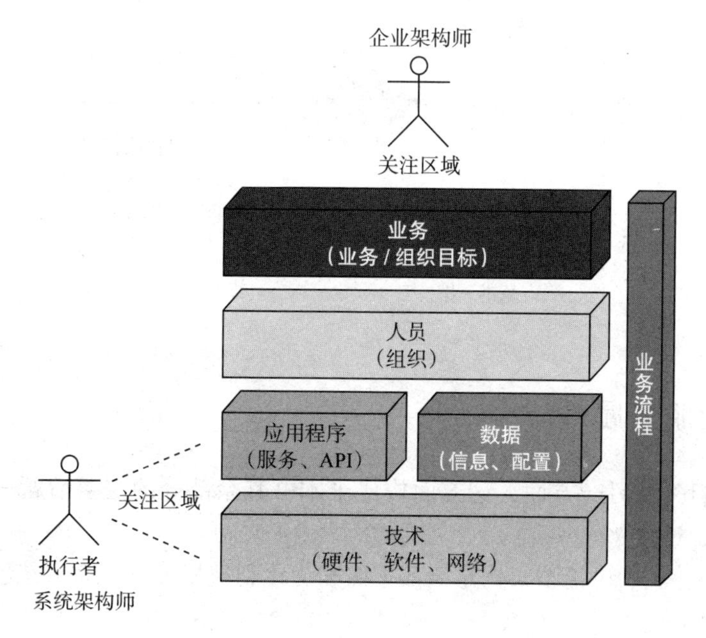

系统架构师展示在图的左下方，他们查看企业的系统组件。他的重点是企业的应用程序和数据，以及为应用程序提供支持的软硬件堆栈。

另一方面，企业架构师在顶层，由自顶向下的视角来看企业，包括业务目标是什么和都有哪些人员，而不仅仅是为组织或机构提供一个基础系统。业务流程的垂直栈将组织或机构的核心技术组件与它的人员、业务组件连接起来。这些过程由企业架构师与其他利益相关者商议后决定。

现在你已经理解了企业架构和系统架构背后的联系，那么来看一些正式的定义：

“企业架构是一个定义企业结构和行为的概念蓝图。它确定了企业结构、流程、人员和信息流动如何与其核心目标相一致，以便有效地实现当前和未来的目标。”

“系统架构是系统的基本组织形式，由其结构和行为视图表示。该结构由两部分确定：构成系统的组件和组件的行为。组件的行为是指组件之间的交互，以及组件与外部系统之间的交互。”

企业架构师关注一个组织或机构中的不同元素及其相互作用将如何以有效的方式实现组织或机构的目标。在这项工作中，他不仅需要组织或机构中技术架构师的支持，还需要管理人员的支持，例如项目经理和人力资源等专业人员的支持。

另一方面，系统架构师操心的是核心系统架构如何映射到软件和硬件架构上，以及人员和系统组件之间进行交互的各种细节。他的关注点从来没有超出系统及其各种交互所定义的范围。

下图描述了迄今为止讨论过的各种不同架构师角色的关注点和关注范围：

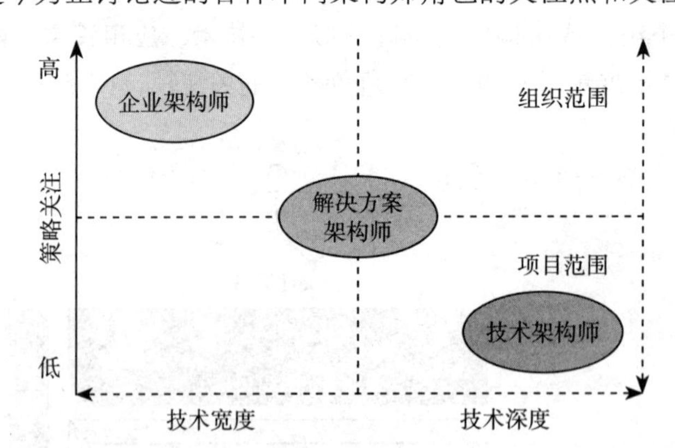

1.5 架构的质量属性

现在让我们关注另一方面，这方面构成了本书其余部分的主要话题——架构的质量属性。

在 1.4 节中，我们讨论了架构是如何平衡和优化利益相关者的需求，还看到了一些利益相关者的需求之间存在矛盾的例子，架构师需要选择一种平衡的架构来进行调节。

质量属性之前只用于简单地定义架构中需要权衡的一些方面，现在是时候正式定义什么是架构质量属性了：

"质量属性是系统的可度量和可测试的特性，可用于评估系统在其指定环境中的非功能性需求方面的达成情况。"

许多方面都符合架构质量属性一般定义的都可以归结为架构质量属性。但是，在本书的其余部分，我们将重点关注以下几个质量属性：

- 可修改性
- 可测试性
- 可扩展性
- 性能
- 可用性
- 安全性
- 可部署性

1.5.1　可修改性

许多讨论表明，典型软件系统大约 80% 的成本发生在初始开发和部署之后。这足以表明系统初始架构的可修改性有多么重要。

可修改性可以定义为对系统进行更改的容易程度，以及系统对更改进行调整的灵活性。它是一个重要的质量属性，因为几乎所有的软件系统在它的生命周期上都会发生变化——为了修复问题，增加新特性，提高性能，等等。

从架构师的角度来看，对可修改性的兴趣点如下：

- **难点**：对系统进行修改的容易程度。
- **成本**：进行修改需要的时间和资源。
- **风险**：任何与系统修改相关的风险。

现在，我们讨论的是什么类型的修改呢？是对代码的修改、对部署的修改，还是对整体架构的修改？

回答是：可以是任何层次上的修改。

从架构的角度来看，通常可以在以下 3 个层面捕获这些修改：

1. **本地**（local）：本地修改仅影响特定元素，可以是一段代码，例如函数、类、模块或配置元素（如 XML 或 JSON 文件）。这种类型的修改不会连带影响相邻元素或系统的其余部分。本地修改最易操作且风险最小的，通常可以通过本地单元测试快速验证。

2. **非本地**（non-local）：非本地修改涉及多个元素。举例如下：

- 修改数据库方案，需要逐层地修改应用程序代码中表示该方案的模型类。
- 在 JSON 文件中添加新的配置参数，然后为使之生效，需要使用解析器解析使用

该参数的文件和 / 或应用程序。

非本地修改比本地修改更难，它需要仔细分析，并尽量进行集成测试以避免代码回归（code regression）。

3. **全局**（Global）：全局修改涉及从上到下的架构修改，或全局的元素修改，这些修改自顶向下影响软件系统的重要部分。举例如下：

- 将系统架构从 RESTful 修改为基于 Web 服务的信息交互（SOAP、XML-RPC 和其他）。
- 将 Web 应用程序控制器从 Django 修改为基于 Angular-js 的组件。
- 性能修改需求，需要在前端预加载所有数据，以避免在线新闻应用程序（online news application）的内联模型 API 调用。

这些修改风险最大，在资源、时间和金钱方面的成本也最高。架构师需要仔细讨论修改可能产生的不同场景，并让团队通过集成测试对不同场景建模。模仿（mock）在此类大规模的修改中可能是非常有用的。

右表展示了系统修改不同层次的**成本**与**风险**之间的关系。

层次	成本	风险
本地	低	低
非本地	中	中
全局	高	高

在代码级的可修改性也与其可读性直接相关：

“代码可读性越强，其可修改性就越强，代码的可修改性与可读性成正比。”

可修改性也与代码的可维护性有关。具有紧密耦合组成元素的代码块所需的修改比具有松散耦合组成元素的代码块所需的修改要少得多。这就是可修改性的**耦合**（coupling）。

类似地，没有明确定义角色和职责的类或模块比明确定义了职责和功能的要更难修改，这就是软件模块的**内聚**（cohesion）。

给定一个虚构模块 A，下表展示了它的**内聚**、**耦合**和**可修改性**之间的关系，其中耦合反映的是从模块 A 到另一模块 B 的耦合。

内聚	耦合	可修改性
低	高	低
低	低	中
高	高	中
高	低	高

从右表可看出，高内聚和低耦合的代码块将具有最好的可修改性。

除此之外，还有以下这些影响可修改性的其他因素：

- **模块规模（代码行数）**：规模增大会使可修改性降低。
- **开发某个模块的团队成员数**：一般来说，考虑到合并和维护统一代码库的复杂性，当很多团队成员参与某一个模块开发时，该模块的可修改性降低。
- **模块的外部第三方依赖**：外部第三方依赖越多，代码的修改就会越困难。这可以被认为是模块的一种扩展的耦合。
- **模块 API 的错误使用**：如果存在其他模块使用某个模块的私有数据时，不是通过该模块提供的公共 API（正确的），则修改该模块时难度较大。所以，在你所在的企业内确保遵循模块的使用规范来避免这种情况是很重要的。这可以被认为是紧密**耦合**的极端情况。

1.5.2　可测试性

可测试性是指一个软件系统支持通过测试来检测故障的程度。可测试性也可以认为是一个软件系统向最终用户和集成测试**隐藏了**多少缺陷——一个系统的可测试性越好，它能隐藏的缺陷越少。

可测试性还与软件系统行为的可预测性有关。可预测性越好，则越能允许更多的重复测试，也越能允许基于输入数据或准则来开发更多的标准测试套件。不可预测的系统对任何类型的测试都不太适用，甚至极端情况下根本不能测试。

在软件测试中，为了控制系统的行为，典型的做法就是向系统发送一组已知输入，然后观察系统在该组输入下的一组已知输出，两者组合形成一个测试用例。测试套件或测试装备通常由很多这样的测试用例组成。

测试断言是对于给定输入，当测试对象的输出与预期输出不匹配时，用于将测试用例判断失效的技术。所有断言通常都是在测试执行阶段的某个特定步骤通过手工添加的编码，以检查测试用例在不同步骤中的数据值。一个简洁的函数 f('X')='Y' 单元测试用例的代表性流程图如下所示。

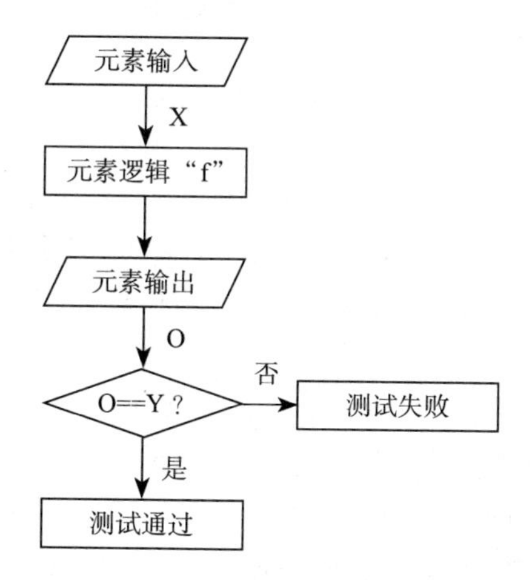

上图展示了一个可测试函数“f”的测试流程示例，其中样本输入是“X”，预期输出是“Y”。

为了在失效发生时重建会话（session）或状态，通常使用**记录/重放（record/playback）**策略，它使用专门的软件（如 Selenium），记录导致某一特定失效的所有用户动作，并将其保存为一个测试用例。记录/重放的实现是通过使用相同待测软件、相同的测试用例、相同 UI 动作和顺序来达到的。

与可修改性类似，可测试性也与代码的复杂性有很大关系。当系统的一部分可以隔离开并独立运行于系统的其余部分时，该系统的可测试性将更高。换句话说，低耦合的系统比高耦合的系统更易于测试。

与早先提到的可预测性有关，可测试性的另一个方面是减少非确定性。在编写测试套件时，需要将要测试的对象与系统中存在行为不可预测倾向的其他部分隔离开，以便已测对象的行为是可预测的。

例如，一个多线程系统，它要响应在系统其他部分引发的事件。整个系统可能是非常难以预测的，不适合重复测试。相反，如果把事件子系统分离开，并尽可能模仿其行为，以便控制这些事件输入，然后接收事件的子系统就会变得可预测，从而可测试。

下图说明了系统的可测试性、可预测性与组件的**耦合**和**内聚**之间的关系。

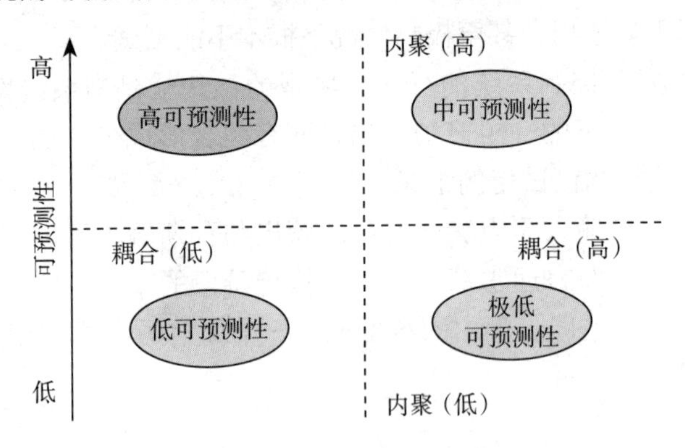

1.5.3 可扩展性

现代 Web 应用都在**扩大规模**。如果你是任何现代软件组织中的一员，很可能已经听说或正在从事云计算应用方面的工作，这些应用可以按需求弹性扩展。

系统的可扩展性是指系统能够适应不断增长的负载需求，但同时要保证可接受的处理性能。

在软件系统中，可扩展性通常可分为如下两大类：

- **横向（水平）可扩展性：**横向可扩展性意味着通过向其中添加更多计算节点，以使得软件系统向外或向内扩展。过去十年集群计算的进展催生了一种可在 Web 上部署的商业化的具有横向可扩展性的**弹性**系统，即 Web 服务。一个著名的例子是亚马逊 Web 服务。通常在横向可扩展的系统中，数据存储与计算是在单元（unit）或节点（node）上进行的。这些单元或节点一般是运行在被称作虚拟专用服务器（VPS）上的虚拟机。为实现“*n*”次扩展，系统添加 *n* 个或更多节点，通常使用一个负载均衡器前端来控制。**向外扩展（scaling out）**意味着添加更多节点来增大可扩展性，**向内扩展（scaling in）**意味着删除现有节点来减小可扩展性。一个 Web 应用程序部署架构的横向扩展示例如下所示。

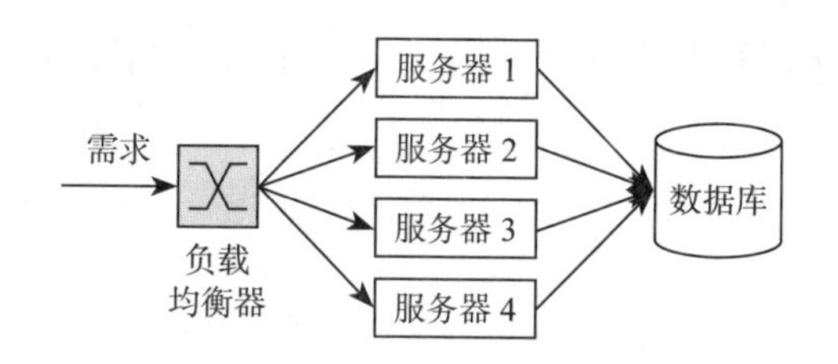

- **纵向（垂直）可扩展性：**纵向可扩展性涉及系统单个节点中资源的添加或移除。通常通过在集群中向单个虚拟服务器中添加或移除 CPU 或 RAM（内存）来实现。添加即为扩大规模，删除即为缩小规模。另一种扩大规模的方法是通过加强其处理能力来增加系统中现有软件过程的容量，这一般通过增加应用程序的可用进程或线程数来实现。举例如下：
  - 通过增加工作进程数来增加 Nginx 服务器进程的容量。
  - 通过增加 PostgreSQL 服务器的最大连接数来增加其容量。

1.5.4　性能

系统的性能与其可扩展性有关。系统的性能可以定义如下：

计算机系统的性能是指系统在给定的计算资源内完成的工作量。完成的工作量和计算资源数量的比例（work/unit）越高，性能越高。

度量性能的计算资源单位可以是以下几种之一：

- **响应时间：**一个函数或执行单元运行所需的时间，根据实际时间（用户时间）和时钟时间（CPU 时间）来计算。
- **延迟：**某个系统被激活并提供响应所需的时间。例如，从终端用户角度来说，一个 Web 应用程序请求 – 响应循环完成所需的时间即为延迟。
- **吞吐量：**系统处理信息的某种比率。具有更高性能的系统通常具有更高的吞吐量，相应地具有更高的可扩展性。例如，一个电子商务网站的吞吐量是每分钟完成交易的数量。

性能与可扩展性密切相关，特别是纵向可扩展性。一个系统在内存管理方面具有出色的性能，就可以通过添加更多 RAM 来轻松地进行纵向扩展。

类似地，一个具有多线程工作负载特性并对多核 CPU 优化写入的系统，可通过添加更多 CPU 内核来扩展。

一般认为，横向可扩展性与其自身计算节点内系统的性能没有直接联系。然而，如果编写的系统不能有效利用网络而产生网络延迟问题，则可能会导致无法进行有效的横向扩展。因为网络延迟所花费的时间将抵消通过分布式工作方式获得的任何可扩展性的好处。

一些动态编程语言（如 Python）在纵向扩展时存在固有的可扩展性问题。例如，

Python（CPython）的**全局解释器锁**（GIL）会阻止它充分利用可用的 CPU 内核进行多线程方式的计算。

1.5.5 可用性

可用性是指软件系统可以在需要时进行相关操作的特性。

系统的可用性与其可靠性密切相关，系统越可靠，可用性就越好。

影响可用性的另一个因素是系统从故障中恢复的能力。系统可能非常可靠，但当其子系统全部或部分出现故障时，如果系统无法恢复正常，那么也可能无法保证其可用性。这种情况称作**恢复**（recovery）。

系统的可用性可以定义如下：

“系统的可用性是系统处于完全可操作状态的程度，以便在任何时候获得调用请求时可以执行其功能。”

在数学上，可以用如下公式表示：

$$Availability = MTBF/(MTBF + MTTR)$$

上述公式中的术语解释如下：

- MTBF：平均无故障时间（Mean time between failures）。
- MTTR：平均修复时间（Mean time to repair）。

这通常被称为某个系统的**任务完成率**（mission capable rate）。

可用性技术与恢复技术密切相关，这是由于我们不能期望任何一个系统达到 100% 的可用性。相反，我们需要针对各种故障以及如何从故障中恢复的策略进行认真筹划，发掘各种故障诊断技术，因为这直接决定了系统可用性。这些技术可以分为以下几类：

- **故障检测：**检测故障并采取相应措施的能力有助于防止整个系统或系统的某些部分出现完全瘫痪的情况。故障检测通常涉及诸如监控、类心率检查（heartbeat）和 ping 或者 echo 消息等步骤。这些步骤被发送到系统的某些节点，并通过检测这些节点的响应（response）来判断它们所处的状态（存活、死亡，还是即将发生故障）。
- **故障恢复：**检测到故障后，下一步就是考虑如何从故障中恢复系统，并使其处在可用的状态。这里使用的典型策略包括热备份或温备份（即主动冗余、被动冗余策略）、回滚、优雅降级，以及重试（retry）等。
- **故障预防：**这种方法就是使用主动的故障预测和预防技术，尽量避免系统走到恢复那一步。

CAP 定理指出：系统的可用性与其数据的一致性有密切联系。该定理对系统在网络分区情况下的一致性与可用性的权衡进行理论上的限制。CAP 定理指出，系统可以在一致性或可用性之间进行选择——通常会导致两种阔型（broad type）的系统，即 CP（一致性和对网络故障容忍度）和 AP（可用性和对网络故障的容忍度）。

可用性还与系统的可扩展性策略、性能指标及其安全性有关。例如，可高度横向扩展的系统将具有非常高的可用性，因为它允许负载均衡器找出那些不活动的节点并把它们从配置中快速去除。

在试图扩大某个系统的规模之前，可能需要仔细监控其性能指标。即使在系统节点完全可用时，如果软件进程受到 CPU 时间或内存等系统资源的挤压，系统也可能存在可用性问题。这就是性能测量变得至关重要的原因，同时还需要对系统的负载因素进行监测和优化。

随着 Web 应用程序和分布式计算的日益普及，安全性也是影响可用性的一个方面。恶意黑客有可能在你的服务器上启动拒绝远程服务的攻击，如果系统不能防范此类攻击，则可能会整体不可用或部分不可用。

1.5.6　安全性

软件领域中的安全性可以被定义为系统的一种能力，即避免被未经身份验证的访问损害数据和逻辑，同时继续向通过相应认证的其他系统和角色提供服务。

当有人故意破坏系统以获取非法访问权限，并进一步破坏其服务、复制或修改其数据，或拒绝合法用户的访问，这时安全危机或攻击就发生了。

在当今的软件系统中，用户的各种角色分别独自拥有系统不同部分的权限。例如，一个具有数据库的典型 Web 应用可以定义以下角色：

- user：系统的终端用户，可在登录后访问其私有数据。
- dbadmin：数据库管理员，可以查看、修改或删除所有数据库数据。
- reports：报告管理员，只对数据库的相应部分和处理报告的代码有管理权限。
- admin：超级用户，具有整个系统的编辑权限。

通过用户角色来分配系统控制权的方法称为**访问控制**。访问控制将用户角色与特定的系统特权关联起来，从而将实际的用户登录与这些特权的权限授予分离。

这就是一种安全性的**授权**（authorization）原理。

安全性的另一个方面是交易（transaction），每个人必须验证参与交易的另一个人的实际身份。常用的技术有公钥加密和消息签名等。例如，当你用 GPG 或 PGP 密钥签署电子邮件时，你是在为自己做验证——这条信息的发送者是我（A 先生），在另一边接收电子邮件的是 B 先生。这也是一种安全性的**授权**原理。

安全的其他方面如下：

- **完整性（integrity）**：这种技术用于确保数据或信息在向终端用户传输时不被篡改。例如消息哈希和 CRC 校验等。
- **来源（origin）**：这种技术用于确保终端接收器接收到的数据的来源与它所声称的来源完全相同。比如 SPF、Sender-ID（用于电子邮件）、公钥证书和链（用于使用 SSL 的网站），以及一些其他方法。

- **真实性（authenticity）：** 这种技术将信息的完整性和来源结合在一起。这样可以确保消息的作者不能否认消息的内容及其来源作者（自己）。这通常使用**数字证书机制**。

1.5.7 可部署性

可部署性是质量属性之一，但不是软件的基础属性。本书之所以对这方面感兴趣，是因为它在 Python 编程语言生态系统的许多方面起着至关重要的作用，并且对编程人员有一定用处。

可部署性是指软件从开发环境到产品运行环境移交的难易程度。它与构建系统的技术环境、模块结构和系统使用的运行时 / 编程语言有关，更多的是一种功能部署，与系统的实际逻辑或代码无关。

以下是一些与可部署性相关的因素：

- **模块结构：** 如果你的系统将代码组织到良好定义的模块 / 项目中，将系统划分为易于部署的一个个子单元，则部署会容易得多。另一方面，如果将代码组织成只具有单个设置步骤的单体项目，那么代码将难以部署到多节点群集中。
- **产品运行环境与开发环境：** 与开发环境结构非常相似的产品运行环境会使部署变得容易。当环境相似时，只需少量更改（主要是配置上），开发人员或者开发运维团队就可使用同一组脚本和工具链，与部署到开发服务器上一样，把系统部署到产品运行服务器上。
- **开发生态系统（development ecosystem）支持：** 为系统运行时提供成熟的工具链支持，允许各种依赖关系的自动建立和验证等配置项内容，从而提高可部署性。Python 等编程语言在开发生态系统中有着丰富的这方面的支持，同时也有很多可用的工具供开发运维专业人士使用。
- **标准化配置：** 一个好的方案是保持开发者环境的配置结构（文件、数据库表和其他）和产品运行环境的一致。实际的对象或文件名可以不同，但是如果配置结构在两个环境中都有很大差异，那么可部署性就会降低，因为需要的额外做工作来将环境配置映射到相应结构。
- **标准化基础设施（infrastructure）：** 众所周知，将部署保持在一个同质或标准化的基础设施上，对可部署性是很有好处的。例如，如果你设定前端应用程序运行在 4 GB RAM（基于 Debian 的 64 位 Linux VPS）上，则可以轻松地部署此类节点（使用脚本自动执行，或使用亚马逊这类提供商提供的弹性计算方法），并在开发环境和产品运行环境中保持一套标准的脚本。另一方面，如果你的产品部署环境由不同基础设施组成，例如，混合使用具有不同容量和资源规格的 Windows 和 Linux 服务器，则通常需要两倍的工作量来进行部署。
- **容器（container）的使用：** 随着 Docker 和 Vagrant 等建立在 Linux 上的技术的诞

生与普及，容器软件的使用已成为在服务器上部署软件的最新趋势。它可以规范你的软件，并减少启动 / 停止节点所需的开销，从而使部署更容易，因为容器不会带来完整虚拟机的开销。这是一个值得注意的有趣趋势。

1.6　本章小结

在本章中，我们了解了软件架构，看到了软件架构的不同方面，并且了解到每个架构都组成一个系统，该系统在其相关的环境中工作。本章还简要介绍了软件架构与软件设计的不同之处。

讨论了软件架构的各种特点。例如，软件架构如何定义一个结构，如何选择一组核心元素，以及如何把相关利益者联系起来等。

还讨论了为什么软件架构对组织机构来说非常重要，以及为什么给软件系统定义一个正式的软件架构是一个好方案等。

接下来讨论了组织机构中不同架构师角色之间的区别。我们看到了系统架构师扮演的各种不同角色，看到了企业架构师的关注点与系统架构师是不同的。还利用插图具体说明了相关策略和技术的广度以及技术的深度等问题。

最后讨论了与本书主题相关的内容：架构质量属性。定义了质量属性是什么；关注了可修改性、可测试性、可扩展性 / 性能、安全性和可部署性的细节；关于这些属性的细节，讨论了它们的定义、技术以及它们之间的相互关系。

以本章为基础，后面会开始讨论这些质量属性，然后详细讨论使用 Python 编程语言来实现这些质量属性时会用到的各种技术和技巧。

下一章将从本章讨论的第一个质量属性开始，即可修改性及与其关联的一个属性——可读性。

第 2 章　编写可修改可读的代码

本书的第 1 章首先介绍了软件架构的方方面面，以及相关术语的定义，接着介绍了软件架构在不同层面上需要考虑的问题，最后介绍了在系统构建过程中应当考虑的各种架构质量属性。本书将深入介绍这些架构质量属性及其相关定义，同时讨论在系统构建过程中为了使系统拥有这些属性需要考虑的问题。

从本章开始，本书将依次聚焦各个质量属性，在各章中详细讨论。书中将通过各个质量属性的要素、达到该属性的技巧以及在编程中的注意要点等方面来深入探讨每个质量属性。由于本书的关注点在于 Python 及其生态系统上，所以本书也使用基于 Python 的代码和第三方软件系统作为示例，进一步阐述如何达到和维护这些质量属性。

本章聚焦的质量属性是可修改性。

2.1　什么是可修改性

架构质量属性中的可修改性可以定义为：

可修改性是指对一个系统进行修改的容易程度，以及系统适应这些修改的灵活性。

第 1 章曾提到过可修改性的相关概念，例如内聚、耦合等，本章将对可修改性进行深入挖掘，用具体的示例进一步阐述这些概念。不过，在深入进去之前，先来从宏观角度看一看可修改性如何与其他的质量属性相辅相成。

2.2　与可修改性相关的几个方面

第 1 章已经对可修改性的某些方面进行了简单的介绍，下面要对可修改性进行深入阐述，首先来看与可修改性关系密切的几个方面：

1）可读性（readability）：可读性可以定义为一个程序的逻辑能够被理解的容易程度。可读的软件代码一定有某种特定的风格，符合使用的编程语言规范，根据编程语言的特点编写且逻辑简单明了。

2）模块化（modularity）：模块化是指用封装好的模块构成的软件系统，每个模块只有某个特定的、文档齐全的功能。也就是说，每个模块可以为系统的其他部分提供友好的 API。模块化与可重用性紧密相关。

3）可重用性（reusability）：可重用性可以用一个软件中的不需修改或经少量修改就

能重用到其他系统中的部件数量来衡量，这些部件可以包括代码、工具、设计等。好的系统从构建之初就会考虑到可重用性的问题。可重用性体现在软件开发的 DRY 原则中。

4）可维护性（maintainability）：可维护性是指在保持系统工作效率和有用性的情况下升级系统的容易程度。可维护性是一个集成度量指标，包含可修改性、可读性、模块化和可测试性几个方面。

本章将重点放在可读性和可重用性或模块化上，同样是在 Python 编程语言的基础上对以上的质量属性依次进行阐述。下面从可读性开始。

2.3 理解可读性

软件的可读性与可修改性是紧密联系的。结构规整、文档齐全的代码，同时符合编程语言规范和编程实践规范，具有可读性高、简单简洁、容易阅读和修改等好处。

可读性不仅与代码是否符合编码规范有关，还与代码逻辑的清晰程度、代码利用了多少编程语言的标准风格以及功能的模块化程度等有关。

可以将可读性的要求概括如下：

1）**写得好**（well-written）：一段代码如果用简单的语法，用最鲜明的编程语言风格写成，且逻辑清楚，变量、函数、类和模块等命名明了易懂，就认为编码写得好。也就是说，写得好的代码能准确展现它的功能。

2）**文档齐全**（well-documented）：所谓的文档齐全通常指代码中各行的注释齐全。一段有良好注释的代码能清晰地表达它的功能、输入参数和输出值（如果有的话）以及编写逻辑或算法。注释也可以包含引用的外部库或相关 API 的用法，以及运行此行代码或此段代码需要的环境配置。

3）**结构规整**（well-formatted）：大多数编程语言，尤其是开源的编程语言，都是由分布在各个不同地理位置但却紧密相连的编程社区通过网络发展起来的，这也决定了编程语言往往都有良好的注释风格规范。一段符合注释风格规范的代码由于结构规整，更易于理解。

没有达到以上要求的代码通常可读性不高。而可读性的缺失会影响可修改性和可维护性，进而要耗费更多的人力或时间资源去维护该系统。

2.3.1 Python 和可读性

Python 是一种从其设计开始就注重可读性的语言。借用一行来自著名的《Zen of Python》书中的句子。

提示：《Zen of Python》中提到有 20 个原则影响着 Python 编程语言自身的设计，其中 19 个已经书面写出了。你可以通过打开 Python 解释器命令行并输入命令“>>>import this”来查看。

Python 作为一种编程语言也很注重可读性，它是通过提供非常简单明了、凝练的关键词来提高可读性的，这些关键词非常契合英文原本的含义；它还提供尽可能少的操作函数和操作符，并奉行下面的理念：

应该有一个——最好只有一个——更简单的方式去实现某个功能。

例如，下面说明了 Python 中通过序列进行迭代的方法，同时打印索引：

```
for idx in range(len(seq)):
    item = seq[idx]
    print(idx, '=>', item)
```

然而，在 Python 中更常使用 enumerate() 这个辅助函数去做迭代的工作，该函数可以直接返回序列中所有的索引和对应元素的二元组（idx，item）：

```
for idx, item in enumerate(seq):
    print(idx, '=>', item)
```

在很多其他的编程语言（例如 C++、Java 或 Ruby）中，第一个版本的代码与第二个版本的代码会被认为一样好。但是在 Python 中，编码时可以使用很多编码惯用法（idiom），它们与 Python 编程语言的原则一致，即《Zen of Python》。

在这种情况中，Python 程序员更喜欢写第二个版本的代码去解决问题，而认为第一个版本与第二个版本相比显得不那么“Pythonic”。

词语“Pythonic”会经常出现在 Python 社区内的交流中，它是指代码不仅能解决问题，还符合 Python 社区约定俗成的习惯和惯用法。

注意：“Pythonic”的含义是主观的，但是你也可以认为它就是指符合 Python 的“Zen”理念的 Python 代码，或是更通俗些，是使用社区中普遍采用的一些有名的惯用编程实践。

Python 凭借着它的设计原理和明了的语法，使得编写可读性高的代码更加容易，但是，从像 C++ 和 Java 这类刻板不太符合语言习惯的语言“跨界”过来的程序员写出的 Python 代码就不那么“Pythonic”了。典型的例子是，“跨界”程序员与长时间写 Python 代码的程序员相比，他们更倾向于写第一个版本中的代码。

对于一个 Python 程序员来说及时明白这一点是很重要的，更好地适应这种语言后才能写出更加“Pythonic”的代码。从长远看，如果编程人员能精通 Python 的编码准则和用语习惯，其“生产力”也会更高。

2.3.2 可读性 – 反模式

使用 Python 语言固然有利于写出可读性高的代码，但是说任何用 Python 写成的代码都是高可读的也是不现实的。尽管 Python 有可读性的“基因”，但它的“躯干”中也有难以读取的、结构不规整的、不可读的代码。这一点只要花点时间浏览一下在 Web 上用 Python 编写的一些公开的开源代码就可以很明显地看到。

实际编程中，有些做法往往会导致编程语言中存在难以阅读或不可读的代码。这些做法被认为是反模式（antipattern），不仅对 Python 语言是公害，对于任何其他编程语言来说都是公认的祸害：

1）**代码注释太少或者没有注释**：缺少代码注释往往是代码不可读的主要原因。很多时候，程序员不能很好地将他们的想法变成代码，这一短板会体现在代码的具体实现中。当另一个程序员阅读该段代码或是写该段代码的程序员几个月之后再阅读（这种情况经常发生），阅读者就不容易弄清楚为什么会调用某些具体的方法。这使得难以推论替代方法的优点和缺点。

同时，这也使得代码难以修改（或许是为了解决客户问题进行修改）。从宏观来看，这往往损害了代码的可修改性。给代码注释往往是衡量程序员在写代码时是否训练有素和是否严谨的指标，也是组织机构中要强行推广的做法。

2）**代码破坏了语言的最佳实践**：一种编程语言的最佳实践一般来自于开发者社区中多年使用该语言的经验以及它产生的有效反馈。最佳实践捕获了解决问题的最佳编程方式，更进一步讲是捕获该语言的一些惯用法和常见模式。

例如，Python 中的“Zen”就被认为是最佳实践的一面旗帜，开发者社区中也有一些常用的编程惯用法的集合。

没有经验的程序员或“跨界”程序员写出的代码往往没有遵守这些最佳实践方式，因此，他们的代码可读性也不高。

3）**反模式编程**：存在大量反模式编程，它们使得代码难以阅读和维护。下面列出著名的几种反模式：

①**意大利面代码（spaghetti code）**：没有清楚结构和控制流的代码。无条件的跳转、无序的异常处理、设计糟糕的并发结构等，往往都会导致混乱的结构和不清晰的控制流。

②**大泥团（big ball of mud）**：由不能展示整体结构和目标的代码构成的系统。大泥团一般包括很多段的意大利面代码，通常指多人写成的代码，经过多次修补，但只有少量说明文档或是没有文档。

③**复制 – 粘贴编程（copy-paste programming）**：若一味为了代码的交付方便而不对整体进行周到的设计，往往会产生复制 – 粘贴程序。复制 – 粘贴程序中有长而重复的代码块，这些代码块大体上没有什么不同，只有一点小修改，基本上处理相同的事情。

类似的反模式是**货物编程**（cargo-cult programming），程序员一遍又一遍地遵循相同的设计或编程模式，而不用考虑它是否符合其试图解决的特定场景或问题。

④**自负编程（ego programming）**：自负编程是指某个程序员（通常是一个经验丰富的程序员）喜欢把他的个人风格凌驾在已有的最佳实践或组织机构的编程规范之上。这

有时会产生对其他人而言隐晦和难以阅读的代码，对年轻或较少经验的程序员来说更是如此。例如，在 Python 中使用函数式编程结构将每个内容都写成俏皮话（one-liner）的做法。

要规避这些反模式编程，需要在组织机构中采用结构化编程，并强制编程人员遵守编码规范和最佳实践。

下面是 Python 语言用到的几个特有的反模式：

1）**缩进混乱（mixed indentation）**：Python 使用缩进来分隔代码块，因为它缺少大括号或其他分离代码块的类似 C / C ++ 或 Java 语言中的语法结构。但是，在 Python 中缩进代码时需要小心。一个常见的反模式是人们混淆了两个 tab（\ t 字符）和空格。通过使用特定的编辑器可以弥补这一点。

Python 附带了诸如 tabnanny 的内置模块，可用于检查代码的缩进问题。

2）**字符串常量混乱（mixing string literal type）**：Python 提供了三种不同的方式来创建字符串常量：通过使用单引号（'）、双引号（"）或 Python 自己的特殊三重引号（''' 或 """）。将这三种类型的常量混合在同一代码块或同一功能单元中会使代码变得更难阅读。

另一种相关的字符串的滥用是程序员在注释前加上了三重引号，而不是使用“#”符号。

3）**过度使用函数构造（overuse of functional construct）**：Python 作为一个混合的范式语言，通过 lambda 关键字和它的 map()、reduce() 和 filter() 函数来实现功能化编程。然而有时经验丰富的程序员或是从功能化编程语言“跨界”来的程序员会过度使用这些函数结构，以至于代码太神秘，其他程序员难以阅读。

2.4 增强可读性的各种技术

上面指出影响代码可读性的各个方面，下面来看要提高 Python 代码可读性可以采用的各种技术。

2.4.1 文档化代码

将代码的功能文档化是提高代码可读性的一个简单有效的办法。文档对于可读性是非常重要的，从宏观上看，对于可修改性也起着重要的作用。

代码文档可以分为以下几种：

1）**内联文档**：程序员可以在代码中嵌入代码注释、函数说明文档和模块说明文档。这些是最有效的代码文档。

2）**外部文档**：外部文档在独立的文件中，这些文档通常说明代码的功能，对代码的修改、安装步骤、部署情况等。常见的此类文档有 README、INSTALL、

CHANGELOG 等。这些文档通常与开源项目在一起，符合 GNU 构建原则。

3）**用户手册**：用户手册文档是一种正式的文档，通常由专门的人员或团队写作，多用图和文字，目标读者为系统的用户。该类文档通常在一个软件项目结束时，即产品能稳定地运行以及达到发布要求时交付。在这里不对此类文档进行讨论。

Python 是一种从一开始就被设计用来支持智能内联代码文档的语言。在 Python 中，内联文档可以在以下层次实现：

1）**代码注释（code comment）**：这是嵌入在代码内部的文本，以哈希字符“#”为前缀。注释可以在代码的任何地方解释每一步代码的作用。

下面是一个例子：

```
# This loop performs a network fetch of the URL, retrying upto 3
# times in case of errors. In case the URL cant be fetched,
# an error is returned.

# Initialize all state
count, ntries, result, error = 0, 3, None, None
while count < ntries:
    try:
        # NOTE: We are using an explicit   timeout of 30s here
        result = requests.get(url, timeout=30)
    except Exception as error:
        print('Caught exception', error, 'trying again after a
while')
      # increment count
      count += 1
      # sleep 1 second every time
      time.sleep(1)

  if result == None:
  print("Error, could not fetch URL",url)
  # Return a tuple of (<return code>, <lasterror>)
  return (2, error)

    # Return data of URL
  return result.content
```

虽然说注释可以在任何地方使用，但是用在某些地方也可能会比较多余。本书的后面会提到注释有关的一般经验法则。

2）**函数文档字符串**（Function doc-string）：Python 提供了一种简单的方法来说明一个函数的功能，即紧接着函数定义之后跟上一个字符串，该字符串可以是 Python 字符串三种形式中的任意一种。

下面是一个例子：

```
def fetch_url(url, ntries=3, timeout=30):
        " Fetch a given url and return its contents "
```

```
    # This loop performs a network fetch of the URL, retrying
    # upto
    # 3 times in case of errors. In case the URL cant be
    # fetched,
    # an error is returned.

    # Initialize all state
    count, result, error = 0, None, None
    while count < ntries:
        try:
            result = requests.get(url, timeout=timeout)
        except Exception as error:
            print('Caught exception', error, 'trying again
                   after a while')
            # increment count
            count += 1
            # sleep 1 second every time
            time.sleep(1)

    if result == None:
        print("Error, could not fetch URL",url)
        # Return a tuple of (<return code>, <lasterror>)
        return (2, error)

    # Return data of URL
    return result.content
```

例子中的函数文档字符串为“Fetch a given URI and return its contents”．然而，它的使用非常受限，因为它只能说明函数的功能而不能解释函数中的参数。下面是一个改进版本的函数文档字符串：

```
def fetch_url(url, ntries=3, timeout=30):
    """ Fetch a given url and return its contents.

    @params
        url - The URL to be fetched.
        ntries - The maximum number of retries.
        timeout - Timout per call in seconds.

    @returns
        On success - Contents of URL.
        On failure - (error_code, last_error)
    """

    # This loop performs a network fetch of the URL,
    # retrying upto
    # 'ntries' times in case of errors. In case the URL
    # cant be
    # fetched, an error is returned.
```

```
    # Initialize all state
    count, result, error = 0, None, None
    while count < ntries:
        try:
            result = requests.get(url, timeout=timeout)
        except Exception as error:
            print('Caught exception', error, 'trying again
                   after a while')
            # increment count
            count += 1
            # sleep 1 second every time
            time.sleep(1)

    if result == None:
        print("Error, could not fetch URL",url)
        # Return a tuple of (<return code>, <lasterror>)
        return (2, error)

    # Return data of the URL
    return result.content
```

在上面的代码中，函数的功能被更清楚地展现给程序员，这对于计划导入函数的定义或使用该函数的程序员是有很大帮助的。还需注意改进版本的文档通常是多于一行的，因此总是用三个引号作为函数文档字符串的标识也是非常好的习惯。

3）**类文档字符串（class docstring）**：这类文档与函数文档字符串是类似的，只不过类文档字符串直接为类提供解释说明。类文档字符串紧跟着类的定义。

下面是一个例子：

```
class UrlFetcher(object):
     """ Implements the steps of fetching a URL.

    Main methods:
        fetch - Fetches the URL.
        get - Return the URLs data.
    """

    def __init__(self, url, timeout=30, ntries=3, headers={}):
        """ Initializer.
        @params
            url - URL to fetch.
            timeout - Timeout per connection (seconds).
            ntries - Max number of retries.
            headers - Optional request headers.
        """
        self.url = url
        self.timeout = timeout
        self.ntries = retries
        self.headers = headers
        # Enapsulated result object
```

```
        self.result = result

    def fetch(self):
        """ Fetch the URL and save the result """

        # This loop performs a network fetch of the URL,
        # retrying
        # upto 'ntries' times in case of errors.

        count, result, error = 0, None, None
        while count < self.ntries:
            try:
                result = requests.get(self.url,
                                      timeout=self.timeout,
                                      headers = self.headers)
            except Exception as error:
                print('Caught exception', error, 'trying again
                       after a while')
                # increment count
                count += 1
                # sleep 1 second every time
                time.sleep(1)

        if result != None:
            # Save result
            self.result = result

    def get(self):
        """ Return the data for the URL """

        if self.result != None:
            return self.result.content
```

类文档字符串对类中的主要方法也进行了说明。这是一个非常有用的方式，因为它给程序员提供了顶级的有用信息，而使他们无须单独检查每个函数的文档。

4）**模块文档字符串（module docstring）**：模块文档字符串在模块的层面上阐述信息，通常包含模块的功能以及模块中的具体成员功能（函数、类或其他）。其语法与类、函数文档字符串是相同的，通常出现在模块的开头。

模块文档也可以描述该模块的外部依赖关系（如果模块的外部依赖关系不明显），例如模块中导入了一个不常使用的第三方的包：

```
"""
    urlhelper - Utility classes and functions to work with URLs.

    Members:

        # UrlFetcher - A class which encapsulates action of
        # fetching
        content of a URL.
```

```
        # get_web_url - Converts URLs so they can be used on the
        # web.
        # get_domain - Returns the domain (site) of the URL.
"""

import urllib

def get_domain(url):
    """ Return the domain name (site) for the URL"""

    urlp = urllib.parse.urlparse(url)
    return urlp.netloc

def get_web_url(url, default='http'):
    """ Make a URL useful for fetch requests
    -  Prefix network scheme in front of it if not present already
    """

    urlp = urllib.parse.urlparse(url)
    if urlp.scheme == '' and urlp.netloc == '':
            # No scheme, prefix default
      return default + '://' + url

    return url

class UrlFetcher(object):
     """ Implements the steps of fetching a URL.

    Main methods:
        fetch - Fetches the URL.
        get - Return the URLs data.
    """

    def __init__(self, url, timeout=30, ntries=3, headers={}):
        """ Initializer.
        @params
            url - URL to fetch.
            timeout - Timeout per connection (seconds).
            ntries - Max number of retries.
            headers - Optional request headers.
        """
        self.url = url
        self.timeout = timeout
        self.ntries = retries
        self.headers = headers
        # Enapsulated result object
        self.result = result

    def fetch(self):
        """ Fetch the URL and save the result """
```

```
        # This loop performs a network fetch of the URL, retrying
        # upto 'ntries' times in case of errors.

        count, result, error = 0, None, None
        while count < self.ntries:
            try:
                result = requests.get(self.url,
                                      timeout=self.timeout,
                                      headers = self.headers)
            except Exception as error:
                print('Caught exception', error, 'trying again
                       after a while')
                # increment count
                count += 1
                # sleep 1 second every time
                time.sleep(1)

        if result != None:
            # Save result
            self.result = result

    def get(self):
        """ Return the data for the URL """

        if self.result != None:
            return self.result.content
```

2.4.2 遵守编码和风格规范

大多数编程语言有众所周知的编码和风格规范。这些规范或许是从多年的使用经验中得到的，或许是从该语言的在线社区的讨论中得到的。例如 C++ 和 C 语言就是前者的一个例子，而 Python 是后者的例子。

各公司制定自己的编码规范也是非常常见的。通常是结合已有的标准规范，再进行修改以适应公司的独特的开发环境和需求。

对于 Python 来说，Python 编程社区给其制定了一系列清晰的编码风格规范。该规范就是通常所说的“PEP-8”，它是 Python 强化方案（PEP）系列文档中的一部分，从网上可以得到。

注意：从下面的网址可以找到 PEP-8：http://www.python.org/dev/peps/pep-0008/

PEP-8 第一次出现在 2001 年，之后又历经了多个版本。其主要的作者是 Python 的创始者——Guido Van Rossum。另外 Barry Warsaw 和 Nick Coghlan 的贡献也丰富了其内容。更具体地说 PEP-8 主要是将 Guido 的《Python Style Guide essay》原稿和 Barry 写作的风格规范结合产生的。

这里不对 PEP-8 进一步介绍，因为本节的目的不是对读者进行 PEP-8 教学，而是就 PEP-8 中的一般规则进行讨论，以及罗列出它的一些主要建议。

PEP-8 背后的哲学理念可归纳如下：

1）**读代码比写代码多。**因此给代码提供一个规范会使代码可读性更强，而且使整个 Python 代码保持一致性。

2）**在一个工程项目中，一致性很重要。**在一个模块或一个包中更重要，但是在一个代码单元（例如一个类或函数中）是最重要的。

3）**要知道什么时候可以忽略规范。**例如，在规范使得代码可读性更低，破坏了周边的代码，或打破了代码的向后兼容性等情况下就需要忽略规范。需多加练习，选择最佳代码写法。

4）**如果一个规范不是直接适用于自己的代码，那请自行定制规范。**如果对于一个规范有疑问，请询问万能的 Python 社区来弄明白这个问题。

这里不对 PEP-8 规范进行阐述。感兴趣的读者请根据上面的网址查阅相关的在线文档。

2.4.3 审查和重构代码

代码需要维护。已经投入使用的代码如果不经过维护会产生问题，甚至会变成噩梦，尤其是对于非短期使用的代码而言。

对代码的定期审查非常有助于保持代码的可读性和良好的健康状况，从而改善可修改性和可维护性。运行中的系统或应用程序的核心代码往往会有很多的快速修正，因为它要针对不同用例定制或增强，或者是针对问题修补。据观察，程序员通常不会记录这样的快速修复（称为“补丁”或“热修复”），因为时间需求通常可以通过良好的工程实践加快立即测试和部署，如文档化和遵循规范！

如此下去，“补丁”会不断积累，导致代码臃肿以及为开发团队带来巨大的未来工程债务，从而演变成一个非常费时费力费钱的事务。解决这个问题的方法就是周期性审查。

代码审查的工作应该由熟悉该项目的工程师来完成，但是不需要工程师审查自己负责编写的代码。这通常有助于检测原作者可能忽略的错误。由经验丰富的开发人员审查代码中的大改变是一个好主意。

代码审查可以与代码的一般重构相结合，以改进实现，减少代码耦合性和增加内聚性。

2.4.4 注释代码

对于代码可读性的讨论就要进入尾声了，最后介绍一些写代码注释时的经验准则。具体如下。

1）注释应该起到解释说明的作用。一个只是简单地复述从函数名中就能得到的信息的注释不是有用的注释。

举个例子来说明，下面的两个代码都实现了速度的均方根，且方法相同。但是第二个版本的注释更加有用。

```
def rms(varray=[]):
    """ RMS velocity """

    squares = map(lambda x: x*x, varray)
    return pow(sum(squares), 0.5)


def rms(varray=[]):
    """ Root mean squared velocity. Returns
    square root of sum of squares of velocities """

    squares = map(lambda x: x*x, varray)
    return pow(sum(squares), 0.5)
```

2）代码注释应该写在要注释代码的合适位置，就像下面这样：

```
# This code calculates the sum of squares of velocities
squares = map(lambda x: x*x, varray)
```

上面的注释方法要比下面例子中的注释方法更加清楚。可以看到，下面例子的注释写在了代码的后面，而上面的注释方法更适合人们从上到下的阅读习惯。

```
squares = map(lambda x: x*x, varray)
# The above code calculates the sum of squares of velocities
```

3）内联的注释要尽量少用，因为大量的注释可能会与代码本身产生混淆，尤其是当注释与代码的分隔符被误删时，会导致错误：

```
# Not good !
squares = map(lambda x: x*x, varray)   # Calculate squares of
velocities
```

4）尽量避免多余或没什么价值的注释：

```
# The following code iterates through odd numbers
for num in nums:
    # Skip if number is odd
    if num % 2 == 0: continue
```

例子中的第二个注释没什么价值，可以省去。

2.5 可修改性的基础——内聚和耦合

现在让我们回到可修改性这个主话题，讨论影响代码可修改性的两个基本的方面：内聚和耦合。

第 1 章已经对这两个概念有过简单的介绍，现在来回顾一下。

内聚是指一个模块的内部功能相互关联的紧密程度。执行某个特定的任务或相关任务组的模块是具有高内聚性的，而没有核心功能只是将大量功能凑到一起的模块有低内聚性。

耦合是指模块 A 和 B 功能上的相关程度。如果两个模块的功能在代码层面上高度重叠，即模块之间有方法的大量互相调用，那这两个模块就是高耦合的。在模块 A 上的任何变动都会使得 B 变化。

强耦合性不利于可修改性，因为它增加了维护代码的成本。

要提高代码的可修改性就应该做到代码的高内聚和低耦合。

下面将用一些例子进一步分析内聚和耦合。

2.5.1　测量内聚性和耦合性

本节举一个有两个模块的简单例子来明确如何定量测量内聚性和耦合性。首先是模块 A 的代码，据称是实现了用一组数字进行操作的功能：

```
"" Module A (a.py) - Implement functions that operate on series of
numbers """


def squares(narray):
    """ Return array of squares of numbers """
    return pow_n(array, 2)

def cubes(narray):
    """ Return array of cubes of numbers """
    return pow_n(narray, 3)

def pow_n(narray, n):
    """ Return array of numbers raised to arbitrary power n each """
    return [pow(x, n) for x in narray]

def frequency(string, word):
    """ Find the frequency of occurrences of word in string
    as percentage """

    word_l = word.lower()
    string_l = string.lower()

    # Words in string
    words = string_l.split()
    count = w.count(word_l)

    # Return frequency as percentage
    return 100.0*count/len(words)
```

下面是模块 B 的代码：

```
""" Module B (b.py) - Implement functions provide some statistical
methods """

import a

def rms(narray):
    """ Return root mean square of array of numbers"""

    return pow(sum(a.squares(narray)), 0.5)

def mean(array):
    """ Return mean of an array of numbers """

    return 1.0*sum(array)/len(array)

def variance(array):
    """ Return variance of an array of numbers """

    # Square of variation from mean
    avg = mean(array)
    array_d = [(x - avg) for x in array]
    variance = sum(a.squares(array_d))
    return variance

def standard_deviation(array):
    """ Return standard deviation of an array of numbers """

    # S.D is square root of variance
    return pow(variance(array), 0.5)
```

现在对模块 A 和 B 中的函数进行分析。

模块	核心功能数	无关功能数	功能依赖数
B	4	0	3 × 1=3
A	3	1	0

下面对某些函数进行具体分析：

1）模块 B 有 4 个函数，它们都是围绕着核心功能的。该模块中没有与核心功能无关的函数，所以模块 B 有 100% 的内聚性。

2）模块 A 有 4 个函数，其中 3 个是与核心功能相关的，但是最后一个 frequency 函数与核心功能不相关。这使得模块 A 只有大约 75% 的内聚性。

3）模块 B 中有 3 个函数是依赖着模块 A 中 square 函数的。这使得模块 B 与模块 A 有强烈的耦合性。在本例中模块 B 对于模块 A 在函数层面上的耦合性是 75%。

4）模块 A 不依赖模块 B 中的任何函数。因此模块 A 是独立于模块 B 工作的，模块 A 对于模块 B 的耦合性是 0。

那么如何提高模块 A 的内聚性呢？本例中，可以简单地通过去掉该模块中的最后一个不应该出现在那里的函数来实现。根据情况可以把该函数完全删去或移到其他模块中。

下面是修改后的模块 A 代码，现在具有 100% 的内聚性。

```
""" Module A (a.py) - Implement functions that operate on series of
numbers """

def squares(narray):
    """ Return array of squares of numbers """
    return pow_n(array, 2)

def cubes(narray):
    """ Return array of cubes of numbers """
    return pow_n(narray, 3)

def pow_n(narray, n):
    """ Return array of numbers raised to arbitrary power n each """
    return [pow(x, n) for x in narray]
```

现在来分析一下从模块 B 到模块 A 的耦合性：结合 A 中的代码，分析影响 B 中代码可修改性的几个风险因素，如下所示：

1）B 中的 3 个函数只依赖 A 中的一个函数。

2）该函数叫 squares，其功能是接收一个数组并返回每个数组元素的平方。

3）该函数 API 很简单，因此在未来修改此函数 API 的概率较小。

4）系统中不存在两种耦合方式。依赖方向只有从 B 到 A。

综上，尽管从 B 到 A 存在强耦合，但是这是一个“好”的耦合，而且丝毫不影响系统的可修改性。

下面来分析另一个例子。

2.5.2　字符串和文本处理

现在来看另一个例子，该例包含了一些字符串和文本处理函数。

模块 A：

```
""" Module A (a.py) - Provides string processing functions """
import b

def ntimes(string, char):
    """ Return number of times character 'char'
    occurs in string """

    return string.count(char)

def common_words(text1, text2):
    """ Return common words across text1 and text2"""
```

```
    # A text is a collection of strings split using newlines
    strings1 = text1.split("\n")
    strings2 = text2.split("\n")

    common = []
    for string1 in strings1:
        for string2 in strings2:
            common += b.common(string1, string2)

    # Drop duplicates
    return list(set(common))
```

模块 B：

```
""" Module B (b.py) - Provides text processing functions to user """

import a


def common(string1, string2):
    """ Return common words across strings1 1 & 2 """

    s1 = set(string1.lower().split())
    s2 = set(string2.lower().split())
    return s1.intersection(s2)
def common_words(text1, text2):
    """ Return common words across two input files """

    lines1 = open(filename1).read()
    lines2 = open(filename2).read()

    return a.common_words(lines1, lines2)
```

对两个模块的内聚耦合分析如下：

模块	核心功能数	无关功能数	功能依赖数
B	2	0	1 × 1=1
A	2	0	1 × 1=1

表中的数字含义如下：

1）模块 A 和 B 分别有两个函数，各个函数都是处理各自模块的核心功能，所以模块 A 和 B 都有 100% 的内聚性。

2）模块 A 中的一个函数依赖于模块 B 中的一个函数，同时，模块 B 中的一个函数也依赖于模块 A 中的一个函数。因此从模块 A 到 B 有强耦合性，从模块 B 到 A 也有强耦合性。也就是说，耦合性是双向的。

两个模块之间的双向耦合性就把每个模块的可修改性与对方紧密联系了起来。模块 A 中的任何修改将迅速影响模块 B 的行为，反之亦然。因此这是一个“坏”耦合。

2.6　探索提高可修改性的策略

既然上文已经举了一些例子说明了“好”耦合和“坏”耦合以及内聚性，那现在来着重探索减少内聚和耦合给可修改性带来不良影响的策略和方法，以便于软件设计师和架构师能用这些方法提高软件系统的可修改性。

2.6.1　提供显式接口

一个模块应该为外部代码提供一组函数、类或方法作为接口（interface）。接口可以认为是模块的 API，实际上 API 就是从接口发展过来的。任何使用此模块 API 的外部代码都被称为此模块的客户。对于模块来说是内部的方法或函数，或者不是 API 的构成方法或函数，也应该明确地加上私有标识，或被记录在案。

Python 并未提供函数和类中方法的访问权限设置方法，但是可以通过在函数名前加上单或双下划线来告知潜在客户端这些函数是内部的，即外部代码不能访问该方法或函数。

2.6.2　减少双向依赖

从前面举的例子可以看到，如果耦合方向是单向的，两个软件模块之间的耦合是可管理的，也就是说，它不会造成大的软件质量缺陷。然而，双向耦合使得两个模块之间紧密相连，进而使得模块难以被使用以及维护成本提高。

某些语言（例如 Python）采用的是基于引用的垃圾回收机制，如果存在双向耦合，可能会导致变量和对象之间的隐式引用循环链，进而导致垃圾回收运行结果不理想。

双向依赖可以用这样一种方式打破：第一个模块总是使用第二个模块之外的函数，第二个模块也可以这样做。也就是说，可以将各模块中共同使用的函数统一封装在一个模块中。

还记得 2.5.2 节例子中的模块 A 与 B 吗？它们之间存在着双向耦合，为打破双向耦合，它们的代码按如下修改：

模块 A：

```
""" Module A (a.py) - Provides string processing functions """

def ntimes(string, char):
    """ Return number of times character 'char'
    occurs in string """

    return string.count(char)

def common(string1, string2):
    """ Return common words across strings1 1 & 2 """
```

```
    s1 = set(string1.lower().split())
    s2 = set(string2.lower().split())
    return s1.intersection(s2)

def common_words(text1, text2):
    """ Return common words across text1 and text2"""
    # A text is a collection of strings split using newlines
    strings1 = text1.split("\n")
    strings2 = text2.split("\n")

    common_w = []
    for string1 in strings1:
        for string2 in strings2:
            common_w += common(string1, string2)

    return list(set(common_w))
```

模块 B：

```
""" Module B (b.py) - Provides text processing functions to user """

import a

def common_words(filename1, filename2):
  """ Return common words across two input files """

  lines1 = open(filename1).read()
  lines2 = open(filename2).read()

  return a.common_words(lines1, lines2)
```

修改后的代码简单地将函数 common 从模块 B 移到了模块 A 中，该函数是两个模块的共用函数。这是进行代码重构提高可修改性的一个例子。

2.6.3 抽象出公共服务

使用抽象常用功能和方法的辅助模块可以减少两个模块之间的耦合，并增加它们的内聚性。在 2.5.1 节的例子中，模块 A 的功能就相当于是模块 B 的辅助模块，在 2.6.2 节的例子中，修改后的模块 A 也相当于是模块 B 的辅助模块。

辅助模块可以认为是中间件或媒介，它抽象出其他模块的公共服务，使得被依赖的代码都被放在一个地方，而不用在各模块中重复出现。另外，还可以把一个模块中与核心功能关联不大的函数移到另一个辅助模块中，从而提高该模块的内聚性。

2.6.4 使用继承技术

当各个类中有相似的代码或函数时，则刚好可使用类继承。使用继承方法使得各类的通用代码通过继承共享。

下面来看一个例子，其依据某个词的出现频率对文本文件进行排序。

```
""" Module textrank - Rank text files in order of degree of a specific
word frequency. """

import operator

class TextRank(object):
    """ Accept text files as inputs and rank them in
    terms of how much a word occurs in them """

    def __init__(self, word, *filenames):
        self.word = word.strip().lower()
        self.filenames = filenames

    def rank(self):
        """ Rank the files. A tuple is returned with
        (filename, #occur) in decreasing order of
        occurences """

        occurs = []

        for fpath in self.filenames:
            data = open(fpath).read()
            words = map(lambda x: x.lower().strip(), data.split())
            # Filter empty words
            count = words.count(self.word)
            occurs.append((fpath, count))

        # Return in sorted order
        return sorted(occurs, key=operator.itemgetter(1),
                      reverse=True)
```

下面是另一个模块：urlrank。该模块对多个 URL 用同样的方法进行排序：

```
""" Module urlrank - Rank URLs in order of degree of a specific
word frequency """
import operator
import operator
import requests

class UrlRank(object):
    """ Accept URLs as inputs and rank them in
    terms of how much a word occurs in them """

    def __init__(self, word, *urls):
        self.word = word.strip().lower()
        self.urls = urls

    def rank(self):
        """ Rank the URLs. A tuple is returned with
        (url, #occur) in decreasing order of
```

```
        occurences """

        occurs = []

        for url in self.urls:
            data = requests.get(url).content
            words = map(lambda x: x.lower().strip(), data.split())
            # Filter empty words
            count = words.count(self.word)
            occurs.append((url, count))

        # Return in sorted order
        return sorted(occurs, key=operator.itemgetter(1),
                      reverse=True)
```

以上两个模块都是对多个输入的数据集进行排序，依据都是某个词在数据集中的出现频率。在写代码的时候就会发现，这两个模块中的很多功能都是类似的，最终的架构中会有很多雷同的代码，从而降低了可修改性。

这里可以使用继承，将共有的功能抽象出来，放在一个基类中。本例抽象出一个基类 RankBase，基类中放了两个模块的公共代码。

```
""" Module rankbase - Logic for ranking text using degree of word
frequency """

import operator

class RankBase(object):
""" Accept text data as inputs and rank them in
terms of how much a word occurs in them """

def __init__(self, word):
    self.word = word.strip().lower()

def rank(self, *texts):
    """ Rank input data. A tuple is returned with
    (idx, #occur) in decreasing order of
    occurences """

    occurs = {}

    for idx,text in enumerate(texts):
        # print text
        words = map(lambda x: x.lower().strip(), text.split())
        count = words.count(self.word)
        occurs[idx] = count

    # Return dictionary
    return occurs

def sort(self, occurs):
```

```
        """ Return the ranking data in sorted order """

        return sorted(occurs, key=operator.itemgetter(1),
                      reverse=True)
```

现在可以基于这个基类对 textrank 和 urlrank 模块进行重写。

textrank 模块：

```
""" Module textrank - Rank text files in order of degree of a specific
word frequency. """

import operator
from rankbase import RankBase

class TextRank(object):
    """ Accept text files as inputs and rank them in
    terms of how much a word occurs in them """

    def __init__(self, word, *filenames):
        self.word = word.strip().lower()
        self.filenames = filenames
    def rank(self):
        """ Rank the files. A tuple is returned with
        (filename, #occur) in decreasing order of
        occurences """

        texts = map(lambda x: open(x).read(), self.filenames)
        occurs = super(TextRank, self).rank(*texts)
        # Convert to filename list
        occurs = [(self.filenames[x],y) for x,y in occurs.items()]

        return self.sort(occurs)
```

urlrank 模块：

```
""" Module urlrank - Rank URLs in order of degree of a specific word
frequency """

import requests
from rankbase import RankBase

class UrlRank(RankBase):
    """ Accept URLs as inputs and rank them in
    terms of how much a word occurs in them """

def __init__(self, word, *urls):
    self.word = word.strip().lower()
    self.urls = urls

def rank(self):
    """ Rank the URLs. A tuple is returned with
    (url, #occur) in decreasing order of
```

```
    occurences"""

    texts = map(lambda x: requests.get(x).content, self.urls)
    # Rank using a call to parent class's 'rank' method
    occurs = super(UrlRank, self).rank(*texts)
    # Convert to URLs list
    occurs = [(self.urls[x],y) for x,y in occurs.items()]

    return self.sort(occurs)
```

重构后的代码不仅体积缩小了，而且可修改性提高了。抽象出的基类以后也可以被独立开发和维护。

2.6.5 使用延迟绑定技术

延迟绑定指的是尽量晚地按照代码执行的顺序将值绑定到参数。延迟绑定允许程序员通过利用各种技术推迟影响代码执行的因素，并因此推迟代码的执行和执行结果的得出。

一些延迟绑定的技术如下。

1）**插件机制（plugin mechanism）**：这与模块之间的绑定有所不同，模块绑定会增加耦合性，但是该机制是使用在运行时解析的值来加载执行特定相关代码的插件。插件可以是 Python 模块，它们的名字可以在运行时进行计算时获取，或者通过 ID 获取，或者从数据库查询或配置文件加载的变量名获取。

2）**代理 / 注册表查找服务（broker/registry looking service）**：一些服务可以完全交给代理完成，代理可以按照需要从注册表里查找相关服务，然后调用该服务并返回结果。可以以货币兑换服务为例，该服务的功能就是接受货币兑换汇率作为输入，程序如果需要用到此服务会在运行时动态查找它并配置，因此程序在运行时自始至终只需要运行相同的代码。因为系统中没有跟输入有关的独立代码，如果转换逻辑发生改变，系统也不会有任何改变，因为该功能已经交给外部服务去做了。

3）**通知服务（notification service）**：发布 / 订阅机制的特点是当某个对象的值或某个事件被发布时通知订阅者，这种机制可用于将系统与“volatile”型的参数（易失性参数）及其值分离。而不是在内部跟踪这些变量 / 对象的变化，这可能需要大量的依赖代码和结构，这样的系统会使客户端免疫于影响和触发对象内部行为的系统中的变化，但将其绑定到外部 API，它只是通知客户更改后的值。

4）**部署时间绑定（deployment time binding）**：通过在配置文件中将变量值与变量名或变量 ID 相关联，可以将变量和对象绑定推迟到部署时间。当系统启动后，只有在加载了配置文件后，相关值才被绑定。之后才能在代码中创建相关对象。

这种方法可以与面向对象的设计模式结合使用，例如与工厂模式结合，如此就能在运行时根据相应的名字和 ID 创建需要的对象，这样就可以把依赖于这些对象的客户端与内部发生的改变分隔开，从而增加了客户端的可修改性。

5）**使用创建模式（creational pattern）**：创建模式（如工厂模式或建筑工模式）从创建对象的细节中抽象创建对象的任务，这对于客户端模块的关注点分离问题是理想的选择——当用于创建依赖对象的代码更改时，客户端模块不必修改代码。

当这些创建模式与部署 / 配置时间或动态绑定（用 Looking 服务实现）联系在一起时，能在很大程度上增加系统的灵活性和可修改性。

本书后面的章节将会介绍 Python 设计模式的一些例子。

2.7　度量——静态分析工具

静态代码分析工具能够提炼出丰富的代码静态属性信息，这使得程序员可以对代码的复杂性、可修改性和可读性有进一步的了解。

Python 有很多第三方工具的支持，这有助于度量 Python 代码的静态属性，例如：

1）是否符合编码标准，例如 PEB-8。

2）代码复杂度度量，例如 McCabe 度量。

3）代码中的错误，例如语法错误、缩进问题、缺少相关导入包、变量覆盖以及其他问题。

4）代码的逻辑问题。

5）代码坏味道。

下面是 Python 生态系统中能进行静态分析的最常用的一些工具。

1）Pylint：Pylint 是 Python 代码的一个静态检查工具，它能够检测一系列的代码错误、代码坏味道和格式错误。Pylint 使用的编码格式类似于 PEP-8。它的最新版本还提供代码复杂度的相关统计数据，并能打印相应报告。不过在检查之前，Pylint 需要先执行代码。具体可以参考 http://pylint.org。

2）Pyflakes：Pyflakes 相对于 Pylint 而言出现的时间较晚，不同于 Pylint 的是，它不需要在检查之前执行代码来获取代码中的错误。Pytflakes 不检查代码的格式错误，只检查逻辑错误。具体可以参考 http://launchpad.net/pyflakes。

3）McCabe：它是一个脚本，根据 McCabe 指标检查代码复杂性并打印报告。具体可以参考 https://pypi.python.org/pyp1/mccabe。

4）Pycodestyle：Pycodestyle 是一个按照 PEP-8 的部分内容检查 Python 代码的一个工具。这个工具之前叫作 PEP-8，具体可以参考 http://github.com/PyCQA/pycodestyle。

5）Flake8：Flake8 封装了 Pyflakes、McCabe 和 Pycodestyle 工具，它可以执行这三个工具提供的检查。具体可以参考 https://gitlab.com/pycqa/flake8/。

2.7.1　什么是代码坏味道

代码坏味道指代码中深层问题的表面症状，它通常暗示着设计上的问题，这可能会导致未来的错误或者对特定代码段的开发产生负面影响。

代码坏味道本身并不是错误，但是它们暗示着代码中采用的问题解决方法是不正确的，这应该通过重构代码来解决。

一些常见的代码坏味道如下。

在类层面上：

1）上帝对象（god object）：一种试图做很多事情的对象。换言之，这种对象没有任何的内聚力。

2）常量类（constant class）：一种只有常量集合的类，而常量集合在其他地方被使用。事实上，该常量在理想状态下不应该属于这个类。

3）拒绝遗赠（refused buquest）：一种不符合基类使用原则的类，它打破了继承的替代原则（所有引用基类的地方必须能透明地使用其子类的对象）。

4）吃白食（freeloader）：一种有很少功能的类，几乎不做什么事情，有很少的属性。

5）特征妒忌（feature envy）：一种过分依赖其他类方法的类，也就是有高耦合性。

在方法层面上：

1）长方法（long method）：太大和太复杂的方法。

2）参数蠕变（parameter creep）：方法中有过多的参数。这会导致方法的调用和测试变得困难。

3）圈复杂度（cyclomatic complexity）：方法中有过多的分支和循环，以至于代码逻辑难以理解，而且容易导致不易察觉的缺陷。这样的方法应该被重构分解成多个方法，或者重新构思逻辑以避免过多的分支。

4）标识符过长或过短（overly long or short identifier）：函数使用了过长或过短的变量名以至于难以看出该变量的含义，函数的名字也是如此。

代码坏味道的一个相关“antipattern”是设计坏味道，这是系统设计中的表面症状，表明在架构中存在较深层次的问题。

2.7.2 圈复杂度——McCabe 度量

圈复杂度是衡量计算机程序复杂度的一种措施。它根据程序源代码从开始到结束的线性独立路径的数量计算得来。

对于没有任何分支的一段代码，它的圈复杂度为 1，意味着代码中只有一条路径。例如下面给出的代码：

```
""" Module power.py """

def power(x, y):
    """ Return power of x to y """
    return x^y
```

对于有一条分支的代码，它的圈复杂度为 2，例如下面的代码：

```
""" Module factorial.py """

def factorial(n):
    """ Return factorial of n """
    if n == 0:
        return 1
    else:
        return n*factorial(n-1)
```

1976 年，Thomas J.McCabe 开发了使用代码控制图为指标的复杂度度量标准——圈复杂度，因此，圈复杂度也称为 McCabe 复杂度或 McCabe 指数。

为了得到这个指标，程序控制流程图可以被绘制为一个有向图，其中节点表示一个程序块，边表示从一个程序块到另一个程序块的控制流。

根据程序的控制图，McCabe 复杂度可以表示如下：

$$M=E-N+2P$$

其中：

E：图中边的数量。

N：图中节点的数量。

P：图中连接组件的数量。

在 Python 中，有一个由 Ned Batcheldor 编写的包 mccabe，可用于测量程序的圈复杂度。它可以当作一个独立的模块，或者当作程序的一个插件，类似于 Flake8 和 Pylint。

下图展示了如何测量前面提到的两个代码片段的圈复杂度。

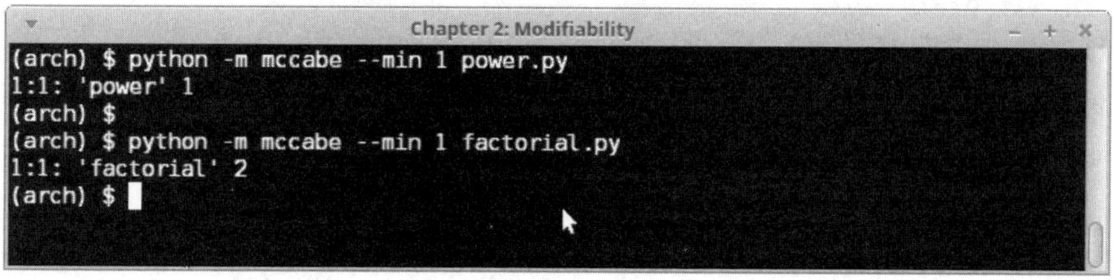

```
Chapter 2: Modifiability
(arch) $ python -m mccabe --min 1 power.py
1:1: 'power' 1
(arch) $
(arch) $ python -m mccabe --min 1 factorial.py
1:1: 'factorial' 2
(arch) $
```

其中，参数 -min 意为 mccabe 模块用给定的 McCabe 指数开始测量和报告。

2.7.3　度量结果测试

本节对上述的工具进行一些测试，在例子模块中运行这些工具，并查看这些工具的报告结果。

注意：本节的目标不是教会读者这些工具的使用方法和它们的命令行指令，这些都可以通过工具的说明文档学会。本节旨在探索这些工具提供的关于代码的风格、逻辑和其他信息的深度和丰富性。

为了进行测试，使用以下模块作为示例。该模块有意添加了很多编码错误、风格错误和代码坏味道。

由于使用的工具是按行号列出错误，所以下列示例代码加上了行号，以便于与检测工具的输出报告相对应。

```
1  """
2  Module metrictest.py
3
4  Metric example - Module which is used as a testbed for static
   checkers.
5  This is a mix of different functions and classes doing
   different things.
6
7  """
8  import random
9
10 def fn(x, y):
11     """ A function which performs a sum """
12     return x + y
13
14 def find_optimal_route_to_my_office_from_home(start_time,
15                                     expected_time,
16                                     favorite_route='SBS1K',
17                                     favorite_option='bus'):
18
19     # If I am very late, always drive.
20     d = (expected_time - start_time).total_seconds()/60.0
21
22     if d<=30:
23         return 'car'
24
25     # If d>30 but <45, first drive then take metro
26     if d>30 and d<45:
27         return ('car', 'metro')
28
29     # If d>45 there are a combination of options
30     if d>45:
31         if d<60:
32             # First volvo,then connecting bus
33             return ('bus:335E','bus:connector')
34         elif d>80:
35             # Might as well go by normal bus
36             return random.choice(('bus:330','bus:331',':'.
                   join((favorite_option,
37                        favorite_route))))
38         elif d>90:
39             # Relax and choose favorite route
40             return ':'.join((favorite_option,
41                              favorite_route))
42
43
```

```
44  class C(object):
45      """ A class which does almost nothing """
46
47      def __init__(self, x,y):
48          self.x = x
49          self.y = y
50
51      def f(self):
52          pass
53
54      def g(self, x, y):
55
56          if self.x>x:
57              return self.x+self.y
58          elif x>self.x:
59              return x+ self.y
60
61  class D(C):
62      """ D class """
63
64      def __init__(self, x):
65          self.x = x
66
67      def f(self, x,y):
68          if x>y:
69              return x-y
70          else:
71              return x+y
72
73      def g(self, y):
74
75          if self.x>y:
76              return self.x+y
77          else:
78              return y-self.x
```

2.7.4　运行静态检查器

首先来看 Pylint 针对上面相当“可怕”的代码的检测结果。

注意： Pylint 打印出了很多风格错误，但是这个例子的目的是将重点放在逻辑问题和代码味道（code smell）上，这些日志只能从这些报告开始展示。

```
$ pylint -reports=n metrictest.py
```

下面是详细输出的两个屏幕截图。

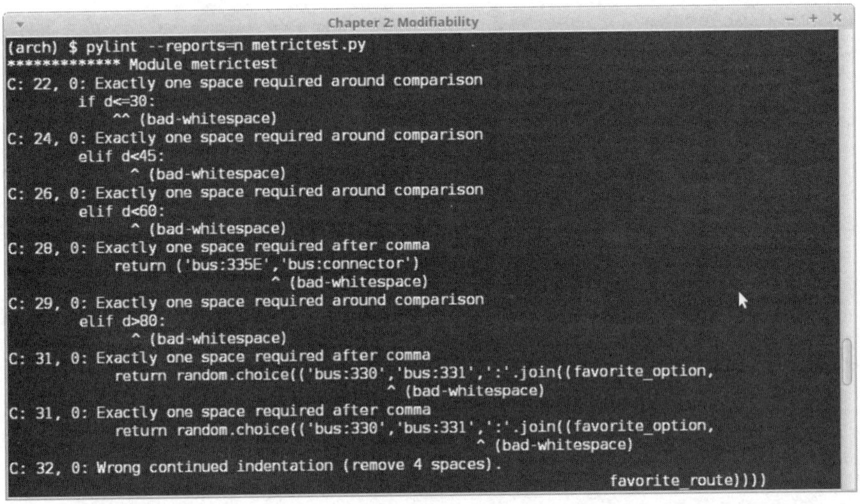

```
Chapter 2: Modifiability
(arch) $ pylint --reports=n metrictest.py
************* Module metrictest
C: 22, 0: Exactly one space required around comparison
        if d<=30:
            ^^ (bad-whitespace)
C: 24, 0: Exactly one space required around comparison
        elif d<45:
              ^ (bad-whitespace)
C: 26, 0: Exactly one space required around comparison
        elif d<60:
              ^ (bad-whitespace)
C: 28, 0: Exactly one space required after comma
            return ('bus:335E','bus:connector')
                              ^ (bad-whitespace)
C: 29, 0: Exactly one space required around comparison
        elif d>80:
              ^ (bad-whitespace)
C: 31, 0: Exactly one space required after comma
            return random.choice(('bus:330','bus:331',':'.join((favorite_option,
                                             ^ (bad-whitespace)
C: 31, 0: Exactly one space required after comma
            return random.choice(('bus:330','bus:331',':'.join((favorite_option,
                                                       ^ (bad-whitespace)
C: 32, 0: Wrong continued indentation (remove 4 spaces).
                                                           favorite_route))))
```

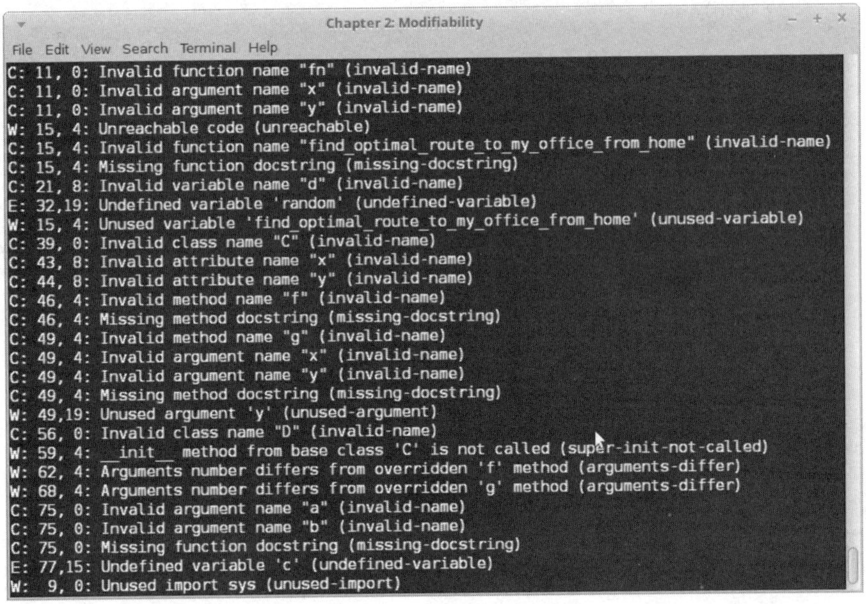

```
Chapter 2: Modifiability
File  Edit  View  Search  Terminal  Help
C: 11, 0: Invalid function name "fn" (invalid-name)
C: 11, 0: Invalid argument name "x" (invalid-name)
C: 11, 0: Invalid argument name "y" (invalid-name)
W: 15, 4: Unreachable code (unreachable)
C: 15, 4: Invalid function name "find_optimal_route_to_my_office_from_home" (invalid-name)
C: 15, 4: Missing function docstring (missing-docstring)
C: 21, 8: Invalid variable name "d" (invalid-name)
E: 32,19: Undefined variable 'random' (undefined-variable)
W: 15, 4: Unused variable 'find_optimal_route_to_my_office_from_home' (unused-variable)
C: 39, 0: Invalid class name "C" (invalid-name)
C: 43, 8: Invalid attribute name "x" (invalid-name)
C: 44, 8: Invalid attribute name "y" (invalid-name)
C: 46, 4: Invalid method name "f" (invalid-name)
C: 46, 4: Missing method docstring (missing-docstring)
C: 49, 4: Invalid method name "g" (invalid-name)
C: 49, 4: Invalid argument name "x" (invalid-name)
C: 49, 4: Invalid argument name "y" (invalid-name)
C: 49, 4: Missing method docstring (missing-docstring)
W: 49,19: Unused argument 'y' (unused-argument)
C: 56, 0: Invalid class name "D" (invalid-name)
W: 59, 4: __init__ method from base class 'C' is not called (super-init-not-called)
W: 62, 4: Arguments number differs from overridden 'f' method (arguments-differ)
W: 68, 4: Arguments number differs from overridden 'g' method (arguments-differ)
C: 75, 0: Invalid argument name "a" (invalid-name)
C: 75, 0: Invalid argument name "b" (invalid-name)
C: 75, 0: Missing function docstring (missing-docstring)
E: 77,15: Undefined variable 'c' (undefined-variable)
W:  9, 0: Unused import sys (unused-import)
```

跳过报告开始关于风格和惯例的警告信息，把关注点放在最后的 10 ～ 20 行，从中提取出的信息可以填入下表中。表中已经省略了雷同的错误。

错误	出现地方	解释	代码坏味道类型
不合法的函数名	函数 fn	Fn 的名字太短，不能解释该函数的功能	标识符过短
不合法的变量名	函数 fn 中的变量 x、y	变量名 x、y 太短，不能表达变量的含义	标识符过短
不合法的函数名	函数名 find_optimal_route_to_my_office_from_home	函数名太长	标识符过长
不合法的变量名	函数 find_optim…中的变量 d	变量名 d 太短，不能表达变量的含义	标识符过短

（续）

错误	出现地方	解释	代码坏味道类型
不合法的类名	类 C	类名 C 没有表达出该类的含义	标识符过短
不合法的方法名	类 C 中的 f 方法	方法名 f 太短不能表达该方法的功能	标识符过短
不合法的方法：_init_	类 D 中的方法 _init_	该方法没有调用基类的 _init_ 方法	破坏类继承协议
变量 f 在类 D 和 C 中不一致	类 D 中的方法 f	方法签名破坏了类继承协议	拒绝遗赠
变量 g 在类 D 和 C 中不一致	类 D 中的方法 g	方法签名破坏了类继承协议	拒绝遗赠

如表所示，Pylint 可以检测出很多 2.7.3 节中提过的代码坏味道。其中较有趣的是长的荒谬的函数名，以及子类 D 在 _init_ 和其他方法中打破了基类 C 的契约（contract）。

下面来看 flake8 对示例代码的检测结果：

```
$ flake8 --statistics --count metrictest.py
```

```
Chapter 2: Modifiability
File Edit View Search Terminal Help
$ flake8 --statistics --count metrictest.py
metrictest.py:8:1: F401 'sys' imported but unused
metrictest.py:10:1: E302 expected 2 blank lines, found 1
metrictest.py:22:13: E225 missing whitespace around operator
metrictest.py:24:15: E225 missing whitespace around operator
metrictest.py:26:15: E225 missing whitespace around operator
metrictest.py:28:31: E231 missing whitespace after ','
metrictest.py:29:15: E225 missing whitespace around operator
metrictest.py:31:20: F821 undefined name 'random'
metrictest.py:31:44: E231 missing whitespace after ','
metrictest.py:31:54: E231 missing whitespace after ','
metrictest.py:32:69: E127 continuation line over-indented for visual indent
metrictest.py:37:1: W293 blank line contains whitespace
metrictest.py:41:25: E231 missing whitespace after ','
metrictest.py:44:1: W293 blank line contains whitespace
metrictest.py:50:18: E225 missing whitespace around operator
metrictest.py:52:15: E225 missing whitespace around operator
metrictest.py:53:21: E225 missing whitespace around operator
metrictest.py:55:1: E302 expected 2 blank lines, found 1
metrictest.py:61:18: E231 missing whitespace after ','
metrictest.py:62:13: E225 missing whitespace around operator
metrictest.py:69:18: E225 missing whitespace around operator
metrictest.py:74:1: E302 expected 2 blank lines, found 1
metrictest.py:75:9: E225 missing whitespace around operator
metrictest.py:76:16: F821 undefined name 'c'
1       E127 continuation line over-indented for visual indent
10      E225 missing whitespace around operator
5       E231 missing whitespace after ','
3       E302 expected 2 blank lines, found 1
1       F401 'sys' imported but unused
2       F821 undefined name 'c'
2       W293 blank line contains whitespace
24
```

Flake8 是一个在很大程度上遵循着 PEP-8 标准的工具，它报告出的错误都是风格和 convention 错误。根据报告可以对代码的可读性进行提升，而且可以使代码更加符合 PEP-8 标准。

注意：想得到 PEP-8 测试的更多信息，请在 Flake8 输入命令：-show-pep8。

接下来检测代码的复杂性。先直接用 mccabe 测试，再用 Flake8 调用 mccabe 进行测试。度量结果测试程序的 maccabe 复杂度如下所示。

```
Chapter 2: Modifiability
(arch) $ python -m mccabe --min 3 metrictest.py
54:1: 'C.g' 3
14:1: 'find_optimal_route_to_my_office_from_home' 7
(arch) $
```

正如预期的那样，图中所显示函数 office-route 的复杂度很高，这是因为该函数有很多主分支和子分支。

用 Flake8 测试时，过滤掉了多余的风格错误报告，下图为关于复杂度的报告。

```
Chapter 2: Modifiability
(arch) $ flake8 --max-complexity 3 metrictest.py | grep complex
metrictest.py:14:1: C901 'find_optimal_route_to_my_office_from_home' is too compl
ex (7)
(arch) $
```

也正如预期的那样，Flake8 报告函数 optimal_route_to_my_office_from_home 太过复杂。

注意：在 Pylint 中也可以以插件的方式使用 mccabe，但是由于其中涉及一些配置步骤，这里不再进行说明。

最后，使用 Pyflakes 来对代码进行测试。关于度量结果测试代码的 Pyflakes 静态分析输出结果如下所示。

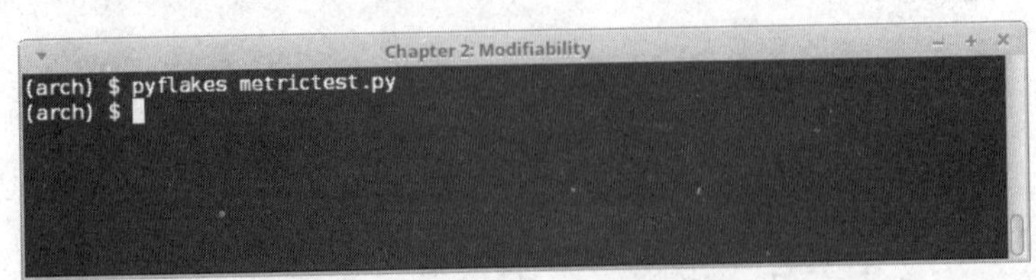

图中没有输出！这意味着 Pyflakes 没有找到任何问题。原因是 PyFlakes 是一个基础检查器，它只报告明显的语法错误、逻辑错误、相关包没有被导入、变量名缺失等问题。

现在进行一个测试，在示例代码中加入一些其他错误，继续让 Pyflakes 检测。下面是调整后的带行号的代码：

```
1  """
2  Module metrictest.py
```

```
3
4   Metric example - Module which is used as a testbed for static
    checkers.
5   This is a mix of different functions and classes doing
    different things.
6
7   """
8   import sys
9
10  def fn(x, y):
11      """ A function which performs a sum """
12      return x + y
13
14  def find_optimal_route_to_my_office_from_home(start_time,
15                                      expected_time,
16                                      favorite_route='SBS1K',
17                                      favorite_option='bus'):
18
19      # If I am very late, always drive.
20      d = (expected_time - start_time).total_seconds()/60.0
21
22      if d<=30:
23          return 'car'
24
25      # If d>30 but <45, first drive then take metro
26      if d>30 and d<45:
27          return ('car', 'metro')
28
29      # If d>45 there are a combination of options
30      if d>45:
31          if d<60:
32              # First volvo,then connecting bus
33              return ('bus:335E','bus:connector')
34          elif d>80:
35              # Might as well go by normal bus
36              return random.choice(('bus:330','bus:331',':'.
                        join((favorite_option,
37                              favorite_route))))
38          elif d>90:
39              # Relax and choose favorite route
40              return ':'.join((favorite_option,
41                                  favorite_route))
42
43
44  class C(object):
45      """ A class which does almost nothing """
46
47      def __init__(self, x,y):
48          self.x = x
49          self.y = y
```

```
50
51      def f(self):
52          pass
53
54      def g(self, x, y):
55
56          if self.x>x:
57              return self.x+self.y
58          elif x>self.x:
59              return x+ self.y
60
61  class D(C):
62      """ D class """
63
64      def __init__(self, x):
65          self.x = x
66
67      def f(self, x,y):
68          if x>y:
69              return x-y
70          else:
71              return x+y
72
73      def g(self, y):
74
75          if self.x>y:
76              return self.x+y
77          else:
78              return y-self.x
79
80  def myfunc(a, b):
81      if a>b:
82          return c
83      else:
84          return a
```

关于度量结果测试代码修改后由 Pyflakes 静态分析输出的结果如下所示。

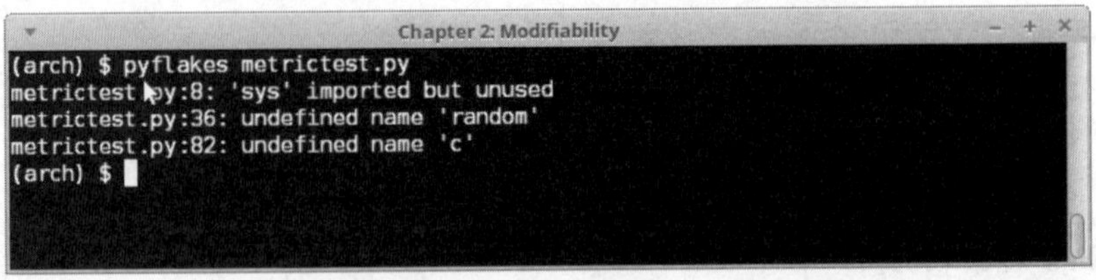

```
Chapter 2: Modifiability
(arch) $ pyflakes metrictest.py
metrictest.py:8: 'sys' imported but unused
metrictest.py:36: undefined name 'random'
metrictest.py:82: undefined name 'c'
(arch) $
```

这一次 Pyflakes 返回了一些有用的信息，例如名称 random 未定义，导入的包（sys）未使用，名称（变量 c 在新引入的函数 myfunc 中）未定义。根据这些报告，可以修改示例代码中一些显而易见的错误。

提示：在代码完成之后用 Pylint 或 Pyflakes 检查代码中的逻辑和语法错误是一个不错的选择。使用 Pylint 时需要用 -E 选项。使用 Pyflakes 时只需要按照前面的示例进行则可。

2.8　重构代码

2.7 节已经阐述了如何使用静态工具报告各种各样的 Python 代码问题和错误，本节让我们简单地练习一下重构你的代码。采用的示例代码仍然是 2.7 节中的度量测试模块代码（2.7 节中的第一个版本），然后对其执行一些重构操作。

下面是重构代码时需要遵守的硬性步骤：

1. 先修正复杂代码。此步骤会删减大量代码，通常，当一段复杂的代码被重构后，最终的代码行数会减少。这总体上提高了代码质量，并减少了代码坏气味。此步骤中有可能会创建新的函数或者类，首先执行此步骤是有利的。

2. 对代码进行静态分析。这步运行复杂度检测器，并了解如何降低代码级 / 模块或函数的整体复杂度。如果修改没有降低整体复杂度，则迭代执行。

3. 接着修改代码坏气味。这步修正代码坏气味的所有相关问题。此步骤能使代码更加规整，对整体的语义也有改善。

4. 运行检测器。这步运行像 Pylint 这样的检测器，并得到一个关于代码坏气味的检测报告。理想状态下，得到的问题数应该趋向于零，或相较于初始代码而言大大减少。

5. 解决格式问题。接下来修复不显眼的错误，如代码风格和惯例错误。 这在重构过程中会尝试降低复杂度和代码坏气味，通常会引入或删除大量的代码。 因此，在早期阶段尝试和改进编码惯例是没有意义的

6. 用工具最终检查一次。可以运行 Pylint 检测代码坏气味，以及是否符合 Flake8 和 PEP-8 标准，也可以用 Pyflakes 捕捉逻辑、语法和缺少的变量问题。

下面几节将按照本节所讲的硬性步骤对示例代码进行修改，并详细演示每一个步骤。

2.8.1　降低复杂度

示例代码中，复杂度主要集中在 office 路由函数中，现在修正这个函数，下面是重写之后的代码（这里只给出了修正后的这个函数的代码）：

```
def find_optimal_route_to_my_office_from_home(start_time,
                                              expected_time,
                                              favorite_route='SBS1K',
                                              favorite_option='bus'):

        # If I am very late, always drive.
        d = (expected_time - start_time).total_seconds()/60.0
```

```
    if d<=30:
        return 'car'
    elif d<45:
        return ('car', 'metro')
    elif d<60:
        # First volvo,then connecting bus
        return ('bus:335E','bus:connector')
    elif d>80:
        # Might as well go by normal bus
        return random.choice(('bus:330','bus:331',':'.
                                join((favorite_option,
                                      favorite_route))))
    # Relax and choose favorite route
    return ':'.join((favorite_option, favorite_route))
```

重写之后的代码删除了冗余的 if..else 条件，现在再检查一下代码的复杂性。重构步骤 1 之后度量测试程序的 maccabe 指标如下所示。

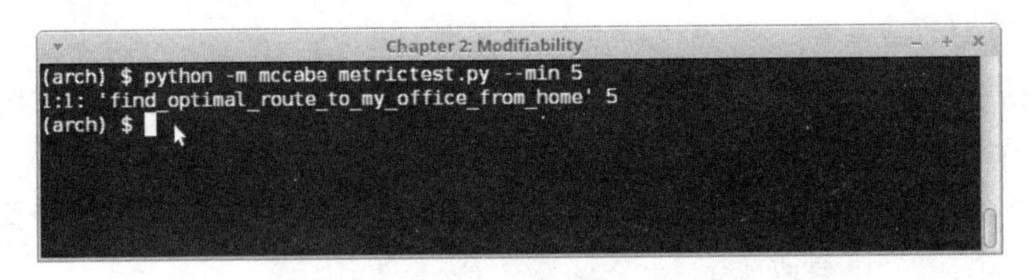

复杂度从 7 降到了 5，那么还能把复杂度降得更低吗？

在下面的代码中，用值的范围作为键，用对应的返回值作为值，代替 if-else 语句。这极大地简化了我们的代码，而且前一版本的代码中的 default 在这里没有用处，可以删去，如此减少了一个分支，从而降低了复杂度。

```
deffind_optimal_route_to_my_office_from_home(start_time,
    expected_time,
    favorite_route='SBS1K',
    favorite_option='bus'):

    # If I am very late, always drive.
    d = (expected_time - start_time).total_seconds()/60.0
    options = { range(0,30): 'car',
    range(30, 45): ('car','metro'),
    range(45, 60): ('bus:335E','bus:connector') }


if d<80:
# Pick the range it falls into
for drange in options:
    if d in drange:
    return drange[d]

    # Might as well go by normal bus
```

```
    return random.choice(('bus:330','bus:331',':'.join((favorite_
    option, favorite_route))))
```

再来测一下这个版本的复杂度。重构步骤 2 之后度量测试程序的 macabe 指标如下所示。

```
Chapter 2: Modifiability
(arch) $ python -m mccabe metrictest.py --min 3
9:1: 'find_optimal_route_to_my_office_from_home' 4
(arch) $
```

现在该函数的复杂度降到了 4，已经在可接受范围之内了。

2.8.2　改善代码坏味道

对代码的进阶改进步骤是改善代码的坏味道。在前面对代码的检测中，已经对代码的各个缺点有了明确的认识，所以这一步骤不是很困难。总体上来说，需要修改的主要是函数名、变量名以及子类与基类的契约问题（contract issue）。

下面是修改后的代码：

```
""" Module metrictest.py - testing static quality metrics of Python
code """

import random

def sum_fn(xnum, ynum):
    """ A function which performs a sum """

    return xnum + ynum

def find_optimal_route(start_time,
                       expected_time,
                       favorite_route='SBS1K',
                       favorite_option='bus'):
    """ Find optimal route for me to go from home to office """

    # Time difference in minutes - inputs must be datetime instances
    tdiff = (expected_time - start_time).total_seconds()/60.0

    options = {range(0, 30): 'car',
               range(30, 45): ('car', 'metro'),
               range(45, 60): ('bus:335E', 'bus:connector')}


    if tdiff < 80:
        # Pick the range it falls into
        for drange in options:
            if tdiff in drange:
```

```
            return drange[tdiff]

    # Might as well go by normal bus
    return random.choice(('bus:330', 'bus:331',
                          ':'.join((favorite_option,
                                    favorite_route))))


class MiscClassC(object):
    """ A miscellaneous class with some utility methods """

    def __init__(self, xnum, ynum):
        self.xnum = xnum
        self.ynum = ynum

    def compare_and_sum(self, xnum=0, ynum=0):
        """ Compare local and argument variables
        and perform some sums """

        if self.xnum > xnum:
            return self.xnum + self.ynum
        else:
            return xnum + self.ynum

class MiscClassD(MiscClassC):
    """ Sub-class of MiscClassC overriding some methods """

    def __init__(self, xnum, ynum=0):
        super(MiscClassD, self).__init__(xnum, ynum)

    def some_func(self, xnum, ynum):
        """ A function which does summing """

        if xnum > ynum:
            return xnum - ynum
        else:
            return xnum + ynum

    def compare_and_sum(self, xnum=0, ynum=0):
        """ Compare local and argument variables
        and perform some sums """

        if self.xnum > ynum:
            return self.xnum + ynum
        else:
            return ynum - self.xnum
```

在此代码上再次运行 Pylint，看看它的检测结果，如下所示。

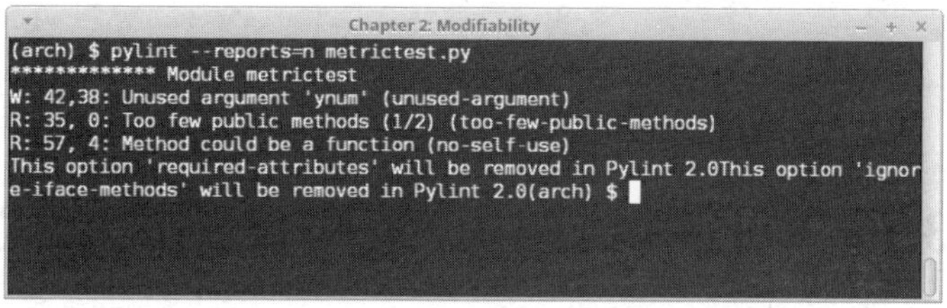

```
Chapter 2: Modifiability
(arch) $ pylint --reports=n metrictest.py
************* Module metrictest
W: 42,38: Unused argument 'ynum' (unused-argument)
R: 35, 0: Too few public methods (1/2) (too-few-public-methods)
R: 57, 4: Method could be a function (no-self-use)
This option 'required-attributes' will be removed in Pylint 2.0This option 'ignor
e-iface-methods' will be removed in Pylint 2.0(arch) $
```

可以看到，检测出的代码坏味道已经很少了，还存在的代码坏味道有：public 方法太少，类 MiscClassD 中的方法 some_func 可以变成一个函数，而且此类没有任何参数。

注意： 在运行 Pylint 时用到了 -reports=n 参数，这是为了避免 Pylint 打印出它全部的检测报告，这是相当长的报告，本文中不再全部列出。去掉该参数执行 Pylint，就可以得到它的全部检测报告。

2.8.3　改善风格上和编码上的问题

经过前面两个步骤，代码的主要问题已经被修正，下一步是改善代码风格和代码书写习惯上的错误，但是为了简化修改步骤和缩减文章篇幅，这个步骤已经糅合进了上一个步骤中，从上一节的 Pylint 输出中也可以看到，代码中已经没有风格和编码习惯上的问题。

2.9　本章小结

本章聚焦于可修改性这个架构质量属性以及它的各个方面，深入讨论了可读性的一些细节，包括可读性反模式还有一些编码反模式。在讨论中，我们还了解到 Python 从一开始就是为了可读性而编写的一种语言。

讨论了用于提高代码可读性的各种技术，并花费了一些时间在代码注释的各个方面，并在函数、类和模块级别中查看 Python 中的文档字符串。我们还看到了 PEP-8、Python 的“编码规则”，并且了解到代码的连续重构对于保持其可修改性并长期降低其维护成本很重要。

然后，讲解了一些代码注释的经验法则，并继续讨论了可修改性的基本原理，即代码的耦合和内聚。通过几个例子讨论了不同的耦合和内聚情况。然后，继续讨论提高代码的可修改性的策略，例如提供显式接口或 API，避免双向依赖，将常见服务抽象为辅助模块，以及使用继承技术。接着介绍了一个例子，通过继承来重构类层次结构，以抽象出通用代码并改善系统的可修改性。

最后，列出了在 Python 中提供静态代码指标的不同工具，如 PyLint、Flake8、PyFlakes 等。借助几个例子，还讲解了 McCabe 圈复杂性。另外，还讲了什么是代码坏味道，以及如何进行重构来提高代码段的质量等。

下一章将讨论软件架构的另一个重要的质量属性，即可测试性。

第 3 章　可测试性——编写可测试的代码

第 2 章讨论了一个非常重要的软件架构属性：**可修改性**及其相关方面。本章讨论的**可测试性**是一个与软件质量属性紧密相关的主题。

本书的第 1 章简要介绍了可测试性，包括什么是可测试性，以及它与代码的复杂性有什么关系。本章将从不同方面深入讨论软件的可测试性。

软件测试本身已经发展成为一个拥有自己的标准、独特工具和过程的大领域。本章的重点不是从正面讨论软件测试。相反，这里所要做的是从架构的角度理解软件测试，理解它与其他质量属性的关系。本章的后半部分将讨论在使用 Python 进行软件测试时使用的相关工具和库都是什么。

3.1　理解可测试性

可测试性的定义是：“软件系统通过执行基本的测试来暴露其错误的难易程度。”

一个高水平的可测试性软件系统可以通过测试暴露大量的错误，从而使开发人员能够轻易地寻找到系统的问题并允许他们迅速发现和修复错误。另一方面，一个缺乏可测试性的系统，会使开发人员很难找到问题的解决方案，并且常常导致产品的失败。

因此，可测试性是确保软件系统质量、稳定性和可预测性的一个重要方面。

3.1.1　软件可测试性及相关属性

如果软件系统能够轻易地放弃（或是公开）它的错误，那么这个软件系统就是可测试的。不仅如此，系统应该以一种可预测的方式运行测试人员开发的有用的测试。一个不可预测的系统会在不同时间针对固定的输入提供不同的输出，因此它是不可测试的（或者非常有用的）。

除了不可预测性外，复杂或者混乱的系统也不易于测试。例如，一个系统在有负载情况下的行为变化很大，就使得它并不能很好地进行负载测试。因此，确定性行为对于系统的可测试性也很重要。

另一个方面是测试人员对系统的子结构的控制量。为了设计有意义的测试，系统应该能够轻松地识别出具有良好定义的 API 的子系统，以便编写测试。根据定义，对于一个复杂的软件系统，如果不能很容易地访问它的子系统，那么它的可测试性和可以做到这点的系统相比将是较差的。

这就意味着结构复杂的系统将比那些结构简单的系统更加难以测试。

将这些关系直观地表示在下表中。

确定性	复测性	可测试性
高	低	高
低	高	低

3.1.2　架构级的方方面面

软件测试通常指正在进行测试的软件产品对其功能进行评估。然而，在实际的软件测试中，功能只是可能失败的一个方面。测试意味着评估其他质量属性的软件，例如性能、安全性、健壮性等。

由于测试的不同方面，软件测试的稳定性通常分为不同的级别。我们将从软件架构的角度来看待这些问题。

下面是在软件测试中通常会出现的不同方面的简要列表：

- **功能测试**：测试软件来验证其功能。一个软件单元的行为方式与它的开发规范完全一样，那么该软件单元就通过了它的功能测试。功能测试通常有以下两种类型。
  - **白盒测试**：这些通常是由开发人员实现的测试，他们对软件代码本身具有可见性。这里所测试的单元是组成软件的单个函数、方法、类或模块，而不是最终用户的功能。白盒测试最基本的形式是**单元测试**，其他类型还有**集成测试**和**系统测试**。
  - **黑盒测试**：这种类型的测试通常由开发团队之外的人执行。测试对软件代码没有可见性，并将整个系统像黑盒一样对待。黑盒测试测试了系统的最终用户功能，而不用担心它的内部细节。此类测试通常由专门的测试人员或 QA 工程师执行。然而如今，许多基于 Web 的应用程序的黑盒测试可以通过使用像 Selenium 这样的测试框架来实现自动化。

除了功能测试之外，还有许多测试方法，这些方法用于评估系统的各种架构质量属性。接下来将讨论这些问题

- **性能测试**：测试软件在高工作负载下对其响应性和健壮性（稳定性）的性能展开的测试。性能测试通常分为以下几类。
  - **负载测试**：评估系统在特定负载下执行的测试，无论是并发用户数量、输入数据还是事务。
  - **压力测试**：当某些输入突然出现或以高增长速度达到极限时，测试系统的健壮性和响应性。压力测试通常倾向于对系统进行略微超出其规定的设计范围的测试。压力测试的一种变化形式是在一定的特定负载下运行系统一段时间，并测量它的响应性和稳定性。
  - **可扩展性测试**：测量当负载增加时系统是否可以扩展或扩展的程度。例如，如

果一个系统被配置为使用一个云服务，那么就可以测试水平可扩展性，即系统在增加负载的情况下如何自动扩展到一定数量的节点，或者在 CPU 内核和 / 或系统 RAM 的利用率方面进行垂直扩展。

- **安全性测试**：验证系统安全性的测试。对于基于 Web 的应用程序，这通常包括验证角色的授权，通过检查一个给定的登录或角色只能执行一组指定的操作而没有执行更多（或更少）完成。在安全性下进行的其他测试将是验证对数据或静态文件的正确访问，以确保应用程序的所有敏感数据都是通过授权登录进行保护的。
- **可用性测试**：可用性测试包括测试一个系统的用户界面是否易于使用、直观，并且能否被最终用户所理解。可用性测试通常是通过目标组来完成的，这些目标组由选定的最终用户和目标受众所组成。
- **安装测试**：对于安装到客户地址的软件而言，安装测试是十分重要的。这将测试并验证在客户端构建和 / 或安装软件所涉及的所有步骤。如果开发的硬件与客户的不同，那么测试也涉及验证最终用户硬件中的步骤和组件。除了常规的软件安装之外，在交付软件更新、部分升级等方面，安装测试也很重要。
- **可访问性测试**：从软件的角度来看，可访问性指的是软件系统对最终用户的可用性和包含性。这通常是指在系统中包含对可访问性工具的支持，以及通过可访问的设计原则来设计用户界面。多年来，已经开发出来了许多标准和规范，这使得许多组织可以开发出被受众所接受的软件。例如，W3C 的 Web 内容可访问性指南（WCAG），美国政府的 Section 508 等。可访问性测试旨在评估软件对这些任意适用标准的可访问性。

除了上述的几种测试，还有许多其他类型的软件测试，涉及不同的方法，并且在软件开发的不同阶段被调用。例如回归测试、验收测试、Alpha 测试或 Beta 测试等。然而，由于我们的讨论重点是软件测试的架构方面，所以我们将把注意力放在之前所提到的几种测试上。

3.1.3 策略

根据前文可知，软件系统的可测试性是如何随着确定性和复杂性而变化的。

在软件测试中，隔离和控制正在测试的产品对软件测试是至关重要的。将正在测试的系统划分为不同的关注点是十分关键的，就像能够独立地测试组件并且不需要太多外部依赖一样。

现来看一下软件架构师可以采用的策略，以确保他所接受的测试组件提供可预测的、确定性的行为，这将提供有效且有用的测试结果。

（1）降低系统的复杂度

如前所述，一个复杂的系统具有较低的可测试性。系统的复杂性可以通过一些技术来降低，比如将系统划分为子系统，为系统提供良好的 API 等。以下是这些技术的一些细节。

减少耦合：隔离组件使得系统中的耦合减少。组件之间的依赖关系应该得到良好的消除，如果可以的话，将它们记录下来。

增强内聚性：增强模块的内聚性，即确保特定的模块或类只执行一组功能良好的函数。

提供定义良好的接口：尝试提供定义良好的接口，以获得所涉及的组件和类的状态。例如，getters 和 setters 允许一个人提供特定的方法来获取和设置一个类的属性值。重置方法允许在创建时将对象的内部状态设置为它的状态。在 Python 中，这可以通过定义属性来完成。

降低类的复杂性：减少一个类的派生类的数量。一种度量的标准称为类响应（RFC），类响应的值为类 C 中的一组方法加上其他类中调用类 C 的方法。建议将一个类的 RFC 保持在可管理的范围内，在中小型系统中通常不超过 50。

（2）改进可预测性

我们看到，具有确定性的行为对于设计能提供可预测结果的测试非常重要，因此可以用来构建一个用于可重复测试的测试工具。

下面是一些能提高所测试代码可预测性的策略：

正确的异常处理：缺少或编写不当的异常处理程序是导致错误的主要原因之一，从而使得软件系统出现不可预测的行为。在代码中找出异常可能发生的地方，然后处理错误是很重要的。大多数情况下，当代码与外部资源进行交互时就会出现异常，例如执行数据库查询、获取 URL、等待共享的互斥锁等。

无限循环和 / 或阻塞等待：在编写的循环依赖于特定的条件时，例如外部资源的可用性，或从共享的资源中获得处理或数据，假设是一个共享的互斥或队列，重要的是要确保代码中提供了安全的退出或中断条件。否则代码就会陷入永不中断的无限循环中，或者在资源上无休止地阻塞等待，从而导致难以进行故障排除和异常错误。

依赖于时间的逻辑：当实现依赖于某一天（小时或者特定工作日）的逻辑时，要确保代码以可预测的方式工作。在测试此类代码时，通常需要使用存根或者仿制来隔离这种依赖关系。

并发性：在编写使用多个线程和 / 或进程的并发方法的代码时，重要的是要确保系统逻辑不依赖于以任何特定顺序开始的线程或进程。系统状态应该以一种干净的、可重复的方式通过定义好的函数或方法进行初始化，这些方法使得系统行为是可重复的，因此系统是可测试的。

内存管理：软件错误和不可预测性的一个常见原因是错误地使用和管理内存。在拥有了动态内存管理的现代运行时库中，如 Python、Java 或 Ruby，这不是一个问题。然而，在现代软件系统中，内存泄漏和未释放的内存导致膨胀的软件仍然是实际存在的。

分析并预测软件系统的最大内存使用情况是很重要的，这样就可以为它分配足够的内存，并在正确的硬件上运行。此外，软件应该定期评估和测试内存泄漏和更好的内存管理，任何主要问题都应该得到解决和修复。

（3）控制并孤立各种外部依赖

测试过程中经常伴随着某种外部依赖。例如，一个测试可能需要从数据库加载 / 保存数据，另一个可能的依赖在于在特定的时间运行测试，第三个可能则是需要从 Web 上的 URL 获取数据。

然而，拥有外部依赖通常会使测试场景复杂化，这是因为外部依赖通常不在测试设计器的控制范围之内。在之前的例子中，数据库可能位于一个数据中心，链接可能失败，或者网站可能在配置的时间内没有响应，又或者给出一个 50X 错误。

在设计和编写可重复测试时，隔离这种外部依赖关系非常重要。以下是一些相关的技巧。

- **数据源**：大多数实际的测试需要各种形式的数据。通常情况下，数据是从数据库中读取的。但是，数据库是一种外部依赖，我们需要控制这种依赖。下面是一些控制数据源依赖关系的技术。
  - 使用本地文件代替数据库：通常情况下，可以使用预先填充了数据的测试文件代替查询数据库。这些文件可以是文本、JSON、CSV、YAML 文件。这些文件通常用于仿制或存根对象。
  - 使用内存中的数据库：使用一个小型的内存数据库而不连接到真正的数据库。一个很好的例子是 SQLiteDB，它是一个或是基于内存的数据库，实现了一个较小却又很好的 SQL 子集。
  - 使用一个测试数据库：如果测试真的需要一个数据库，那么这个数据库就可以是一个使用事务的测试数据库。数据库是在测试用例的 setUp() 方法中设置的，然后再用 tearDown() 方法回滚，从而使得在操作结束时没有真正的数据残留下来。
- **资源虚拟化**：为了控制系统之外资源的行为，可以虚拟化它们，即构造另一个版本的资源，新的版本可以模仿原有资源的 API，而不需要内部实现。资源虚拟化的一些常用技术如下。
  - **存根（stub）**：存根为测试期间的函数调用提供标准响应。Stub() 函数可以替换它所替换函数的详细信息，而只返回所需要的响应。例如，下面有一个返回给定 URL 数据的函数：

```
import hashlib
import requests

def get_url_data(url):
    """ Return data for a URL """

    # Return data while saving the data in a file
```

```
    # which is a hash of the URL
    data = requests.get(url).content
    # Save it in a filename
    filename = hashlib.md5(url).hexdigest()
    open(filename, 'w').write(data)
    return data
```

下面是替换它的存根，它内部化了 URL 的外部依赖项：

```
import os

def get_url_data_stub(url):
    """ Stub function replacing get_url_data """

    # No actual web request is made, instead
    # the file is opened and data returned
    filename = hashlib.md5(url).hexdigest()
    if os.path.isfile(filename):
        return open(filename).read()
```

编写这样一个函数的一种更常见的方法是将原始请求和文件缓存合并在相同的代码中。URL 只在第一次函数调用时被请求过一次，随后的请求只返回缓存文件中的数据。

```
def get_url_data(url):
    """ Return data for a URL """

    # First check for cached file - if so return its
    # contents. Note that we are not checking for
    # age of the file - so content may be stale.
    filename = hashlib.md5(url).hexdigest()
    if os.path.isfile(filename):
        return open(filename).read()

    # First time - so fetch the URL and write to the
    # file. In subsequent calls, the file contents will
    # be returned.
    data = requests.get(url).content
    open(filename, 'w').write(data)

    return data
```

- **仿制（mock）**：仿制并且代替实际对象的 API。在测试中，一个程序通过设置期望来仿制对象，所根据的是函数期望的以及它们返回响应的类型和顺序。稍后，可以在验证步骤中对预期进行验证。

> **注意**：仿制和存根的主要区别在于，存根通过实现被测对象足够的行为来执行测试，而仿制通常还会验证被测对象是否以期望的形式进行调用，例如验证参数的数量和顺序。所以在仿制对象时，测试包括了验证仿制是否正确地执行。换句话说，仿制和存根都可以回答“结果是什么？”而只有仿制可以回答“结果是如何实现的？”

- **伪造（fake）**：伪造的对象实现了可行化，但是由于有一些限制，所以没有达到生产使用的目的。一个伪对象提供了一个非常轻量级的实现，它不仅仅是对对象进行存根化。

例如，这里有一个伪造的对象，它实现了非常小的日志记录，仿制了 Python 日志模块的记录器对象的 API。

```
import logging

class FakeLogger(object):
    """ A class that fakes the interface of the
    logging.Logger object in a minimalistic fashion """

    def __init__(self):
        self.lvl = logging.INFO

    def setLevel(self, level):
        """ Set the logging level """
        self.lvl = level

    def _log(self, msg, *args):
        """ Perform the actual logging """

        # Since this is a fake object - no actual logging is
        # done.
        # Instead the message is simply printed to standard
        # output.

        print (msg, end=' ')
        for arg in args:
            print(arg, end=' ')
        print()

    def info(self, msg, *args):
        """ Log at info level """
        if self.lvl<=logging.INFO:
            return self._log(msg, *args)

    def debug(self, msg, *args):
        """ Log at debug level """

    if self.lvl<=logging.DEBUG:
        return self._log(msg, *args)

def warning(self, msg, *args):
    """ Log at warning level """
    if self.lvl<=logging.WARNING:
        return self._log(msg, *args)

def error(self, msg, *args):
    """ Log at error level """
```

```
        if self.lvl<=logging.CRITICAL:
            return self._log(msg, *args)

    def critical(self, msg, *args):
        """ Log at critical level """
        if self.lvl<=logging.CRITICAL:
            return self._log(msg, *args)
```

前面的代码中的 FakeLogger 类实现了一些主要日志记录方法。它是一个理想的伪对象，用于替换 Logger 对象以实现测试。

3.2　白盒测试原理

从软件架构的角度来看，测试最重要的步骤之一发生在软件开发的时候。而软件的行为或功能是软件细节实现的产物，只对其最终用户可见。所以在早期就执行测试的系统更有可能是一个可测试的和健壮的系统，它为用户提供的功能往往是令人满意的。因此，开始执行测试的最佳方法来自源代码，也就是软件编写的地方，以及开发人员。由于源代码是对开发人员可见的，所以这个测试通常称为白盒测试。

那么如何确保能够遵循正确的测试原则，并在软件开发的过程中一直执行下去呢？让我们看看软件在开发阶段中涉及的不同类型的测试，这些测试将会在软件完成用户交付时停止。

3.2.1　单元测试

单元测试是开发人员执行的最基本的测试类型。单元测试应用于最基本的软件代码，如函数、类方法，单元测试通过可执行的断言检查被测单元的输出是否满足预期结果。

在 Python 中，标准库中的 unittest 模块提供了对单元测试的支持。单元测试模块提供以下高级对象：

- **测试用例**：unittest 模块提供了 TestCase 类，它为测试用例提供了支持。可以通过继承这个类来设置一个新的测试用例类，并设置测试方法。每个测试方法通过对比响应和预期结果来实现单元测试。
- **测试固件**：测试固件表示一个或多个测试以及清理工作所需要的所有设置或准备。例如，这可能涉及创建临时或内存中的数据库、启动服务器、创建目录树等。在 unittest 模块中，对 fixture 的支持由 TestCase 类的 setUp() 和 tearDown() 方法以及 TestSuite 类的相关类和模块方法提供。
- **测试套件**：一个测试套件是相关测试用例的集合。一个测试套件也可以包含其他的测试套件，测试套件允许对在软件系统上执行功能相似的测试的测试用例进行分组，并对其结果进行读取或分析。unittest 模块通过 TestSuite 类提供对测试套件的支持。

- **测试运行人员：**测试运行人员是管理和运行测试用例的对象，并向测试人员提供结果。测试运行人员可以使用文本接口或 GUI。
- **测试结果：**测试结果类管理着测试结果的输出，并将结果显示给测试人员。测试结果总结了成功的、失败的和出错的测试用例的数量。在 unittest 模块中，这是由 TestResult 类实现的，它具有一个具体的、默认的 TextTestResult 类实现。

在 Python 中提供支持单元测试的其他模块是 nose(nose2) 和 py.test。下面几节将讨论这些内容。

3.2.2 操作中的单元测试

现来做一个具体的单元测试任务，然后尝试构建几个测试用例和测试套件。由于 unittest 模块是最流行的，并且在 Python 标准库中默认是可用的，所以首先从它开始。

针对测试目的，我们将创建一个类，其中有一些方法，这些方法用于日期 / 时间转换。下面的代码现显示了这个类：

```
""" Module datetime helper - Contains the class DateTimeHelper
providing some helpful methods for working with date and datetime
objects """

import datetime
class DateTimeHelper(object):
    """ A class which provides some convenient date/time
    conversion and utility methods """

    def today(self):
        """ Return today's datetime """
        return datetime.datetime.now()

    def date(self):
        """ Return today's date in the form of DD/MM/YYYY """
        return self.today().strftime("%d/%m/%Y")

    def weekday(self):
        """ Return the full week day for today """
        return self.today().strftime("%A")

    def us_to_indian(self, date):
        """ Convert a U.S style date i.e mm/dd/yy to Indian style
              dd/mm/yyyy """

        # Split it
        mm,dd,yy = date.split('/')
        yy = int(yy)
        # Check if year is >16, else add 2000 to it
        if yy<=16: yy += 2000
        # Create a date object from it
```

```
date_obj = datetime.date(year=yy, month=int(mm), day=int(dd))
# Retur it in correct format
return date_obj.strftime("%d/%m/%Y")
```

类 DateTImeHelper 有如下一些方法。

- date：返回这天的时间戳，格式为 dd/mm/yyyy。
- weekday：返回这天是周几，例如周一、周二等。
- us_to_indian：转换美国日期格式 (mm/dd/yy(yy)) 到印第安格式 (dd/mm/yyyy)。

下面是一个 unittest TestCase 类，它为最后一个方法实现了一个测试：

```
""" Module test_datetimehelper -  Unit test module for testing
datetimehelper module """

import unittest
import datetimehelper


class DateTimeHelperTestCase(unittest.TestCase):
     """ Unit-test testcase class for DateTimeHelper class """

    def setUp(self):
        print("Setting up...")
        self.obj = datetimehelper.DateTimeHelper()

    def test_us_india_conversion(self):
        """ Test us=>india date format conversion """

        # Test a few dates
        d1 = '08/12/16'
        d2 = '07/11/2014'
        d3 = '04/29/00'
        self.assertEqual(self.obj.us_to_indian(d1), '12/08/2016')
        self.assertEqual(self.obj.us_to_indian(d2), '11/07/2014')
        self.assertEqual(self.obj.us_to_indian(d3), '29/04/2000')

if __name__ == "__main__":
    unittest.main()
```

注意，在 testcase 代码的主要部分中，只调用了 unittest.main()。这将自动地计算出模块中的测试用例，并执行它们。下面的图片显示了测试运行的输出。

```
(env) anand@ubuntu-pro-book:~/Documents/ArchitectureBook/code/chap3$ python3 test_datetimehelper.py
Setting up...
.
----------------------------------------------------------------------
Ran 1 test in 0.000s

OK
(env) anand@ubuntu-pro-book:~/Documents/ArchitectureBook/code/chap3$
```

从输出可以看到这个简单的测试用例通过了。

扩展单元测试用例

你可能会注意到，上图中 DateTimeHelper 模块的单元测试用例仅包含一个方法，即将美国日期格式转换为印第安格式。但是对于模块中的另外两种方法，我们是否应该为它们编写单元测试？从代码可以看到，另外两种方法是从今天的日期获取数据，换句话说，它们的输出依赖于代码运行的确切时间。因此，不可能通过输入日期的值来为它编写一个特殊的测试用例以进行期望与结果的匹配，因为代码是与时间相关的。所以需要一种方式来控制这种外部依赖。

这里就用到了仿制的方法来解决这一问题。如之前所说的，仿制对象作为控制外部依赖关系的一种方式，在这里用到了 unittest.mock 库补丁，然后修复返回当前日期的方法，使得返回的是我们可控制的日期。通过这种方式就测试了依赖于时间的方法。

下面是使用此技术修改后的测试用例：

```
""" Module test_datetimehelper -  Unit test module for testing
datetimehelper module """

import unittest
import datetime
import datetimehelper

from unittest.mock import patch

class DateTimeHelperTestCase(unittest.TestCase):
    """ Unit-test testcase class for DateTimeHelper class """

    def setUp(self):
        self.obj = datetimehelper.DateTimeHelper()

    def test_date(self):
        """ Test date() method """

        # Put a specific date to test
        my_date = datetime.datetime(year=2016, month=8, day=16)

        # Patch the 'today' method with a specific return value
        with patch.object(self.obj, 'today', return_value=my_date):
            response = self.obj.date()
            self.assertEqual(response, '16/08/2016')

    def test_weekday(self):
        """ Test weekday() method """

        # Put a specific date to test
        my_date = datetime.datetime(year=2016, month=8, day=21)

        # Patch the 'today' method with a specific return value
        with patch.object(self.obj, 'today', return_value=my_date):
```

```
            response = self.obj.weekday()
            self.assertEqual(response, 'Sunday')

    def test_us_india_conversion(self):
        """ Test us=>india date format conversion """

        # Test a few dates
        d1 = '08/12/16'
        d2 = '07/11/2014'
        d3 = '04/29/00'
        self.assertEqual(self.obj.us_to_indian(d1), '12/08/2016')
        self.assertEqual(self.obj.us_to_indian(d2), '11/07/2014')
        self.assertEqual(self.obj.us_to_indian(d3), '29/04/2000')

if __name__ == "__main__":
    unittest.main()
```

正如代码所显示的，我们修复两个测试方法中的 today 方法来返回一个特定的日期，这样使得我们可以控制方法的输出，并且拿输出和特定的结果比较。

DateTimeHelper 模块在增加两个新的测试后单元测试用例的输出如下所示。

```
(env) anand@ubuntu-pro-book:~/Documents/ArchitectureBook/code/chap3$ python3 test_datetimehelper.py
...
----------------------------------------------------------------------
Ran 3 tests in 0.001s

OK
(env) anand@ubuntu-pro-book:~/Documents/ArchitectureBook/code/chap3$
```

注意： unittest.main 是 unittest 模块中一个便利函数，它可以自动加载一组测试用例并且运行它们。

为了能看出测试运行时发生的更多细节，可以通过增加冗余来显示更多的信息。这可以通过将 verbosity 参数传递给 unittest.main 来完成，或者通过在命令行上传递 -v 选项，如下图所示。

```
(env) anand@ubuntu-pro-book:~/Documents/ArchitectureBook/code/chap3$ python3 test_datetimehelper.py -v
test_date (__main__.DateTimeHelperTestCase)
Test date() method ... ok
test_us_india_conversion (__main__.DateTimeHelperTestCase)
Test us=>india date format conversion ... ok
test_weekday (__main__.DateTimeHelperTestCase)
Test weekday() method ... ok

----------------------------------------------------------------------
Ran 3 tests in 0.001s

OK
```

3.2.3　单元测试模块 nose2

在 Python 中还有其他单元测试模块，它们不是标准库的一部分，但是可以作为第三方包使用。这里首先介绍的是一个叫作 nose 的库，这个库最新的版本是 nose2，所以也被重新命名为 nose2。

我们可以通过使用 Python 包安装程序 pip 安装 nose2。

```
$ pip install nose2
```

运行 nose2 是非常简单的。它会通过寻找 unittest.TestCase 的派生类自动寻找到 Python 测试用例并且在它的文件夹中运行。在之前的 DateTimeHelper 测试用例中，nose2 会将它自动的检测出来，并从包含该模块的文件夹中运行它。以下是测试输出。

```
(env) anand@ubuntu-pro-book:~/Documents/ArchitectureBook/code/chap3$ nose2
...
----------------------------------------------------------------------
Ran 3 tests in 0.001s

OK
```

但是，前面的输出并没有报告任何内容，因为默认情况下 nose2 是悄悄运行的。我们可以使用详细选项（-v）来打开一些测试报告。通过 nose2 运行单元测试的详细输出如下所示。

```
(env) anand@ubuntu-pro-book:~/Documents/ArchitectureBook/code/chap3$ nose2 -v
test_date (test_datetimehelper.DateTimeHelperTestCase)
Test date() method ... ok
test_us_india_conversion (test_datetimehelper.DateTimeHelperTestCase)
Test us=>india date format conversion ... ok
test_weekday (test_datetimehelper.DateTimeHelperTestCase)
Test weekday() method ... ok

----------------------------------------------------------------------
Ran 3 tests in 0.001s

OK
```

nose2 还支持使用插件检测代码覆盖率，可在后面的部分中查看代码覆盖率。

3.2.4 用 py.test 进行测试

py.test 包通常也称为 pytest，是 Python 的一个功能完备的成熟测试框架。和 nose2 一样，py.test 也可以通过查找以特定模式开始的文件从而发现测试。

py.test 也可以通过 pip 安装：

```
$ pip install pytest
```

和 nose2 一样，py.test 的测试执行也非常简单，只需在包含测试用例的文件中运行可执行的 py.test 即可，如下所示。

```
(env) anand@ubuntu-pro-book:~/Documents/ArchitectureBook/code/chap3$ pytest
============================= test session starts ==============================
platform linux -- Python 3.5.2, pytest-3.0.0, py-1.4.31, pluggy-0.3.1
rootdir: /home/anand/Documents/ArchitectureBook/code/chap3, inifile:
collected 3 items

test_datetimehelper.py ...

=========================== 3 passed in 0.02 seconds ===========================
```

和 nose2 一样，py.test 也有自己的插件支持，其中最有用的是代码覆盖插件，后面会有相关示例。

需要注意的是，py.test 不需要从 unittest.TestCase 模块中派生出测试用例。py.test 会自动从含有前缀为 Test 的类或者前缀为 test_ 的方法的模块中发现测试。

例如，这里有一个新的测试用例，它对 unittest 模块没有任何依赖，但是使用了 Python 最基本对象 object 的测试用例类。这个新模块名为 test_datetimehelper_object。

```
""" Module test_datetimehelper_object - Simple test case with test
class derived from object """

import datetimehelper

class TestDateTimeHelper(object):

    def test_us_india_conversion(self):
        """ Test us=>india date format conversion """

        obj = datetimehelper.DateTimeHelper()
        assert obj.us_to_indian('1/1/1') == '01/01/2001'
```

请注意，这个类对 unittest 模块没有依赖关系，并且定义了无需测试固件。下面是在文件夹中运行 py.test 的输出。

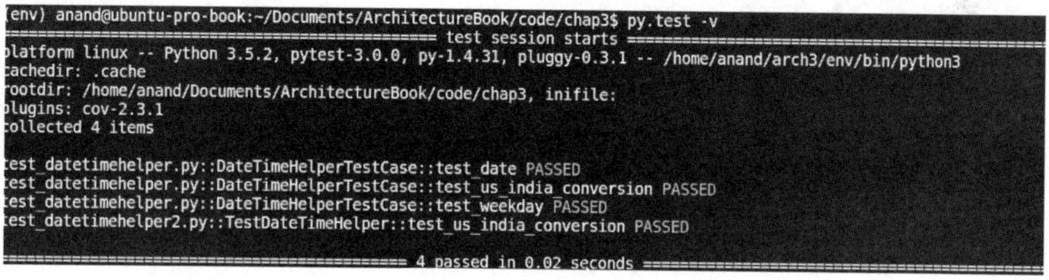

```
(env) anand@ubuntu-pro-book:~/Documents/ArchitectureBook/code/chap3$ py.test -v
=================================== test session starts ===================================
platform linux -- Python 3.5.2, pytest-3.0.0, py-1.4.31, pluggy-0.3.1 -- /home/anand/arch3/env/bin/python3
cachedir: .cache
rootdir: /home/anand/Documents/ArchitectureBook/code/chap3, inifile:
plugins: cov-2.3.1
collected 4 items

test_datetimehelper.py::DateTimeHelperTestCase::test_date PASSED
test_datetimehelper.py::DateTimeHelperTestCase::test_us_india_conversion PASSED
test_datetimehelper.py::DateTimeHelperTestCase::test_weekday PASSED
test_datetimehelper2.py::TestDateTimeHelper::test_us_india_conversion PASSED

=================================== 4 passed in 0.02 seconds ===================================
```

py.test 在这个模块中提取了测试用例，并在输出时自动执行了它。

nose2 也有类似的功能，用于检测这些测试用例，下图显示了新定义的测试用例在使用 nose2 时的输出。

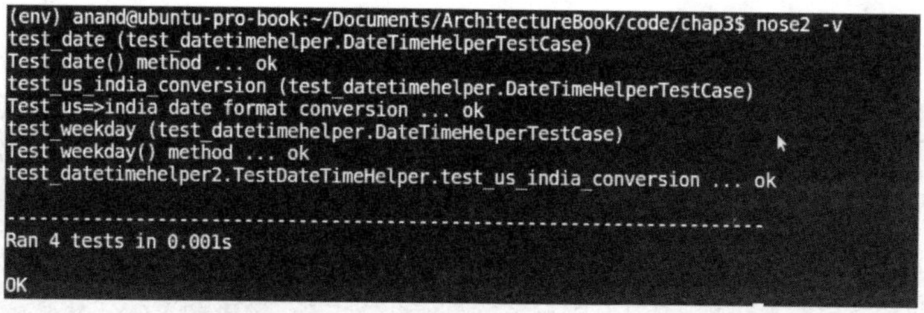

```
(env) anand@ubuntu-pro-book:~/Documents/ArchitectureBook/code/chap3$ nose2 -v
test_date (test_datetimehelper.DateTimeHelperTestCase)
Test date() method ... ok
test_us_india_conversion (test_datetimehelper.DateTimeHelperTestCase)
Test us=>india date format conversion ... ok
test_weekday (test_datetimehelper.DateTimeHelperTestCase)
Test weekday() method ... ok
test_datetimehelper2.TestDateTimeHelper.test_us_india_conversion ... ok

----------------------------------------------------------------------
Ran 4 tests in 0.001s

OK
```

前面的输出显示了新的测试已经被执行。

unittest 模块、nose2 和 py.test 包为开发和实现测试用例、测试固件、测试套件提供了大量的支持，且这是一种非常灵活与可定制的方式。讨论这些工具的众多选项超出了本章的范围，因为我们的重点是知道这些工具，并且理解如何使用它们来满足可测试性这个架构质量属性。

因此，这里将继续讨论单元测试的下一个主要问题，即代码覆盖。同时涉及三种工具，即 unittest、nose 和 py.test，看看它们是如何让架构师帮助开发人员和测试人员在单元测试中找到关于覆盖率的信息。

3.2.5 代码覆盖

代码覆盖率是由特定的测试套件覆盖被测源代码的程度来度量的。理想情况下，测试套件应该以高代码覆盖率为目标，因为这将测试更多的源代码，从而有助于发现错误。

代码覆盖率的度量指标在报告中通常是代码行数（LOC）的百分比，或者测试套件覆盖子程序（函数）的百分比。

现在来看看如何使用不同的工具度量代码覆盖率。这里将继续使用测试示例 DateTimeHelper 来说明。

（1）使用 coverage.py 度量覆盖

coverage.py 是一个第三方的 Python 模块，它与测试套件和用 unittest 模块编写的测试用例一起工作，它的功能是报告代码覆盖率。

coverage.py 也可以和其他工具一样使用 pip 安装。

```
$ pip install coverage
```

上面这行命令用于安装 coverage 应用，安装后就可以运行和报告代码的覆盖率。

coverage.py 包含两个阶段：第一个阶段是运行源代码，收集代码覆盖率信息；第二个阶段是报告代码覆盖率。

运行 coverage.py 会使用到以下语法：

```
$ coverage run <source file1> <source file 2> …
```

在运行结束后，试用以下命令报告代码覆盖率：

```
$ coverage report -m
```

使用 coverage.py 报告 DateTimeHelper 模块的测试覆盖率如下所示。

```
(env) anand@ubuntu-pro-book:~/Documents/ArchitectureBook/code/chap3$ coverage run test_datetimehelper.py
...
----------------------------------------------------------------------
Ran 3 tests in 0.001s

OK
(env) anand@ubuntu-pro-book:~/Documents/ArchitectureBook/code/chap3$ coverage report -m
Name                     Stmts   Miss  Cover   Missing
------------------------------------------------------
datetimehelper.py           14      1    93%   9
test_datetimehelper.py      26      0   100%
------------------------------------------------------
TOTAL                       40      1    98%
```

在上图中，coverage.py 报告显示我们的测试覆盖了 DateTimeHelper 模块中 93% 的代码，这是相当不错的代码覆盖率（可以忽略测试模块本身的报告）。

（2）使用 node2 度量覆盖

nose2 包附带的插件支持代码覆盖率的检测。但插件不是默认安装的，需要使用下面的命令安装它：

```
$ pip install cov-core
```

安装后就可以使用代码覆盖选项运行测试用例，可以一次性得到代码覆盖率报告。命令如下：

```
$ nose2 -v -C
```

注意：在幕后进行覆盖检测时，覆盖的核心机制（cov-core）是使用 coverage.py 来完成工作，所以无论使用 coverage.py 还是 nose2，得出的代码覆盖报告都是相同的。

使用 nose2 报告 DateTimeHelper 模块的测试覆盖率如下所示。

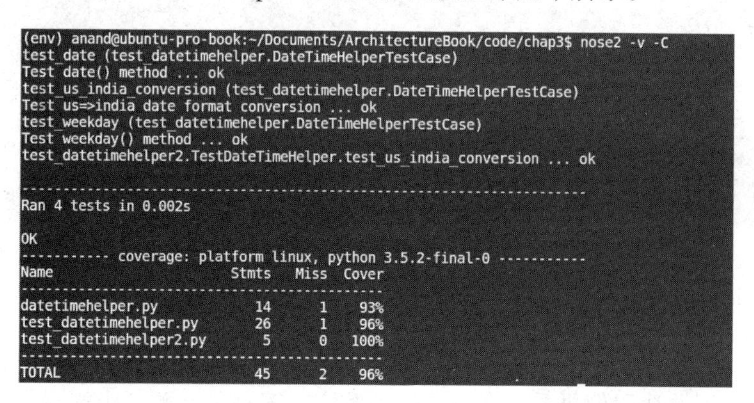

在默认情况下，代码覆盖率报告是显示在控制台的。如果想要生成其他形式的输出，可以使用 -coverage-report 选项。例如，--coverage-report html 可以将 HTML 格式的代码覆盖率报告写入一个命名为 htmlcov 的子文件中。

```
$ pip install pytest-cov
```

下面是 HTML 格式在浏览器中的输出。

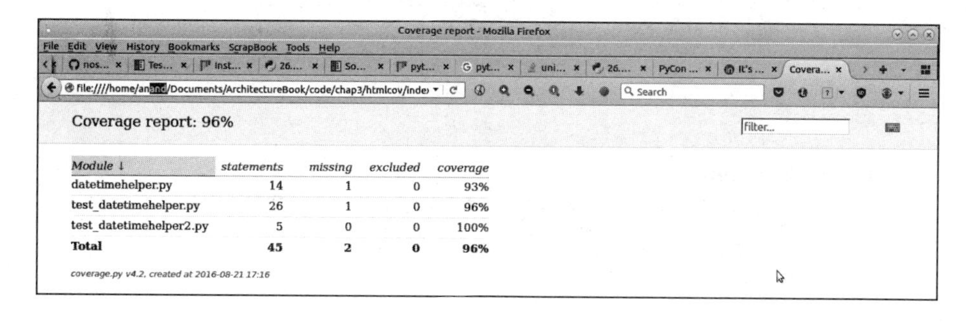

（3）使用 py.test 度量覆盖

py.test 还附带了自己的覆盖插件来报告自己的代码覆盖率。就和 nose2 一样，在幕后也是利用了 coverage.py 来完成工作。

py.test 支持代码覆盖时需要安装 pytest-cov 包，命令如下：

```
$ pip install pytest-cov
```

如果要报告当前文件夹中测试用例的代码覆盖率，可以如下命令：

```
$ pytest -cov
```

下面是 py.test 代码覆盖率输出的一个示例。

```
(env) anand@ubuntu-pro-book:~/Documents/ArchitectureBook/code/chap3$ pytest --cov .
============================================ test session starts =============================================
platform linux -- Python 3.5.2, pytest-3.0.0, py-1.4.31, pluggy-0.3.1
rootdir: /home/anand/Documents/ArchitectureBook/code/chap3, inifile:
plugins: cov-2.3.1
collected 4 items

test_datetimehelper.py ...
test_datetimehelper2.py .

----------- coverage: platform linux, python 3.5.2-final-0 -----------
Name                         Stmts   Miss  Cover
------------------------------------------------
datetimehelper.py               14      1    93%
test_datetimehelper.py          26      1    96%
test_datetimehelper2.py          5      0   100%
------------------------------------------------
TOTAL                           45      2    96%

========================================= 4 passed in 0.04 seconds =========================================
```

3.2.6 仿制一些东西

在之前看到了使用 unittest.mock 补丁的例子，然而 unittest 提供的仿制功能远比目前所看到的强大，因此让我们再看一个例子来理解它在编写单元测试中的能力和适用性。

出于演示的目的，这里采用了一个在大型数据集中搜索关键字并按权重排序返回结果的类。数据集存储在一个数据库中，结果返回一个二元组（句子、相关性），其中句子是匹配到关键字的原始字符串，相关性是关键字在结果集中的权重。

代码如下：

```
"""
Module textsearcher - Contains class TextSearcher for performing
search on a database and returning results
"""

import operator

class TextSearcher(object):
    """ A class which performs a text search and returns results """

    def __init__(self, db):
```

```
        """ Initializer - keyword and database object """

        self.cache = False
        self.cache_dict = {}
        self.db = db
        self.db.connect()

    def setup(self, cache=False, max_items=500):
        """ Setup parameters such as caching """

        self.cache = cache
        # Call configure on the db
        self.db.configure(max_items=max_items)

    def get_results(self, keyword, num=10):
        """ Query keyword on db and get results for given keyword """

        # If results in cache return from there
        if keyword in self.cache_dict:
            print ('From cache')
            return self.cache_dict[keyword]

        results = self.db.query(keyword)
        # Results are list of (string, weightage) tuples
        results = sorted(results, key=operator.itemgetter(1),
                    reverse=True)[:num]
        # Cache it
        if self.cache:
            self.cache_dict[keyword] = results

        return results
```

在这个类中，有以下三方法：

- __init__：初始化函数。它接受一个对象作为数据源（数据库）的句柄，还初始化了一些属性并连接到数据库。
- setup：建立搜索器，并配置数据库对象。
- get_results：使用数据源（数据库）执行搜索，并返回给定关键字的结果。

我们现在想为这个搜索器实现一个单元测试用例，由于数据库是一个外部依赖项，所以将通过对数据库对象的仿制来对数据库进行虚拟化。我们测试搜索器的逻辑、可调用标志位和返回的数据。

现在来一步一步完成这个程序，确保仿制的每一步都可以清晰地呈现出来。同样，我们需要用到 Python 的交互式会话。

首先需要导入必需的模块：

```
>>> from unittest.mock import Mock, MagicMock
>>> import textsearcher
>>> import operator
```

第一步，我们需要仿制数据库，做法如下：

```
>>> db = Mock()
```

然后建立搜索器对象，在这里并不对它进行仿制，因为需要测试它的可调用标志位和方法的返回值。

```
>>> searcher = textsearcher.TextSearcher(db)
```

此时，搜索器已经给数据库对象传递了 _init_ 方法，并且和数据库建立了联系。让我们验证一下是否实现了期望。

```
>>> db.connect.assert_called_with()
```

断言成功了，所以没有问题。现在让我们设置搜索器。

```
>>> searcher.setup(cache=True, max items=100)
```

在查看 TestSearcher 类的代码时，我们意识到前面的调用应该调用数据库对象的配置，其中参数 max_items 设置为 100。现来验证这一点。

```
>>> searcher.db.configure.assert_called_with(max_items=100)
<Mock name='mock.configure_assert_called_with()' id='139637252379648'>
```

成功！

最后，让我们尝试测试 get_results 方法的逻辑。因为我们的数据库是一个仿制的对象，所以它不能执行任何实际的查询，因此将一些事先设计并封装的数据传递给它的查询方法，从而有效地仿制了它。

```
>>> canned_results = [('Python is wonderful', 0.4),
...                       ('I like Python',0.8),
...                       ('Python is easy', 0.5),
...                       ('Python can be learnt in an afternoon!',
0.3)]
>>> db.query = MagicMock(return_value=canned_results)
```

现在来设计关键字和结果的数量，然后调用 get_results。

```
>>> keyword, num = 'python', 3
>>> data = searcher.get_results(python, num=num)
```

让我们看看输出的结果。

```
>>> data
[('I like Python', 0.8), ('Python is easy', 0.5), ('Python is
wonderful', 0.4)]
```

看起来结果是正确的。在接下来的步骤中，我们验证 get_results 是否使用给定的关键字调用了查询。

```
>>> searcher.db.query.assert_called_with(keyword)
```

最后，验证返回值数据是否已经被正确地排序，并且结果数量和我们传递的数值是否相同。

```
>>> results = sorted(canned_results, key=operator.itemgetter(1),
reverse=True)[:num]
>>> assert data == results
True
```

全部通过！

这个例子展示了在 unittest 模块中如何仿制外部依赖并有效地将其虚拟化，同时测试程序的逻辑、控制流、可调用的参数和返回值。

下面是一个测试模块，它将之前所有的测试合并到一个单独的测试模块中，并对其进行 nose2 输出。

```
"""
Module test_textsearch - Unittest case with mocks for textsearch
module
"""

from unittest.mock import Mock, MagicMock
import textsearcher
import operator

def test_search():

""" Test search via a mock """

# Mock the database object
db = Mock()
searcher = textsearcher.TextSearcher(db)
# Verify connect has been called with no arguments
db.connect.assert_called_with()
# Setup searcher
searcher.setup(cache=True, max_items=100)
# Verify configure called on db with correct parameter
searcher.db.configure.assert_called_with(max_items=100)

canned_results = [('Python is wonderful', 0.4),
                  ('I like Python',0.8),
                  ('Python is easy', 0.5),
                  ('Python can be learnt in an afternoon!', 0.3)]
db.query = MagicMock(return_value=canned_results)

# Mock the results data
keyword, num = 'python', 3
data = searcher.get_results(keyword,num=num)
searcher.db.query.assert_called_with(keyword)

# Verify data
results = sorted(canned_results, key=operator.itemgetter(1),
          reverse=True)[:num]
assert data == results
```

下图是这个测试用例 nose2 的输出。

```
(env) anand@ubuntu-pro-book:~/Documents/ArchitectureBook/code/chap3$ nose2 -v test_textsearch
test_textsearch.transplant_class.<locals>.C (test_search)
Test search via a mock ... ok

----------------------------------------------------------------------
Ran 1 test in 0.001s

OK
(env) anand@ubuntu-pro-book:~/Documents/ArchitectureBook/code/chap3$
```

为了更好地度量，来看一下仿制测试示例 test_testsearch 模块的代码覆盖率，这里使用的是 py.test 的覆盖率插件。使用 py.test 通过 test_testsearch 测试用例测试 testsearcher 的代码覆盖率如下所示。

```
(env) anand@ubuntu-pro-book:~/Documents/ArchitectureBook/code/chap3$ pytest --cov textsearcher
============================= test session starts ==============================
platform linux -- Python 3.5.2, pytest-3.0.0, py-1.4.31, pluggy-0.3.1
rootdir: /home/anand/Documents/ArchitectureBook/code/chap3, inifile:
plugins: cov-2.3.1
collected 5 items

test_datetimehelper.py ...
test_datetimehelper2.py .
test_textsearch.py .

---------- coverage: platform linux, python 3.5.2-final-0 -----------
Name              Stmts   Miss  Cover
-------------------------------------
textsearcher.py      19      2    89%

=========================== 5 passed in 0.04 seconds ===========================
```

从结果看，仿制测试有 90% 的代码覆盖率，只漏掉了 20 中的两个，是个不错的结果。

3.2.7 文档中的内联测试——doctest

Python 对内联代码有自己独有的测试，这种测试通常称为 doctest，包括函数、类或模块中的内联单元测试。内联测试具有很大意义，因为测试者无需开发或维护单独的测试套件，只需要在函数、类或者模块中组合代码并测试即可。

doctest 模块首先在代码文件中查找类似 Python 字符串的代码段，然后执行这些代码去验证结果是否和发现的完全相同。在这个过程中，任何的测试失败都将报告给控制台。

现来看一看代码示例，下面的代码通过迭代的方法实现了简单的阶乘函数：

```
"""
Module factorial - Demonstrating an example of writing doctests
"""

import functools
import operator

def factorial(n):
```

```
    """ Factorial of a number.

    >>> factorial(0)
    1
    >>> factorial(1)
    1
    >>> factorial(5)
    120
    >>> factorial(10)
    3628800

    """

    return functools.reduce(operator.mul, range(1,n+1))

if __name__ == "__main__":
    import doctest
    doctest.testmod(verbose=True)
```

下面是执行这个模块的输出。

阶乘模块的 doctest 输出如下所示。

```
(env) anand@ubuntu-pro-book:~/Documents/ArchitectureBook/code/chap3$ python3 factorial.py
**********************************************************************
File "factorial.py", line 13, in __main__.factorial
Failed example:
    factorial(0)
Exception raised:
    Traceback (most recent call last):
      File "/usr/lib/python3.5/doctest.py", line 1321, in __run
        compileflags, 1), test.globs)
      File "<doctest __main__.factorial[3]>", line 1, in <module>
        factorial(0)
      File "factorial.py", line 17, in factorial
        return functools.reduce(operator.mul, range(1,n+1))
    TypeError: reduce() of empty sequence with no initial value
**********************************************************************
1 items had failures:
   1 of   4 in __main__.factorial
***Test Failed*** 1 failures.
```

doctest 报告显示有 1/4 的测试失败了。

通过查看输出可发现，我们忘记了零的阶乘这一特殊情况，从而导致了错误。代码中的表现是在计算 range(1,1) 时发生异常。

为了解决这个问题，我们修改了代码，修改后的代码如下：

```
"""
Module factorial - Demonstrating an example of writing doctests
"""

import functools
import operator

def factorial(n):
    """ Factorial of a number.
```

```
    >>> factorial(0)
    1
    >>> factorial(1)
    1
    >>> factorial(5)
    120
    >>> factorial(10)
    3628800
    """

    # Handle 0 as a special case
    if n == 0:
        return 1

    return functools.reduce(operator.mul, range(1,n+1))

if __name__ == "__main__":
    import doctest
    doctest.testmod(verbose=True)
```

新的输出如下图所示。

```
(env) anand@ubuntu-pro-book:~/Documents/ArchitectureBook/code/chap3$ python3 factorial.py
Trying:
    factorial(1)
Expecting:
    1
ok
Trying:
    factorial(5)
Expecting:
    120
ok
Trying:
    factorial(10)
Expecting:
    3628800
ok
Trying:
    factorial(0)
Expecting:
    1
ok
1 items had no tests:
    __main__
1 items passed all tests:
   4 tests in __main__.factorial
4 tests in 2 items.
4 passed and 0 failed.
Test passed.
(env) anand@ubuntu-pro-book:~/Documents/ArchitectureBook/code/chap3$
```

从结果来看，修改后所有的测试都通过了。

注意：在本例中，我们打开 doctest 模块的 testmod 函数的详细（verbose）选项，以显示测试的详细信息。如果没有这个选项，且所有测试都通过了，那么 doctest 就会保持沉默，不会产生任何输出。

doctest 模块有很多种用途，不仅可执行 Python 代码，它还可以从源文本文件中加载

Python 交互式会话，并执行测试。

doctest 可以检查所有文档字符串，包括函数、类和 doc-string 模块，从而寻找到 Python 交互式对话。

注意：pytest 包自带了对 doctest 的支持，pytest 允许在当前文件夹下发现和运行 doctest，使用的命令是：$ pytest–doctest-modules。

3.2.8　集成测试

单元测试在软件开发生命周期早期的白盒测试中发现和修复错误，这起到了非常重要的作用，但是仅靠单元测试对测试软件来说是远远不够的。软件系统只有在不同的组件按照预期一同工作，才有可能完成其设计的全部功能，实现用户的需求并且满足预定义的架构质量属性。因此这就体现出了集成测试的重要性。

集成测试的目的是验证一个软件系统中各个子系统的功能、性能和其他质量要求是否达到要求。这些子系统作为基本的逻辑单元，有着特定的功能。同样，子系统也是由各个组件组合而成，虽然每个组件定义了自己的单元测试，但是还是需要通过编写集成测试来验证系统的综合功能。

集成测试通常是在单元测试完成之后，未开始验证测试时编写的。

在此时，说明集成测试的优势是有好处的，这对那些设计并实现了对不同组件的单元测试的软件架构师是有用的。

- **测试组件互操作性**：功能子系统中的每个单元都可以由不同的程序员编写。尽管每个程序员都知道他的组件应该如何执行，并且可能已经编写了相同的单元测试，但是整个系统可能会有一些问题，因为在集成点可能会出现错误或误解，此处，组件之间会相互通信。集成测试将揭示此类错误。
- **系统需求修改测试**：在系统实现过程中，需求可能发生了变化。这些更新的需求可能没有进行单元测试，此时，集成测试对于揭示问题非常有用。此外，系统的某些部分可能没有正确地实现需求，这也可以通过适当的集成测试来揭示。
- **测试外部依赖和 API**：如今的软件组件使用了大量第三方 API，这些 API 通常会在单元测试期间出现问题，集成测试能揭示这些 API 如何执行，以及包括调用约定、响应数据或 API 性能在内的很多问题。
- **调试硬件问题**：集成测试有助于获取有关任何硬件问题的信息，并且集成测试将为开发人员提供关于是否需要更新或更改硬件配置的数据。
- **在代码路径中发现异常**：集成测试还可以帮助开发人员找出代码中可能没有处理过的异常。相反，单元测试不会执行那些导致此类错误的路径或条件。更高的代码覆盖率可以识别并修复许多此类问题。然而，一个好的集成测试将已知功能的代码路径与高代码覆盖率结合起来，这样在测试期间可以确保发现并执行可能在使用过程中出现的大多数潜在错误。

有三种编写集成测试的方法：

- **自底向上**：在这种方法中，底层的组件首先进行测试，测试结果用于集成链中更高级别组件的测试。这个过程会重复，直到达到组件层次结构的顶端。在这种方法中，层次结构顶部的关键模块可能测试得不充分。

如果顶层组件处于开发阶段，则可能需要驱动程序来仿制它们。

自底向上的方法示意如下所示。

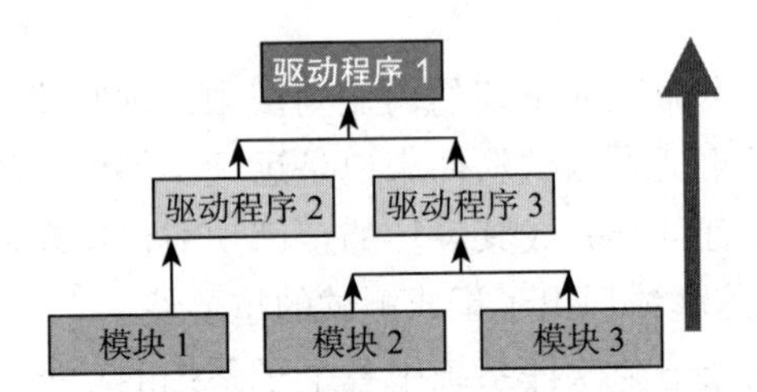

- **自顶向下**：测试开发和测试是自顶向下的，遵循软件系统中的工作流。因此，首先测试层次结构中的顶层组件，最后测试底层模块。在这种方法中，首先测试关键模块，因此可以首先识别主要的设计或开发缺陷，并修复它们，然而较低级别的模块可能测试得不充分。

底层模块可以被仿制其功能的存根所替代。早期的原型可以使用这种方法，因为底层的模块逻辑可以讨论出来。

自顶向下的方法示意如下所示。

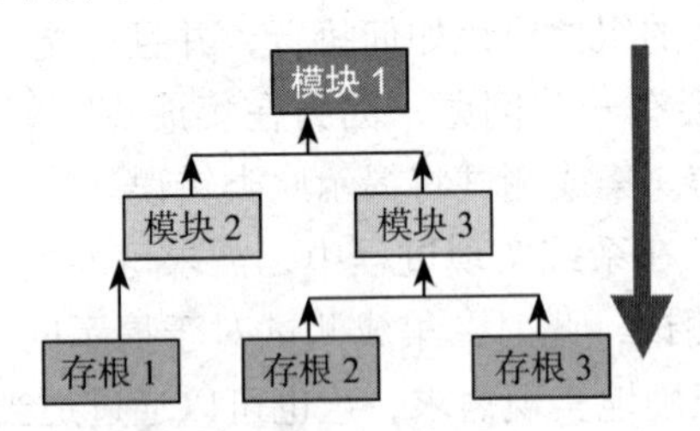

- **大爆炸**：这是一种所有组件都在开发的最后阶段进行集成和测试的方法。由于集成测试最后结束，这种方法就节省了开发的时间。但是，可能没有足够的时间来测试关键模块，因为可能没有足够的时间来平均地分配给所有组件。

一般的集成测试没有特定的软件。某类应用程序（如 Web 框架）定义它们自己的特定集成测试框架。例如，一些 Web 框架（如 Django、Pyramid 和 Flask）有一些特定的测试框架，这些测试框架是在它们自己的社区中开发的。

另一个例子是流行的 webtest 框架，它对 Python WSGI 应用程序的自动化测试非常有用。关于这些框架的详细讨论超出了本章和本书的范围。

3.2.9　测试自动化

在网上有一些工具可以用于自动化集成测试的软件应用程序，现简要介绍一些常见的集成测试应用程序。

使用 Selenium Web Driver 的测试自动化

Selenium 已经成为自动化集成、回归和验证测试的热门选择。Selenium 是免费、开源的，并且支持最流行的 Web 浏览器引擎。

在 Selenium 中，主对象是 Web 驱动程序，它是客户端上的一个有状态对象，代表浏览器。Web 驱动程序可以编程访问 URL、执行操作（例如单击、填写表单和提交表单），从而有效地替代了人工测试，后者通常手动执行这些步骤。

Selenium 为大多数流行的编程语言和运行时提供客户机驱动程序支持。

为了在 Python 中安装 Selenium Web Driver，使用以下命令：

```
$ pip install selenium
```

我们将利用 Selenium 和 pytest 构造一个小示例来实现小型的自动化测试，用以测试 Python 网站上（http://www.python.org）的一些简单测试用例。

下面是测试代码，此模块被命名为 selenium_testcase.py。

```
"""
Module selenium_testcase - Example of implementing an automated UI
test using selenium framework
"""

from selenium import webdriver
import pytest
import contextlib

@contextlib.contextmanager
@pytest.fixture(scope='session')
def setup():
    driver = webdriver.Firefox()
    yield driver

    driver.quit()

def test_python_dotorg():
    """ Test details of python.org website URLs """

    with setup() as driver:
        driver.get('http://www.python.org')
        # Some tests
        assert driver.title == 'Welcome to Python.org'
        # Find out the 'Community' link
        comm_elem = driver.find_elements_by_link_text('Community')[0]
        # Get the URL
```

```
        comm_url = comm_elem.get_attribute('href')
        # Visit it
        print ('Community URL=>',comm_url)
        driver.get(comm_url)
        # Assert its title
        assert driver.title == 'Our Community | Python.org'
        assert comm_url == 'https://www.python.org/community/'
```

在运行实例输出结果之前，首先检查一下函数。

- 函数 setUp 是一个测试夹具，它为我们的测试设置了主要对象，即 Firefox 的 Selenium Web Driver。通过使用 contextlib 模块的 contextmanager 装饰器对 setUp 函数进行修饰，我们将 setUp 函数转换为上下文管理器。在 setUp 函数结束时，调用 quit 方法，退出驱动程序。
- 在测试函数 test_python_dot_org 中，我们设置了一个相当简单的、人为的测试，用以访问主 Python 网站的 URL，并通过断言检查它的标题。然后，通过在主页面上定位它来加载 Python 社区的 URL，接着访问这个 URL。在结束测试之前，最后确定它的标题和 URL。

现来看一下这个项目，让 pytest 只加载这个模块，并运行它。命令行如下：

```
$ pytest -s selenium_testcase.py
```

Selenium 驱动程序将启动浏览器（Firefox），并自动打开一个窗口，在运行测试时访问 Python 网站 URL。控制台输出如下图所示。

```
(env) anand@ubuntu-pro-book:~/Documents/ArchitectureBook/code/chap3$ pytest -s selenium_testcase.py
======================================== test session starts ========================================
platform linux -- Python 3.5.2, pytest-3.0.0, py-1.4.31, pluggy-0.3.1
rootdir: /home/anand/Documents/ArchitectureBook/code/chap3, inifile:
plugins: cov-2.3.1
collected 1 items

selenium_testcase.py Community URL=> https://www.python.org/community/
.

===================================== 1 passed in 16.35 seconds =====================================
```

Selenium 可以用于更复杂的测试用例，因为它提供了许多方法来检查页面的 HTML、定位元素和与它们交互。还有用于 Selenium 的插件，它们可以执行页面的 JavaScript 内容，使测试支持通过 JavaScript（如 AJAX 请求）进行复杂的交互。

Selenium 也可以在服务器上运行，它通过远程驱动程序为远程客户端提供支持。浏览器可以在服务器上实例化（通常使用虚拟的 X 会话），而测试可以通过网络由客户机运行、控制。

3.3 测试驱动开发

测试驱动开发（TDD）是一种软件开发的敏捷实践，它有一个非常短的开发周期，通过编写代码来满足递增的测试用例。

在 TDD 中，功能需求映射到一个特定的测试用例。编写代码以通过第一个测试用例，将任何新的需求添加为新的测试用例，重构代码来支持新的测试用例。这个过程会一直持续下去，直到代码能够支持整个用户功能。

TDD 的步骤如下：

1. 定义一些启动测试用例作为程序的规范。
2. 编写代码以使早期测试用例通过。
3. 添加一个新测试用例来定义新的功能需求。
4. 运行所有测试，检查新的测试用例是失败还是通过。
5. 如果新测试失败，修改代码来通过测试。
6. 再次运行测试。
7. 重复步骤 4 ～ 6，直到新的测试通过。
8. 重复步骤 3 ～ 7，通过测试用例添加新的功能。

在 TDD 中，重点是保持一切简单，包括单元测试用例和支持测试用例的新代码。TDD 从业人员认为，前期的编写测试可以让开发人员更好地理解产品需求，从而可以从开发生命周期的最初阶段开始关注软件质量。

在 TDD 中，在对系统添加了许多测试之后，通常最后的重构步骤也完成了，以确保不引入编码味道或反模式，并保持代码的可读性和可维护性。

对于 TDD 来说，没有特定的软件，取而代之的是软件开发的方法和过程。大多数时候，TDD 使用单元测试，因此，工具链的支持主要是本章讨论过的 unittest 模块和相关的包。

3.4 有回文的 TDD

现以一个简单的例子来理解 TDD，在 Python 中开发一个程序，用于检查输入的字符串是否为回文。

注意：回文就是一个字符串，从左到右读和从右到左读是完全一样的。例如 bob、rotator 和 Malayalam。当忽略掉标点符号时，“Madam，I'm Adam”也是回文。

遵循 TDD 的步骤，首先需要一个定义了程序基本规范的测试用例。测试代码的第一个版本如下：

```
"""
Module test_palindrome - TDD for palindrome module
"""

import palindrome
```

```
def test_basic():
    """ Basic test for palindrome """

    # True positives
    for test in ('Rotator','bob','madam','mAlAyAlam', '1'):
    assert palindrome.is_palindrome(test)==True

# True negatives
for test in ('xyz','elephant', 'Country'):
    assert palindrome.is_palindrome(test)==False
```

请注意，前面的代码不仅在程序的早期功能方面给出了一个规范，而且根据参数和返回值给出了一个函数名和签名，我们可以通过查看测试来列出第一个版本的要求。

- 函数名为 _palindrome。它应该接收一个字符串，如果它是一个回文，则返回 True，否则将返回 False。该函数位于 palindrome 模块中。
- 函数应该不区分字符串中字符的大小写。

有了这些规范，palindrome 模块的第一个版本如下：

```
def is_palindrome(in_string):
    """ Returns True whether in_string is palindrome, False otherwise
    """

    # Case insensitive
    in_string = in_string.lower()
    # Check if string is same as in reverse
    return in_string == in_string[-1::-1]
```

下面将利用测试模块运行 py.test 检查测试是否通过。test_palindrome.py 版本 1 的测试输出如下所示。

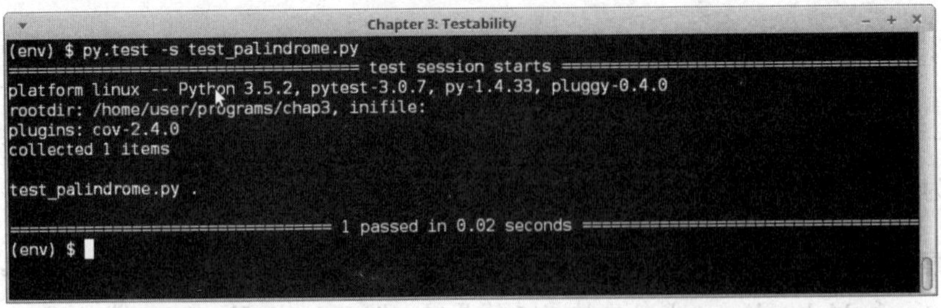

```
Chapter 3: Testability
(env) $ py.test -s test_palindrome.py
============================== test session starts ==============================
platform linux -- Python 3.5.2, pytest-3.0.7, py-1.4.33, pluggy-0.4.0
rootdir: /home/user/programs/chap3, inifile:
plugins: cov-2.4.0
collected 1 items

test_palindrome.py .

============================== 1 passed in 0.02 seconds ==============================
(env) $
```

如上图所示，基本的测试通过。因此，我们得到了 palindrome 模块的第一个版本，它可以正常工作并通过测试。

根据 TDD 步骤，我们进入步骤 3，添加一个新的测试用例。这将添加一个对于回文字符串（包括空格）的检查。新的测试模块如下：

```
"""
Module test_palindrome - TDD for palindrome module
"""
```

```
import palindrome

def test_basic():
    """ Basic test for palindrome """

    # True positives
    for test in ('Rotator','bob','madam','mAlAyAlam', '1'):
        assert palindrome.is_palindrome(test)==True

    # True negatives
    for test in ('xyz','elephant', 'Country'):
        assert palindrome.is_palindrome(test)==False

def test_with_spaces():
    """ Testing palindrome strings with extra spaces """

    # True positives
    for test in ('Able was I ere I saw Elba',
                 'Madam Im Adam',
                 'Step on no pets',
                 'Top spot'):
        assert palindrome.is_palindrome(test)==True

    # True negatives
    for test in ('Top post','Wonderful fool','Wild Imagination'):
        assert palindrome.is_palindrome(test)==False
```

运行更新后的测试，test_palindrome.py 版本 2 的测试输出如下所示。

```
Chapter 3: Testability
(env) $ py.test -s test_palindrome.py
=================================== test session starts ===================================
platform linux -- Python 3.5.2, pytest-3.0.7, py-1.4.33, pluggy-0.4.0
rootdir: /home/user/programs/chap3, inifile:
plugins: cov-2.4.0
collected 2 items

test_palindrome.py .F

========================================= FAILURES ========================================
_____________________________________ test_with_spaces ____________________________________

    def test_with_spaces():
        """ Testing palindrome strings with extra spaces """

        # True positives
        for test in ('Able was I ere I saw Elba',
                     'Madam Im Adam',
                     'Step on no pets',
                     'Top spot'):
>           assert palindrome.is_palindrome(test)==True
E           AssertionError: assert False -- True
E            +  where False = <function is_palindrome at 0x7fd856207488>('Madam Im Adam')
E            +    where <function is_palindrome at 0x7fd856207488> = palindrome.is_palindrome

test_palindrome.py:28: AssertionError
=========================== 1 failed, 1 passed in 0.07 seconds ============================
(env) $
```

显示测试失败，因为代码不能处理带有空格的回文字符串。此时按照 TDD 步骤 5，编写代码来通过这个测试。

很明显，需要忽略空格，所以快速修复是将输入字符串中的所有空格清除。简单修复后的 palindrome 模块如下：

```
"""
Module palindrome - Returns whether an input string is palindrome or
not
"""

import re

def is_palindrome(in_string):
    """ Returns True whether in_string is palindrome, False otherwise
    """

    # Case insensitive
    in_string = in_string.lower()
    # Purge spaces
    in_string = re.sub('\s+','', in_string)
    # Check if string is same as in reverse
    return in_string == in_string[-1::-1]
```

重复 TDD 的步骤 4，检查更新后的代码是否能让测试通过。代码更新后，test_palindrome.py 版本 2 的控制台输出如下所示。

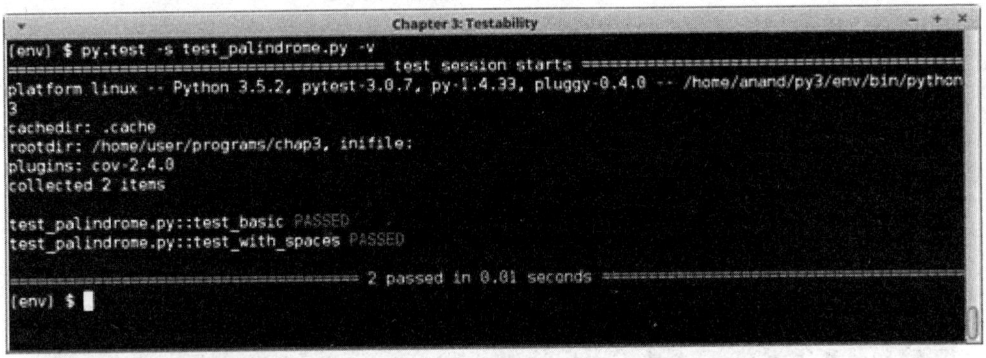

```
Chapter 3: Testability
(env) $ py.test -s test_palindrome.py -v
======================================= test session starts ========================================
platform linux -- Python 3.5.2, pytest-3.0.7, py-1.4.33, pluggy-0.4.0 -- /home/anand/py3/env/bin/python
3
cachedir: .cache
rootdir: /home/user/programs/chap3, inifile:
plugins: cov-2.4.0
collected 2 items

test_palindrome.py::test_basic PASSED
test_palindrome.py::test_with_spaces PASSED

==================================== 2 passed in 0.01 seconds =====================================
(env) $
```

可以看到，现在代码通过了测试！

我们刚才看到的是 TDD 的一个实例，其中一个更新周期用于在 Python 中实现一个模块，该模块检查字符串是否为回文。按照同样的方式，我们可以继续添加测试，并按照 TDD 的步骤 8 不断更新代码，从而增加新的功能，同时通过该过程自然地维护更新的测试。

最后介绍回文测试用例的最终版本，它增加了用于检查具有额外标点符号的字符串的测试用例。

```
"""
Module test_palindrome - TDD for palindrome module
"""

import palindrome
```

```
def test_basic():
    """ Basic test for palindrome """

    # True positives
    for test in ('Rotator','bob','madam','mAlAyAlam', '1'):
        assert palindrome.is_palindrome(test)==True

    # True negatives
    for test in ('xyz','elephant', 'Country'):
        assert palindrome.is_palindrome(test)==False

def test_with_spaces():

    """ Testing palindrome strings with extra spaces """

    # True positives
    for test in ('Able was I ere I saw Elba',
                 'Madam Im Adam',
                 'Step on no pets',
                 'Top spot'):
        assert palindrome.is_palindrome(test)==True

    # True negatives
    for test in ('Top post','Wonderful fool','Wild Imagination'):
        assert palindrome.is_palindrome(test)==False


def test_with_punctuations():
    """ Testing palindrome strings with extra punctuations """

    # True positives
    for test in ('Able was I, ere I saw Elba',
                 "Madam I'm Adam",
                 'Step on no pets.',
                 'Top spot!'):
        assert palindrome.is_palindrome(test)==True

    # True negatives
    for test in ('Top . post','Wonderful-fool','Wild Imagination!!'):
        assert palindrome.is_palindrome(test)==False
```

更新后的回文模块如下，它使测试通过：

```
"""
Module palindrome - Returns whether an input string is palindrome or
not
"""

import re
from string import punctuation
```

```
def is_palindrome(in_string):
    """ Returns True whether in_string is palindrome, False otherwise
    """

    # Case insensitive
    in_string = in_string.lower()

# Purge spaces
in_string = re.sub('\s+','', in_string)
# Purge all punctuations
in_string = re.sub('[' + re.escape(punctuation) + ']+', '',
            in_string)
# Check if string is same as in reverse
return in_string == in_string[-1::-1]
```

在控制台检查 test_palindrome.py 模块的最终输出。匹配代码更新，test_palindrome.py 版本 3 的控制台输出如下所示。

```
Chapter 3: Testability
(env) $ py.test -s test_palindrome.py -v
============================== test session starts ==============================
platform linux -- Python 3.5.2, pytest-3.0.7, py-1.4.33, pluggy-0.4.0 -- /home/anand/py3/env/bin/python
3
cachedir: .cache
rootdir: /home/user/programs/chap3, inifile:
plugins: cov-2.4.0
collected 3 items

test_palindrome.py::test_basic PASSED
test_palindrome.py::test_with_spaces PASSED
test_palindrome.py::test_with_punctuations PASSED

============================== 3 passed in 0.03 seconds ==============================
(env) $
```

3.5 本章小结

本章回顾了可测性的定义及其相关的架构质量方面，如复杂性和确定性。我们查看了测试的不同架构层次，并了解软件测试过程通常执行的测试类型。

接着，讨论了改进软件的可测试性的各种策略，以及降低系统复杂性、改善可预测性、控制和管理外部依赖关系的技术。在此过程中，我们学习了不同的方法来虚拟化和管理外部依赖关系，例如伪造、仿制和存根等。

然后，主要从 Python unittest 模块的角度来看单元测试及其各个方面。通过使用 datetime 辅助器类来了解一个示例，并解释了如何编写有效的单元测试——一个简单的后面紧跟使用 unittest 的 Mock 库进行修补功能的有趣示例。

再者，介绍了 Python 中另外两个众所周知的测试框架，即 nose2 和 py.test。接下来，讨论了代码覆盖率的非常重要的方面，并且展示了通过直接使用 coverage.py 包来测试代码覆盖率的例子，还通过 nose2 和 pytest 的插件来使用它。

最后，介绍了一个用于使用高级仿制对象的 textsearch 类的示例，其中，仿制了它的外部依赖性，并编写了一个单元测试用例。继续讨论了 Python 的 doctest，它支持通过 doctest 模块在类、模块、方法和函数的文档中嵌入测试。

下一个主题是集成测试，对此讨论了集成测试的不同方面及其优势，并介绍了在软件组织中集成测试的三种不同的方式。接下来讨论的是通过 Selenium 进行的自动化测试，并在 Python 语言网站上使用 Selenium 和 py. test 进行了几个测试。

本章的最后对 TDD 做了概述，并讨论了使用 TDD 原理编写用于在 Python 中检测回文的程序的示例，并以逐步的方式开发了这个程序。

下一章将深入讨论开发软件时最关键的质量属性——性能。

第 4 章　好的性能就是回报

性能是现代软件应用程序的基础之一。我们每天通过很多不同的方式与高效的计算系统打交道，它们就像是我们工作和生活的一部分。

当你在网络上从一个旅游网站预订一张机票时，你就在和一个给定时间内执行数百次这样交易的高性能系统交互。当你以互联网银行交易的方式在线汇款给别人或是支付信用卡账单时，你就正在和一个高性能、高吞吐量的事务处理系统交互。类似地，当你在手机上玩网络游戏、与其他玩家交流时，也有一个为高并发、低时延打造的服务器网络正在从你和其他数以千计的玩家那里接收输入、在后台完成计算、给你们发送数据——整个过程合情合理、十分高效。

随着高速互联网的出现和硬件价格 / 性能比的急剧下跌，可同时服务于数百万用户的现代 Web 应用程序变得可能。性能仍然是现代软件架构的一个关键质量属性，同样，编写出高效和可扩展的软件还是困难的。你可能写了一个应用程序，挨个选中全部的功能块和别的质量属性，但如果它没有通过性能测试，那么就不能进入产品使用阶段。

本章和接下来一章的重点是编写高吞吐量软件的两个方面，也就是性能和可扩展性。本章的重点是性能，基于 Python 来说明性能的各个方面，如何度量它，各种数据结构的性能，以及在什么时候选择什么数据结构。

本章将要讨论的主题大致分为以下部分：

- 什么是性能
- 软件性能工程
- 性能测试和度量工具
- 性能复杂度
- 度量性能
  - 基于图揭示性能复杂度
  - 提升性能
- 剖析：
  - 确定性剖析
  - cProfile 和 profile
  - 第三方剖析器
- 其他工具：
  - objgraph

    - pympler
- 程序设计性能——数据结构：
    - 链表
    - 字典
    - 集合
    - 元组
- 高性能容器——集合模块：
    - deque
    - defaultdict
    - OrderedDict
    - Counter
    - ChainMap
    - namedtuple
- 概率数据结构——布隆过滤器

4.1　什么是性能

一般地，软件系统的性能可以定义为：

“系统能够满足吞吐量或时延要求程度（也可能是两者兼有）的指标，用每秒执行事务的数量或单个事务耗费的时间来表示。”

我们已经在第 1 章简要介绍了性能度量的概念。性能可以通过响应时间（时延）或者吞吐量来度量。前者是应用程序完成一个请求 / 响应周期平均耗费的时间；后者是系统处理输入的速度，用每分钟成功完成的请求 / 事务数表示。

系统的性能是其软硬件能力的函数。通过调整硬件规模，比如 RAM 的数量，也能让一个糟糕的软件运行得更好。

类似地，通过提升一个软件的性能，就能让它在现有硬件上工作得更好，比如，通过重写例程 / 功能或者修改架构让运行时间更短、内存使用更高效。

然而，性能工程的正确做法是为硬件把软件调优成理想状态，这样一来，软件的性能可线性地呈现出来，或者软件可以基于可获取的硬件运行得更好。

4.2　软件性能工程

软件性能工程（SPE）包括**软件开发生命周期（SDLC）**中的全部软件设计与分析活动，它用于满足软件性能要求。

在传统的软件工程中，性能测试和对结果的回馈处理一般在软件开发生命周期的最后完成。这个方法是完全基于度量的，等系统开发完成之后安排测试和诊断，并基于结果调优系统。

另一个自称为**软件性能工程**的更正式的模式，在软件开发生命周期一开始就设计了性能模型，后面的多次迭代过程使用模型的分析结果，以修改软件设计和架构，用来满足性能要求。

在这个方法中，作为非功能性要求的性能和满足功能要求的软件开发活动紧密结合起来。有一个和软件开发生命周期中的步骤并列的**性能工程生命周期（PELC）**。从设计和架构开始，直到部署的每一步骤，利用两个生命周期之间的回馈活动不断地提升软件质量。SPE－性能工程生命周期和软件开发生命周期镜像图如下所示。

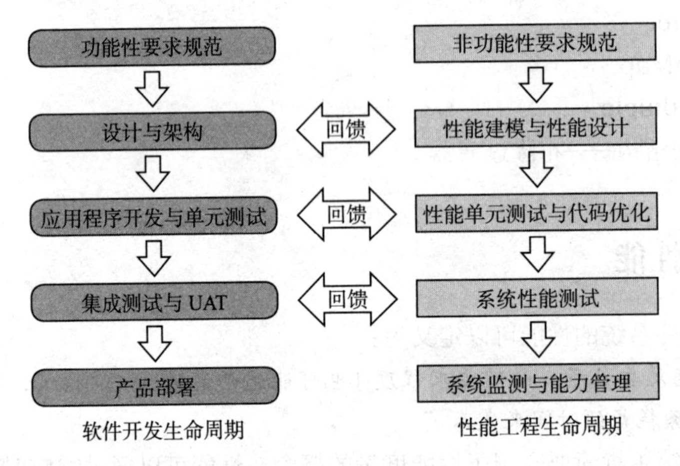

在这两个方法中，性能测试和诊断很重要，因为随之而来的是基于它们得到的结果来对设计 / 架构或者代码调优。因此，性能测试和度量工具在这个步骤中扮演着一个重要的角色。

4.3 性能测试和度量工具

这些工具大致分为两类，即用于性能测试和诊断的工具及用于性能度量数据收集和仪表化展示的工具。

性能测试和诊断工具可以进一步分类如下。

1）压力测试工具：通过模拟产品使用阶段的峰值负载的方式，这些工具用于向被测系统提供负载。它们可以配置成向应用程序发送一个连续的输入流量来模拟高压力，或者不定时地发送一个超高流量抖动——甚至远超峰值压力——来测试系统的健壮性。这些工具也称为**负载生成器**。常见的用于 Web 应用程序测试的压力测试工具有 httpperf、ApacheBench、LoadRunner、Apache JMeter 和 Locust。另一类工具真实地记录实际用户流量，再通过网络重现出来以便模拟实际用户负载。例如，流行的网络抓包和监控工具，WireShark 及其类似平台的程序（tcpdump）可用于做这类事情。本章不讨论这些工具，因为它们是通用软件，在网上可以找到很多使用它们的案例。

2）**监控工具**：这些工具和应用程序代码一起运行来生成性能度量数据，比如函数执行耗费的时间和内存大小，每个请求 - 响应循环函数调用的次数，每个函数执行的平均和峰值次数等。

3）**插桩工具**：插桩工具跟踪度量数据，比如每个计算步骤需要的时间和内存大小；它也跟踪事件，比如代码中的异常，涵盖了异常发生处的模块、函数、行号等细节，事件发生的时间戳和应用程序的环境（环境变量、应用配置参数、用户信息、系统信息等）。一般地，在现代 Web 应用编程系统中使用单独的插桩工具来细致地抓取和详细地分析这些数据。

4）**代码或应用剖析工具**：这些工具生成关于函数的统计数据、函数调用的频率、每次函数调用耗费的时间。这是一种动态程序分析方法。它允许程序员找到耗费最多时间的关键代码段，以便优化它们。不建议对没做剖析的代码进行优化，因为编程人员可能会优化不需要优化的代码，那样就没为应用程序带来预期的性能提升。

大多数编程语言有一套自己的仪表化和剖析工具。对于 Python 而言，标准库中的一个工具集（比如 profile 和 cProfile 模块）会做这件事——这是由庞大的第三方工具社区补充进来的。下面的章节将讨论这些工具。

4.4 性能复杂度

在开始分析 Python 的示例代码、讨论工具以便度量和优化性能之前，花点时间讨论代码的性能复杂度是有帮助的。

例程或函数的性能复杂度定义为它们对于输入规模变化的响应情况，通常用执行代码所耗费的时间来表示。

一般用所谓的大 O 符号法表示。这个方法属于一组被称为**巴赫曼 - 朗道符号法**（Bachmann-Landau notation）或**渐近符号法**（asymptotic notation）的方法集。

O 表示一个函数关于输入规模的增长速度，也称为函数的**数量级**。

常见的用于函数数量级的大 O 符号表示按复杂度递增的顺序显示在下表中。

#	顺序	复杂度	示例
1	O(1)	常量	Python 中在诸如哈希表或字典的查找表中搜索一个关键字
2	O(log (n))	对数	在排好序的数组中使用二分查找搜索一项数据；Python 的 heapq 模块中的所有操作
3	O(n)	线性	在数组（Python 的链表结构）中通过遍历的方式搜索一项数据。
4	O(n*k)	线性	基数排序的最差复杂度

（续）

#	顺序	复杂度	示例
5	O(n * log (n))	n* log(n)	归并排序或堆排序的最差复杂度
6	$O(n^2)$	平方	冒泡排序、插入排序和选择排序之类的简单排序算法；快速排序、希尔排序等排序算法的最差复杂度
7	$O(2^n)$	指数	暴力破解长度为 n 的密码；动态规划算法解决旅行售货商问题
8	O(n!)	阶乘	生成一个集合的所有划分

当编程人员实现一个例程或算法——这个例程或算法处理某个规模为 n 的输入时——他在思路上就应该以前 5 个数量级之一为目标来实现。任何 $O(n)$、$O(n*\log(n))$ 或是更小数量级的函数实现很有说服力地显示了它们的良好性能。

一个 $O(n^2)$ 数量级的算法通常可以优化到一个更低的级别运行。我们将在下面的图表中看到这样的例子。

下图显示了这些数量级是如何根据输入规模 n 增长的。

关于输入规模（X 轴）的每个复杂度的数量级（Y 轴）增长速率图如下所示。

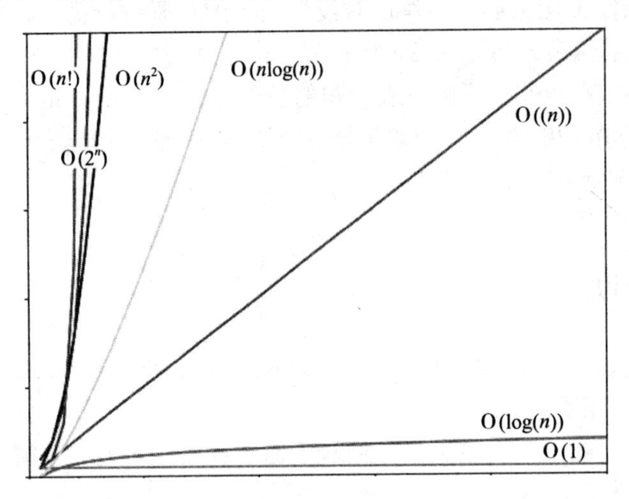

4.5 度量性能

我们已经简要介绍了什么是性能复杂度、性能测试和度量工具，现在具体来看看用 Python 度量性能复杂度的各种方法。

通过使用一个 POSIX/Linux 系统的 time 命令可以实现一个最简单的时间测算。

这可以通过使用下面的命令行实现：

```
$ time <command>
```

下面是 time 命令通过 wget 从互联网上获取一个非常流行的网页所耗费的时间的截图。

```
anand@ubuntu-pro-book: /home/user/programs
File Edit View Search Terminal Help
$ time wget http://www.google.com -O /dev/null
--2016-12-28 16:59:27--  http://www.google.com/
Resolving www.google.com (www.google.com)... 216.58.197.36, 2404:6800:4007:807::2004
Connecting to www.google.com (www.google.com)|216.58.197.36|:80... connected.
HTTP request sent, awaiting response... 302 Found
Location: http://www.google.co.in/?gfe_rd=cr&ei=F6JjWITaLeeK8Qfvj7OQBg [following]
--2016-12-28 16:59:27--  http://www.google.co.in/?gfe_rd=cr&ei=F6JjWITaLeeK8Qfvj7OQBg
Resolving www.google.co.in (www.google.co.in)... 216.58.197.35, 2404:6800:4007:807::2003
Connecting to www.google.co.in (www.google.co.in)|216.58.197.35|:80... connected.
HTTP request sent, awaiting response... 200 OK
Length: unspecified [text/html]
Saving to: '/dev/null'

/dev/null                [ <=>                          ]  12.14K  --.-KB/s    in 0.004s

2016-12-28 16:59:27 (2.80 MB/s) - '/dev/null' saved [12429]


real    0m0.121s
user    0m0.004s
sys     0m0.008s
$
```

注意它显示了 3 类时间输出，也就是 real、user 和 sys。知道这三者之间的区别是重要的，所以让我们简单地看看它们。

1）real：real 时间是操作所耗费的实际时间长度。这是从开始到结束的操作时间，包含任何进程休眠时间，或者任何停留在阻塞状态的时间，比如等待 I/O 完成。

2）user：user 时间是进程花费在用户态（内核态之外）中的实际 CPU 时间长度。任何休眠时间或是等待 I/O 之类耗费的时间都不计算在内。

3）sys：sys 时间是在内核中为程序执行系统调用耗费的 CPU 时间长度。这个只计算运行在核心区中的那些特权系统调用之类的功能，不会计算任何在用户区中执行的系统调用（用户区中的系统调用会计算在 user 中）。

一个进程耗费的全部 CPU 时间是 user + sys 时间。实际运行时间在大多数情况下由简单的时间计数器来度量。

4.5.1　使用上下文管理器度量时间

在 Python 中，为你想要度量执行时间的代码块写一个充当上下文管理器的简单函数很容易。

但首先需要一个可以度量性能的程序。

看看下面的步骤来学习如何使用上下文管理器度量时间。

1）让我们编写一段测试程序，由它算出两个序列中相同的元素。代码如下。

```
def common_items(seq1, seq2):
    """ Find common items between two sequences """

    common = []
    for item in seq1:
```

```
        if item in seq2:
            common.append(item)

    return common
```

2）编写一个简单的上下文管理器类型的计时器来对这段代码计时。使用 time 模块的 perf_counter 计时，它能够以最精确的解决办法为短时间给出具体时间值。

```
from time import perf_counter as timer_func
from contextlib import contextmanager

@contextmanager
def timer():
    """ A simple timing function for routines """

    try:
        start = timer_func()
        yield
    except Exception as e:
        print(e)
        raise
    finally:
        end = timer_func()
        print ('Time spent=>',1000.0*(end - start),'ms.')
```

3）对带了一些简单输入数据的上述函数进行计时。为此，定义 test 函数，它基于一个输入大小值生成随机数据。

```
def test(n):
    """ Generate test data for numerical lists given input size
    """

    a1=random.sample(range(0, 2*n), n)
    a2=random.sample(range(0, 2*n), n)

    return a1, a2
```

下面是在 Python 交互式解释器上的 timer 方法基于 test 函数的输出。

```
>>> with timer() as t:
... common = common_items(*test(100))
... Time spent=> 2.0268699999999864 ms.
```

4）事实上，测试数据生成和测试过程可以整合在同一个函数中，这样的话，对输入大小值对应范围进行测试和生成数据会变得简单。

```
def test(n, func):
    """ Generate test data and perform test on a given function
    """

    a1=random.sample(range(0, 2*n), n)
    a2=random.sample(range(0, 2*n), n)
```

```
    with timer() as t:
        result = func(a1, a2)
```

5）现在让我们在 Python 交互式控制台上测算不同的输入大小值对应的范围所耗费的时间：

```
>>> test(100, common_items)
    Time spent=> 0.6799279999999963 ms.
>>> test(200, common_items)
    Time spent=> 2.7455590000000085 ms.
>>> test(400, common_items)
    Time spent=> 11.440810000000024 ms.
>>> test(500, common_items)
    Time spent=> 16.83928100000001 ms.
>>> test(800, common_items)
    Time spent=> 21.15130400000004 ms.
>>> test(1000, common_items)
    Time spent=> 13.200749999999983 ms.
```

奇怪的事发生了，1000 个数据项执行的时间比 800 个更少！怎么可能？再试一次。

```
>>> test(800, common_items)
    Time spent=> 8.328282999999992 ms.
>>> test(1000, common_items)
    Time spent=> 34.85899500000001 ms.
```

现在 800 个数据项执行的时间似乎比 400 个、500 个更少，而且 1000 个数据项执行的时间已经增加到之前的两倍多。

原因是输入数据是随机的，这意味着有时候会有许多相同的数据项——这会耗费更多的时间——有时候相同数据非常少。因此在后面的调用中耗费的时间可以显示时间值范围。

换句话说，计时函数对于得到一个粗略的情况是有用的，但当将它用于获取程序执行所耗费时间的真正统计性质的度量时不是很有用，但这方面更重要些。

6）为此，需要多次运行计时器，然后取一个平均值。这在某种程度上和算法的**平摊分析**（amortized analysis）类似，这种分析方法考虑了执行算法所耗费的较短和较长的时间，提供给编程人员一个有实际意义的、所耗费的平均时间的估值。

Python 的标准库里有一个 timeit 模块，它可以帮助我们进行这种计时分析。下一节会讲解这个模块。

4.5.2 使用 timeit 模块来计时代码

Python 标准库中的 timeit 模块允许编程人员度量执行小代码段所耗费的时间。代码段可以是一个 Python 语句、一个表达式或一个函数。

使用 timeit 模块的最简单的方法是在 Python 命令行中把它当成一个模块来执行。

举个例子，下面是某些简单的 Python 内联代码的计时数据，这段代码度量一个列表推导（list comprehension）的性能，它计算了在一定范围内所有数的平方。

```
$ python3 -m timeit '[x*x for x in range(100)]'
100000 loops, best of 3: 5.5 usec per loop

$ python3 -m timeit '[x*x for x in range(1000)]'
10000 loops, best of 3: 56.5 usec per loop

$ python3 -m timeit '[x*x for x in range(10000)]'
1000 loops, best of 3: 623 usec per loop
```

结果显示了代码段执行所耗费的时间。当在命令行运行时，timeit 模块自动决定循环次数来运行代码，也会计算在单次运行中耗费的平均时间。

注意： 结果显示所执行的语句是线性的或是 $O(n)$ 复杂度，因为大小值为 100 的范围耗费了 5.5usec，大小值为 1000 的范围耗费了 56.5usec，或者说约是之前时间的 10 倍。1usec（或微秒）是 1×10^{-6}s。

下面是以类似的方式在 Python 解释器中使用 timeit 模块的代码。

```
>>> 1000000.0*timeit.timeit('[x*x for x in range(100)]',
number=100000)/100000.0
6.007622049946804

>>> 1000000.0*timeit.timeit('[x*x for x in range(1000)]',
number=10000)/10000.0
58.761584300373215
```

注意： 观察一下，当 timeit 模块以这种方式使用时，编程人员必须传递一个正确的迭代次数作为 number 参数，而且为了计算平均值，必须除以相同的数。乘以 1 000 000 是为了把时间转换为微秒。

timeit 模块内部使用了一个 Timer 类。为了实现更好的控制，也可以直接使用这个类。

当使用这个类时，timeit 变成了这个类实例的一个方法，迭代次数被作为一个参数传递给这个方法。

Timer 类构造器也接收一个可选的 setup 参数，它为 Timer 类生成了代码。这个代码可以包含用于导入包含函数的模块的语句、生成全局变量等。它接收由分号隔开的多条语句。

4.5.3 使用 timeit 度量代码的性能

重写 test 函数来测试两个序列之间的相同数据项。现在使用 timeit 模块，则可以从代码中去除上下文管理器。我们也将在函数中硬编码对 common_items 的调用。

注意： 我们也需要在测试函数之外创建随机输入值，不然的话，随机输入值所耗费的时间将加到测试函数的时间上，从而让结果不准确。

因此，需要在模块中把变量移出来作为全局变量，编写一个 setup 函数，先生成数据。

重写的 test 函数如下：

```
def test():
    """ Testing the common_items function """

    common = common_items(a1, a2)
```

带全局变量的 setup 函数如下：

```
# Global lists for storing test data
a1, a2 = [], []

def setup(n):
    """ Setup data for test function """

    global a1, a2
    a1=random.sample(range(0, 2*n), n)
    a2=random.sample(range(0, 2*n), n)
```

假定包含 test 和 common_items 两个函数的模块称为 common_items.py。

计时测试现在可以按照如下方式运行：

```
>>> t=timeit.Timer('test()', 'from common_items import test,setup;
setup(100)')
>>> 1000000.0*t.timeit(number=10000)/10000
116.58759460115107
```

所以对于 100 个数对应的范围所耗费的时间平均来看，大约是 117usec（0.12μs）。

现在执行其他几个输入大小值对应范围的函数，输出如下：

```
>>> t=timeit.Timer('test()','from common_items import test,setup;
setup(200)')
>>> 1000000.0*t.timeit(number=10000)/10000
482.8089299000567

>>> t=timeit.Timer('test()','from common_items import test,setup;
setup(400)')
>>> 1000000.0*t.timeit(number=10000)/10000
1919.577144399227

>>> t=timeit.Timer('test()','from common_items import test,setup;
setup(800)')
>>> 1000000.0*t.timeit(number=1000)/1000
7822.607815993251

>>> t=timeit.Timer('test()','from common_items import test,setup;
setup(1000)')
```

```
>>> 1000000.0*t.timeit(number=1000)/1000
12394.932234004957
```

所以执行这个输入大小值为 1000 的测试耗费的最多时间是 12.4μs。

4.5.4 揭示时间复杂度——各种图

有没有可能从这些结果中找出函数的时间性能复杂度是多少？让我们试着在图中画出它并看看结果。

Python 中 matplotlib 库对于为任何类型的输入数据画图非常有用。我们只需要编写如下简单的代码则可：

```
import matplotlib.pyplot as plt

def plot(xdata, ydata):
    """ Plot a range of ydata (on y-axis) against xdata (on x-axis)
    """

    plt.plot(xdata, ydata)
    plt.show()
```

上述代码的输出如下：

```
This is our x data.
>>> xdata = [100, 200, 400, 800, 1000]
This is the corresponding y data.
>>> ydata = [117,483,1920,7823,12395]
>>> plot(xdata, ydata)
```

输入对应范围和 common_items 函数所耗费时间的关系图如下所示。

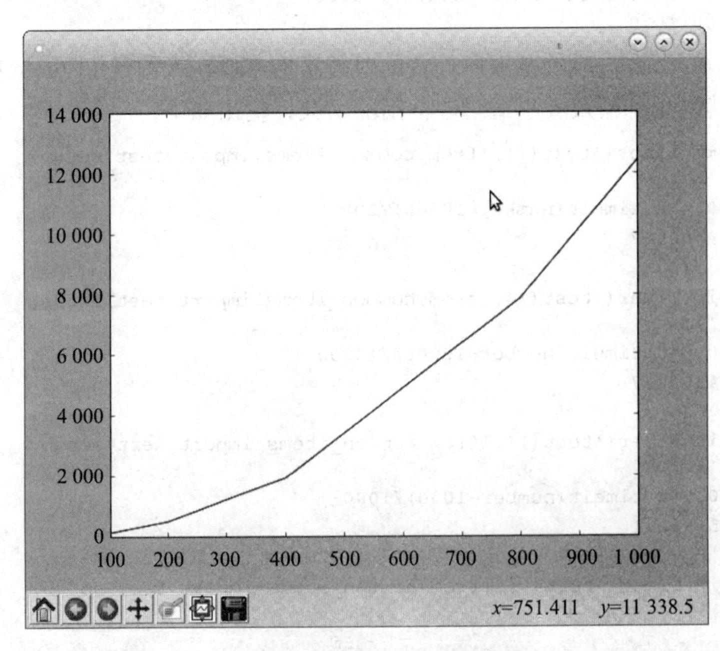

很显然这不是线性的，当然也不是平方关系（与大 O 符号法中的图形相比而言）。先试着画出一个 O(n*log(n)) 图叠加在当前的图形上，看看是否匹配。

因此，现在需要两组 ydata，也需要另一个细微改动过的函数：

```
def plot_many(xdata, ydatas):
    """ Plot a sequence of ydatas (on y-axis) against xdata
    (on x-axis) """

    for ydata in ydatas:
        plt.plot(xdata, ydata)
    plt.show()
```

上述代码的输出如下：

```
>>> ydata2=map(lambda x: x*math.log(x, 2), input)

>>> plot_many(xdata, [ydata2, ydata])
```

被叠加在 $y=x*\log(x)$ 上的函数 common_items 的时间复杂度图形如下所示。

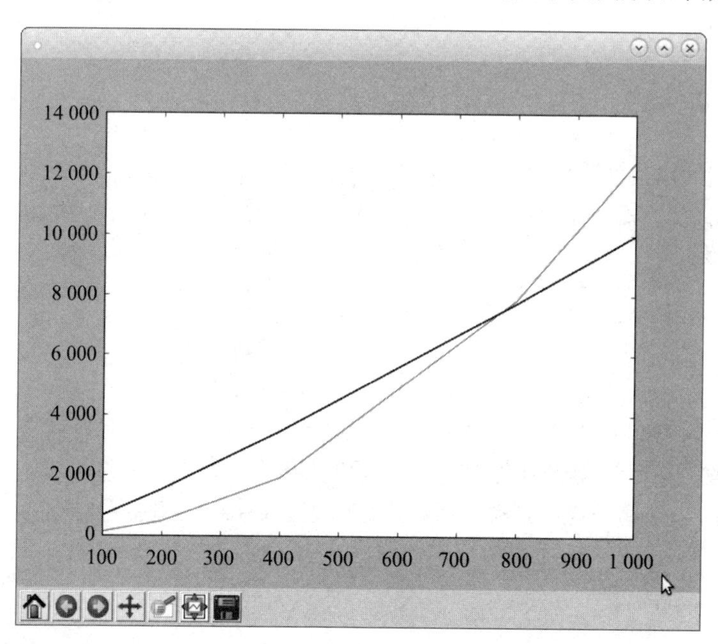

叠加后的图形表明函数即使与 n *log(n) 的数量级不完全相同，那也非常接近。所以大体上，当前实现的复杂度似乎就是 O(n*log(n))。

现在已经完成了性能分析，那么来看看是否能重写例程，以便运行得更好。

下面是当前的代码：

```
def common_items(seq1, seq2):
    """ Find common items between two sequences """

    common = []
```

```
    for item in seq1:
        if item in seq2:
            common.append(item)

    return common
```

例程首先在外层 for 循环（大小为 n）上进行一次传值，接着为传进来的数据项在一个序列（大小也是 n）中做了一遍检查。平均来看现在第二个搜索也是时间复杂度 n。

然而，一些数据项会被立即找出来，一些数据项可能会耗费线性增长的时间 k，$1<k<n$。平均来看，复杂度值将处于常量复杂度和线性复杂度两者之间，这就是代码有一个平均的接近 $O(n*\log(n))$ 的复杂度的原因。

一次快速的分析会告诉你，通过转换外层序列为一个字典，再设置字典值为 1，就可以避免内层搜索。内层搜索将会被一个运行在第二个序列上的循环取代，这个循环为字典值加 1。

最后，所有相同的数据项在新的字典中将有一个比 1 大的值。

新代码如下：

```
def common_items(seq1, seq2):
    """ Find common items between two sequences, version 2.0 """

    seq_dict1 = {item:1 for item in seq1}

    for item in seq2:
        try:
            seq_dict1[item] += 1
        except KeyError:
            pass

    # Common items will have value > 1
    return [item[0] for item in seq_dict1.items() if item[1]>1]
```

因为这个改变，计时器给出了如下更新后的结果：

```
>>> t=timeit.Timer('test()','from common_items import test,setup;
setup(100)')
>>> 1000000.0*t.timeit(number=10000)/10000
35.777671200048644

>>> t=timeit.Timer('test()','from common_items import test,setup;
setup(200)')
>>> 1000000.0*t.timeit(number=10000)/10000
65.20369809877593

>>> t=timeit.Timer('test()','from common_items import test,setup;
setup(400)')
>>> 1000000.0*t.timeit(number=10000)/10000
139.67061050061602

>>> t=timeit.Timer('test()','from common items import test,setup;
```

```
setup(800)')
>>> 1000000.0*t.timeit(number=10000)/10000
287.0645995993982

>>> t=timeit.Timer('test()','from common_items import test,setup;
setup(1000)')
>>> 1000000.0*t.timeit(number=10000)/10000
357.764518300246
```

绘制这个图，并把它叠加到一个 O(*n*) 图形上：

```
>>> input=[100,200,400,800,1000]
>>> ydata=[36,65,140,287,358]

# Note that ydata2 is same as input as we are superimposing with y = x
# graph
>>> ydata2=input
>>> plot.plot_many(xdata, [ydata, ydata2])
```

common_items 函数 (v2) 所耗费的时间曲线和 $y=x$ 对比图如下所示。

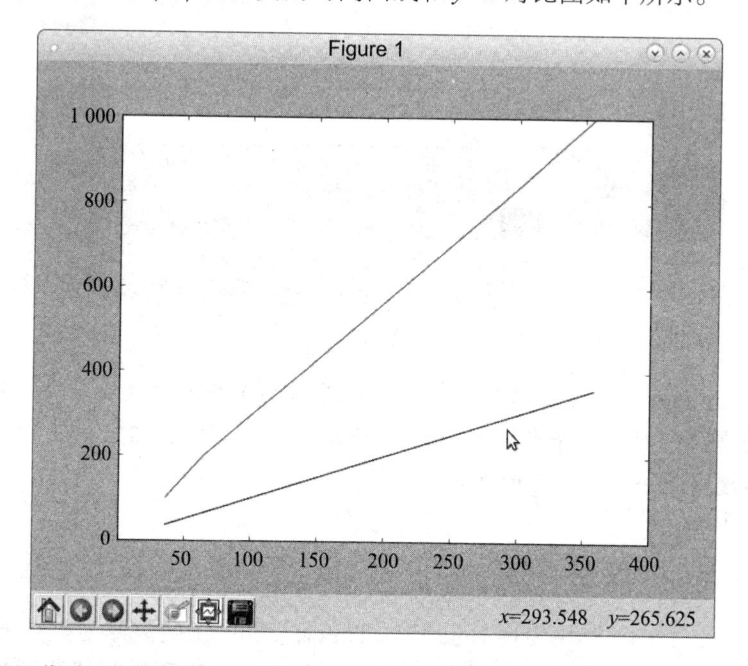

上面的线是作为参照物的 $y=x$ 图形，下面的线是新函数所耗费的时间的图形。很明显，时间复杂度现在是线性的或 O(*n*)。

然而，这里似乎有一个常量系数存在，因为两条线的斜率不同。从一次快速计算中可以大致得出这个系数是 0.35。

在应用了这个改变之后，你将得到如下的输出：

```
>>> input=[100,200,400,800,1000]
>>> ydata=[36,65,140,287,358]
```

```
# Adjust ydata2 with the constant factor
>>> ydata2=map(lambda x: 0.35*x, input)
>>> plot.plot_many(xdata, [ydata, ydata2])
```

common_items 函数 (v2) 所耗费的时间曲线和 $y=0.35*x$ 对比图如下所示。

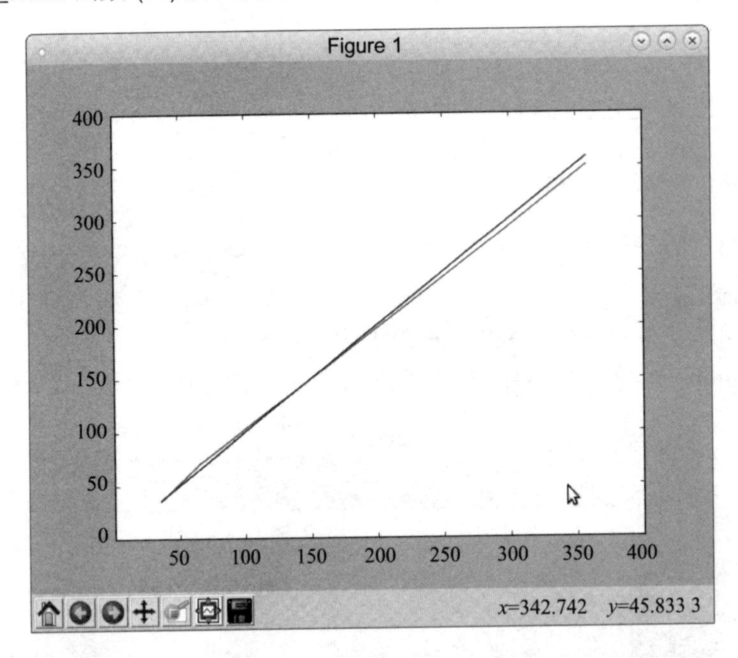

可以看到两个图形几乎互相重叠在一起，所以函数现在运行在 $O(c*n)$ 数量级，$c \approx 0.35$。

注意： common_items 函数的另一种实现是将两个序列转换成集合，然后返回它们的交集。对读者来说，进行这个修改，对它计时，然后画出图形确定时间复杂度将是一个有意思的练习。

4.5.5 使用 timeit 度量 CPU 时间

默认情况下，Timer 模块使用 time 模块的 perf_counter 函数作为默认的 timer 函数。正如之前提到的，对很多小的时间区间来说，这个函数返回所耗费的挂钟时间可以达到最大精度。因此它将包含任何休眠时间，I/O 处理时间等。

这通过在测试函数中增加一点休眠时间可清楚地表现出来：

```
def test():
    """ Testing the common_items function using a given input size """

    sleep(0.01)
    common = common_items(a1, a2)
```

以上代码的输出如下：

```
>>> t=timeit.Timer('test()','from common_items import test,setup;
setup(100)')
>>> 1000000.0*t.timeit(number=100)/100
10545.260819926625
```

时间跳跃了 300 倍之多，因为在每次调用上休眠了 0.01s（10ms），因此，在代码上所耗费的实际时间现在几乎完全由休眠时间决定，正如结果显示的 10545.260819926625μs（或是大约 10ms）一样。

有时可能有此类多次的休眠和其他的阻塞 / 等待，但是你希望只度量函数运行所耗费的实际 CPU 时间。对此，可以创建 Timer 对象，这个对象使用 time 模块的 process_time 函数作为 timer 函数。

对此，可以在创建 Timer 对象时，通过传递进来一个 timer 参数来实现：

```
>>> from time import process_time
>>> t=timeit.Timer('test()','from common_items import
test,setup;setup(100)', timer=process_time)
>>> 1000000.0*t.timeit(number=100)/100
345.22438
```

如果现在通过一个系数，比如 10，增加了休眠时间，那么测试时间也会通过系数增加，但是计时器的返回值仍然相同。

举个例子，下面是休眠 1s 时的度量结果。输出结果跟着变为约 100s（因为重复运算了 100 次），但是注意返回值（每次调用所耗费的时间）没有改变：

```
>>> t=timeit.Timer('test()','from common_items import
test,setup;setup(100)', timer=process_time)
>>> 1000000.0*t.timeit(number=100)/100
369.8039100000002
```

接下来进入剖析部分。

4.6　剖析

本节将讨论剖析器，深入看看 Python 标准库中的模块，它为确定性剖析提供了支持。我们也会看到为剖析提供支持的第三方库，比如 line_profiler 和 memory_profiler。

4.6.1　确定性剖析

确定性剖析是指所有的函数调用、函数返回和异常事件都被监控，以及对这些事件之间的间隔使用精确的计时方法。另一种类型的剖析是**统计性剖析**，随机地对指令断点采样，分析出耗费时间的地方，但这可能不是非常准确。

Python 作为一门解释性语言，从解释器保存元数据（metadata）的角度看，它已经有了一定的系统开销。大多数确定性剖析工具利用这些信息，因此对于大多数应用程序来说只增加了非常少的额外处理开销。Python 中的确定性剖析并不是一个代价非常高的操作。

4.6.2 使用 cProfile 和 profile 进行剖析

在 Python 标准库中，profile 和 cProfile 模块对确定性剖析提供了支持。profile 模块是纯用 Python 编写的。cProfile 模块是一个 C 语言的扩展程序，它模拟了 profile 模块的接口，但与 profile 相比，只增加了更少的系统开销。

两个模块都上报统计数据，这些数据通过 pstats 模块转换为可供报告的结果。

如下代码描述的是一个质数迭代器，用于演示对 profile 模块的使用：

```
class Prime(object):
    """ A prime number iterator for first 'n' primes """

    def __init__(self, n):
        self.n = n
        self.count = 0
        self.value = 0

    def __iter__(self):
        return self

    def __next__(self):
        """ Return next item in iterator """

        if self.count == self.n:
            raise StopIteration("end of iteration")
        return self.compute()

    def is_prime(self):
        """ Whether current value is prime ? """

        vroot = int(self.value ** 0.5) + 1
        for i in range(3, vroot):
            if self.value % i == 0:
                return False
        return True

    def compute(self):
        """ Compute next prime """

        # Second time, reset value
        if self.count == 1:
            self.value = 1

        while True:
            self.value += 2
```

```
            if self.is_prime():
        self.count += 1
        break

return self.value
```

基于给定的 *n* 值，质数迭代器生成前 *n* 个质数：

```
>>> for p in Prime(5):
... print(p)
...
2
3
5
7
11
```

为了剖析这段代码，我们只需要把将要执行的代码当成一个字符串传递给 profile 或者 cProfile 模块的 run 方法。下面的例子将使用 cProfile 模块。

剖析生成前 100 个质数的质数迭代器的输出如下所示。

```
anand@ubuntu-pro-book: /home/user/programs/chap4
File Edit View Search Terminal Help
>>> cProfile.run("list(primes.Prime(100))")
         477 function calls in 0.004 seconds

   Ordered by: standard name

   ncalls  tottime  percall  cumtime  percall filename:lineno(function)
        1    0.000    0.000    0.004    0.004 <string>:1(<module>)
        1    0.000    0.000    0.000    0.000 primes.py:25(__init__)
        1    0.000    0.000    0.000    0.000 primes.py:30(__iter__)
      101    0.000    0.000    0.003    0.000 primes.py:33(__next__)
      271    0.003    0.000    0.003    0.000 primes.py:40(is_prime)
      100    0.001    0.000    0.003    0.000 primes.py:49(compute)
        1    0.000    0.000    0.004    0.004 {built-in method builtins.exec}
        1    0.000    0.000    0.000    0.000 {method 'disable' of '_lsprof.Profiler' objects}


>>> 
```

看看剖析器如何上报它的输出。输出结果排成了如下 6 列：

- ncalls：每个函数调用的次数。
- tottime：调用所耗费的总体时间。
- percall：percall 时间（tottime/ncalls 的比值）。
- cumtime：此函数及其任何子函数所耗费的累计时间。
- percall：另一个 percall 列（cumtime/ 原生调用次数的比值）。
- filename：lineno(function)：函数调用的文件名和行号。

在这个例子中，我们的函数耗费了 4μs 运行完毕，其中，大部分时间（3μs）被耗费在 is_prime 方法中，这个方法也占了 271 个调用次数。

下面是分别在 *n*=1000 和 10 000 时剖析器的输出。

剖析生成前 1000 个质数的质数迭代器的输出如下所示。

```
anand@ubuntu-pro-book: /home/user/programs/chap4
File Edit View Search Terminal Help
>>> cProfile.run("list(primes.Prime(1000))")
         5966 function calls in 0.043 seconds

   Ordered by: standard name

   ncalls  tottime  percall  cumtime  percall filename:lineno(function)
        1    0.001    0.001    0.043    0.043 <string>:1(<module>)
        1    0.000    0.000    0.000    0.000 primes.py:25(__init__)
        1    0.000    0.000    0.000    0.000 primes.py:30(__iter__)
     1001    0.001    0.000    0.042    0.000 primes.py:33(__next__)
     3960    0.035    0.000    0.035    0.000 primes.py:40(is_prime)
     1000    0.005    0.000    0.040    0.000 primes.py:49(compute)
        1    0.000    0.000    0.043    0.043 {built-in method builtins.exec}
        1    0.000    0.000    0.000    0.000 {method 'disable' of '_lsprof.Profiler' objects}


>>> 
```

剖析生成前 10 000 个质数的质数迭代器的输出如下所示。

```
anand@ubuntu-pro-book: /home/user/programs/chap4
File Edit View Search Terminal Help
>>> cProfile.run("list(primes.Prime(10000))")
         72371 function calls in 0.458 seconds

   Ordered by: standard name

   ncalls  tottime  percall  cumtime  percall filename:lineno(function)
        1    0.006    0.006    0.458    0.458 <string>:1(<module>)
        1    0.000    0.000    0.000    0.000 primes.py:25(__init__)
        1    0.000    0.000    0.000    0.000 primes.py:30(__iter__)
    10001    0.006    0.000    0.452    0.000 primes.py:33(__next__)
    52365    0.417    0.000    0.417    0.000 primes.py:40(is_prime)
    10000    0.028    0.000    0.445    0.000 primes.py:49(compute)
        1    0.000    0.000    0.458    0.458 {built-in method builtins.exec}
        1    0.000    0.000    0.000    0.000 {method 'disable' of '_lsprof.Profiler' objects}


>>> 
```

正如你可以看到的，在 n=1000 时它耗费了约 0.043s（43ms），而在 n=10 000 时它耗费了 0.458s（458ms）。**质数**迭代器似乎运行在接近于 O(n) 的数量级上。

和往常一样，大部分的时间耗费在 is_primes 中。那么有没有一种方法可以减少它的时间呢？

现在让我们来分析代码。

质数迭代器类 - 性能调优

一次快速的代码分析告诉我们，在 is_prime 函数内，对某个数值来说，我们用 3 到该数值的平方根的后继（successor）区间中的每个数来除以它。

其中也包括许多偶数（我们正在做不必要的计算），可以通过只除奇数的方式避免它。

修改后的 is_prime 方法如下：

```
def is_prime(self):
    """ Whether current value is prime ? """

    vroot = int(self.value ** 0.5) + 1
    for i in range(3, vroot, 2):
        if self.value % i == 0:
            return False
    return True
```

通过这个方法，对于 n=1000 和 n=10 000 的剖析如下所示。

剖析用于前个 1000 质数的情况，代码优化后的质数迭代器的输出如下所示。

```
anand@ubuntu-pro-book: /home/user/programs/chap4
File  Edit  View  Search  Terminal  Help
>>> cProfile.run("list(primes.Prime(1000))")
         5966 function calls in 0.038 seconds

   Ordered by: standard name

   ncalls  tottime  percall  cumtime  percall filename:lineno(function)
        1    0.001    0.001    0.038    0.038 <string>:1(<module>)
        1    0.000    0.000    0.000    0.000 primes.py:25(__init__)
        1    0.000    0.000    0.000    0.000 primes.py:30(__iter__)
     1001    0.002    0.000    0.037    0.000 primes.py:33(__next__)
     3960    0.029    0.000    0.029    0.000 primes.py:40(is_prime)
     1000    0.006    0.000    0.035    0.000 primes.py:49(compute)
        1    0.000    0.000    0.038    0.038 {built-in method builtins.exec}
        1    0.000    0.000    0.000    0.000 {method 'disable' of '_lsprof.Profiler' objects}

>>> 
```

剖析用于前 10 000 个质数的情况，代码优化后的质数迭代器的输出如下所示。

```
anand@ubuntu-pro-book: /home/user/programs/chap4
File  Edit  View  Search  Terminal  Help
>>> cProfile.run("list(primes.Prime(10000))")
         72371 function calls in 0.232 seconds

   Ordered by: standard name

   ncalls  tottime  percall  cumtime  percall filename:lineno(function)
        1    0.003    0.003    0.232    0.232 <string>:1(<module>)
        1    0.000    0.000    0.000    0.000 primes.py:25(__init__)
        1    0.000    0.000    0.000    0.000 primes.py:30(__iter__)
    10001    0.005    0.000    0.228    0.000 primes.py:33(__next__)
    52365    0.202    0.000    0.202    0.000 primes.py:40(is_prime)
    10000    0.022    0.000    0.224    0.000 primes.py:49(compute)
        1    0.000    0.000    0.232    0.232 {built-in method builtins.exec}
        1    0.000    0.000    0.000    0.000 {method 'disable' of '_lsprof.Profiler' objects}

>>> 
```

可以看到，在 1000 时，时间已经降低了一些（43ms 到 38ms），但在 10 000 时，有一个将近 50% 的降幅，这个降幅是从 458ms 到 232ms。此时函数运行得比 O(n) 更好。

4.6.3　收集和报告统计数据

之前在例子中使用 cProfile 的方法是，cProfile 直接运行和报告统计数据。另一个使用这个模块的方法是，传递一个 filename 参数，模块把统计数据写到这个文件中，而这些统计数据后续可以被 pstats 模块加载和解释。

按照如下方式修改代码：

```
>>> cProfile.run("list(primes.Prime(100))", filename='prime.stats')
```

通过执行这个代码，统计数据不是被打印出来，而是被保存到命名为 prime.stats 的文件中。

下面展示了如何使用 pstats 模块解析统计数据和打印按照调用次数排序的结果。

```
anand@ubuntu-pro-book: /home/user/programs/chap4
File Edit View Search Terminal Help
>>> pstats.Stats('prime.stats').sort_stats('ncalls').print_stats()
Thu Dec 29 06:34:39 2016    prime.stats

         577 function calls in 0.002 seconds

   Ordered by: call count

   ncalls  tottime  percall  cumtime  percall filename:lineno(function)
      271    0.001    0.000    0.001    0.000 /home/user/programs/chap4/primes.py:41(is_prime)
      101    0.000    0.000    0.002    0.000 /home/user/programs/chap4/primes.py:34(__next__)
      100    0.000    0.000    0.000    0.000 {method 'append' of 'list' objects}
      100    0.000    0.000    0.001    0.000 /home/user/programs/chap4/primes.py:51(compute)
        1    0.000    0.000    0.000    0.000 /home/user/programs/chap4/primes.py:31(__iter__)
        1    0.000    0.000    0.002    0.002 <string>:1(<module>)
        1    0.000    0.000    0.000    0.000 /home/user/programs/chap4/primes.py:25(__init__)
        1    0.000    0.000    0.002    0.002 {built-in method builtins.exec}
        1    0.000    0.000    0.000    0.000 {method 'disable' of '_lsprof.Profiler' objects}


<pstats.Stats object at 0x7f5b97262da0>
>>>
```

pstats 模块允许通过一组头标题来排序剖析结果，比如总体时间 (tottime)，原生调用 (primitive call) 次数 (pcalls)、累计时间 (cumtime) 等。当通过 " ncalls" 或函数调用次数对输出排序时，你就可以从 pstats 的输出中再次看到大部分的操作，从调用次数的角度来说，大多调用是在 is_prime 方法中进行的。

pstats 模块的 Stats 类在每次操作后返回一个对它自身的引用。这是一些 Python 类的一个非常有用的特性，它允许我们通过把方法调用连起来写一行紧凑的代码。

另一个 Stats 对象的有用方法是寻找调用者 / 被调用者关系。可以通过使用 print_callers 方法而不是 print_stats 方法来实现，使用 pstats 模块打印按照原生调用次数排序的调用者 / 被调用者关系，如下所示。

```
anand@ubuntu-pro-book: /home/user/programs/chap4
File Edit View Search Terminal Help
>>> pstats.Stats('prime.stats').sort_stats('pcalls').print_callers()
   Ordered by: primitive call count

Function                                              was called by...
                                                          ncalls  tottime  cumtime
/home/user/programs/chap4/primes.py:41(is_prime)      <-     271    0.001    0.001  /home/user/programs/chap
4/primes.py:51(compute)
/home/user/programs/chap4/primes.py:34(__next__)      <-     101    0.000    0.002  <string>:1(<module>)
{method 'append' of 'list' objects}                   <-     100    0.000    0.000  /home/user/programs/chap
4/primes.py:51(compute)
/home/user/programs/chap4/primes.py:51(compute)       <-     100    0.000    0.001  /home/user/programs/chap
4/primes.py:34(__next__)
/home/user/programs/chap4/primes.py:31(__iter__)      <-       1    0.000    0.000  <string>:1(<module>)
<string>:1(<module>)                                  <-       1    0.000    0.002  {built-in method builtin
s.exec}
/home/user/programs/chap4/primes.py:25(__init__)      <-       1    0.000    0.000  <string>:1(<module>)
{built-in method builtins.exec}                       <-
{method 'disable' of '_lsprof.Profiler' objects}      <-


<pstats.Stats object at 0x7f5b9907e550>
>>>
```

4.6.4　第三方剖析器

Python 生态圈拥有非常丰富的用于解决绝大多数问题的第三方模块，在剖析器类的模块上也是如此。本节将简单介绍一些流行的第三方剖析器应用程序，它们是由 Python 社区中的开发者贡献的。

1. 语句剖析器

语句剖析器（Line profiler）是由 Robert Kern 开发的一个剖析器应用程序，用于逐行执行 Python 应用程序的剖析。它是用 Cython 写的，Cython 是一个用于优化 Python 的静态编译器，可以减少剖析的系统开销。

语句剖析器可以通过 pip 按照如下方式安装起来：

```
$ pip3 install line_profiler
```

和 Python 中剖析函数的剖析模块不同，语句剖析器能够逐行剖析语句，因此提供了更细粒度（granular）的统计数据。

语句剖析器自带一个称为 kernprof.py 的脚本，它使得使用语句剖析器剖析代码变得简单。当语句剖析器使用 kernprof 时，只需要对需要被剖析的函数增加一个 @profile 装饰器（decorator）。

举个例子，在质数迭代器中，大部分的时间耗费在 is_prime 方法上。而语句剖析器允许深入到更多的细节，找出那些函数的哪些行耗费了最多的时间。

为此，只用对方法增加 @profile 装饰器：

```
@profile
def is_prime(self):
    """ Whether current value is prime ? """

    vroot = int(self.value ** 0.5) + 1
    for i in range(3, vroot, 2):
        if self.value % i == 0:
            return False
    return True
```

因为 kernprof 接收一个脚本作为一个参数，所以需要增加一些代码来调用质数迭代器。为此，可以在 primes.py 模块的结尾增加如下代码：

```
# Invoke the code.
if __name__ == "__main__":
    l=list(Prime(1000))
```

现在，按照如下方式用语句剖析器来运行这个代码：

```
$ kernprof -l -v primes.py
```

通过传递 -v 给 kernprof 脚本，告诉它除保存结果外，还要在屏幕上显示剖析结果。从对使用 n=1000 的 is_prime 方法进行剖析的过程中得到的语句剖析器结果如下所示。

```
anand@ubuntu-pro-book: /home/user/programs/chap4
File  Edit  View  Search  Terminal  Help
$ kernprof -l -v primes.py
Wrote profile results to primes.py.lprof
Timer unit: 1e-06 s

Total time: 0.04177 s
File: primes.py
Function: is_prime at line 40

Line #      Hits         Time  Per Hit   % Time  Line Contents
==============================================================
    40                                           @profile
    41                                           def is_prime(self):
    42                                               """ Whether current value is prime ? """
    43
    44      3960         3339      0.8      8.0      vroot = int(self.value ** 0.5) + 1
    45     41579        17141      0.4     41.0      for i in range(3, vroot, 2):
    46     40579        19821      0.5     47.5          if self.value % i == 0:
    47      2960         1072      0.4      2.6              return False
    48      1000          397      0.4      1.0      return True

$
```

语句剖析器告诉我们，耗费在方法上的绝大部分时间——接近总体时间的 90%——是耗费在前两行：for 循环和提示器（reminder）检查。

这就告诉我们，如果想优化这个方法，需要集中分析这两行代码。

2. 内存剖析器

从逐行剖析 Python 代码这样的工作方式看，内存剖析器（Memory profiler）是一个和语句剖析器类似的剖析器。然而，不同于剖析在每行代码上耗费的时间，它从内存使用的角度剖析代码行。

内存剖析器可以用和语句剖析器相同的方式安装起来：

```
$ pip3 install memory profiler
```

一旦安装上，代码行的内存能够通过给函数增加 @profile 装饰器，以与语句剖析器相似的方式打印出来。

下面是一个简单的例子：

```python
# mem_profile_example.py
@profile
def squares(n):
    return [x*x for x in range(1, n+1)]

squares(1000)
```

内存剖析器剖析一个前 1000 个数的平方的列表推导式的输出结果如下所示。

```
anand@ubuntu-pro-book: /home/user/programs/chap4
File  Edit  View  Search  Terminal  Help
$ python3 -m memory_profiler mem_profile_example.py
Filename: mem_profile_example.py

Line #    Mem usage    Increment   Line Contents
================================================
     1   31.559 MiB    0.000 MiB   @profile
     2                             def squares(n):
     3   31.559 MiB    0.000 MiB       return [x*x for x in range(1, n+1)]

$
```

内存剖析器逐行显示了内存增加量。在这个例子中，因为数据非常小，对于包含了平方数（列表推导）的代码行几乎没有内存的增加，总体内存的使用量保持在开始时的使用量：约 32MB。

如果改变 *n* 的值为 1 000 000 会发生什么？这可以按照如下方式重写最后一行的代码来实现：

```
squares(100000)
```

内存剖析器剖析一个前 1 000 000 个数的平方的列表推导式的输出结果如下所示。

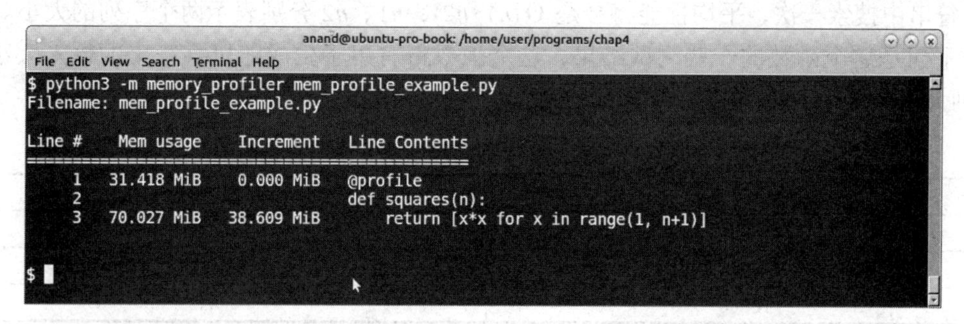

现在可以看到，对于计算平方数的列表推导式，有一个清晰的约 39MB 的内存增加，总共的最终内存使用量约 70MB。

为了说明内存剖析器真正的用处，现来看看另一个例子。

这个例子是从一个序列中找出一些字符串，这些字符串是存在于另一个序列中的任何字符串的子字符串，这个序列通常包含更长的字符串。

3. 子字符串（子序列）问题

假设有一个包含如下字符串的序列：

```
>>> seq1 = ["capital","wisdom","material","category","wonder"]
```

还有另一个如下的序列：

```
>>> seq2 = ["cap","mat","go","won","to","man"]
```

问题是找出 **seq2** 中作为子字符串出现的字符串——这就是指，seq2 中的字符串的字符是连续出现的，并可在 **seq1** 的任意字符串的任何位置找到。

在这种情况下，答案如下：

```
>>> sub=["cap","mat","go","won"]
```

这个问题可以通过暴力搜索（brute-force search）来解决——在每个父字符串中以如下方式逐个检查字符串：

```
def sub_string_brute(seq1, seq2):
    """ Sub-string by brute force """
```

```
    subs = []
    for item in seq2:
        for parent in seq1:
            if item in parent:
                subs.append(item)

    return subs
```

然而，一次快速的分析将会告诉你这个函数的时间复杂度随着序列大小的增加增长得非常严重。因为每个步骤都需要在两个序列上进行遍历，接着需要在第一个序列的每个字符串中搜索一次，平均性能将会是 $O(n1*n2)$，$n1$、$n2$ 分别表示两个序列的大小。

下面是这个函数的一些测试结果，这个函数带有用于生成随机字符串的输入大小值（序列大小）（2～10）。

输入大小和通过暴力方式的子序列问题解决方法所耗费时间的关系

输入规模	所用时间
100	450μs
1000	52ms
1000	5.4s

结果显示性能几乎是 $O(n^2)$。

有没有一种重写函数让它更有效率地运行的方法？这个方法在下面的 sub_string 函数中：

```
def slices(s, n):
    return map(''.join, zip(*(s[i:] for i in range(n))))

def sub_string(seq1, seq2):
    """ Return sub-strings from seq2 which are part of strings in seq1
    """

    # Create all slices of lengths in a given range
    min_l, max_l = min(map(len, seq2)), max(map(len, seq2))
    sequences = {}

    for i in range(min_l, max_l+1):
        for string in seq1:
            # Create all sub sequences of given length i
            sequences.update({}.fromkeys(slices(string, i)))

    subs = []
    for item in seq2:
        if item in sequences:
            subs.append(item)

    return subs
```

在这个方法中，预先计算一个大小值范围内的所有子字符串，这个大小范围是从

seq1 的字符串组里得到的，并把它们放在一个字典中。接着遍历 seq2 中的字符串，检查它们是否在这个字典中，如果在，就把它们添加到列表里。

为了优化计算，只处理大小值处于 seq2 中字符串的最小和最大长度范围之间的字符串。

正如几乎所有的性能问题解决办法一样，这个方法是拿空间换时间。通过预先计算所有子字符串，在内存中开辟出更多的空间，而这减少了计算时间。

测试代码如下：

```
import random
import string

seq1, seq2 = [], []

def random_strings(n, N):
     """ Create N random strings in range of 4..n and append
     to global sequences seq1, seq2 """

    global seq1, seq2
    for i in range(N):
        seq1.append(''.join(random.sample(string.ascii_lowercase,
                             random.randrange(4, n))))

    for i in range(N):
        seq2.append(''.join(random.sample(string.ascii_lowercase,
                             random.randrange(2, n/2))))

def test(N):
    random_strings(10, N)
    subs=sub_string(seq1, seq2)

def test2():
    # random_strings has to be called before this
    subs=sub_string(seq1, seq2)
```

下面是使用 timeit 模块得出的这个函数的计时结果：

```
>>> t=timeit.Timer('test2()',setup='from sub_string import test2,
random_
strings;random_strings(10, 100)')
>>> 1000000*t.timeit(number=10000)/10000.0
1081.6103347984608
>>> t=timeit.Timer('test2()',setup='from sub_string import test2,
random_
strings;random_strings(10, 1000)')
>>> 1000000*t.timeit(number=1000)/1000.0
11974.320339999394
>>> t=timeit.Timer('test2()',setup='from sub_string import test2,
random_
```

```
strings;random_strings(10, 10000)')
>>> 1000000*t.timeit(number=100)/100.0124718.30968977883
124718.30968977883
>>> t=timeit.Timer('test2()',setup='from sub_string import test2,
random_
strings;random_strings(10, 100000)')
>>> 1000000*t.timeit(number=100)/100.0
1261111.164370086
```

下面是这个测试的汇总结果。

输入大小和使用预先计算字符串得到的优化后的子序列解决方案所耗费的时间关系

输入规模	所用时间
100	1.08ms
1000	11.97ms
10000	0.12s
100000	1.26s

一次快速计算告诉我们算法现在运行在 O(n) 数量级。非常好！

但这是建立在预先计算的字符串对应的内存开销上的。我们可以通过调用内存剖析器估计这个开销。

下面是用于做这个工作的修改过的函数：

```
@profile
def sub_string(seq1, seq2):
    """ Return sub-strings from seq2 which are part of strings in seq1
    """

    # Create all slices of lengths in a given range
    min_l, max_l = min(map(len, seq2)), max(map(len, seq2))
    sequences = {}

    for i in range(min_l, max_l+1):
        for string in seq1:
            sequences.update({}.fromkeys(slices(string, i)))

    subs = []
    for item in seq2:
        if item in sequences:
            subs.append(item)
```

测试函数如下：

```
def test(N):
    random_strings(10, N)
    subs = sub_string(seq1, seq2)
```

让我们用输入大小值为 1000 和 10 000 的序列来分别测试这个函数。

下面是对于输入大小值为 1000 的函数测试结果。

```
anand@ubuntu-pro-book: /home/user/programs/chap4
File Edit View Search Terminal Help
$ python3 -m memory_profiler sub_string.py
Filename: sub_string.py

Line #    Mem usage    Increment   Line Contents
================================================
    24   31.352 MiB    0.000 MiB   @profile
    25                             def sub_string(seq1, seq2):
    26                                 """ Return sub-strings from seq2 which are in seq1 """
    27
    28                                 # E.g: seq1 = ['introduction','discipline','animation']
    29                                 # seq2 = ['in','on','is','mat','ton']
    30                                 # Result = ['in','on','mat','is']
    31
    32                                 # Create all slices of lengths in a given range
    33   31.352 MiB    0.000 MiB       min_l, max_l = min(map(len, seq2)), max(map(len, seq2))
    34   31.352 MiB    0.000 MiB       sequences = {}
    35
    36   32.797 MiB    1.445 MiB       for i in range(min_l, max_l+1):
    37   32.797 MiB    0.000 MiB           for string in seq1:
    38   32.797 MiB    0.000 MiB               sequences.update({}.fromkeys(slices(string, i)))
    39
    40   32.797 MiB    0.000 MiB       subs = []
    41   32.797 MiB    0.000 MiB       for item in seq2:
    42   32.797 MiB    0.000 MiB           if item in sequences:
    43   32.797 MiB    0.000 MiB               subs.append(item)
    44
    45   32.797 MiB    0.000 MiB       return subs
```

下面是输入大小值为 10 000 的函数测试结果。

```
anand@ubuntu-pro-book: /home/user/programs/chap4
File Edit View Search Terminal Help
$ python3 -m memory_profiler sub_string.py
Filename: sub_string.py

Line #    Mem usage    Increment   Line Contents
================================================
    24   32.523 MiB    0.000 MiB   @profile
    25                             def sub_string(seq1, seq2):
    26                                 """ Return sub-strings from seq2 which are in seq1 """
    27
    28                                 # E.g: seq1 = ['introduction','discipline','animation']
    29                                 # seq2 = ['in','on','is','mat','ton']
    30                                 # Result = ['in','on','mat','is']
    31
    32                                 # Create all slices of lengths in a given range
    33   32.523 MiB    0.000 MiB       min_l, max_l = min(map(len, seq2)), max(map(len, seq2))
    34   32.523 MiB    0.000 MiB       sequences = {}
    35
    36   38.770 MiB    6.246 MiB       for i in range(min_l, max_l+1):
    37   38.770 MiB    0.000 MiB           for string in seq1:
    38   38.770 MiB    0.000 MiB               sequences.update({}.fromkeys(slices(string, i)))
    39
    40   38.770 MiB    0.000 MiB       subs = []
    41   38.770 MiB    0.000 MiB       for item in seq2:
    42   38.770 MiB    0.000 MiB           if item in sequences:
    43   38.770 MiB    0.000 MiB               subs.append(item)
    44
    45   38.770 MiB    0.000 MiB       return subs
```

对于大小值为 1000 的序列，内存使用量略微增加了 1.4MB。对于大小值为 10 000 的序列，增加了 6.2MB。很显然，这些量不是非常大的数字。

因此带有内存剖析器的测试让一个结论变得清晰了，即此处的算法在时间性能上是高效的，在内存使用上也是高效的。

4.7 其他工具

这部分将讨论更多的工具，它们会帮助编程人员调试内存泄漏，也会让他们看到自己编写的对象和对象之间的关系。

4.7.1 objgraph

objgraph（**对象图**）是一个 Python 对象可视化工具，它使用 graphviz 包来画出对象引用关系图（object reference graph）。

它不是一个剖析或是插桩工具，但在搜寻行踪不定的内存泄漏时，可以和这些工具一起用在复杂程序中以便呈现对象树和引用关系。它允许你找出对象间的引用关系，以计算什么引用让一个对象保持活跃。

和在 Python 世界中几乎所有东西一样，它可以通过 pip 安装：

```
$ pip3 install objgraph
```

然而 objgraph 只有在生成图片时是实际有用的。因此需要安装 graphviz 包和 xdot 工具。在 Debian/Ubuntu 系统中，可按照如下方式安装它们：

```
$ sudo apt install graphviz xdot -y
```

现来看一个使用 objgraph 的简单例子，用于找到被隐藏的引用关系：

```
import objgraph

class MyRefClass(object):
    pass

ref=MyRefClass()
class C(object):pass

c_objects=[]
for i in range(100):
    c=C()
    c.ref=ref
    c_objects.append(c)

import pdb; pdb.set_trace()
```

我们有一个称为 MyRefClass 的类，它带了一个 ref 的实例，这个实例被 100 个类 C 的实例引用，类 C 是在一个 for 循环中创建的。这些是可能引起内存泄漏的引用关系。现来看看 objgraph 如何帮助我们识别它们。

当执行这段代码时，它会在调试器（pdb）上停下来：

```
$ python3 objgraph_example.py
--Return--
[0] > /home/user/programs/chap4/objgraph_example.py(15)<module>()->None
-> import pdb; pdb.set_trace()
(Pdb++) objgraph.show_backrefs(ref, max_depth=2, too_many=2,
filename='refs.png')
Graph written to /tmp/objgraph-xxhaqwxl.dot (6 nodes)
Image generated as refs.png
```

注意： 下面的图片左边被剪掉了，只显示对象引用关系相关的部分。

Objgraph 支持的对 ref 对象的引用关系如下所示。

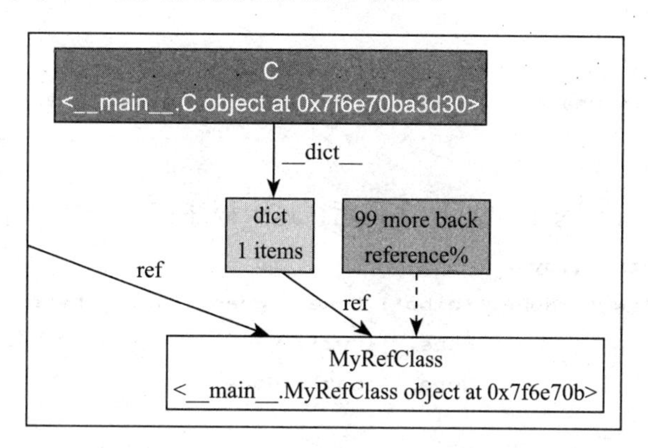

图中的红盒子说明还有 99 个引用，这表示它显示了一个类 C 的实例，并告诉我们还有 99 个和它一样的实例——总共 100 个 C 实例——引用了这单个 ref 对象。

在一个复杂程序中，我们没有能力跟踪引起内存泄漏的对象引用关系，所以这种引用关系图就可以被编程人员很好地利用起来。

4.7.2　pympler

pympler 可以用来监控和度量一个 Python 应用程序中对象的内存使用情况。它工作在 Python 2.x 和 3.x 上。可以使用 pip 按照如下方式安装起来：

```
$ pip3 install pympler
```

pympler 的文档非常少。然而，它的为人所熟知的使用是通过它的 asizeof 模块跟踪对象和打印它们实际的内存使用情况。

以下是修改后的 sub_string 函数，用于打印序列字典（存放着所有生成的子字符串）的内存使用情况：

```
from pympler import asizeof

def sub_string(seq1, seq2):
    """ Return sub-strings from seq2 which are part of strings in seq1
    """


    # Create all slices of lengths in a given range
    min_l, max_l = min(map(len, seq2)), max(map(len, seq2))
    sequences = {}

    for i in range(min_l, max_l+1):
        for string in seq1:
```

```
            sequences.update({}.fromkeys(slices(string, i)))

    subs = []
    for item in seq2:
        if item in sequences:
            subs.append(item)
    print('Memory usage',asizeof.asized(sequences).format())

    return subs
```

当对于一个序列大小为 10 000 的序列运行这个程序：

```
$ python3 sub_string.py
Memory usage {'awg': None, 'qlbo': None, 'gvap': No....te':
                             None, 'luwr':
                             None, 'ipat': None}
size=5874384
flat=3145824
```

内存大小为 5 870 408 字节（或者说约 5.6MB），符合内存剖析器报告的值（约 6MB）。

pympler 也带了称为 muppy 的包，它有助于持续跟踪一个程序中的所有对象。这个结果可以由 summary 包汇总起来，以便打印出一个应用程序中的全部对象（根据它们的类型区分）的内存使用情况汇总。

下面是对于 *n*=10 000 运行的 sub_string 模块的一个报告。为了做这个操作，执行部分需按如下方式来修改：

```
if __name__ == "__main__":
    from pympler import summary
    from pympler import muppy
    test(10000)
    all_objects = muppy.get_objects()
    sum1 = summary.summarize(all_objects)
    summary.print_(sum1)
```

下图显示了 pympler 在程序结束时汇总的输出。

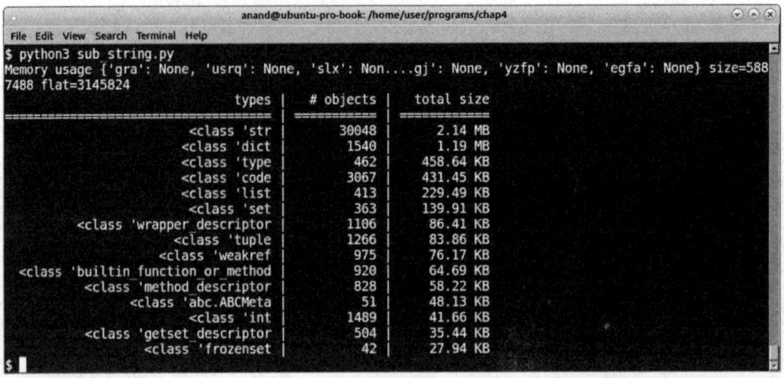

```
anand@ubuntu-pro-book: /home/user/programs/chap4
File Edit View Search Terminal Help
$ python3 sub_string.py
Memory usage {'gra': None, 'usrq': None, 'slx': Non....gj': None, 'yzfp': None, 'egfa': None} size=588
7488 flat=3145824
                             types |   # objects |   total size
================================== | =========== | ============
                      <class 'str |       30048 |      2.14 MB
                     <class 'dict |        1540 |      1.19 MB
                     <class 'type |         462 |    458.64 KB
                     <class 'code |        3067 |    431.45 KB
                     <class 'list |         413 |    229.49 KB
                      <class 'set |         363 |    139.91 KB
       <class 'wrapper_descriptor |        1106 |     86.41 KB
                    <class 'tuple |        1266 |     83.86 KB
                  <class 'weakref |         975 |     76.17 KB
 <class 'builtin_function_or_method |        920 |     64.69 KB
        <class 'method_descriptor |         828 |     58.22 KB
              <class 'abc.ABCMeta |          51 |     48.13 KB
                      <class 'int |        1489 |     41.66 KB
        <class 'getset_descriptor |         504 |     35.44 KB
                <class 'frozenset |          42 |     27.94 KB
$
```

4.8　程序设计性能——数据结构

我们已经看了性能的定义、度量性能复杂度和用于度量程序性能的不同工具，也通过剖析代码对程序的运行信息（如内存使用情况）和类似的数据有了深入的理解。

我们还看到了一组程序调优的例子，用以提升代码的时间性能。

这部分将介绍常用的 Python 数据结构，讨论它们最好和最差的性能场景是什么，也将讨论在哪个情况下它们是一个理想的选择，在哪个情况下可能不是最好的选择。

4.8.1　可变容器——链表、字典和集合

在 Python 中，链表（list）、字典（dictionary）和集合（set）是最流行和最有用的可变容器。

链表适合于通过一个已知索引访问对象。字典为带有已知关键字的对象提供了一个接近常量时间的搜索（look-up）操作。在接近线性的时间中，集合适用于保存多组数据项，期间会执行去重和找出它们的不同部分、交集、并集等操作。

1. 链表

链表为以下操作提供一个接近常量时间的数量级：

1）通过 [] 操作符的 get(index)。

2）通过 .append 方法的 append（item）。

然而，链表在如下场景表现糟糕（O(*n*)）：

1）通过 in 操作符搜索一个数据项。

2）通过 .insert 方法在一个索引值位置上插入。

链表在以下场景中表现优异：

1）如果需要一个可变的存储空间来保存不同类型或类别的数据项（**数据项之间是异构的**）。

2）如果对对象的搜索涉及通过一个已知索引获取数据项。

3）如果没有很多通过全表（**链表中的元素**）搜索的查找。

4）如果任何元素都是不可哈希的（non-hashable）。字典和集合要求元素是可哈希的，所以在这种情况下，几乎默认使用链表。

如果有一个巨大的链表，比如说，超过 100 000 个数据项，且一再发现是通过 in 操作符对链表搜索元素，那么应该用一个字典来取代链表。

类似地，如果发现大多数时间里，是一再插入到链表，而不是追加，那么可以考虑用 collections 模块的 deque 来代替链表。

2. 字典

字典为如下操作提供了一个常量时间的数量级：

1）通过一个关键字设置一个数据项。

2）通过一个关键字读取一个数据项。

3）通过一个关键字删除一个数据项。

然而，对于相同的数据，字典比链表稍微多占一些内存。一个字典用于以下情况：

1）不关心元素的插入操作数量级的情况。

2）没有对应于关键字的重复元素的情况。

字典在下面情况中也是理想的：在应用程序的开始阶段，从一个数据源（数据库或磁盘）加载大量的数据，这些数据通过关键字唯一地建立起索引，然后需要对它们快速访问。换句话说，就是大量的随机读操作和相对少量的写或更新操作的情况。

3. 集合

集合的使用场景介于链表和字典之间。Python 中的集合在实现方式上更接近于字典，因为它们是无序的，不支持重复元素，对通过关键字访问数据项提供接近 O(1) 的时间。它们在某些方面又像链表，如它们支持弹出（pop）操作（尽管不允许索引访问）。

集合在 Python 中通常用作中间态（intermediate）数据结构，用于对其他容器进行处理，诸如去重，在两个容器中找出相同数据项等操作。

因为集合操作的数量级几乎和字典相同，所以它们适用于需要使用字典的大多数情况，但关键字没关联值这种情况除外。

例子包括：

1）当另一个收集器（collection）执行去重操作时，从这个集合中保留异构的、无序的数据。

2）出于特定目的，处理一个应用程序中的中间态数据，比如寻找相同元素，从多个容器中组合出唯一的元素集，去重等。

4.8.2 不可变容器——元组

在 Python 中元组是链表的一种不可变版本。因为它们在创建后是不可修改的，所以不支持任何链表修改的方法，比如插入、追加等。

当元组使用索引和搜索（通过元组中的数据项）时，它们和链表有相同的时间复杂度。然而，与链表相比，它耗费更少的内存开销，原因是它们是不可变的，解释器对它们优化得更多。

因此，元组可用于下面场景的任何时候：读取、返回或创建一个数据的容器，这些数据不会被改变但需要遍历操作。一些例子如下：

1）从一个数据存储中加载进来的，只会有读取访问的行级（row-wise）数据。比如，来自一个 DB 查询的结果，读取一个 CSV 文件得来的被加工过的行（processed row）等。

2）需要反复遍历的常量值集合。比如，从一个配置文件加载进来的配置参数列表。

3）当从一个函数返回不止一个值的时候。在这种情况下，除非人为显式地返回一个链表，否则，Python 总是默认返回一个元组。

4）当一个可变容器需要变成一个字典的关键字时。比如，当一个链表或集合需要作为一个字典的关键字关联到一个值时，快速的方法是把它转换为一个元组。

4.8.3　高性能容器——集合模块

相对于 Python 中内置的称为链表、集合、字典和元组的默认容器类型来说，集合模块（collection module）提供了高性能的备选方案（alternative）。

简单地看看集合模块中如下的容器类型：

1）deque：一个链表容器的备选方案，支持在队列两端快速插入和弹出（pop）。

2）defaultdict：dict 的子类，它为类型提供了工厂函数，用于提供缺省值。

3）OrderedDict：dict 的子类，它记录了关键字插入的顺序。

4）Counter：dict 子类，用于保存可哈希类型的计数和统计信息。

5）ChainMap：带有一个类似字典接口的类，用于持续跟踪多重映射。

6）namedtuple：用于创建类似元组的类的类型，带有命名字段。

1. deque

一个双端队列（double ended queue）像一个链表，但和链表不同，它支持近乎常量时间 ($O(1)$) 的从队列两端进行的增加和弹出操作，而链表对于在左端进行的弹出和插入操作，有一个 $O(n)$ 数量级的时间成本。

双端队列也支持一些操作，比如旋动（rotation），用于将列表中 k 个元素从表尾移动到表头，或者反过来，它们的平均性能为 $O(k)$。这通常比链表中类似的操作稍微快一点，链表涉及切割（slicing）和追加（appending）操作：

```
def rotate_seq1(seq1, n):
    """ Rotate a list left by n """
    # E.g: rotate([1,2,3,4,5], 2) => [4,5,1,2,3]

    k = len(seq1) - n
    return seq1[k:] + seq1[:k]

def rotate_seq2(seq1, n):
    """ Rotate a list left by n using deque """

    d = deque(seq1)
    d.rotate(n)
    return d
```

在以上的例子中，通过一个简单的 timeit 度量，应该会发现双端队列与链表相比，有一个微小的性能优势（大约 10% ～ 15%）。

2. defaultdict

默认 dict 是 dict 子类，它使用类型工厂提供对于字典关键字的默认值。

在 Python 中，当在一个列表数据项上循环，并试着增加一个字典计数值的时候，我们会遇到一个常见问题，即有可能没有对应数据项的任何已存在的条目。

举个例子，如果有人试着对一个单词在一段文本中的出现次数进行计数，那么我们不得不把代码写得像下面那样，或是它的一个类似版本（variation）：

```
counts = {}
for word in text.split():
    word = word.lower().strip()
    try:
        counts[word] += 1
    except KeyError:
        counts[word] = 1
```

另一个例子是，依据一个有特定条件的关键字对对象进行分组的时候。比如，试着对所有的字符串分组，相同长度的字符串放到一个字典中：

```
cities = ['Jakarta','Delhi','Newyork','Bonn','Kolkata','Bangalore','S
eoul']
cities_len = {}
for city in cities:
  clen = len(city)
  # First create entry
  if clen not in cities_len:
    cities_len[clen] = []
  cities_len[clen].append(city)
```

一个 defaultdict 容器优雅地解决了这些问题，它通过定义一个类型工厂为任何没在字典中出现的关键字提供默认参数值。默认工厂类型支持任意的默认类型，而且默认值设为 None。

对于每种类型，它的空值是默认值。这意味着：

```
0 → default value for integers
[] → default value for lists
'' → default value for strings
{} → default value for dictionaries
```

单词计数代码可以按照如下方式重写：

```
counts = defautldict(int)
for word in text.split():
    word = word.lower().strip()
    # Value is set to 0 and incremented by 1 in one go
    counts[word] += 1
```

类似地，根据字符串长度分组它们的代码如下：

```
cities = ['Jakarta','Delhi','Newyork','Bonn','Kolkata','Bangalore','S
eoul']
```

```
cities_len = defaultdict(list)
for city in cities:
    # Empty list is created as value and appended to in one go
    cities_len[len(city)].append(city)
```

3. OrderedDict

OrderedDict 是一个 dict 子类，它记录了条目插入的顺序。它有点儿像一个字典和链表的混合体。它表现得像一个映射类型，但是在记录插入顺序，甚至支持诸如用于删除头尾条目的 popitem 方法上，也有类似链表的行为。

举例如下：

```
>>> cities = ['Jakarta','Delhi','Newyork','Bonn','Kolkata',
'Bangalore','Seoul']
>>> cities_dict = dict.fromkeys(cities)
>>> cities_dict
{'Kolkata': None, 'Newyork': None, 'Seoul': None, 'Jakarta': None,
'Delhi': None, 'Bonn': None, 'Bangalore': None}

# Ordered dictionary
>>> cities_odict = OrderedDict.fromkeys(cities)
>>> cities_odict
OrderedDict([('Jakarta', None), ('Delhi', None), ('Newyork', None),
('Bonn', None), ('Kolkata', None), ('Bangalore', None), ('Seoul',
None)])
>>> cities_odict.popitem()
('Seoul', None)
>>> cities_odict.popitem(last=False)
('Jakarta', None)
```

比较和对照字典是如何改变顺序的，而 OrderedDict 容器是如何保持原有顺序的。

这里给出了一些使用 OrderedDict 容器的做法。

1）不丢失顺序地从一个容器中删除重复元素。

让我们修改 cities 列表以便排除重复元素：

```
>>> cities = ['Jakarta','Delhi','Newyork','Bonn','Kolkata',
              'Bangalore','Bonn','Seoul','Delhi','Jakarta','Mumbai']
>>> cities_odict = OrderedDict.fromkeys(cities)
>>> print(cities_odict.keys())
odict_keys(['Jakarta', 'Delhi', 'Newyork', 'Bonn', 'Kolkata',
            'Bangalore', 'Seoul', 'Mumbai'])
```

查看重复元素是如何被删除但顺序被保留下来的。

2）实现一个最近最少使用 (LRU) 的缓存字典。

一个 LRU 缓存优先考虑最近被使用（或被访问）的条目，删除那些最少被使用的条目。这是一个常见的缓存算法，用在诸如 Squid 的 HTTP 缓存服务器中，也用在其他一些情况中，即需要维护一个被限制了大小的容器，这个容器优先保存最近被访问的条目。

这里使用了 OrderedDict 的操作，即当删除了一个存在的关键字，然后再重新添加时，它被添加到了末尾（右端）：

```
class LRU(OrderedDict):
    """ Least recently used cache dictionary """

    def __init__(self, size=10):
        self.size = size

    def set(self, key):
        # If key is there delete and reinsert so
        # it moves to end.
        if key in self:
            del self[key]

        self[key] = 1
        if len(self)>self.size:
            # Pop from left
            self.popitem(last=False)
```

下面是一个验证说明（demonstration）：

```
>>> d=LRU(size=5)
>>> d.set('bangalore')
>>> d.set('chennai')
>>> d.set('mumbai')
>>> d.set('bangalore')
>>> d.set('kolkata')
>>> d.set('delhi')
>>> d.set('chennai')

>>> len(d)
5
>>> d.set('kochi')
>>> d
LRU([('bangalore', 1), ('chennai', 1), ('kolkata', 1), ('delhi', 1),
('kochi', 1)])
```

因为关键字 mumbai 第一个被设置，之后没有再被设置过，所以它变成了最左边的一个，然后被清除了。

注意： 要删除的下一个关键字是 bangalore，接着是 chennai，这是因为 chennai 在 bangalore 设置之后被多设置了一次。

4. Counter

一个计数器是一个字典的子类，用于保存一个哈希对象的计数。元素被保存为字典关键字，它们的计数被保存为字典值。Counter 类类似于 C++ 语言中的 multisets，或类 Smalltalk 语言的 Bag。

一个计数器是一种常见的用于保留在处理任何容器时数据项出现的频率的选择。比如，一个计数器可以用于保留解析文本时单词的出现频率，或者解析单词时字母的出现频率。

比如，下面两个代码段执行相同的操作但是使用计数器的那个不那么繁琐，简洁紧凑。

它们都是从一个文本中返回最常用的 10 个单词，这个文本是著名的《Sherlock Holmes Novel》中的《The Hound of Baskerville》，gutenberg 在线版本。

1）在如下代码中使用 defaultdict 容器：

```
import requests, operator
    text=requests.get('https://www.gutenberg.org/
files/2852/2852-0.txt').text
    freq=defaultdict(int)
    for word in text.split():
        if len(word.strip())==0: continue
        freq[word.lower()] += 1
        print(sorted(freq.items(), key=operator.itemgetter(1),
reverse=True) [:10])
```

2）在如下代码中使用 Counter 类：

```
import requests
text = requests.get('https://www.gutenberg.org/files/2852/2852-0.
txt').text
freq = Counter(filter(None, map(lambda x:x.lower().strip(), text.
split())))
print(freq.most_common(10))
```

5. ChainMap

一个 ChainMap 是一个类似字典的类，它把多个字典或类似的映射数据结构组合在一起，创建了一个可更新的单一视图。

所有常规字典方法它都支持。查找操作搜索连续的映射直到找到一个关键字。

ChainMap 类对于 Python 来说，是一个较新的补充功能，它已经增加在 Python3.3 中了。

当有如下使用场景：需要从一个源字典中持续不断地把关键字更新到一个目标字典，一个 ChainMap 类可以在性能上以有利的方式工作，特别是如果更新的数量非常大的话。

下面是 ChainMap 的一些实践使用：

1）一个编程人员可以在分开的字典中保存一个 Web 框架的 GET 和 POST 参数，然后通过一个单一的 ChainMap 保持配置更新。

2）在一个应用程序中保持多层级配置信息重载（override）。

3）当多个字典中没有相互覆盖的关键字时，将它们当成一个视图进行遍历操作。

4）一个 ChainMap 类在它的映射属性中保存之前的映射关系。然而，当用从另一个字典得到的映射关系更新一个字典时，源字典状态就被丢弃了。下面是一个简单的说明：

```
>>> d1={i:i for i in range(100)}
>>> d2={i:i*i for i in range(100) if i%2}
>>> c=ChainMap(d1,d2)
# Older value accessible via chainmap
>>> c[5]
5
>>> c.maps[0][5]
5
# Update d1
>>> d1.update(d2)
# Older values also got updated
>>> c[5]
25
>>> c.maps[0][5]
25
```

6. namedtuple

namedtuple 像带有固定字段的类。字段像正常的类那样，可通过属性查找的方式访问，而且它们也是可索引化的（indexable）。整个 nameduple 也像容器那样，是可遍历操作（iterable）的。换句话说，一个 namedtuple 表现得像一个类和一个元组的组合。

```
>>> Employee = namedtuple('Employee', 'name, age, gender, title,
department')
>>> Employee
<class '__main__.Employee'>
```

现创建一个 Employee 的实例：

```
>>> jack = Employee('Jack',25,'M','Programmer','Engineering')
>>> print(jack)
Employee(name='Jack', age=25, gender='M', title='Programmer',
department='Engineering')
```

可以遍历实例的字段就像迭代器一样：

```
>>> for field in jack:
... print(field)
...
Jack
25
M
Programmer
Engineering
```

一旦被创建，namedtuple 实例就像一个元组一样，是只读的：

```
>>> jack.age=32
Traceback (most recent call last):
  File "<stdin>", line 1, in <module>
AttributeError: can't set attribute
```

为了更新值，可以使用 _replace 方法。它返回一个新实例，这个实例指定的关键字参数被新值取代：

```
>>> jack._replace(age=32)
Employee(name='Jack', age=32, gender='M', title='Programmer',
department='Engineering')
```

当和一个有相同字段的类相比，一个 namedtuple 更加节约内存（memory-efficient）。因此一个 namedtuple 在以下场景中是非常有用的：

1）大量的数据需要从一个存储中以只读的、键值对的形式加载进来。例子是通过一个 DB 查询加载列名和列值，或者从一个大的 CSV 文件加载数据。

2）当需要创建一个类的大量实例，但是在属性上不需要执行很多写入或设置操作。不同于创建类实例，可以创建 namedtuple 实例，以便节约内存量。

3）_make 方法可以被用来加载一个已经存在的迭代器，并以相同的顺序提供多个字段，用于返回一个 namedtuple 实例。举个例子，如果一个 employees.csv 文件带有按名字、年龄、性别、头衔和部门排序的字段，我们可以通过使用如下命令行，把它们都加载进一个 namedtuples 容器中：

```
employees = map(Employee._make, csv.reader(open('employees.csv'))
```

4.8.4 概率数据结构——布隆过滤器

在 Python 中结束对容器数据类型的讨论之前，让我们看一个重要的概率数据结构，称之为**布隆**（bloom）**过滤器**。Python 中布隆过滤器的实现方式表现得像一个容器，但是它们实际上是概率性的。

一个布隆过滤器是一个稀疏数据结构，它允许测试集合中的一个元素的存在性。然而，只能肯定地认为一个元素是否不在集合中。也就是，只能断言肯定的不存在（true negative）。当一个布隆过滤器告诉我们一个元素在集合中，那么它可能存在。换句话说，存在一个非零的概率，表示元素实际上不在集合中。

布隆过滤器通常作为位向量（bit vector）实现，它以一个和 Python 字典相似的方式工作，即使用哈希函数。然而，不同于字典，布隆过滤器不存储实际元素，而且元素一旦被添加，就不能从一个布隆过滤器中删除。

布隆过滤器用在下面场景中：如果不带哈希冲突地保存所有的源数据量，这意味着一个异常巨大的内存使用量。

在 Python 中，pybloom 包提供一个简单的布隆过滤器实现（然而，在成书期间，它不支持 Python 3.x，所以这里的例子是用 Python 2.7.x 版本写成的）：

```
$ pip install pybloom
```

编写一个程序从《The Hound of Baskervilles》的文本中读取单词，并对单词建立索引，这是在计数器数据结构的讨论中使用的例子，但这次使用一个布隆过滤器：

```
# bloom_example.py
from pybloom import BloomFilter
```

```
import requests

f=BloomFilter(capacity=100000, error_rate=0.01)

text=requests.get('https://www.gutenberg.org/files/2852/2852-0.txt').
text

for word in text.split():
    word = word.lower().strip()
    f.add(word)

print len(f)
print len(text.split())
for w in ('holmes','watson','hound','moor','queen'):
    print 'Found',w,w in f
```

执行结果如下：

```
$ python bloomtest.py
9403
62154
Found holmes True
Found watson True
Found moor True
Found queen False
```

注意： Holmes、watson、hound 和 moor 在《The Hound of Baskervilles》的故事中是一些最常见的单词，所以布隆过滤器找到这些单词是可信的。另一方面，单词 queen 从没在文本中出现，所以布隆过滤器在这个情况（正确的否定）下是正确的。文本中单词的个数是 62 154，其中只有 9403 个单词在过滤器中被索引到了。

对照计数器数据结构，让我们试着度量布隆过滤器的内存使用量。对此，我们将使用内存剖析器。

对于这个测试，按照如下方式使用 Counter 类重写代码：

```
# counter_hound.py
import requests
from collections import Counter

@profile
def hound():
    text=requests.get('https://www.gutenberg.org/files/2852/2852-0.
txt').text
    c = Counter()

    words = [word.lower().strip() for word in text.split()]
    c.update(words)
```

```
if __name__ == "__main__":
    hound()
```

并按照如下方式使用布隆过滤器：

```
# bloom_hound.py
from pybloom import BloomFilter
import requests

@profile
def hound():
    f=BloomFilter(capacity=100000, error_rate=0.01)
    text=requests.get('https://www.gutenberg.org/files/2852/2852-0.
txt').text

    for word in text.split():
        word = word.lower().strip()
        f.add(word)

if __name__ == "__main__":
    hound()
```

下面是对于第一个程序运行内存剖析器得到的输出结果。

```
anand@ubuntu-pro-book: /home/user/programs/chap4
File  Edit  View  Search  Terminal  Help
$ python -m memory_profiler counter_hound.py
Filename: counter_hound.py

Line #    Mem usage    Increment   Line Contents
================================================
     4   40.906 MiB    0.000 MiB   @profile
     5                             def hound():
     6   45.082 MiB    4.176 MiB       text=requests.get('https://www.gutenberg.org/files/2852/285
2-0.txt').text
     7   45.082 MiB    0.000 MiB       c = Counter()
     8   49.570 MiB    4.488 MiB       words = [word.lower().strip() for word in text.split()]
     9   50.266 MiB    0.695 MiB       c.update(words)

$
```

以下是第二个程序的输出结果。

```
anand@ubuntu-pro-book: /home/user/programs/chap4
File  Edit  View  Search  Terminal  Help
$ python -m memory_profiler bloom_hound.py
Filename: bloom_hound.py

Line #    Mem usage    Increment   Line Contents
================================================
     4   40.996 MiB    0.000 MiB   @profile
     5                             def hound():
     6   41.160 MiB    0.164 MiB       f=BloomFilter(capacity=100000, error_rate=0.01)
     7   45.621 MiB    4.461 MiB       text=requests.get('https://www.gutenberg.org/files/2852/285
2-0.txt').text
     8
     9   49.742 MiB    4.121 MiB       for word in text.split():
    10   49.742 MiB    0.000 MiB           word = word.lower().strip()
    11   49.742 MiB    0.000 MiB           f.add(word)
```

最终的内存使用量大致相同，两者都在 50MB 左右。在计数器的场景下，创建计数器类时几乎没有使用内存，但是增加单词到计数器时，使用了将近 0.7MB 的内存。

然而，这两个数据结构的内存增长模式上有一个明显的不同。

在布隆过滤器场景下，创建布隆过滤器时，一个初始的 0.16MB 的内存被分配给了它。增加单词时几乎没对过滤器增加内存，而且一直持续到程序结束。

因此，与 Python 中的一个字典或集合对照来看，我们应该在什么时候使用一个布隆过滤器呢？下面是一些一般原则和现实世界的应用场景：

- 当能接受不存储实际元素本身，只对元素的存在（或不存在）感兴趣时。换句话说，应用程序更多地是用于检查数据是否不存在，而不是数据是否存在。
- 当输入数据的数量太大，以至于在内存中存储一个确定性数据结构（比如一个字典或哈希表）的每个元素是不可行的。与一个确定性的数据结构相比，一个布隆过滤器在内存上使用更少的数据。
- 当可以接受数据集带有某个明确定义的假正（false positive）的错误比例的时候（例如，一百万个数据中出现 5% 的比例），你可以为这个特定的错误比例配置一个布隆过滤器，以便得到一个能满足需要的数据命中率。

一些使用布隆过滤器的实践例子如下：

1）**安全测试**：比如，在浏览器中存储恶意 URL 数据。

2）**生物信息学**（bio-informatic）：测试在一个基因组中某个序列（例如，一个 k-mer 子序列）的存在性。

3）避免在一个分布式 Web 缓存架构中存储仅仅一次命中的 URL。

4.9 本章小结

本章内容都和性能有关。在本章的开头，我们讨论了性能和 SPE。看了两类性能测试和诊断的工具，即压力测试工具和剖析 / 插桩工具。

接下来，从大 O 符号法的角度讨论了性能复杂度实际上意味着什么，也简单地讨论了常见函数的时间数量级。我们了解了函数执行所耗费的时间，学习了 POSIX 系统中三类时间使用量，即 real、user 和 sys。

然后讨论如何度量性能和时间，以一个简单的上下文管理器的计时器开始，接着转向使用 timeit 模块的更精确的测算方法。我们度量了以输入大小值为指定范围的某个算法所耗费的时间。通过绘制不同输入大小值下算法所耗费的时间的图形，并把它叠加到标准的时间复杂度图形上，得到一个函数性能复杂度的直观感受。我们优化了相同数据项（common item）问题，性能表现从 $O(n*\log(n))$ 变成 $O(n)$，所绘制的时间使用情况曲线图也确认了这一点。

再者开始讨论剖析代码，介绍了一些使用 cProfile 模块的剖析的例子。所选择的例子是一个质数迭代器，它返回前 n 个质数，性能表现为 $O(n)$。通过使用剖析后的数据，我们优化了代码，让它性能表现得比 O(*n*) 更好。我们也简单讨论了 pstats 模块，使用它的 Stats 类读取剖析数据和生成基于一系列可用数据字段的定制化报告。我们还讨论了另外两个第三方剖析器——liner_profiler 和 memory_profiler，它们逐行剖析代码。之后讨论了在两个字符串序列中找到相同子序列的问题，写出它们的一个优化版本，并通过使用这些剖析器度量它的时间和内存使用量。

对于其他工具，讨论了 objgraph 和 pympler。前者是一个可视化工具，用于找出对象间的关联和引用，帮助搜寻内存泄漏；后者是一个用于监控和报告代码中的对象的内存使用情况的工具，并提供汇总信息。

在最后的 Python 容器部分，介绍了标准 Python 容器最好和最差的使用场景，比如链表、字典、集合和元组。接着通过例子和使用方法，讲解了集合模块中的高性能容器类——deque、defaultdict、OrderedDict、Counter、ChainMap 和 namedtuple。特别地，学习了如何非常容易（naturallly）地使用 OrderedDict 来创建一个 LRU 缓存。

本章的结尾讨论了一个特殊的数据结构，即布隆过滤器，它作为一个概率数据结构是非常有用的，它确定地报告肯定的不存在和以一个事先定义的错误概率报告肯定的存在（true positive）。

下一章将讨论一个与性能关系密切的特性——可扩展性，会看到实现可扩展的应用程序的技术，以及如何利用 Python 编写可扩展的、可并发执行的程序。

第5章　开发可扩展的应用

想象一下周六晚上高峰时刻超市的收银台前一定排满了等候结账的人，那么商店管理人员应该如何做，才能有效减少顾客的焦急和等待时间呢？

一些有经验的管理人员会尝试一些方法，包括告诉收银人员加快速度，并且尝试将等待的人群平均分配到不同的队列，使得每个队列的等待时间大致相同。换言之，他将通过优化现有资源的使用来分摊现有资源的负载。

然而，如果商店还有没被利用的柜台，并且有足够的收银员来使用这些柜台，那么经理就可以启用这些柜台，并将排队等候的人群转移一部分到新的柜台。换言之，他通过增加商店的资源来扩大经营的规模。

同样地，软件系统也以类似的方式进行扩展。现有的软件应用程序可以通过添加计算资源来进行扩展。

当系统通过在一个计算节点中添加资源或更好地使用资源来进行扩展时，比如优化CPU或增大RAM，我们称它为**垂直扩展**。另一方面，当一个系统通过增加更多的计算节点来扩展，比如创建一个负载均衡的服务器集群，我们称它为**水平扩展**。

当计算机的计算资源不断增加时，软件系统能够扩展的程度称为可扩展性。可扩展性是根据系统的性能特征，例如吞吐量或延迟，以及对增加资源的改进程度来衡量的。例如，如果一个系统通过将服务器的数量增加一倍使容量增加一倍，那么它是线性可扩展的。

提高系统的并发性通常会增强其可扩展性。在前面超市的例子中，管理人员可以通过启用额外的收银台来加快收银的效率。也就是说，他增加了商店中进行的并发处理的数量（即柜台增加）。并发就是在系统中同时完成的工作量。

本章将介绍使用 Python 来扩展软件应用程序的不同技术。

在本章的讨论中，我们将会遵循如下的顺序。

- 可扩展性和性能
- 并发性
  - 并发性与并行性
  - Python 中的并发性——多线程机制
- 缩略图产生器
  - 缩略图产生器——生产者 / 消费者架构
  - 缩略图产生器——应用程序结束条件
  - 缩略图产生器——使用锁的资源约束
  - 缩略图产生器——使用信号量的资源约束

  - 资源约束——信号量与锁的比较
  - 缩略图产生器——使用条件的 URL 速率控制器
- 多线程机制——Python 和 GIL
  - Python 中的并发性——多进程机制
  - 质数检查器
  - 排序磁盘文件
    - 使用计数器排序磁盘文件
    - 使用多进程排序磁盘文件
- 多线程与多进程机制比较
  - Python 中的并发性——异步执行
- 先入为主的（pre-emptive）与合作的（co-operative）多任务处理
- Python 中的 asyncio 模块
- 等待 future 对象——async 和 await
- concurrent. future——高级并发处理
  - 磁盘缩略图产生器
  - 并发选项——如何选择？
- 并行处理库
  - joblib
  - PyMP
  - fractals（分形）——Mandelbrot 集
    - fractals——扩展 Mandelbrot 集的实现
- Web 扩展
  - 扩展工作流——消息队列和任务队列
  - Celery——一种分布式的任务队列
    - 使用 Celery 的 Mandelbrot 集
  - 在 Web 上使用 Python 服务——WSGI
    - uWSGI——增强型 WSGI 中间件
    - Gunicorn——WSGI unicorn（麒麟）
    - Gunicorn 与 uWSGI 的比较
- 可扩展架构
  - 垂直可扩展架构
  - 水平可扩展架构

5.1　可扩展性和性能

我们如何度量一个系统的可扩展性？举例如下。

假设应用程序是一个简单的面向员工的报表生成系统。它能够从数据库中加载员工数据，并批量生成各种报表，例如工资单、减税报表、员工休假报表等。

系统可以每分钟生成 120 个报表。这是系统的吞吐量或容量，即它在给定单元时间内成功完成的操作数量。假设在服务器端生成一个报表所需的时间（延迟）大约是 2s。

假如架构师决定通过增加一倍服务器上的 RAM 来垂直扩展系统，测试表明这能够将系统吞吐量提高到每分钟生成 180 个报表。而延迟保持在 2s 不变。

所以在这一点上，就增加的内存而言，系统已经接近线性扩展。

系统在吞吐量增长方面的扩展性如下所示：

扩展性（吞吐量）= 180/120 = 1.5X

作为第二步，架构师决定不改变内存，而是将后台服务器端上的服务器数量增加一倍。在这一步之后，他发现系统的性能吞吐量已经增加到每分钟生成 350 个报表。此步骤所得到的扩展性如下所示：

扩展性（吞吐量）= 350/180 = 1.9X

现在，随着扩展性的线性增加，该系统的响应变得更好了。

在进一步的分析之后，架构师发现通过重写服务器上处理报表的代码，从而使其能在多个进程而不是单个进程中运行，这能够减少服务器上的处理时间，因此，在高峰时刻，每个请求的延迟时间大约为 1s，即从之前的 2s 下降到 1s。

系统在延迟方面的性能已经变得更好了，具体如下：

性能（延迟）：X = 2/1 = 2X

究竟如何提高可扩展性？既然现在处理每个请求的时间较短，那么系统整体将能够以比之前更快的速率响应类似的负载。这里使用相同的资源和系统的吞吐量性能，因此，只要其他因素保持不变，可扩展性就会增加。

现来总结一下目前讨论的内容：

1）在第一步中，架构师通过增加额外的内存作为资源来增加单个系统的吞吐量，这增加了系统整体的可扩展性。换句话说，他通过垂直扩展来扩展单个系统的性能，这提高了整个系统的整体性能。

2）在第二步中，他向系统增加了更多的节点，从而系统能够并发地执行工作，通过返回一个接近线性的可扩展因子，我们可以看到系统的响应很好。也就是说，通过扩展资源容量，提高了系统的吞吐量。因此，通过水平扩展，即增加更多的计算节点，他增加了系统的可扩展性。

3）在第三步中，他做了一个关键的改变，即在多个进程中进行运行计算。换句话说，通过将计算划分为多个部分，他提高了单个系统的并发性。他发现这减少了延迟并且增加了应用程序的性能特征，同时潜在地使应用程序能够更好地处理高压力下的工作负载。

我们发现可扩展性、性能、并发性和延迟之间存在关联，具体解释如下：

1）普遍情况下，当系统中的某个组件的性能提升时，总体系统的性能就会提高。

2）当应用程序在单一机器上通过增加并发性来扩展时，它有可能提高性能，从而提高系统在部署时的网络可扩展性。

3）当一个系统在服务器上减少它的性能时间或延迟时，它会对可扩展性产生积极的影响。

下表列举了这些关系。

并发性	延迟	性能	可扩展性
高	低	高	高
高	高	不确定	不确定
低	高	低	低

一个理想的系统具有良好并发性和低延迟，这样的系统具有较高的性能，并且能够更好地进行水平扩展和垂直扩展。

对于一个具有高并发性但也有很高的延迟的系统，它的性能特征是难以确定的。因此，可扩展性对于其他因素非常敏感，例如当前的系统负载、网络拥塞、计算资源和请求的地理分布等。

低并发性和高延迟的系统是最坏的情况，因为它的性能特征很差，所以要对这样的系统进行扩展是很难的。在架构师决定水平或垂直地扩展系统之前，应该首先解决延迟和并发性问题。

可扩展性总是用性能吞吐量的变化来描述。

5.2　并发性

系统的并发性是系统能够同时执行工作而不是按顺序执行工作的程度。一个并发应用程序相比于顺序执行的程序在给定时间内可以执行更多的工作单元。

当将一个串行应用程序并行化时，可以使这个程序在给定时间内更好地利用系统中已有的计算资源（CPU 和 RAM）。换句话说，对于机器内应用程序的扩展而言，在计算资源的成本方面，并发是最便宜的方法。

可以使用不同的技术实现并发性。常见的技术如下所述：

1）**多线程**：最简单的并发形式是重写应用程序以在不同的线程中执行并行任务。线程是可以由 CPU 执行的最简单的编程指令序列。一个程序可以由任意数量的线程组成。通过将任务分配给多个线程，一个应用程序可以同时执行更多的工作。所有线程都在同一个进程中运行。

2）**多进程**：另一种并发扩展程序的方法是在多个进程中运行它，而不是在单个进程中运行。在消息传递和共享内存方面，多进程相比于多线程将涉及更多的开销。然而，相比于多线程，多进程操作可以使执行大量 CPU 密集型计算的程序获益更多。

3）**异步处理**：在这种技术中，操作是异步执行的，没有特定的任务顺序。异步处理通常从任务队列中挑选任务，并安排它们在将来的时间执行，通常在回调函数或特殊的 future 对象中接收结果。异步处理通常发生在单个线程中。

还有其他形式的并发计算，但是这一章只关注以上 3 个方面。

Python，尤其是 Python 3，在它的标准库中对所有以上类型的并发计算技术都有内置的支持。例如，Python 通过线程模块支持多线程，并通过多进程模块支持多进程，异步执行支持可以通过 asyncio 模块获得。将异步执行与线程、进程相结合的并发处理形式可以通过 concurrent.future 模块获得。

接下来的小节将通过多个实例来依次介绍它们。

注意：asyncio 模块仅在 Python 3 中可用。

5.2.1 并发性与并行性

这里将简要地介绍并发性的概念以及与它近似的并行性的概念。

并发性和并行性的概念都是关于同时执行工作，而不是按顺序执行。然而，对于并发性来说，这两个任务不需要在完全准确相同的时间执行，相反，它们只需要被同时安排来执行就行。而并行性则要求两个任务必须在一个给定的时刻同时执行。

举个现实生活中的例子，假设你正在粉刷房子的两面墙，而只雇了一个粉刷匠，并且你发现他花在粉刷上的时间比你想象的要久，那么你可以用以下两种方法来解决这个问题：

1）首先让粉刷匠在一面墙上涂上一些轮廓，然后转到另一面墙并且在那里做同样的事情。假设他是有效率的，他将同时在两面墙上进行工作（尽管不是在同一时间在两面墙上一起工作），并且在一段时间内，两面墙上会有同样的完成度。而这就是一个并发的解决方案。

2）雇佣不止一个粉刷匠，让第一个粉刷匠涂第一道墙，第二个粉刷匠涂第二道墙，以此类推。这就是一个并行的解决方案。

两个线程在一个单核 CPU 上执行字节码计算并不能完全实现并行计算，因为 CPU 一次只能容纳一个线程。然而，从程序员的角度出发，它们是并发的，由于 CPU 调度器实现了线程进出的快速切换，这样它们看上去就好像是在并行运行。

但是，在多核 CPU 上，两个线程可以在不同的内核中执行并行计算。这是真正的并行性。

并行计算要求计算资源在其规模上至少是线性增长的。并发计算可以通过使用多任务处理技术来实现，运用这些技术，分配工作并被批量执行，从而更好地利用现有的资源。

注意：本章将使用 concurrent uniformly 这个术语来表示这两种类型的执行。在某些地方，它可能以传统的方式表示并发处理，而在另一些地方，它可能表示真正的并行处理。通过阅读上下文可以消除歧义。

5.2.2 Python 中的并发性——多线程机制

我们将在 Python 中开始讨论多线程的并发技术。

Python 通过线程模块支持多线程编程。线程模块公开了一个 Thread 类，它封装了一个执行线程。与此同时，它也公开了以下的同步单元：

1）锁（lock）对象对于同步受保护的共享资源的访问很有用的，以及与其类似的 RLock 对象。

2）条件（condition）对象，它对线程在等待任意条件时进行同步很有用的。

3）事件（event）对象，它在线程之间提供了基本的信号机制。

4）信号量（semaphore）对象，它允许对有限资源的同步访问。

5）界线（barrier）对象，它允许一组固定的线程相互等待，同步到一个特定的状态，接着继续往下执行。

Python 中的线程对象可以与队列模块中的同步队列类相结合，以实现线程安全的生产者 / 消费者工作流。

5.3 缩略图产生器

从一个通过图像 URL 生成缩略图（thumbnail）的应用程序示例开始，来讨论 Python 中的多线程。

在这个示例中，我们使用了 Pillow——Python 图像库（PIL）中的一个分支——来实现这一操作：

```
# thumbnail_converter.py
from PIL import Image
import urllib.request

def thumbnail_image(url, size=(64, 64), format='.png'):
    """ Save thumbnail of an image URL """

    im = Image.open(urllib.request.urlopen(url))
    # filename is last part of the URL minus extension + '.format'
    pieces = url.split('/')
    filename = ''.join((pieces[-2],'_',pieces[-1].split('.')[0],'_
thumb',format))
    im.thumbnail(size, Image.ANTIALIAS)
    im.save(filename)
    print('Saved',filename)
```

上面的代码对于单个 URL 的处理非常有效。

假设想将 5 个图像 URL 转换成缩略图，相关代码如下：

```
img_urls = ['https://dummyimage.com/256x256/000/fff.jpg',
            'https://dummyimage.com/320x240/fff/00.jpg',
            'https://dummyimage.com/640x480/ccc/aaa.jpg',
            'https://dummyimage.com/128x128/ddd/eee.jpg',
            'https://dummyimage.com/720x720/111/222.jpg']
for url in img_urls:
    thumbnail_image(urls)
```

可在下面的图中观察此类函数执行所需的时间，5 个 URL 的串行缩略图转换器的响应时间。

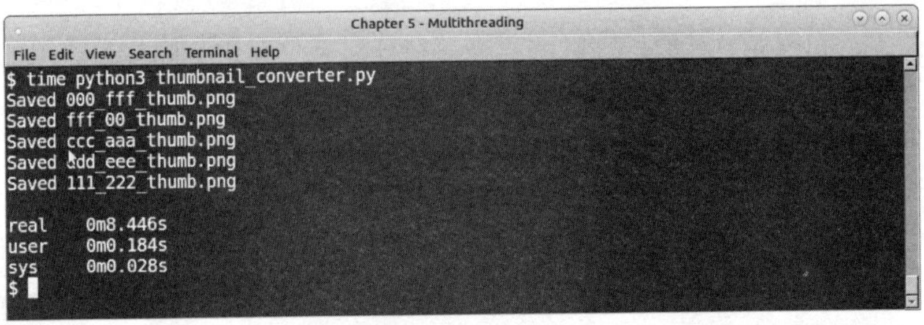

```
Chapter 5 - Multithreading
File Edit View Search Terminal Help
$ time python3 thumbnail_converter.py
Saved 000_fff_thumb.png
Saved fff_00_thumb.png
Saved ccc_aaa_thumb.png
Saved ddd_eee_thumb.png
Saved 111_222_thumb.png

real    0m8.446s
user    0m0.184s
sys     0m0.028s
$
```

这个函数每转换一个 URL 大约需要 1.7s。

现在将程序扩展到多个线程，这样就可以并发地执行转换了。下面是重新编写的代码，用于在自己的线程中运行每个转换：

```
import threading

for url in img_urls:
    t=threading.Thread(target=thumbnail_image,args=(url,))
    t.start()
```

下图显示了这个程序所需的时间，5 个 URL 的线程缩略图转换器的响应时间。

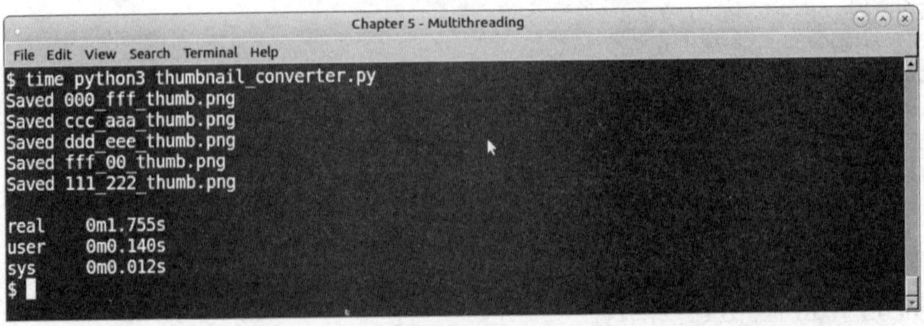

```
Chapter 5 - Multithreading
File Edit View Search Terminal Help
$ time python3 thumbnail_converter.py
Saved 000_fff_thumb.png
Saved ccc_aaa_thumb.png
Saved ddd_eee_thumb.png
Saved fff_00_thumb.png
Saved 111_222_thumb.png

real    0m1.755s
user    0m0.140s
sys     0m0.012s
$
```

通过这一改变，程序将在 1.76s 内返回，几乎等于串行执行一个 URL 所花费的时间。换句话说，这个程序现在已经线性地扩展了线程的数量。注意，我们必须保持函数本身不变来比较扩展性的提高。

5.3.1 缩略图产生器——生产者 / 消费者架构

在前面的例子中，我们看到了由一个缩略图产生器函数使用多个线程并发地处理一组图像 URL 的代码。通过使用多个线程，相比于串行执行，能够实现近乎线性的可扩展性。

然而，在现实生活中，更常见的是 URL 数据是由某种 URL 生成器生成的，而不是处理固定的 URL 列表。我们可以从数据库中获取这些数据，例如逗号分隔值（CSV）文件或 TCP 套接字。

在这种情况下，为每个 URL 创建一个线程将是对资源的极大浪费。在系统中创建一个线程需要一定的开销。我们需要一些方法来重用所创建的线程。

对于这样的系统，其中包含一组生产数据的线程和另一组消费或处理数据的线程，生产者 / 消费者模型是理想的选择。这样的系统有以下特点：

1）生产者是用来专门生产数据的工作者（线程）类，它们可以从一个特定的源接收数据或者自己生成数据。

2）生产者将数据添加到共享的同步队列中。在 Python 中，这个队列由适当命名的队列模块里的队列类提供。

3）另一组专门的工作者类，即消费者类，在队列上等待（消费）数据。一旦它们获得了数据，就会处理并产生结果。

4）当生产者停止生成数据并且消费者缺乏数据时，程序就结束了。像超时、轮询或毒药丸这样的技术可以用来实现程序的终止。当发生这些情况时，所有线程都退出，程序结束。

我们已经将缩略图产生器重写为生产者 / 消费者架构。生成的代码将在下面给出。由于代码有些复杂，这里将逐一讨论每一个类。

首先，来看看导入模块，它们很容易理解：

```
# thumbnail_pc.py
import threading
import time
import string
import random
import urllib.request
from PIL import Image
from queue import Queue
```

接下来是生产者类的代码：

```
class ThumbnailURL_Generator(threading.Thread):
    """ Worker class that generates image URLs """

    def __init__(self, queue, sleep_time=1,):
        self.sleep_time = sleep_time
```

```
        self.queue = queue
        # A flag for stopping
        self.flag = True
        # choice of sizes
        self._sizes = (240,320,360,480,600,720)
        # URL scheme
        self.url_template = 'https://dummyimage.com/%s/%s/%s.jpg'
        threading.Thread.__init__(self, name='producer')

    def __str__(self):
        return 'Producer'

    def get_size(self):
        return '%dx%d' % (random.choice(self._sizes),
                          random.choice(self._sizes))

    def get_color(self):
        return ''.join(random.sample(string.hexdigits[:-6], 3))

    def run(self):
        """ Main thread function """

        while self.flag:
            # generate image URLs of random sizes and fg/bg colors
            url = self.url_template % (self.get_size(),
                                       self.get_color(),
                                       self.get_color())

        # Add to queue
        print(self,'Put',url)
        self.queue.put(url)
        time.sleep(self.sleep_time)


def stop(self):
    """ Stop the thread """

    self.flag = False
```

现来分析一下生产者类代码：

1）这个类被命名为 ThumbnailURL_Generator。它生成不同大小、前景和背景颜色的 URL 图像（通过使用一个名为 http://dummyimage.com 网站的服务）。它继承于线程中的线程类。

2）它有一个 run 方法，在一个循环中产生一个随机的图像 URL，并将其推到共享队列中。每一次，线程都是按照配置的 sleep_time 参数进行休息的。

3）此类将显示一个 stop 方法，该方法将内部标志设置为 False，从而导致循环中断，同时线程完成它的处理。这可以通过另一个线程在外部调用，通常是主线程。

现在，URL消费者类将使用并创建这些URL缩略图：

```
class ThumbnailURL_Consumer(threading.Thread):
    """ Worker class that consumes URLs and generates thumbnails """

    def __init__(self, queue):
        self.queue = queue
        self.flag = True
        threading.Thread.__init__(self, name='consumer')

    def __str__(self):
        return 'Consumer'

    def thumbnail_image(self, url, size=(64,64), format='.png'):
        """ Save image thumbnails, given a URL """

        im=Image.open(urllib.request.urlopen(url))

        # filename is last part of URL minus extension + '.format'
        filename = url.split('/')[-1].split('.')[0] + '_thumb' +
format
        im.thumbnail(size, Image.ANTIALIAS)
        im.save(filename)
        print(self,'Saved',filename)

    def run(self):
        """ Main thread function """

        while self.flag:
            url = self.queue.get()
            print(self,'Got',url)
            self.thumbnail_image(url)

    def stop(self):
        """ Stop the thread """

        self.flag = False
```

以下是对消费者类的分析：

1）这个类命名为ThumbnailURL_Consumer，因为它使用来自队列的URL，并创建它们的缩略图。

2）这个类的run方法是，在一个循环中，从队列获取一个URL，并通过thumbnail_image方法将其转换为缩略图（注意，这段代码与先前创建的缩略图函数的代码完全相同）。

3）这个类的stop方法与之前的很相似，每次在循环中检查一个stop标志，并在标记复位时结束方法。

下面是代码的主体部分——设置一组生产者和消费者并运行它们：

```
q = Queue(maxsize=200)
producers, consumers = [], []

for i in range(2):
    t = ThumbnailURL_Generator(q)
    producers.append(t)
    t.start()

for i in range(2):
    t = ThumbnailURL_Consumer(q)
    consumers.append(t)
    t.start()
```

下图是这个程序的截图，其中，使用 4 个线程运行缩略图生产者 / 消费者（每类 2 个）程序。

```
Chapter 5 - Multithreading
File  Edit  View  Search  Terminal  Help
Producer Put https://dummyimage.com/240x600/4c8/1d0.jpg
Producer Put https://dummyimage.com/240x240/18d/c05.jpg
Consumer Got https://dummyimage.com/240x600/4c8/1d0.jpg
Consumer Got https://dummyimage.com/240x240/18d/c05.jpg
Producer Put https://dummyimage.com/320x600/e41/58d.jpg
Producer Put https://dummyimage.com/360x720/9c0/b39.jpg
Consumer Saved 1d0_thumb.png
Consumer Got https://dummyimage.com/320x600/e41/58d.jpg
Consumer Saved c05_thumb.png
Consumer Got https://dummyimage.com/360x720/9c0/b39.jpg
Producer Put https://dummyimage.com/600x480/b9d/8e5.jpg
Producer Put https://dummyimage.com/360x600/62a/fc9.jpg
Producer Put https://dummyimage.com/320x240/eb7/c9b.jpg
Producer Put https://dummyimage.com/360x320/a90/340.jpg
Consumer Saved b39_thumb.png
Consumer Got https://dummyimage.com/600x480/b9d/8e5.jpg
Consumer Saved 58d_thumb.png
Consumer Got https://dummyimage.com/360x600/62a/fc9.jpg
Producer Put https://dummyimage.com/240x320/4f7/036.jpg
Producer Put https://dummyimage.com/480x720/8d9/d03.jpg
```

在上面的程序中，由于生产者不断地生成随机数据，而没有任何停止条件，消费者将一直使用它。我们的程序并没有适当的结束条件。

因此，这个程序将一直运行，直到网络请求被拒绝或超时，或者由于缩略图太多，机器的磁盘空间被耗尽。

然而，一个解决现实问题的程序应当以某种可预测的方式结束。这可以通过许多外部的约束来实现：

- 它可能是一个超时，即用户等待某个数据，如果在此期间没有可用的数据，则退出。例如，可以在队列的获取方法中设置一个超时。
- 另一种技术是在规定数量的资源被消耗或被创建之后，通知程序结束。例如，在这个程序中，可能是对所创建的缩略图数量有一个固定的限制。

后面的章节将介绍如何通过使用诸如锁和信号量之类的线程同步单元来加强这种资源限制。

注意：你可能已经注意到，我们使用 start 方法启动了一个线程，尽管线程子类中的覆盖方法是可运行的。这是因为，在父线程类中，start 方法设置了一些状态，然后在内部调用了 run 方法。这是调用线程 run 方法的正确方式，run 方法不应该直接被调用。

5.3.2　缩略图产生器——使用锁的资源约束

在前面的章节中，我们看到了如何在生产者 / 消费者架构中重写缩略图生成器程序模型。然而，我们的程序有一个问题，即它会无休止地运行，直到耗尽磁盘空间或网络带宽。

这一节将介绍如何使用一个锁来修改程序，一个实现计数器的同步单元将限制创建的图像数量，并且通过这种方式来结束程序。

Python 中的锁对象允许通过线程对共享资源进行独家访问。

伪代码如下：

```
try:
  lock.acquire()
  # Do some modification on a shared, mutable resource
  mutable_object.modify()
finally:
  lock.release()
```

但是，锁对象通过声明支持上下文管理器，因此代码更可能如下所示：

```
with lock:
  mutable_object.modify()
```

为了在每次运行时实现固定数量的图像，代码应当支持添加计数器变量。但是，由于多个线程会检查并增加这个计数器，所以它需要通过一个锁对象来同步。

以下是使用锁的资源计数器类的第一个实现方法：

```
class ThumbnailImageSaver(object):
    """ Class which saves URLs to thumbnail images and keeps a counter
"""

    def __init__(self, limit=10):
        self.limit = limit
        self.lock = threading.Lock()
        self.counter = {}

    def thumbnail_image(self, url, size=(64,64), format='.png'):
        """ Save image thumbnails, given a URL """

        im=Image.open(urllib.request.urlopen(url))
        # filename is last two parts of URL minus extension +
'.format'
        pieces = url.split('/')
        filename = ''.join((pieces[-2],'_',pieces[-1].split('.')[0],'_
thumb',format))
```

```
        im.thumbnail(size, Image.ANTIALIAS)
        im.save(filename)
        print('Saved',filename)
        self.counter[filename] = 1
        return True

    def save(self, url):
        """ Save a URL as thumbnail """

        with self.lock:
            if len(self.counter)>=self.limit:
                return False
            self.thumbnail_image(url)
            print('Count=>',len(self.counter))
            return True
```

由于这也改变了消费者类，所以同时讨论这两个变更有意义。下面是修改后的消费者类，以适应需要跟踪图像的额外计数器：

```
class ThumbnailURL_Consumer(threading.Thread):
    """ Worker class that consumes URLs and generates thumbnails """

    def __init__(self, queue, saver):
        self.queue = queue

    self.flag = True
    self.saver = saver
    # Internal id
    self._id = uuid.uuid4().hex
    threading.Thread.__init__(self, name='Consumer-'+ self._id)

def __str__(self):
    return 'Consumer-' + self._id

def run(self):
    """ Main thread function """

    while self.flag:
        url = self.queue.get()
        print(self,'Got',url)
        if not self.saver.save(url):
           # Limit reached, break out
           print(self, 'Set limit reached, quitting')
           break

def stop(self):
    """ Stop the thread """

    self.flag = False
```

现来分析这两个类。首先是新类 ThumbnailImageSaver。

1）这个类来自于对象。换言之，它不是一个线程。

2）它在初始化方法中初始化了一个锁对象和一个计数器字典。锁是为了同步线程对计数器的访问。它也接收一个限制参数，这个参数等于它应该保存的图像数量。

3）thumbnail_image 方法从消费者类转移到这里。它是从一个 save 方法中调用的，该方法使用锁将调用包含在同步的上下文中。

4）save 方法首先检查计数是否已经超过了配置的限制，当这种情况发生时，方法返回 False。否则，通过对 thumbnail_image 的调用来保存图像，并且将图像文件名添加到计数器中，增加一次有效计数。

接下来，是修改过的 ThumbnailURL_Consumer 类：

1）这个类的初始化程序被修改以用来接收一个 ThumbnailImageSaver 实例作为一个 saver 参数。其余的参数保持不变。

2）thumbnail_image 方法不再存在于这个类中，因为它被移动到新类中。

3）run 方法非常简单，它调用 saver 实例的 save 方法。如果它返回 False，则意味着已经到达了极限，循环中断，并且消费者线程退出。

4）我们还修改了 _str_ 方法以返回每个线程的唯一 ID，该 ID 使用 uuid 模块在初始化程序中设置。这有助于在实际的示例中调试线程。

调用代码也会发生一些变化，因为它需要设置新对象，并使用它来配置消费者线程：

```
q = Queue(maxsize=2000)
# Create an instance of the saver object
saver = ThumbnailImageSaver(limit=100)

    producers, consumers = [], []
    for i in range(3):
        t = ThumbnailURL_Generator(q)
        producers.append(t)
        t.start()

    for i in range(5):
        t = ThumbnailURL_Consumer(q, saver)
        consumers.append(t)
        t.start()

    for t in consumers:
        t.join()
        print('Joined', t, flush=True)

    # To make sure producers don't block on a full queue
    while not q.empty():
        item=q.get()

    for t in producers:
        t.stop()
        print('Stopped',t, flush=True)

    print('Total number of PNG images',len(glob.glob('*.png')))
```

以下是要注意的要点：

1）我们创建了一个新的 ThumbnailImageSaver 类实例，并在创建它时将其传递给消费者线程。

2）首先等待消费者函数。注意，主线程并不调用 stop 函数，而是 join 函数。这是因为当达到限制时，消费者函数会自动退出，所以主线程只需要去等待它们停止。

3）在消费者函数明确地退出之后就会停止生产者函数，否则它们将会一直工作下去，因为这里并没有任何让生产者函数退出的条件。

考虑到数据的结构，这里使用了字典而不是整数。

由于这些图像是随机生成的，所以一个图像 URL 与前面创建的图像 URL 相同的可能性很小，从而文件名冲突的可能性也很小。这里使用字典来处理这些可能的重复。

下图显示了上述应用程序的运行，该程序的限制参数是 100 个图像。注意，我们只能显示控制台日志的最后几行，因为它产生了大量输出。

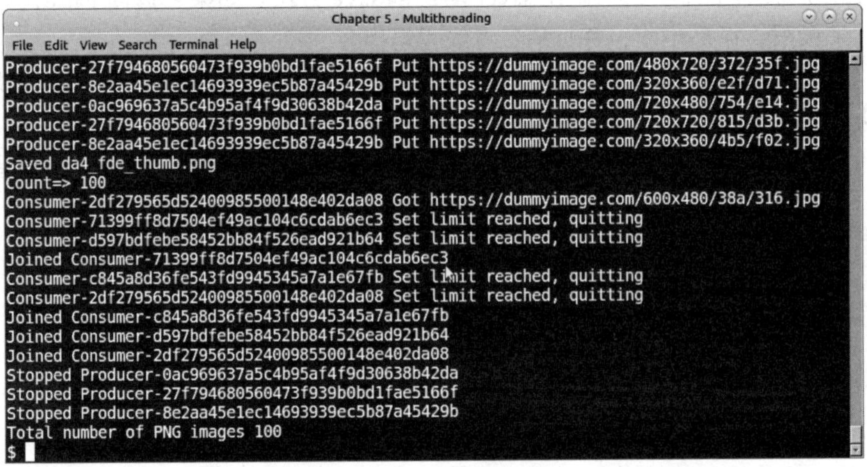

```
Chapter 5 - Multithreading
File Edit View Search Terminal Help
Producer-27f794680560473f939b0bd1fae5166f Put https://dummyimage.com/480x720/372/35f.jpg
Producer-8e2aa45e1ec14693939ec5b87a45429b Put https://dummyimage.com/320x360/e2f/d71.jpg
Producer-0ac969637a5c4b95af4f9d30638b42da Put https://dummyimage.com/720x480/754/e14.jpg
Producer-27f794680560473f939b0bd1fae5166f Put https://dummyimage.com/720x720/815/d3b.jpg
Producer-8e2aa45e1ec14693939ec5b87a45429b Put https://dummyimage.com/320x360/4b5/f02.jpg
Saved da4_fde_thumb.png
Count=> 100
Consumer-2df279565d52400985500148e402da08 Got https://dummyimage.com/600x480/38a/316.jpg
Consumer-71399ff8d7504ef49ac104c6cdab6ec3 Set limit reached, quitting
Consumer-d597bdfebe58452bb84f526ead921b64 Set limit reached, quitting
Joined Consumer-71399ff8d7504ef49ac104c6cdab6ec3
Consumer-c845a8d36fe543fd9945345a7a1e67fb Set limit reached, quitting
Consumer-2df279565d52400985500148e402da08 Set limit reached, quitting
Joined Consumer-c845a8d36fe543fd9945345a7a1e67fb
Joined Consumer-d597bdfebe58452bb84f526ead921b64
Joined Consumer-2df279565d52400985500148e402da08
Stopped Producer-0ac969637a5c4b95af4f9d30638b42da
Stopped Producer-27f794680560473f939b0bd1fae5166f
Stopped Producer-8e2aa45e1ec14693939ec5b87a45429b
Total number of PNG images 100
$ 
```

你可以用图像的任何限制条件来配置这个应用程序，它将总是得到完全相同的数量，不多不少。

下一节将介绍另一种同步单元，即信号量，并学习如何使用这个信号量以相似的方式实现一个资源限制类。

5.3.3 缩略图产生器——使用信号量的资源约束

锁并不是实现同步约束和在它们上面写逻辑（例如限制系统使用或生成资源）的唯一方法。

信号量是计算机科学中最古老的同步单元之一，它非常适合这种用例。

信号量用大于 0 的值初始化：

1）当一个线程调用获得一个具有正内部值的信号量时，该值会减 1，并且线程会继续前进。

2）当另一个线程调用释放这个信号量时，值会增加 1。

3）当值达到 0 时，任何线程调用获得的线程都被阻塞，直到它被另一个调用释放的线程唤醒。

由于这种行为，一个信号量非常适合在共享资源上实现一个特定的限制。

在下面的代码示例中，我们将实现另一个类，用于限制缩略图生成器程序，这一次使用信号量：

```
class ThumbnailImageSemaSaver(object):
    """ Class which keeps an exact counter of saved images
    and restricts the total count using a semaphore """

    def __init__(self, limit = 10):
        self.limit = limit
        self.counter = threading.BoundedSemaphore(value=limit)
        self.count = 0

    def acquire(self):
        # Acquire counter, if limit is exhausted, it
        # returns False
        return self.counter.acquire(blocking=False)

    def release(self):
        # Release counter, incrementing count
        return self.counter.release()

    def thumbnail_image(self, url, size=(64,64), format='.png'):
        """ Save image thumbnails, given a URL """

        im=Image.open(urllib.request.urlopen(url))
        # filename is last two parts of URL minus extension +
'.format'
        pieces = url.split('/')
        filename = ''.join((pieces[-2],'_',pieces[-1].split('.')
[0],format))
        try:
            im.thumbnail(size, Image.ANTIALIAS)
            im.save(filename)
            print('Saved',filename)
            self.count += 1
        except Exception as e:
            print('Error saving URL',url,e)
            # Image can't be counted, increment semaphore
            self.release()

        return True

    def save(self, url):
```

```
        """ Save a URL as thumbnail """

        if self.acquire():
            self.thumbnail_image(url)
            return True
        else:
            print('Semaphore limit reached, returning False')
            return False
```

由于新的基于信号量的类与前面的基于锁的类保持完全相同的接口，所以没有必要更改消费者的任何代码！仅仅需要改变调用代码。

根据前面的代码，下面这行代码初始化了 ThumbnailImageSaver 实例：

```
saver = ThumbnailImageSaver(limit=100)
```

而现在，上面的代码需要用下面的一行代码替换：

```
saver = ThumbnailImageSemaSaver(limit=100)
```

其余的代码则完全相同。

在看这段代码运行之前，先使用这个信号量来快速讨论这个新类：

1）acquire 和 release 方法是对这个信号量的相同方法的简单包装器。

2）初始化这个信号量，它的值等于初始化器中的图像限制数。

3）在 save 方法中，调用 acquire 方法。如果到达了信号量的限制，它将返回 False。否则，线程将保存图像并返回 True。在前一种情况下，调用的线程退出。

注意：这个类的内部 count 属性仅用于调试。它不会给限制图像数量的逻辑添加任何东西。

这个类的行为方式与锁类类似，并且准确限制了资源。下图是一个限制 200 个图像的例子。

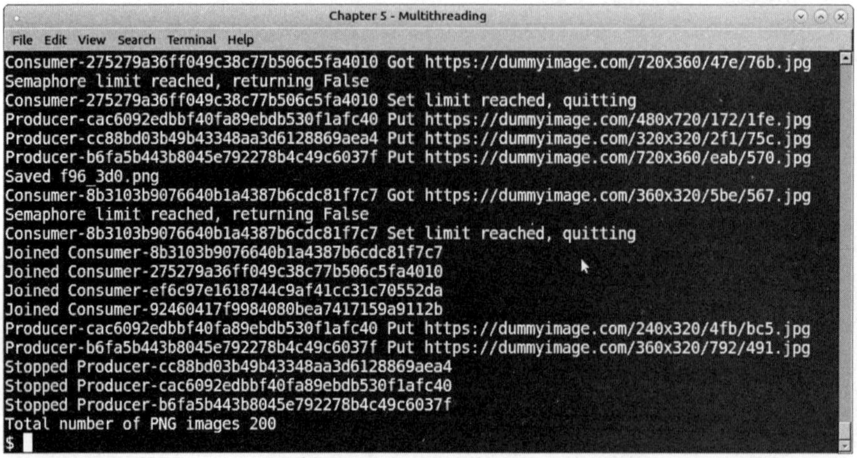

```
Chapter 5 - Multithreading
File  Edit  View  Search  Terminal  Help
Consumer-275279a36ff049c38c77b506c5fa4010 Got https://dummyimage.com/720x360/47e/76b.jpg
Semaphore limit reached, returning False
Consumer-275279a36ff049c38c77b506c5fa4010 Set limit reached, quitting
Producer-cac6092edbbf40fa89ebdb530f1afc40 Put https://dummyimage.com/480x720/172/1fe.jpg
Producer-cc88bd03b49b43348aa3d6128869aea4 Put https://dummyimage.com/320x320/2f1/75c.jpg
Producer-b6fa5b443b8045e792278b4c49c6037f Put https://dummyimage.com/720x360/eab/570.jpg
Saved f96_3d0.png
Consumer-8b3103b9076640b1a4387b6cdc81f7c7 Got https://dummyimage.com/360x320/5be/567.jpg
Semaphore limit reached, returning False
Consumer-8b3103b9076640b1a4387b6cdc81f7c7 Set limit reached, quitting
Joined Consumer-8b3103b9076640b1a4387b6cdc81f7c7
Joined Consumer-275279a36ff049c38c77b506c5fa4010
Joined Consumer-ef6c97e1618744c9af41cc31c70552da
Joined Consumer-92460417f9984080bea7417159a9112b
Producer-cac6092edbbf40fa89ebdb530f1afc40 Put https://dummyimage.com/240x320/4fb/bc5.jpg
Producer-b6fa5b443b8045e792278b4c49c6037f Put https://dummyimage.com/360x320/792/491.jpg
Stopped Producer-cc88bd03b49b43348aa3d6128869aea4
Stopped Producer-cac6092edbbf40fa89ebdb530f1afc40
Stopped Producer-b6fa5b443b8045e792278b4c49c6037f
Total number of PNG images 200
$
```

5.3.4　资源约束——信号量和锁比较

在前面两个例子中，我们看到了两个不同的实现固有资源约束的版本：一个是使用锁，另一个是使用信号量。

这两个版本的区别如下所示：

1）使用锁的版本保护了修改资源的所有代码，例如检查计算器，保存缩略图，并将计数器加 1，从而确保数据的一致性。

2）信号量版本的实现更像一个门——这个门在计数小于限制数时开通，并且一些数量的线程可以通过它，这个门当计数到达限制时才关闭。换言之，它并不排斥调用缩略图保存函数的线程。

因此，得出的结论就是信号量版本相比于锁版本有更快的执行速度。

那么究竟快多少呢？下面关于 100 个图像的程序运行时间示例给出了一个概念。

锁版本保存 100 个图像所需的时间见下图。

```
Chapter 5 - Multithreading
File Edit View Search Terminal Help
$ time python3 thumbnail_limit_lock.py > /dev/null

real    2m44.327s
user    0m1.216s
sys     0m0.196s
$
```

信号量版本保存 100 个图像所需的时间见下图。

```
Chapter 5 - Multithreading
File Edit View Search Terminal Help
$ time python3 thumbnail_limit_sema.py > /dev/null

real    0m43.206s
user    0m1.256s
sys     0m0.220s
$
```

通过快速计算，你可以看到信号量版本比相同逻辑的锁版本快 4 倍，也就是说，它扩展了 4 倍之多。

5.3.5　缩略图产生器——使用条件的 URL 速率控制器

本节将简要介绍线程中的另一个重要的同步单元的应用，即条件（condition）对象。

首先展示一个使用条件对象的真实示例。我们将为缩略图生成器实现一个节流阀来管理 URL 产生的速率。

在现实生活中的生产者 / 消费者系统中，以下 3 种场景可能出现在数据的生产和消费速率中：

1）生产者以比消费者更快的速度生产数据。这就导致了消费者总是不断地捕获生产者。生产者多余的数据可以在队列中累积，然而这会导致在每个循环中队列都会消耗较多的内存和 CPU 使用，进而使程序运行缓慢。

2）消费者以比生产者更快的速度消费数据。这就导致了消费者总是等待队列的数据。这本身并不是一个问题，只要生产者没有太大的滞后。在最坏的情况下，这将导致系统分成两半，即消费者保持闲置，而生产者则试图跟上需求。

3）生产者和消费者都以几乎相同的速度工作，保持队列大小在限制内。这是理想的情况。

解决这个问题有很多方法。其中一些如下：

1）**固定队列的大小**：只要达到队列的大小限制，生产者将被迫等待数据被消费者消费。这将总是保持队列的完整性。

2）**为工作者类提供超时设定和其他职责**：与其在队列上保持阻塞，生产者或消费者可以使用一个超时设定来等待队列。当它们超时的时候，它们可以先休息或者做其他的工作，然后再回来在队列上排队等待。

3）**动态配置工作者类的数量**：这种处理方法按照需求将自动增加或减少工作者类池的大小。如果生产者类过多了，系统将启动相同数量的消费者类来保持平衡。反之亦然。

4）**调整数据生产速率**：在这种方法中，我们静态或动态地调整生产者的数据生成速率。例如，可以将系统配置为以固定速率生成数据，假设，一分钟内生成 50 个 URL，或者它可以计算消费者的消费率，并动态调整生产者的数据生产速率，以保持平衡。

在下面的例子中，我们将实现最后一个方法，即使用条件对象将 URL 的生产速率限制在一个固定的范围内。

一个条件对象是一个复杂的同步单元，它带有一个隐含的内置锁。它能够等待任意一个条件，直到这一条件变成 True 为止。当线程调用条件上的 wait 方法时，内置锁被打开，但是线程本身被阻塞：

```
cond = threading.Condition()
# In thread #1
with cond:
    while not some_condition_is_satisfied():
        # this thread is now blocked
        cond.wait()
```

现在，另一个线程可以通过将条件设置为 True 来唤醒前面的线程，然后在条件对象上调用 notify 或 notify_all 方法。此时，前面的阻塞线程被唤醒，并继续它的运行：

```
# In thread #2
with cond:
    # Condition is satisfied
```

```
if some_condition_is_satisfied():
    # Notify all threads waiting on the condition
    cond.notify_all()
```

下面是新类，即 ThumbnailURLController，它使用一个条件对象实现 URL 生产速率控制。

```
class ThumbnailURLController(threading.Thread):
    """ A rate limiting controller thread for URLs using conditions
    """

    def __init__(self, rate_limit=0, nthreads=0):
        # Configured rate limit
        self.rate_limit = rate_limit
        # Number of producer threads
        self.nthreads = nthreads
        self.count = 0
        self.start_t = time.time()
        self.flag = True
        self.cond = threading.Condition()
        threading.Thread.__init__(self)

    def increment(self):
        # Increment count of URLs
        self.count += 1

    def calc_rate(self):
        rate = 60.0*self.count/(time.time() - self.start_t)
        return rate

    def run(self):
        while self.flag:
            rate = self.calc_rate()
            if rate<=self.rate_limit:
                with self.cond:
                    # print('Notifying all...')
                    self.cond.notify_all()

    def stop(self):
        self.flag = False

    def throttle(self, thread):
        """ Throttle threads to manage rate """
        # Current total rate
        rate = self.calc_rate()

        print('Current Rate',rate)
        # If rate > limit, add more sleep time to thread
        diff = abs(rate - self.rate_limit)
```

```
        sleep_diff = diff/(self.nthreads*60.0)

        if rate>self.rate_limit:
            # Adjust threads sleep_time
            thread.sleep_time += sleep_diff
            # Hold this thread till rate settles down with a 5% error
            with self.cond:
                print('Controller, rate is high, sleep more
by',rate,sleep_diff)
                while self.calc_rate() > self.rate_limit:
                    self.cond.wait()
        elif rate<self.rate_limit:
            print('Controller, rate is low, sleep less by',rate,sleep_
diff)
            # Decrease sleep time
            sleep_time = thread.sleep_time
            sleep_time -= sleep_diff
            # If this goes off < zero, make it zero
            thread.sleep_time = max(0, sleep_time)
```

在讨论使用这个类对生产者类做改变之前，先讨论一下上述代码：

1）该类是线程的一个实例，因此它在自己的执行线程中运行。它也包含一个条件对象。

2）它有一个 calc_rate 方法，通过保存计数器和使用时间戳来计算生成 URL 的速率。

3）在 run 方法中，被检查速率。如果它低于设置的限制数，条件对象会通知所有正在等待的线程。

4）最重要的是，程序实现了一个 throttle 方法。该方法使用通过 calc_rate 计算的当前速率，并使用该速率来调节和调整生产者的休息时间。它主要做了如下两件事：

①如果速率大于设置的限制，则会导致调用线程在条件对象上等待，直到速率降低。它还计算了一个额外的休息时间，线程会在它的循环中休息，从而将速率调整到要求的水平。

②如果速率小于设置的限制，那么线程需要更快地工作并生成更多的数据，所以它计算了休息时间差异并相应地降低了休息时间。

下面是更改后的生产者类代码：

```
class ThumbnailURL_Generator(threading.Thread):
    """ Worker class that generates image URLs and supports throttling
        via an external controller """

    def __init__(self, queue, controller=None, sleep_time=1):
        self.sleep_time = sleep_time
        self.queue = queue
        # A flag for stopping
        self.flag = True
```

```
            # sizes
            self._sizes = (240,320,360,480,600,720)
            # URL scheme
            self.url_template = 'https://dummyimage.com/%s/%s/%s.jpg'
            # Rate controller
            self.controller = controller
            # Internal id
            self._id = uuid.uuid4().hex
            threading.Thread.__init__(self, name='Producer-'+ self._id)

        def __str__(self):
            return 'Producer-'+self._id

        def get_size(self):
            return '%dx%d' % (random.choice(self._sizes),
                              random.choice(self._sizes))

        def get_color(self):
            return ''.join(random.sample(string.hexdigits[:-6], 3))

        def run(self):
            """ Main thread function """

            while self.flag:
                # generate image URLs of random sizes and fg/bg colors
                url = self.url_template % (self.get_size(),
                                           self.get_color(),
                                           self.get_color())
                # Add to queue
                print(self,'Put',url)
                self.queue.put(url)
                self.controller.increment()

            # Throttle after putting a few images
            if self.controller.count>5:
                self.controller.throttle(self)

            time.sleep(self.sleep_time)

    def stop(self):
        """ Stop the thread """

        self.flag = False
```

现看看最后的代码是如何工作的：

1）现在该类接受它的初始化器中的一个额外的控制器对象。这就是前面给出的控制器类的实例。

2）在添加一个 URL 之后，它会在控制器上增加计数。一旦计数超过最小限制（设置为 5，以避免生产者早期的节流），它就会调用控制器的 throttle 方法，并将自己作为参数传递。

此时调用代码还需要进行一些更改，修改后的代码如下所示：

```
q = Queue(maxsize=2000)
# The controller needs to be configured with exact number of
# producers
controller = ThumbnailURLController(rate_limit=50, nthreads=3)
saver = ThumbnailImageSemaSaver(limit=200)

controller.start()

producers, consumers = [], []
for i in range(3):
    t = ThumbnailURL_Generator(q, controller)
    producers.append(t)
    t.start()

for i in range(5):
    t = ThumbnailURL_Consumer(q, saver)
    consumers.append(t)
    t.start()

for t in consumers:
    t.join()

    print('Joined', t, flush=True)

# To make sure producers dont block on a full queue
while not q.empty():
    item=q.get()
controller.stop()

for t in producers:
    t.stop()
    print('Stopped',t, flush=True)


print('Total number of PNG images',len(glob.glob('*.png')))
```

这里的主要变化如下所示：

1）创建控制器对象，同时创建生产者的确切数量。这有助于正确计算每个线程的休息时间。

2）生产者线程本身在它们的初始化器中传递了控制器的实例。

3）控制器是在所有其他线程启动之前作为线程启动的。

下面是这个应用程序的运行过程，它以每分钟 50 个图像的速率处理了 200 个图像。这里展示了运行程序输出的两个图像，一个在程序的开始，一个在程序的结束。

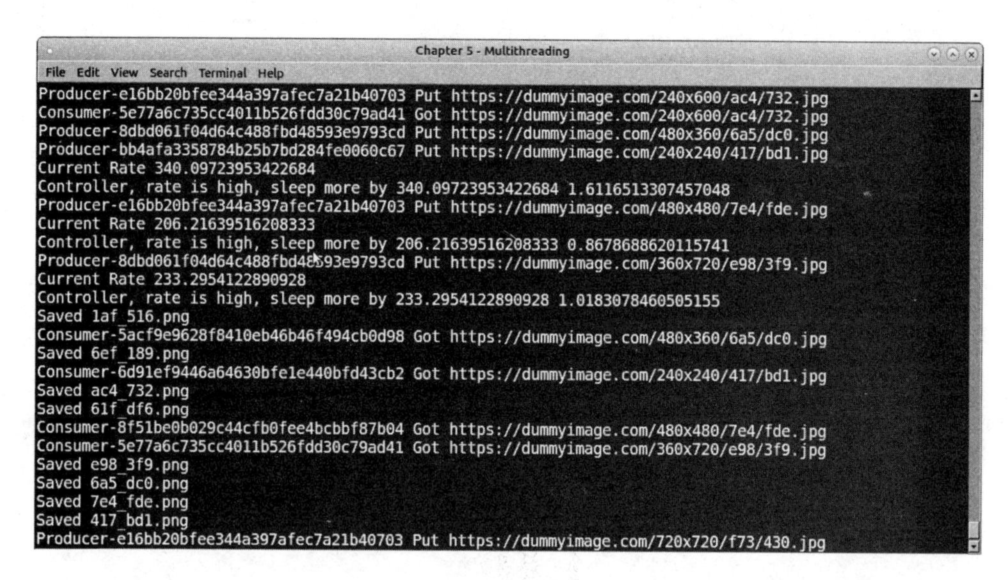

你会发现，当程序启动时，它会立即减速，并且接近停止，这是因为原始速率很高。这里发生的情况是，生成者调用 throttle 方法，由于速率极高，所有生成者都阻塞在条件对象上。

几秒钟后，由于没有生成任何 URL，该速率会降低至指定的限制。这是由控制器在其循环中检测到的，它将调用线程上的 notify-all，唤醒它们。

经过一段时间调整后，你会发现速率稳定在每分钟处理 50 个 URL 的限制范围内。启动后 5 ～ 6s，URL 速率控制器的缩略图程序如下所示。

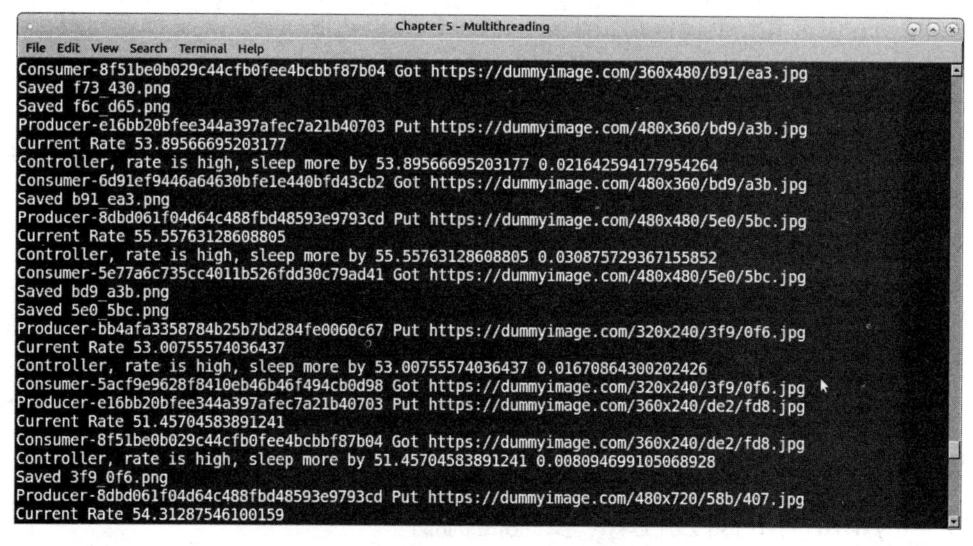

在程序的最后，你会发现这个速率已经稳定在准确的限制范围内，如下所示。

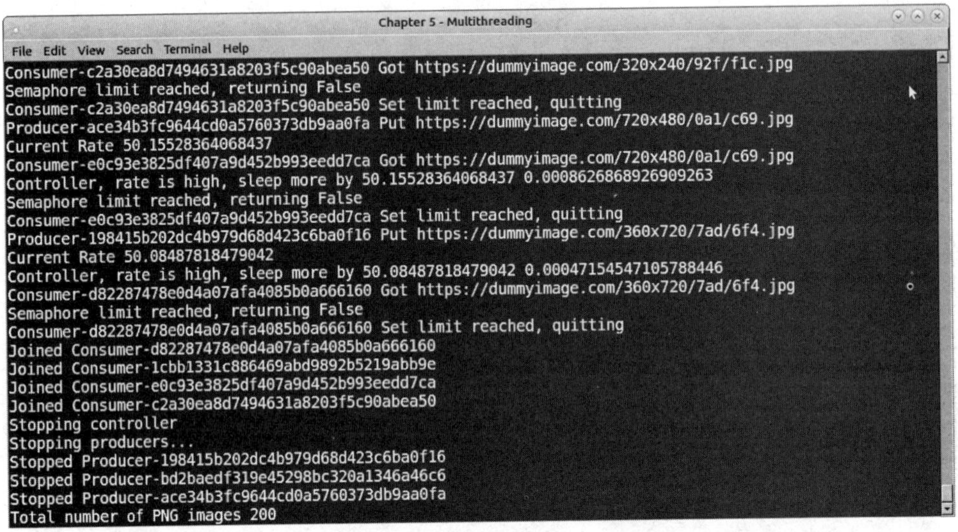

```
Chapter 5 - Multithreading
File Edit View Search Terminal Help
Consumer-c2a30ea8d7494631a8203f5c90abea50 Got https://dummyimage.com/320x240/92f/f1c.jpg
Semaphore limit reached, returning False
Consumer-c2a30ea8d7494631a8203f5c90abea50 Set limit reached, quitting
Producer-ace34b3fc9644cd0a5760373db9aa0fa Put https://dummyimage.com/720x480/0a1/c69.jpg
Current Rate 50.15528364068437
Consumer-e0c93e3825df407a9d452b993eedd7ca Got https://dummyimage.com/720x480/0a1/c69.jpg
Controller, rate is high, sleep more by 50.15528364068437 0.0008626868926909263
Semaphore limit reached, returning False
Consumer-e0c93e3825df407a9d452b993eedd7ca Set limit reached, quitting
Producer-198415b202dc4b979d68d423c6ba0f16 Put https://dummyimage.com/360x720/7ad/6f4.jpg
Current Rate 50.08487818479042
Controller, rate is high, sleep more by 50.08487818479042 0.00047154547105788446
Consumer-d82287478e0d4a07afa4085b0a666160 Got https://dummyimage.com/360x720/7ad/6f4.jpg
Semaphore limit reached, returning False
Consumer-d82287478e0d4a07afa4085b0a666160 Set limit reached, quitting
Joined Consumer-d82287478e0d4a07afa4085b0a666160
Joined Consumer-1cbb1331c886469abd9892b5219abb9e
Joined Consumer-e0c93e3825df407a9d452b993eedd7ca
Joined Consumer-c2a30ea8d7494631a8203f5c90abea50
Stopping controller
Stopping producers...
Stopped Producer-198415b202dc4b979d68d423c6ba0f16
Stopped Producer-bd2baedf319e45298bc320a1346a46c6
Stopped Producer-ace34b3fc9644cd0a5760373db9aa0fa
Total number of PNG images 200
```

这里即将结束对线程单元，以及如何用它们改善应用程序的并发性、实现共享资源约束和控制方面的讨论。

在结束之前，将介绍 Python 线程的一个方面，它防止 Python 中的多线程程序占用整个 CPU，我们称它为 GIL（global interpreter lock）或全局解释器锁。

5.4 多线程机制——Python 和 GIL

在 Python 中，有一个全局锁，可以防止多个线程同时执行本地字节码。这个锁是必需的，因为 CPython 的内存管理（Python 的本地实现）不是线程安全的。这个锁称为 GIL。

由于 GIL，Python 不能在 CPU 上并发执行字节码操作。因此，Python 是不适合以下情况的：

- 当程序依赖于大量字节码操作时，这就需要并发地运行。
- 当程序使用多线程在一台机器上最大化利用多核 CPU 时。

I/O 调用和长时间运行的操作通常发生在 GIL 之外。因此，只有当涉及一定数量的 I/O 操作或诸如图像处理之类的操作时，Python 中的多线程才是有效的。

在这种情况下，将程序扩展到并发规模而不是单一进程是一个方便的处理方法。Python 通过多进程模块来实现这一点，这是下一节讨论的主题。

5.4.1 Python 中的并发性——多进程机制

Python 标准库提供了一个多进程模块，其允许程序员使用多进程而不是线程来并发地扩展所写的程序。

通过多进程的扩展计算，其有效地解决了 Python 中使用 GIL 的所有问题。程序可以使用这个模块有效地使用多个 CPU 内核。

这个模块公开的主要类是 Process 类，与线程模块中的 Thread 类类似。它也提供了许多同步单元，这些单元几乎与线程模块中的完全相同。

我们将通过一个使用这个模块提供的池（pool）对象的例子开始。通过进程的多个输入，其允许一个函数并行执行。

5.4.2　质数检查器

下面的函数是一个简单的质数检查函数，也就是检查输入是否为质数：

```
def is_prime(n):
    """ Check for input number primality """

    for i in range(3, int(n**0.5+1), 2):

    if n % i == 0:
        print(n,'is not prime')
        return False

print(n,'is prime')
return True
```

下面是一个线程类，它使用上面的函数来检查队列中的数字是否为质数：

```
# prime_thread.py
import threading

class PrimeChecker(threading.Thread):
    """ Thread class for primality checking """

    def __init__(self, queue):
        self.queue = queue
        self.flag = True
        threading.Thread.__init__(self)

    def run(self):

        while self.flag:
            try:
                n = self.queue.get(timeout=1)
                is_prime(n)
            except Empty:
                break
```

我们将用 1000 个大质数来测试它。为了节省这里呈现列表的空间，我们所做的就是取其中的 10 个数字，然后将这个列表乘以 100：

```
numbers = [1297337, 1116281, 104395303, 472882027, 533000389,
           817504243, 982451653, 112272535095293, 115280095190773,
           1099726899285419]*100

q = Queue(1000)

for n in numbers:
    q.put(n)

threads = []
for i in range(4):

    t = PrimeChecker(q)
    threads.append(t)
    t.start()

for t in threads:
    t.join()
```

对于这个测试，我们使用了 4 个线程。现来看看这个程序是如何执行的，如下图所示。

下面是使用多进程池对象的等效代码：

```
numbers = [1297337, 1116281, 104395303, 472882027, 533000389,
           817504243, 982451653, 112272535095293, 115280095190773,
           1099726899285419]*100
pool = multiprocessing.Pool(4)
pool.map(is_prime, numbers)
```

下图显示了它在同一组数字上的表现。

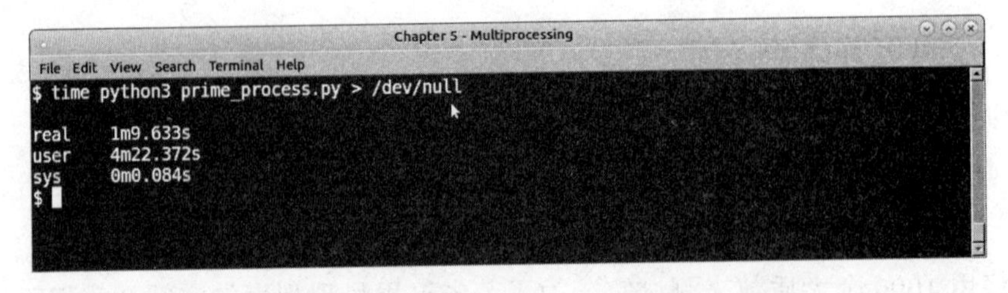

通过比较这些数字得出以下内容：

1）真实的时间是，进程池版本花费的时钟时间为 1 分 9.6 秒（69.6s），比线程池版本花费的时钟时间 2 分 12 秒（132s），少了近乎一半。

2）但是需要注意用户时间，进程池版本的用户代码花费在 CPU 上的时间是 4 分 22 秒（262s），是线程池花费的时间 2 分 12 秒（132s）的近乎两倍。

3）线程池版本的实际和用户 CPU 时间是完全相同的，即 2 分 12 秒，这清楚地表明，线程化的版本能够在一个 CPU 内核中有效地执行。

这意味着进程池版本能够更好地利用所有的 CPU 内核，因为在线程池版本的实际时间进行到一半时，进程池已经花费了线程池 CPU 时间的两倍。

因此，这两个程序的 CPU 时间 / 真实时间的实际性能提升如下：

1）线程版本 → 132s/132s = 1。

2）进程版本 → 262s/69.6s = 3.76 ≈ 4。

进程版本与线程版本的实际性能比率如下所示：

4/1 = 4

执行程序的机器拥有一个 4 核 CPU。这充分表明该代码的多进程版本能够充分利用 CPU 的所有 4 个核。

这是因为线程版本受到了 GIL 的限制，而进程版本没有这样的限制，并且可以自由地使用所有的内核。

下一节将讨论一个更复杂的问题，即对磁盘文件进行排序。

5.4.3　排序磁盘文件

假设磁盘上有成千上万的文件，每个文件都包含一个给定范围内的固定数量的整数，并且我们需要排序文件并将它们合并到一个单独的文件中。

如果决定将所有这些数据加载到内存中，那就需要大量的 RAM。让我们快速计算 1000 000 个文件，每个文件包含范围为 1 ～ 10 000 的 100 个整数，也就是说，总共有 1 亿个整数。

假设每个文件都被加载为磁盘上的整数列表，我们将忽略对字符串以及时间的处理。

使用 sys.getsizeof，可以得到一个粗略的计算结果：

```
>>> sys.getsizeof([100000]*1000)*100000/(1024.0*1024.0)
769.04296875
```

因此，如果一次性装载到内存中，整个数据将接近 800MB。乍一看，这可能不是一个很大的内存占用，但是列表越大，作为一个大列表在内存中排序所消耗的系统资源就会越多。

下面是将磁盘文件加载到内存之后，把它们中当前的所有整数进行排序的最简代码：

```
# sort_in_memory.py
import sys

all_lists = []
```

```
for i in range(int(sys.argv[1])):
    num_list = map(int, open('numbers/numbers_%d.txt' %
i).readlines())
    all_lists += num_list

print('Length of list',len(all_lists))
print('Sorting...')
all_lists.sort()
open('sorted_nums.txt','w').writelines('\n'.join(map(str, all_lists))
+ '\n')
print('Sorted')
```

上面的代码从磁盘加载一定数量的文件，每个文件包含 100 个范围为 1 ～ 10 000 的整数。它读取每个文件，将其映射到一个整数列表，并将每个列表添加到一个累计列表中。最后，排序列表并写入一个文件中。

下表显示了对特定数量的磁盘文件进行排序的时间。

文件数（个）	排序时间（s）
1000	17.4
10 000	101
100 000	138
1000 000	NA

正如你所看到的，时间的尺度还是很合理的，远小于 O（n）。然而，就内存和操作而言，空间相对于时间具有更重要的意义。

例如，一个 8GBRAM、4 核 CPU、64 位的 Linux 笔记本电脑在测试 1000 000 个数据时会导致系统挂起，因此它是不能完成处理的。

1. 使用计数器排序磁盘文件

如果仔细观察这些数据，你会发现有些方面允许我们更多地着重处理空间问题，而不是时间问题。我们注意到，整数被限定在一个固定的范围内，最大值为 10 000。

因此，与其将所有数据作为单独的列表加载并合并它们，不如使用像计数器这样的数据结构。

下面是这个工作原理的基本思路：

1）初始化一个数据结构，即一个计数器，其中每个范围为 1 ～ 10 000 的整数都被初始化为 0。

2）加载每个文件并将数据转换为一个列表。对于在列表中找到的任何数字，在第 1 步初始化的计数器数据结构中增加它的计数。

3）最后，循环遍历计数器，将每个数字的值和计数（大于 0）输出，并将输出保存到一个文件中。这一输出就是合并和排序后的结果：

```
# sort_counter.py
import sys
import collections

MAXINT = 100000

def sort():
    """ Sort files on disk by using a counter """
```

```
counter = collections.defaultdict(int)
for i in range(int(sys.argv[1])):
filename = 'numbers/numbers_%d.txt' % i
for n in open(filename):
counter[n] += 1
print('Sorting...')

with open('sorted_nums.txt','w') as fp:
for i in range(1, MAXINT+1):
    count = counter.get(str(i) + '\n', 0)
if count>0:
fp.write((str(i)+'\n')*count)

print('Sorted')
```

在前面的代码中，使用来自集合模块的默认字典来作为计数器。当遇到一个整数时，增加它的计数。最后，计数器被循环遍历，每一项的输出次数与其被计数次数相同。

排序和合并发生的原因是，我们将从一个整数排序的问题转换为了一个保持计数并以自然的字典序输出的问题。

下表总结了对输入的大小（即磁盘文件的数量）进行数字排序的总时间。

文件数（个）	排序时间（s）
1000	16.5
10 000	83
100 000	86
1000 000	359

尽管代码性能在排序 1000 个文件时与在内存中排序时相差无几，然而随着输入个数的增加，性能变得越来越好。同时这个代码可以完成 1000 000 个文件或 1000 000 个整数的排序，且大约需要 5 分 59 秒。

注意： 内核中的缓冲区缓存会影响读取文件的进程的时间。你会发现，当 Linux 在缓冲区缓存中缓存了文件内容时，运行相同的性能测试程序在时间上会得到极大的改善。因此，在清楚缓冲区缓存之后，应该对相同的输入大小进行后续测试。在 Linux 中，可以通过以下命令来完成：

```
$ echo 3 > /proc/sys/vm/drop_caches
```

在对连续数的测试中，我们不会像以前那样重置缓冲区缓存。这意味着当运行更多的数字时可以从之前运行时创建的缓存中获得性能的提升。并且，由于对每个测试都是做一样的操作，所以结果是可比较的。在为特定的算法启动测试集之前，缓存会被重置。

这个算法只需要较少的内存，因为每次运行时，内存需求都是相同的，因为我们使用的是一个达到最大整数值的整数数组，并且只增加计数。

下图是使用第 4 章提到的 memory_profiler 对 100 000 个文件进行操作时，sort_in_memory 应用程序中的内存使用情况。

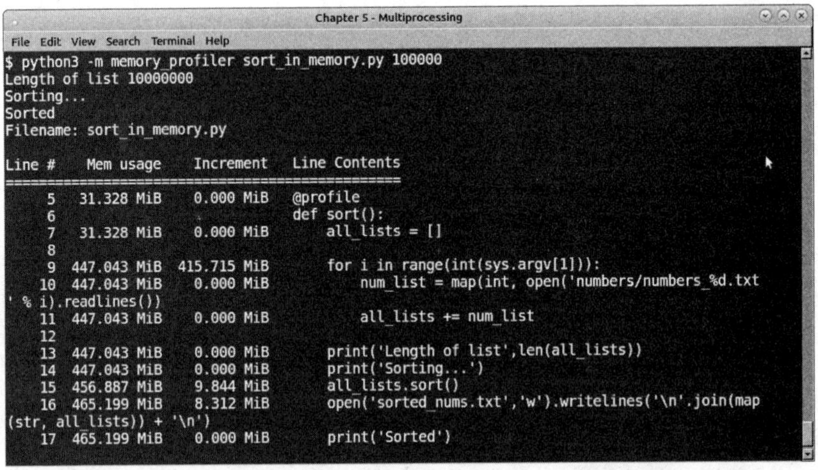

```
Chapter 5 - Multiprocessing
File  Edit  View  Search  Terminal  Help
$ python3 -m memory_profiler sort_in_memory.py 100000
Length of list 10000000
Sorting...
Sorted
Filename: sort_in_memory.py

Line #    Mem usage    Increment   Line Contents
================================================
     5   31.328 MiB    0.000 MiB   @profile
     6                             def sort():
     7   31.328 MiB    0.000 MiB       all_lists = []
     8
     9  447.043 MiB  415.715 MiB       for i in range(int(sys.argv[1])):
    10  447.043 MiB    0.000 MiB           num_list = map(int, open('numbers/numbers_%d.txt
' % i).readlines())
    11  447.043 MiB    0.000 MiB           all_lists += num_list
    12
    13  447.043 MiB    0.000 MiB       print('Length of list',len(all_lists))
    14  447.043 MiB    0.000 MiB       print('Sorting...')
    15  456.887 MiB    9.844 MiB       all_lists.sort()
    16  465.199 MiB    8.312 MiB       open('sorted_nums.txt','w').writelines('\n'.join(map
(str, all_lists)) + '\n')
    17  465.199 MiB    0.000 MiB       print('Sorted')
```

下图显示了处理相同数量文件的 sort_counter 应用程序的内存使用情况。

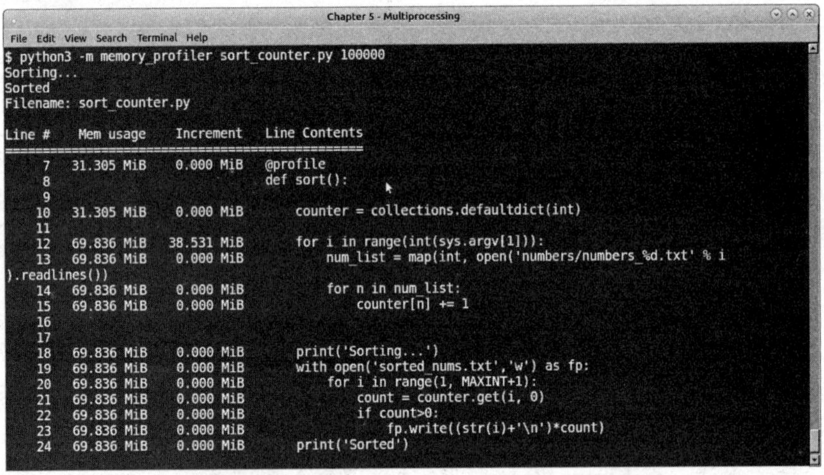

```
Chapter 5 - Multiprocessing
File  Edit  View  Search  Terminal  Help
$ python3 -m memory_profiler sort_counter.py 100000
Sorting...
Sorted
Filename: sort_counter.py

Line #    Mem usage    Increment   Line Contents
================================================
     7   31.305 MiB    0.000 MiB   @profile
     8                             def sort():
     9
    10   31.305 MiB    0.000 MiB       counter = collections.defaultdict(int)
    11
    12   69.836 MiB   38.531 MiB       for i in range(int(sys.argv[1])):
    13   69.836 MiB    0.000 MiB           num_list = map(int, open('numbers/numbers_%d.txt' % i
).readlines())
    14   69.836 MiB    0.000 MiB           for n in num_list:
    15   69.836 MiB    0.000 MiB               counter[n] += 1
    16
    17
    18   69.836 MiB    0.000 MiB       print('Sorting...')
    19   69.836 MiB    0.000 MiB       with open('sorted_nums.txt','w') as fp:
    20   69.836 MiB    0.000 MiB           for i in range(1, MAXINT+1):
    21   69.836 MiB    0.000 MiB               count = counter.get(i, 0)
    22   69.836 MiB    0.000 MiB               if count>0:
    23   69.836 MiB    0.000 MiB                   fp.write((str(i)+'\n')*count)
    24   69.836 MiB    0.000 MiB       print('Sorted')
```

sort_in_memory 应用程序的内存使用情况（465MB）是 sort_counter 应用程序（70MB）的 6 倍多。还需要注意的是，排序操作本身在 sort_in_memory 应用程序中需要额外的接近 10MB 的内存。

2. 使用多进程排序磁盘文件

本部分将使用多进程重写计数器排序程序，方法是通过将文件路径的列表分割成一个进程池来扩展处理输入文件，并利用结果数据的并行性。

下面就是重写的代码：

```
# sort_counter_mp.py
import sys
import time
import collections
```

```
from multiprocessing import Pool

MAXINT = 100000

def sorter(filenames):

    """ Sorter process sorting files using a counter """

    counter = collections.defaultdict(int)

    for filename in filenames:
for i in open(filename):
counter[i] += 1

return counter

def batch_files(pool_size, limit):
""" Create batches of files to process by a multiprocessing Pool """
batch_size = limit // pool_size

filenames = []

for i in range(pool_size):
batch = []
for j in range(i*batch_size, (i+1)*batch_size):
filename = 'numbers/numbers_%d.txt' % j
batch.append(filename)

filenames.append(batch)

return filenames

def sort_files(pool_size, filenames):
""" Sort files by batches using a multiprocessing Pool """

with Pool(pool_size) as pool:
counters = pool.map(sorter, filenames)
with open('sorted_nums.txt','w') as fp:
for i in range(1, MAXINT+1):
count = sum([x.get(str(i)+'\n',0) for x in counters])
if count>0:
fp.write((str(i)+'\n')*count)
print('Sorted')
if __name__ == "__main__":
limit = int(sys.argv[1])
pool_size = 4
filenames = batch_files(pool_size, limit)
sort_files(pool_size, filenames)
```

它与之前的更改完全相同：

1）文件名不是以单个列表的格式处理所有文件，而是批处理。批处理的大小与池的大小相等。

2）我们使用一个 sorter 函数接收文件名列表，处理它们并返回一个带有计数的字典。

3）对于从 1 到 MAXINT 范围内的每个整数的计数进行整合，并将这些数字写入排序后的文件中。

下表显示了池大小分别为 2 和 4 时，处理不同数量的文件时的排序时间。

文件数（个）	池大小	排序时间（s）
1000	2	18
	4	20
10 000	2	92
	4	77
100 000	2	96
	4	86
1000 000	2	350
	4	329

这些数字反映了一个有趣的情况：

1）比较两个进程和单进程的处理版本，伴有 4 个进程的多进程处理版本（等同于 4 内核的机器）有更好的排序时间。

2）然而，与单进程版本相比，多进程版本似乎没有提供太多性能优势。性能数据是很接近的，并且任何改进都是在误差和变化范围之内的。例如，对于 1000 000 个数字的输入来说，4 进程的多进程处理相对于单进程来说仅有 8% 的改进。

3）这是因为瓶颈在于文件 I/O 流中将文件加载到内存中所需要的处理时间，而不是计算（排序）时间，因为排序只是计数器的增加。综上单进程版本是非常高效的，因为它能够加载相同地址空间中的所有文件数据。多进程的程序可以通过在多个地址空间中加载文件来改进这一点，但是并不能改善很多。

这个示例表明，在磁盘或文件 I/O 流的限制下，在没有太多计算量时，通过多进程来扩展的效果并不好。

5.5 多线程与多进程比较

我们已经结束了对多进程的讨论，现在是比较在 Python 中是选择在单个进程中用线程扩展还是使用多进程处理的最好时候了。下面是一些指导方针。

在以下情况下使用多线程：

1）程序需要维护许多共享状态，尤其是可变的状态。Python 中的许多标准数据结构，例如列表、字典和其他都是线程安全的，所以使用线程而不是进程维护一个易变的共享状态的代价相对较小。

2）程序需要保持低的内存占用。

3）这个程序花费大量的时间执行 I/O。由于 GIL 是由线程释放的，所以它不会影响线程执行 I/O 的时间。

4）程序没有太多需要通过多进程处理来扩展进行并行操作的数据。

在以下情况下使用多进程：

1）程序执行许多 CPU 密集的计算，例如字节码操作、数据处理和类似的大输入量的处理。

2）程序的输入可以并行地分成块，并且它的结果之后可以合并在一起。换句话说，程序的输入通过数据并行计算可以生成很好的结果。

3）程序在内存使用方面没有任何限制，并且你正工作于一台具有多核 CPU 和足够大的 RAM 的现代计算机上时。

4）在需要同步的进程之间没有太多共享的可变状态时，因为这可能会减慢系统的速度并抵消多个进程所获得的性能提升。

5）应用程序并不强依赖于 I/O——文件或磁盘或套接字的 I/O。

Python 中的并发性——异步执行

我们已经了解了两种分别使用多线程和多进程来实现并发执行的方法；也了解了使用线程及其同步单元的不同示例；还有一些使用多进程处理的例子。

除了这两种进行并发编程的方法之外，另一种常见的技术是异步编程或异步 I/O。

在执行的异步模型中，是从一个调度程序的任务队列中挑选任务执行的，该调度程序以交叉的形式执行这些任务。我们不能保证任务将以任何特定的顺序执行。任务的执行顺序取决于队列中一项任务愿意让位给另一项任务的处理时间大小。也就是说，异步执行是通过多任务的合作处理来实现的。

异步执行通常发生在单个线程中。这意味着不存在真正的并行性或真正的并行执行。相反，模型只提供了一种外观上的并行性。

由于执行的顺序是不确定的，异步系统需要一种将函数执行的结果返回给调用者的方法。这通常发生在回调函数中，我们在结果准备好或使用接收结果的专门对象时调用这一函数，其通常称为 future 函数。

Python 3 通过使用协同例程（co-routine）的 asyncio 模块提供对这种执行的支持。在继续讨论这个问题之前，我们将花费一些时间来理解先入为主的多任务处理和合作的多任务处理的概念，以及如何在 Python 中使用生成器实现一个简单的合作的多任务调度程序。

5.6 先入为主的与合作的多任务处理

之前使用多线程编写的程序是并发性的例子。然而，我们不需要担心操作系统如何以及何时选择去运行线程，只需要准备好线程或进程，提供目标函数，并执行它们。调度是由操作系统负责的。

每隔几个 CPU 时钟，操作系统都抢先占有一个运行线程，并在一个特定的内核中将它替换成另一个线程。这可能是由不同的原因造成的，但是程序员不必担心具体细节。他只需要创建线程，设置它们需要处理的数据，使用正确的同步单元并启动它们。操作系统会完成其他的工作，包括切换和调度。

现代操作系统几乎都是这样做的。它保证每个线程都有一个公平的执行时间分配，所有其他的东西都是相等的。这就是所谓的先入为主的多任务处理。

还有一种刚好与先入为主的多任务处理相反的调度方法，称为合作的多任务处理，操作系统在决定冲突的线程或进程的执行优先级时并不发挥作用。相反，一个进程或线程可以被另一个进程或线程所控制。又或者说，一个线程可以替代另一个闲置的或等待 I/O 的线程。

这是使用协同例程并发执行的异步模型中使用的技术。在等待数据时，比如一个尚未返回的网络上的调用，一个函数可以让位给另一个函数或任务来运行。

在讨论使用 asyncio 的实际协同例程之前，让我们使用简单的 Python 生成器编写 co-operative 多任务调度程序。可以从下面的程序看出做到这一点并不困难。

```
# generator_tasks.py
import random
import time
import collections
import threading

def number_generator(n):
    """ A co-routine that generates numbers in range 1..n """

    for i in range(1, n+1):
        yield i

def square_mapper(numbers):
    """ A co-routine task for converting numbers to squares """

    for n in numbers:
        yield n*n

def prime_filter(numbers):
    """ A co-routine which yields prime numbers """

    primes = []
```

```
    for n in numbers:
        if n % 2 == 0: continue
        flag = True
        for i in range(3, int(n**0.5+1), 2):
            if n % i == 0:
                flag = False
                break

        if flag:
            yield n

def scheduler(tasks, runs=10000):
    """ Basic task scheduler for co-routines """

    results = collections.defaultdict(list)

    for i in range(runs):
        for t in tasks:
            print('Switching to task',t.__name__)
            try:
                result = t.__next__()
                print('Result=>',result)
                results[t.__name__].append(result)
            except StopIteration:
                break

    return results
```

分析一下上述代码：

- 我们有 4 个函数。其中，有 3 个生成器函数，它们使用 yield 关键字来返回数据；还有一个调度程序，它运行一组特定的任务。
- square_mapper 函数接受一个迭代器，该迭代器通过它返回整数遍历，并生成成员的平方。
- prime_filter 函数接受一个类似的迭代器，并过滤掉那些不是质数的数字，最终只产生质数。
- number_generator 函数充当这两个函数的输入迭代器，为它们提供一个整数的输入流。

现在，来看一下将这 4 个函数连接在一起的调用代码：

```
import sys

tasks = []
start = time.clock()

limit = int(sys.argv[1])
```

```
# Append sqare_mapper tasks to list of tasks
tasks.append(square_mapper(number_generator(limit)))
# Append prime_filter tasks to list of tasks
tasks.append(prime_filter(number_generator(limit)))

results = scheduler(tasks, runs=limit)
print('Last prime=>',results['prime_filter'][-1])
end = time.clock()
print('Time taken=>',end-start)
```

下面是对调用代码的分析：

- number_generator 用一个通过命令行参数接收的计数进行初始化，并被传递到 square_mapper 函数中，所得组合函数被添加为任务列表中的一项任务。
- 对 prime_filter 函数执行了类似的操作。
- scheduler 方法是通过将任务列表传递给自己来运行的，它通过迭代一个 for 循环来逐个地运行每个任务。结果被附加到使用函数名作为键的字典中，并在执行结束时返回。
- 打印最后一个质数的值来确认执行的正确性，以及调度程序的处理时间。

现看看简单的合作的多任务调度程序的输出，它的输出限制为 10。这使得我们可以捕获单个命令窗口中的所有输入，如下图所示。

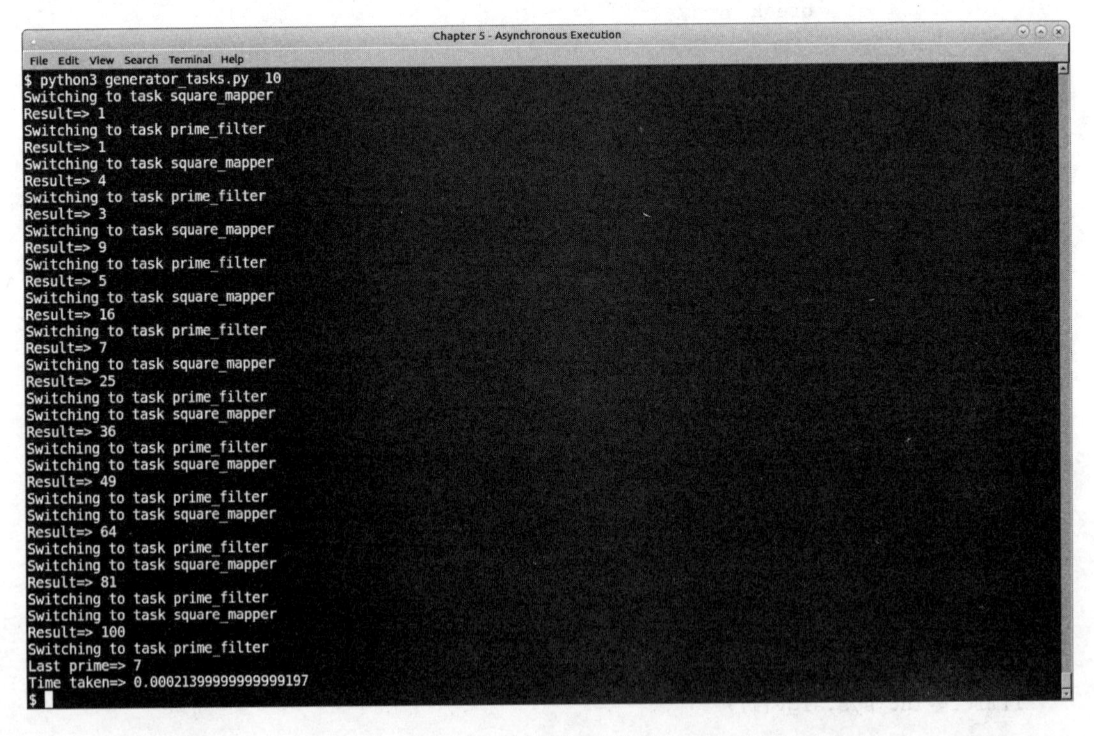

下面来分析这个输出：

1）square_mapper 和 prime_filter 函数的输出在控制台上交替出现。这是因为调度程序在 for 循环中不停地切换它们。每个函数都是协同例程（生成器），所以它们可以下放执行，即控制可以从一个函数传递到下一个函数。反之亦然。这使得两个函数在保持状态和产出的同时都可以并发地运行。

2）这里使用了生成器，因为它们提供了一种生成结果的自然方式和使用 yield 关键字来转让控制。

5.7 Python 中的 asyncio 模块

Python 中的 asyncio 模块提供了使用协同例程编写并发、单线程程序的支持。这只在 Python 3 中可用。

一个使用 asyncio 模块的协同例程使用以下两种方法中的一种：

- 使用 async def 语句来定义函数。
- 使用 @asyncio.coroutine 表达式进行修饰。

基于生成器的协同例程使用第二种技术，它们从表达式中产生。

使用第一个技术创建的协同例程通常使用 await <future> 表达式来等待将来的完成。

使用一个 event 循环来调度执行协同例程，它将对象连接起来，并将它们作为任务进行调度。不同的操作系统提供不同类型的 event 循环。

下面的代码重写了之前使用 asyncio 模块编写的一个简单的合作的多任务调度程序的示例：

```
# asyncio_tasks.py
import asyncio

def number_generator(m, n):
    """ A number generator co-routine in range(m...n+1) """
    yield from range(m, n+1)

async prime_filter(m, n):
    """ Prime number co-routine """

    primes = []
    for i in number_generator(m, n):
        if i % 2 == 0: continue
        flag = True

        for j in range(3, int(i**0.5+1), 2):
            if i % j == 0:
                flag = False
                break
```

```
        if flag:

    print('Prime=>',i)
    primes.append(i)

    # At this point the co-routine suspends execution
    # so that another co-routine can be scheduled
    await asyncio.sleep(1.0)
    return tuple(primes)

    async def square_mapper(m, n):
    """ Square mapper co-routine """
    squares = []

    for i in number_generator(m, n):
    print('Square=>',i*i)
    squares.append(i*i)
    # At this point the co-routine suspends execution
    # so that another co-routine can be scheduled
    await asyncio.sleep(1.0)
    return squares

    def print_result(future):
    print('Result=>',future.result())
```

下面是这段代码的工作原理：

1）number_generator 函数是一个协同例程，它是从子生成器范围（*m*,*n*+1）中产生的一个迭代器。这使得这个协同例程可以被其他协同例程调用。

2）square_mapper 函数是使用 async def 关键字的第一类型的协同例程。它返回一个使用数字生成器生成的数字的 square 列表。

3）prime_filter 函数也是同样的类型。它也使用数字生成器，并将质数添加到一个列表且返回它。

4）通过使用 asyncio.sleep 函数，两个协同例程都可以通过休息来让位给其他程序，并等待其他程序的执行。这使得两个协同例程可以以交叉的方式并发工作。

以下是带有 event 循环和其余通道的调用代码：

```
loop = asyncio.get_event_loop()
future = asyncio.gather(prime_filter(10, 50), square_mapper(10, 50))
future.add_done_callback(print_result)
loop.run_until_complete(future)

loop.close()
```

下图是程序的输出。观察每个任务的结果是如何以交叉的方式打印出来的。

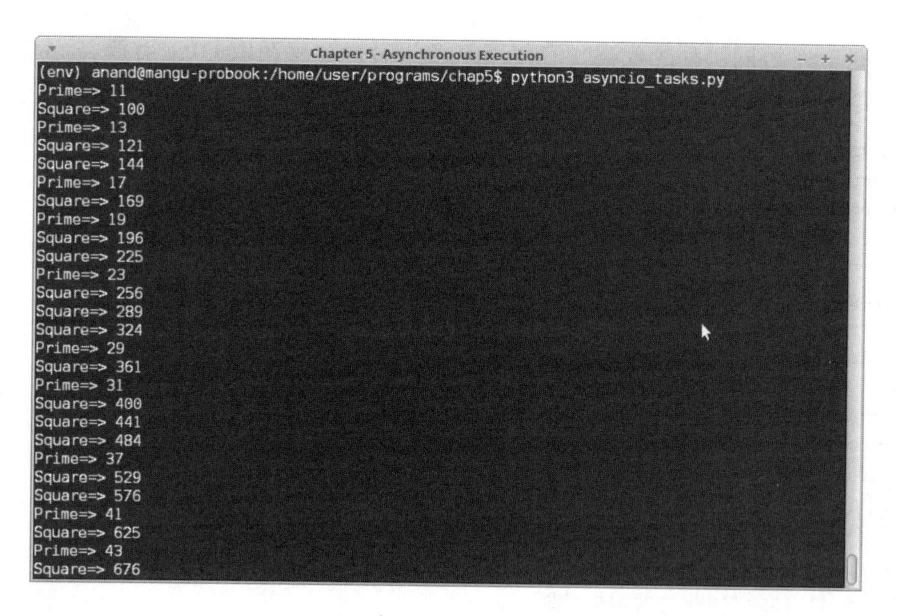

现来分析一下在遵循自顶向下设计方法的情况下，前面的代码是如何逐行工作的：

1）首先使用工厂函数 asyncio.get_event_loop 获得一个 asyncio 事件循环。这将返回操作系统默认的事件循环实现。

2）通过使用模块的 gather 方法，建立一个 asyncio 的 future 对象。该方法用于聚合一组协同例程的结果或作为其参数传递的 future。我们可以将 prime_filter 和 square_mapper 都传递给它。

3）print_result 函数用于把一个回调添加到 future 对象。一旦 future 对象的执行完成，它将被自动调用。

4）循环将一直运行到完成 future 对象的执行。此时调用回调函数，并输出结果。注意输出将交叉显示，因为每一个任务都使用了 asyncio 模块中的 sleep 函数让位给其他任务。

5）循环关闭，操作终止。

5.8　等待 future 对象——async 和 await

讨论在使用 await 的协同例程内部一个函数怎样等待来自于一个 future 对象的数据。我们看过一个例子，它使用 await 把控制转移给其他协同例程。现在来看一个等待 future 对象的 I/O 完成的示例，它将从 Web 返回数据。

本例需要 aiohttp 模块，其提供一个 HTTP 客户端和服务器来与 asyncio 模块一起工作，并且提供对 future 对象的支持；也需要 async_timeout 模块，其在异步协同例程中允许超时设定。这两个模块都可以使用 pip 来安装。

下面是一个协同例程的代码，它使用一个超时设定来获取 URL 并等待 future 对象，即操作的结果：

```
# async_http.py
import asyncio
import aiohttp
import async_timeout

@asyncio.coroutine
def fetch_page(session, url, timeout=60):
""" Asynchronous URL fetcher """

with async_timeout.timeout(timeout):
response = session.get(url)
return response
```

以下是 event 循环的调用代码：

```
loop = asyncio.get_event_loop()
urls = ('http://www.google.com',
        'http://www.yahoo.com',
        'http://www.facebook.com',
        'http://www.reddit.com',
        'http://www.twitter.com')

session = aiohttp.ClientSession(loop=loop)
tasks = map(lambda x: fetch_page(session, x), urls)
# Wait for tasks
done, pending = loop.run_until_complete(asyncio.wait(tasks,
                                         timeout=120))

loop.close()

for future in done:

    response = future.result()
    print(response)
    response.close()
    session.close()

loop.close()
```

该代码所做的事情如下：

1）创建了一个 event 循环和一个要获取的 URL 列表；还创建了一个 aiohttp ClientSession 对象实例，它是获取 URL 的辅助程序。

2）通过映射 fetch_page 函数到每个 URL 来创建任务映射。session 对象作为第一个参数传递给 fetch_page 函数。

3）任务被传递到 asyncio 的等待方法，同时设定超时时间为 120s。

4）循环一直运行到完成。它返回两组 future——执行完的和待定的。

5）迭代已完成的 future，通过使用 future 的 result 方法获取它并输出响应。

下图显示了操作的结果，前几行是输出。

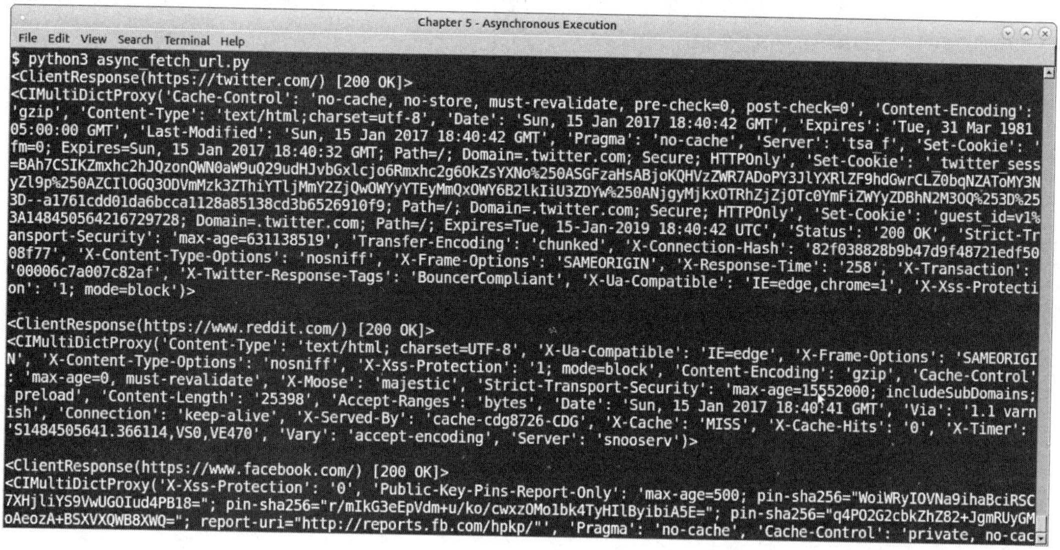

```
Chapter 5 - Asynchronous Execution
File Edit View Search Terminal Help
$ python3 async_fetch_url.py
<ClientResponse(https://twitter.com/) [200 OK]>
<CIMultiDictProxy('Cache-Control': 'no-cache, no-store, must-revalidate, pre-check=0, post-check=0', 'Content-Encoding':
'gzip', 'Content-Type': 'text/html;charset=utf-8', 'Date': 'Sun, 15 Jan 2017 18:40:42 GMT', 'Expires': 'Tue, 31 Mar 1981
05:00:00 GMT', 'Last-Modified': 'Sun, 15 Jan 2017 18:40:42 GMT', 'Pragma': 'no-cache', 'Server': 'tsa_f', 'Set-Cookie': '
fm=0; Expires=Sun, 15 Jan 2017 18:40:32 GMT; Path=/; Domain=.twitter.com; Secure; HTTPOnly', 'Set-Cookie': '_twitter_sess
=BAh7CSIKZmxhc2hJQzonQWN0aW9uQ29udHJvbGxlcjo6Rmxhc2g6OkZsYXNo%250ASGFzaHsABjoKQHVzZWR7ADoPY3JlYXRlZF9hdGwrCLZ0bqNZAToMY3N
yZl9p%250AZCIlOGQ3ODVmMzk3ZThiYTljMmY2ZjQwOWYyYTEyMmQxOWY6B2lkIiU3ZDYw%250ANjgyMjkxOTRhZjZjOTc0YmFiZWYyZDBhN2M3OQ%253D%25
3D--a1761cdd01da6bcca1128a85138cd3b6526910f9; Path=/; Domain=.twitter.com; Secure; HTTPOnly', 'Set-Cookie': 'guest_id=v1%
3A148450564216729728; Domain=.twitter.com; Path=/; Expires=Tue, 15-Jan-2019 18:40:42 UTC', 'Status': '200 OK', 'Strict-Tr
ansport-Security': 'max-age=631138519', 'Transfer-Encoding': 'chunked', 'X-Connection-Hash': '82f038828b9b47d9f48721edf50
08f77', 'X-Content-Type-Options': 'nosniff', 'X-Frame-Options': 'SAMEORIGIN', 'X-Response-Time': '258', 'X-Transaction':
'00006c7a007c82af', 'X-Twitter-Response-Tags': 'BouncerCompliant', 'X-Ua-Compatible': 'IE=edge,chrome=1', 'X-Xss-Protecti
on': '1; mode=block')>

<ClientResponse(https://www.reddit.com/) [200 OK]>
<CIMultiDictProxy('Content-Type': 'text/html; charset=UTF-8', 'X-Ua-Compatible': 'IE=edge', 'X-Frame-Options': 'SAMEORIGI
N', 'X-Content-Type-Options': 'nosniff', 'X-Xss-Protection': '1; mode=block', 'Content-Encoding': 'gzip', 'Cache-Control'
: 'max-age=0, must-revalidate', 'X-Moose': 'majestic', 'Strict-Transport-Security': 'max-age=15552000; includeSubDomains;
 preload', 'Content-Length': '25398', 'Accept-Ranges': 'bytes', 'Date': 'Sun, 15 Jan 2017 18:40:41 GMT', 'Via': '1.1 varn
ish', 'Connection': 'keep-alive', 'X-Served-By': 'cache-cdg8726-CDG', 'X-Cache': 'MISS', 'X-Cache-Hits': '0', 'X-Timer':
'S1484505641.366114,VS0,VE470', 'Vary': 'accept-encoding', 'Server': 'snooserv')>

<ClientResponse(https://www.facebook.com/) [200 OK]>
<CIMultiDictProxy('X-Xss-Protection': '0', 'Public-Key-Pins-Report-Only': 'max-age=500; pin-sha256="WoiWRyIOVNa9ihaBciRSC
7XHjliYS9VwUGOIud4PB18="; pin-sha256="r/mIkG3eEpVdm+u/ko/cwxzOMo1bk4TyHIlByibiA5E="; pin-sha256="q4PO2G2cbkZhZ82+JgmRUyGM
oAeozA+BSXVXQWB8XWQ="; report-uri="http://reports.fb.com/hpkp/"', 'Pragma': 'no-cache', 'Cache-Control': 'private, no-cac
```

正如你所看到的，可以用简单的总结来输出响应。如何处理响应以获取更多的细节信息呢？例如实际的响应文本、内容长度、状态代码等。

下面的函数解析一个已完成的 future 的列表——通过等待响应的 read 方法来等待响应数据。这将为每个响应异步地返回数据。

```
async def parse_response(futures):
""" Parse responses of fetch """
for future in futures:
response = future.result()
data = await response.text()
        print('Response for URL',response.url,'=>', response.status,
len(data))
        response.close()
```

响应对象的详细信息——最终的 URL、状态代码和数据长度——通过这个方法，在每个响应关闭之前输出。

我们只需要在完成的响应列表中再添加一个处理步骤就可以工作了。

```
session = aiohttp.ClientSession(loop=loop)
# Wait for futures
tasks = map(lambda x: fetch_page(session, x), urls)
done, pending = loop.run_until_complete(asyncio.wait(tasks,
                                        timeout=300))

# One more processing step to parse responses of futures
loop.run_until_complete(parse_response(done))
```

```
session.close()
loop.close()
```

请注意是如何将协同例程联系在一起的。链表中的最后一个链接是 parse_response 协同例程，其在循环结束之前处理已完成的 futures 列表。

下图显示了程序的输出。

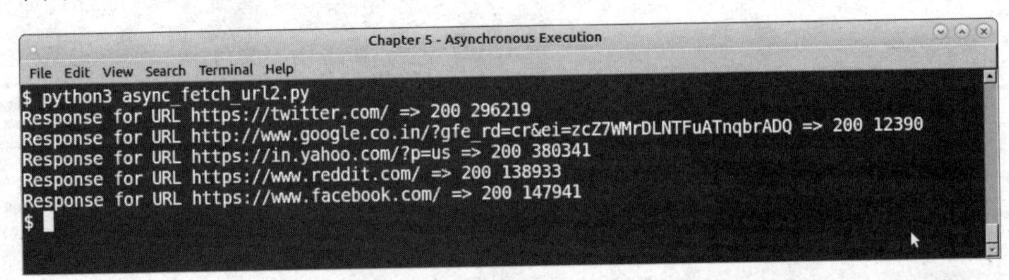

可以使用 asyncio 模块来完成许多复杂的编程工作。其可以等待 future，取消它们的执行，并从多个线程运行 asyncio 操作。详细的讨论已超出本章的论述范围。

下一节将介绍另一个用于在 Python 中执行并发任务的模型，即 concurrent.future 模块。

5.9 concurrent.future——高级并发处理

concurrent.future 模块使用线程或进程提供高级别的并发处理，同时使用 future 对象异步返回数据。

它提供一个执行器接口，其提供两种方法，如下所示：

- submit：提交一个可以异步执行的调用，返回一个表示可回调执行的 future 对象。
- map：将调用映射到一组迭代器，在 future 对象中异步地调度执行。但是，该方法直接返回处理结果，而不是返回 future 列表。

执行器接口有两个具体的实现：ThreadPoolExecutor，在线程池中执行可调用的操作；ProcessPoolExecutor，在进程池中执行可调用的操作。

下面是一个关于 future 对象的简单示例，它可以异步地计算一组整数的阶乘：

```
from concurrent.futures import ThreadPoolExecutor, as_completed
import functools
import operator

def factorial(n):
    return functools.reduce(operator.mul, [i for i in range(1, n+1)])

with ThreadPoolExecutor(max_workers=2) as executor:
    future_map = {executor.submit(factorial, n): n for n in range(10,
21)}
```

```
    for future in as_completed(future_map):
        num = future_map[future]
        print('Factorial of',num,'is',future.result())
```

下面是对前面代码的详细说明：

- factorial 函数通过使用 functools.reduce 和乘法运算符来反复计算一个给定数字的阶乘。
- 创建了一个带有两个工作者的执行器，并通过 submit 方法将数字（10 ～ 20）提交给它。
- 提交是通过字典的理解完成的，返回一个由 future 作为键、数字作为值的字典。
- 使用 concurrent.future 模块中的 as_completed 方法遍历已经被计算完成的 future 对象。
- 通过 result 方法获取 future 结果来输出程序结果。

执行该程序，输出并不是按顺序排列的，如下图所示。

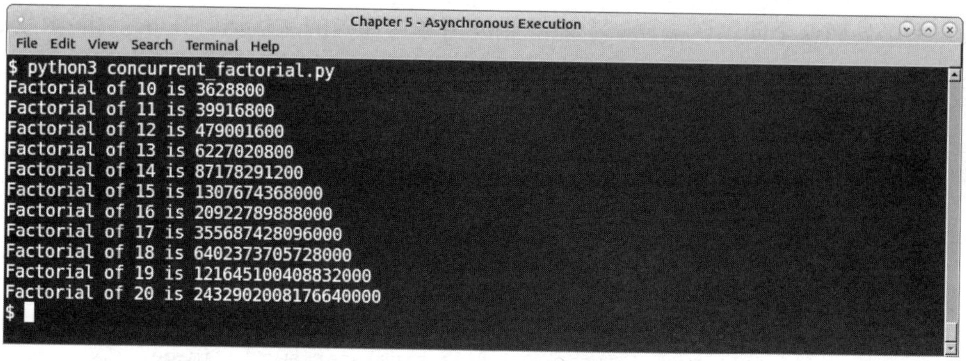
Chapter 5 - Asynchronous Execution
File Edit View Search Terminal Help
$ python3 concurrent_factorial.py
Factorial of 10 is 3628800
Factorial of 11 is 39916800
Factorial of 12 is 479001600
Factorial of 13 is 6227020800
Factorial of 14 is 87178291200
Factorial of 15 is 1307674368000
Factorial of 16 is 20922789888000
Factorial of 17 is 355687428096000
Factorial of 18 is 6402373705728000
Factorial of 19 is 121645100408832000
Factorial of 20 is 2432902008176640000
$

5.9.1　磁盘缩略图产生器

在之前对线程的讨论中，我们使用了 Web 随机图像的缩略图生成器示例来展示如何使用线程和进程信息。

本例将做类似的事情。这里不再处理来自 Web 的随机图像 URL，而是从磁盘加载图像，并使用 concurrent.future 函数将它们转换为缩略图。

这里将重用之前的缩略图创建函数。除此之外，还将添加并发处理。

首先，下面是需要导入的模块：

```
import os
import sys
import mimetypes
from concurrent.futures import ThreadPoolExecutor,
ProcessPoolExecutor, as_completed
```

接着是熟悉的缩略图创建函数：

```
def thumbnail_image(filename, size=(64,64), format='.png'):
    """ Convert image thumbnails, given a filename """

    try:
        im=Image.open(filename)
        im.thumbnail(size, Image.ANTIALIAS)

        basename = os.path.basename(filename)
        thumb_filename = os.path.join('thumbs',
            basename.rsplit('.')[0] + '_thumb.png')
        im.save(thumb_filename)
        print('Saved',thumb_filename)
        return True

    except Exception as e:
        print('Error converting file',filename)
        return False
```

我们将从一个特定的文件夹中处理图像，在本例中，即为 home 文件夹的 Pictures 子目录。为了处理这个问题，需要一个能够生成图像文件名的迭代器。在 os.walk 函数的帮助下可编写一个：

```
def directory_walker(start_dir):
    """ Walk a directory and generate list of valid images """

    for root,dirs,files in os.walk(os.path.expanduser(start_dir)):
        for f in files:
            filename = os.path.join(root,f)
            # Only process if its a type of image
            file_type = mimetypes.guess_type(filename.lower())[0]
            if file_type != None and file_type.startswith('image/'):
                yield filename
```

如你所见，前面的函数是一个生成器。

下面是主要的调用代码，它设置一个执行器，并将文件夹放进去执行：

```
root_dir = os.path.expanduser('~/Pictures/')
if '--process' in sys.argv:
    executor = ProcessPoolExecutor(max_workers=10)
else:
    executor = ThreadPoolExecutor(max_workers=10)

with executor:
    future_map = {executor.submit(thumbnail_image, filename):
    filename for filename in directory_walker(root_dir)}
    for future in as_completed(future_map):
        num = future_map[future]
        status = future.result()
        if status:
            print('Thumbnail of',future_map[future],'saved')
```

上述代码使用相同的技术将参数异步地提交给一个函数，在一个字典中保存合并的 future 结果，然后在 future 结果完成时，在一个循环中处理这结果。

改变执行器以使用进程，此时只需用 ProcessPoolExecutor 替换 ThreadPoolExecutor 即可，其余的代码保持不变。我们提供了一个简单的命令行标志来标记进程，使之变得简单。

下图是使用线程和进程池在同一时间从～ /Pictures 文件夹生成 2000 多个图像的运行程序的输出示例。

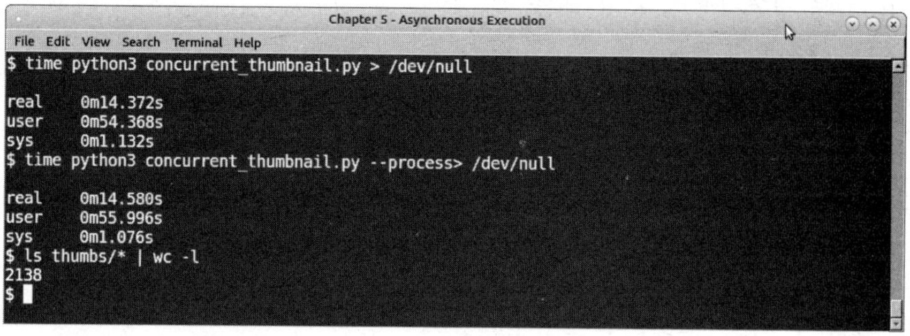

```
Chapter 5 - Asynchronous Execution
File Edit View Search Terminal Help
$ time python3 concurrent_thumbnail.py > /dev/null

real    0m14.372s
user    0m54.368s
sys     0m1.132s
$ time python3 concurrent_thumbnail.py --process> /dev/null

real    0m14.580s
user    0m55.996s
sys     0m1.076s
$ ls thumbs/* | wc -l
2138
$ 
```

5.9.2　并发选项——如何选择？

结束在 Python 中关于并发技术的讨论，其中涉及线程、进程、异步 I/O 和 concurrent. future。自然地，在什么时候选择什么技术值得思考。

这个问题已经在线程和进程之间的选择中得到了答案，在这个过程中，这个决定主要是由 GIL 决定的。

下面是关于选择并发选项的一些粗略指南。

- **concurrent. future 和多进程比较：** concurrent. future 提供了一种优雅的方式，可以使用线程或进程池执行器来并行化任务。因此，如果使用线程或进程的底层应用程序具有类似的可扩展性指标，则是非常理想的。因为我们可以很容易地从一个转换到另一个，就像在前面的例子中看到的那样。当操作的结果不需要立即可用时，也可以选择 concurrent. future。当数据可以很好地并行化，并且操作可以异步执行，当操作只涉及简单的可调用而不需要复杂的同步技术时，concurrent. future 是一个好的选择。

如果并发执行更加复杂，它不仅仅是基于数据并行性，还有同步、共享内存等方面的问题，那么就应该选择多进程。例如，如果程序需要进程、同步单元和 IPC，那么真正扩展的唯一方法是使用多处理模块提供的单元编写一个并发程序。

类似地，当多线程逻辑涉及跨多个任务的数据简单并行处理时，可以选择在一个线程池中使用 concurrent. future。然而，如果有许多共享的状态需要用复杂的线程同步对象来管理，那么就必须使用线程对象，并使用 threading 模块切换到多线程，从而更好地控制状态。

- **异步 I/O 与并发线程比较**：当程序不需要真正的并发性或并行性，而是更多地依赖于异步处理和回调，那么 asyncio 就是一种方法。当应用程序涉及大量的等待与休息循环时，asyncio 是一个很好的选择。例如等待用户输入，等待 I/O 等，我们需要利用这些等待或休息时间，通过协同例程将当前控制权转让给其他任务去执行。asyncio 不适用于 CPU 密集型的并发处理，也不适用于涉及真正数据并行的任务。

asyncIO 适合于有大量 I/O 的请求 - 响应循环，所以它很适合编写没有实时数据需求的 Web 应用程序服务器。

当为应用程序确定正确的并发包时，可以使用上述这些点作为粗略的指导方针。

5.10 并行处理库

除了目前讨论的标准库模块之外，Python 的第三方库生态系统也是很丰富的，它支持在对称多进程（SMP）或多核系统中进行并行处理。

我们将介绍如下一些包，它们各有区别，并呈现出一些有趣的特性。

5.10.1 joblib

joblib 是一个提供多进程包装器来并行执行循环中代码的包。代码以生成器表达式的形式编写，并在使用多进程模块的后台 CPU 内核中编译并行执行。

例如，使用如下代码来计算前 10 个数字的平方根：

```
>>> [i ** 0.5 for i in range(1, 11)]
[1.0, 1.4142135623730951, 1.7320508075688772, 2.0, 2.23606797749979,
2.449489742783178, 2.6457513110645907, 2.8284271247461903, 3.0,
3.1622776601683795]
```

上述代码可以转化成由两个 CPU 内核运行，如下所示：

```
>>> import math
>>> from joblib import Parallel, delayed
    [1.0, 1.4142135623730951, 1.7320508075688772, 2.0,
     2.23606797749979, 2.449489742783178, 2.6457513110645907,
     2.8284271247461903, 3.0, 3.1622776601683795]
```

下面是另一个例子：使用多进程运行的质数检查器改用 joblib 包重写的程序：

```
# prime_joblib.py
from joblib import Parallel, delayed

def is_prime(n):
    """ Check for input number primality """
```

```
    for i in range(3, int(n**0.5+1), 2):
        if n % i == 0:
            print(n,'is not prime')
            return False

    print(n,'is prime')
    return True

if __name__ == "__main__":
    numbers = [1297337, 1116281, 104395303, 472882027, 533000389,
               817504243, 982451653, 112272535095293, 115280095190773,
               1099726899285419]*100
    Parallel(n_jobs=10)(delayed(is_prime)(i) for i in numbers)
```

如果执行并计时上述代码，你会发现它的性能指标与使用多进程版本的非常相近。

5.10.2 PyMP

OpenMP 是一个开放的 API，它支持 C/C++ 和 Fortran 中的共享内存多进程处理。它使用特殊的工作共享结构，例如 pragmas（对编译器的特殊指令），指示如何在线程或进程之间分配工作。

例如，使用 OpenMP API 的下列 C 代码指示该数组应该使用多线程来并行地初始化：

```
int parallel(int argc, char **argv)
{
    int array[100000];

    #pragma omp parallel for
    for (int i = 0; i < 100000; i++) {
array[i] = i * i;
    }

return 0;
}
```

PyMP 的灵感来自 OpenMP 背后的思想，但是使用 fork 系统调用去并行化表达式的执行代码，就像在进程中执行循环一样。为此，PyMP 还提供了对列表和字典等共享数据结构的支持，并为 numpy 数组提供了一个包装器。

我们将讨论一个有趣的 fractals 示例，以说明如何使用 PyMP 来并行化代码并获得性能提升。

注意： PyMP 的 PyPI 包被命名为 pymp-pypi，所以在使用 pip 安装它时，请确保使用这个名称。还要注意的是，这样并不能很好地完成诸如 numpy 之类的依赖项，因此必须分别安装这些依赖项。

5.10.3 fractals——Mandelbrot 集

下面是一个非常流行的复数类的代码清单，用它绘制时，会产生非常有趣的分形几何体，即 Mandelbrot 集：

```
# mandelbrot.py
import sys
import argparse
from PIL import Image

def mandelbrot_calc_row(y, w, h, image, max_iteration = 1000):
    """ Calculate one row of the Mandelbrot set with size wxh """

    y0 = y * (2/float(h)) - 1 # rescale to -1 to 1

    for x in range(w):
        x0 = x * (3.5/float(w)) - 2.5 # rescale to -2.5 to 1

        i, z = 0, 0 + 0j
        c = complex(x0, y0)
        while abs(z) < 2 and i < max_iteration:
            z = z**2 + c
            i += 1

        # Color scheme is that of Julia sets
        color = (i % 8 * 32, i % 16 * 16, i % 32 * 8)

         image.putpixel((x, y), color)


def mandelbrot_calc_set(w, h, max_iteration=10000, output='mandelbrot.
png'):
    """ Calculate a mandelbrot set given the width, height and
    maximum number of iterations """

    image = Image.new("RGB", (w, h))

    for y in range(h):
        mandelbrot_calc_row(y, w, h, image, max_iteration)

    image.save(output, "PNG")

if __name__ == "__main__":
    parser = argparse.ArgumentParser(prog='mandelbrot',
description='Mandelbrot fractal generator')
    parser.add_argument('-W','--width',help='Width of the
image',type=int, default=640)
    parser.add_argument('-H','--height',help='Height of the
image',type=int, default=480)
    parser.add_argument('-n','--niter',help='Number of
```

```
iterations',type=int, default=1000)
    parser.add_argument('-o','--output',help='Name of output image
file',default='mandelbrot.png')

    args = parser.parse_args()
    print('Creating Mandelbrot set with size %(width)sx%(height)s,
#iterations=%(niter)s' % args.__dict__)
    mandelbrot_calc_set(args.width, args.height, max_iteration=args.
niter, output=args.output)
```

上述代码使用一定数量的 c 和一个可变的几何图形（宽 * 高）计算一个 Mandelbrot 集合。它完成了参数解析，从而生成了不同几何体的分形图像，并支持不同的迭代。

注意：为了简单起见，以及制作出漂亮的图片，而不是 Mandelbrot 通常做的，这段代码需要一些自由度，我们使用了一种相关的分形类的颜色框架，叫作 Julia 集。

下面是对代码的解释。

1）mandelbrot_calc_row 函数以 *Y* 坐标的某一特定值计算出一排 Mandelbrot 集，从而确定最大迭代次数。*X* 坐标上从 0 到宽度 *W* 的整个行的像素颜色值都被计算出。将像素值放入传递给该函数的 Image 对象中。

2）mandelbrot_calc_set 函数调用 mandelbrot_calc_row 函数的 *Y* 坐标轴上从 0 到图像的高度 *h* 的所有值。给定的几何图形（宽 * 高）创建一个 Image 对象（通过 Pillow 库），并填充了像素值。最后，将这个图像保存到一个文件中，从而得到了分形。

言归正传，现来看看代码的运行效果。

下图是 Mandelbrot 应用程序在默认的迭代次数（1000）下而产生的图像。

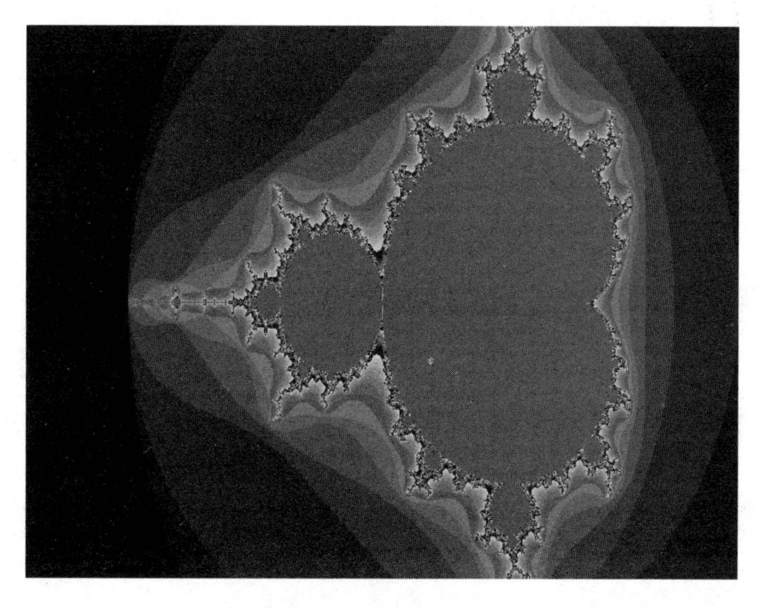

下图是创建这个图像所需的时间。

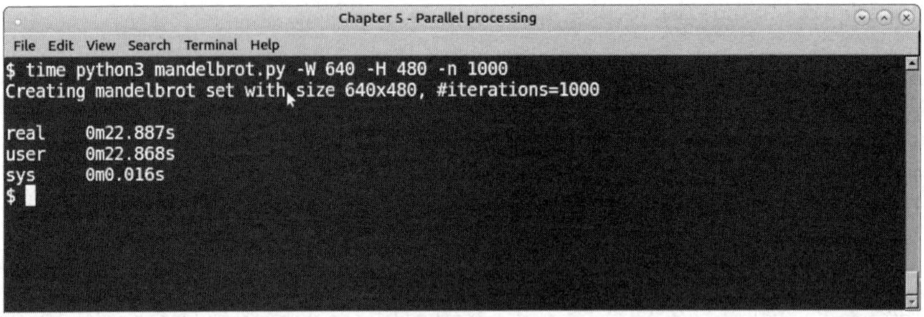

```
Chapter 5 - Parallel processing
File Edit View Search Terminal Help
$ time python3 mandelbrot.py -W 640 -H 480 -n 1000
Creating mandelbrot set with size 640x480, #iterations=1000

real    0m22.887s
user    0m22.868s
sys     0m0.016s
$
```

但是，如果增加迭代次数，单进程版本的程序的运行速度就会慢很多。下图是将迭代次数增加 10 倍时，即 10 000 次迭代时的输出结果。

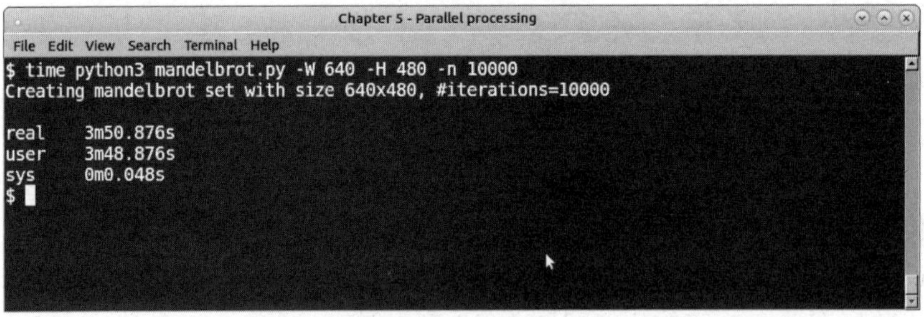

```
Chapter 5 - Parallel processing
File Edit View Search Terminal Help
$ time python3 mandelbrot.py -W 640 -H 480 -n 10000
Creating mandelbrot set with size 640x480, #iterations=10000

real    3m50.876s
user    3m48.876s
sys     0m0.048s
$
```

看一下代码就会发现 mandelbrot_calc_set 函数中有一个外部 for 循环，它会让程序动起来。它为 *Y* 坐标上从 0 到函数的高变化的图像的每一行调用 mandelbrot_calc_row。

因为 mandelbrot_calc_row 函数的每次调用都计算了图像的一行，所以它自然适用于数据并行问题，并且可以很容易地并行化。

下面，我们将看到如何使用 PyMP 来实现这一操作。

fractals——扩展 Mandelbrot 集的实现

我们将通过许多进程使用 PyMP 来将外部的 for 循环并行化，重写之前对 Mandelbrot 集的简单实现，以利用解决方法中固有的数据并行性。

下面是 Mandelbrot 应用程序的两个函数的 PyMP 版本。其余的代码保持不变。

```
# mandelbrot_mp.py
import sys
from PIL import Image
import pymp
import argparse


def mandelbrot_calc_row(y, w, h, image_rows, max_iteration = 1000):
    """ Calculate one row of the mandelbrot set with size wxh """
```

```
    y0 = y * (2/float(h)) - 1 # rescale to -1 to 1

    for x in range(w):
        x0 = x * (3.5/float(w)) - 2.5 # rescale to -2.5 to 1

        i, z = 0, 0 + 0j
        c = complex(x0, y0)
        while abs(z) < 2 and i < max_iteration:
            z = z**2 + c
            i += 1

        color = (i % 8 * 32, i % 16 * 16, i % 32 * 8)
        image_rows[y*w + x] = color


def mandelbrot_calc_set(w, h, max_iteration=10000, output='mandelbrot_
mp.png'):
    """ Calculate a mandelbrot set given the width, height and
    maximum number of iterations """

    image = Image.new("RGB", (w, h))
    image_rows = pymp.shared.dict()

    with pymp.Parallel(4) as p:
    for y in p.range(0, h):
        mandelbrot_calc_row(y, w, h, image_rows, max_iteration)

for i in range(w*h):
    x,y = i % w, i // w
    image.putpixel((x,y), image_rows[i])

image.save(output, "PNG")
print('Saved to',output)
```

重写主要涉及将代码转换为逐行构建Mandelbrot图像的代码，在一个单独的进程中，每一行数据都是单独计算的，并且以一种并行的方式计算。

- 在单进程版本中，我们将像素值直接放在mandelbrot_calc_row函数的图像中。然而，由于新代码在并行进程中执行此函数，所以不能直接修改图像数据。相反，新代码将一个共享字典传递给函数，它使用位置作为键，像素RGB值作为值来设置像素颜色值。
- 一个新的共享数据结构——一个共享字典——因此被添加到mandelbrot_calc_set函数中，这个函数最终将会迭代，并且在Image对象中填充了像素数据，然后将它保存到最终的输出中。
- 我们使用了4个PyMP上下文关联的并行进程，因为机器有4个CPU内核，并将外部for循环封装在进程内部。这导致代码在4个内核中并行执行，每个内核计算大约25%的行。最后的数据写入主进程的图像中。

下图是 PyMP 版本代码的运行时间。

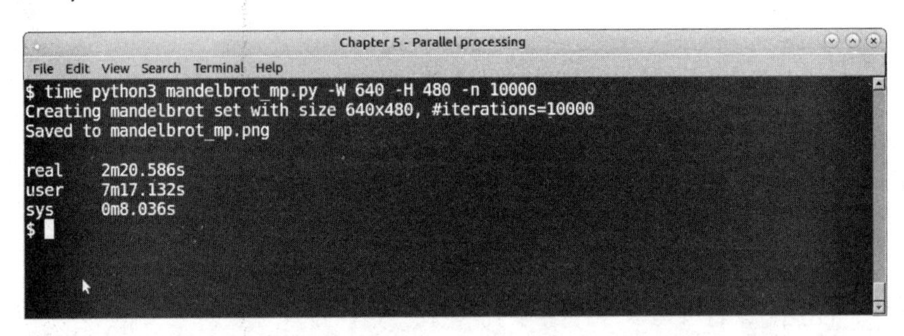

这个应用程序的实际时间比现在要快 33%。就 CPU 使用率而言，你会看到 PyMP 版本程序的用户 CPU 时间比实际 CPU 时间的使用率更高，这说明多进程相比于单进程版本，具有更高的 CPU 使用率。

> **注意：**可以通过避免共享数据结构 image_rows 来编写一个更有效的程序版本，image_rows 是用来保存图像的像素值的。然而，这个版本用它来显示 PyMP 的特性。这本书的代码归档中包含了两个版本的程序——一个使用多进程，另一个使用没有共享字典的 PyMP。

下图是该程序运行时产生的分形图像。

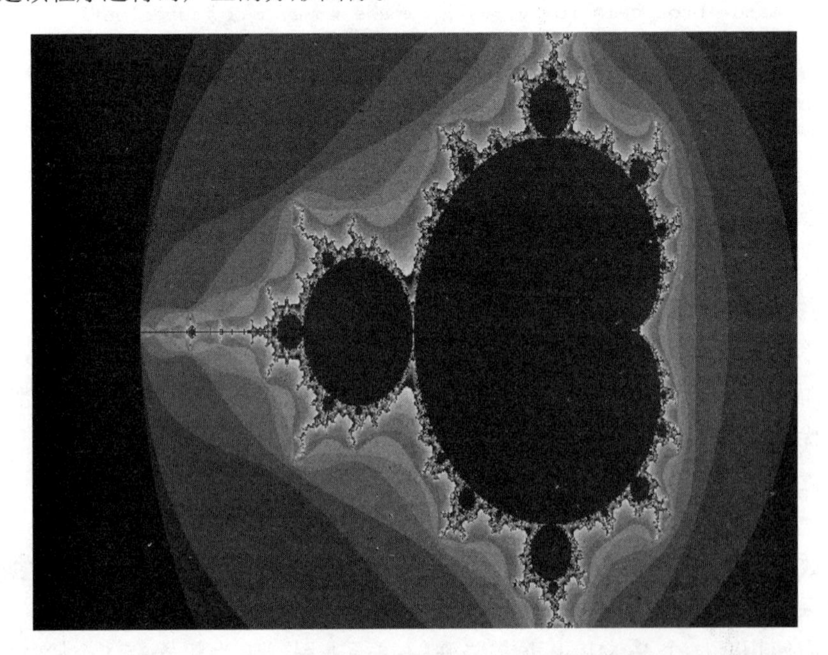

可以观察到颜色是不同的，并且由于迭代次数的增加，这个图像显示了更多的细节和更好的结构。

5.11　Web 扩展

到目前为止，我们讨论的所有可扩展性和并发性技术都是在单个服务器或机器界线范围内的可扩展性，也就是垂直扩展。在现实世界中，应用程序也可以水平扩展，也就是说，将它们的计算分散到多台机器上。这是目前大多数 Web 应用程序真实的运行和扩展方式。

下面将介绍一些技术，通过扩展通信 / 工作流、比例计算和使用不同协议的水平扩展来扩展应用程序。

5.11.1　扩展工作流——消息队列和任务队列

可扩展性的一个重要方面是减少系统间的耦合。当两个系统紧密耦合时，它们会相互阻止彼此的扩展，也就是说，只能在一定限度内进行扩展。

例如，一个数据和计算被绑定到同一个函数中的串行代码，阻止程序利用现有的资源，比如多个 CPU 内核。当同一个程序被重写为使用多线程（或进程）和像一个中间队列的消息传递系统时，我们发现它可以很好地扩展到多个 CPU。在并发讨论中，我们已经看到了很多这样的例子。

与此类似，当它们被解耦时，Web 上的系统就会得到更好的扩展。典型的例子是 Web 本身的客户机 / 服务器架构，客户机通过诸如 HTTP 之类的著名 RestFUL 协议进行交互，同时服务器位于世界各地的不同位置。

消息队列是允许应用程序以一种解耦的方式（例如发送消息给彼此）来进行通信的系统。应用程序通常在连接到互联网的不同机器或服务器上运行，并通过队列协议进行通信。

你可以将消息队列看作多线程同步队列的扩展版本，不同机器上的应用程序将替换线程，共享的分布式队列将取代简单的进程队列。

消息队列携带一组称为消息的数据包，这些数据包从发送应用程序传递到接收应用程序。

大多数消息队列都提供了存储和转发语义，其中消息存储在队列中，直到接收方可以处理消息时。

下图是一个简单的消息队列的示意图。

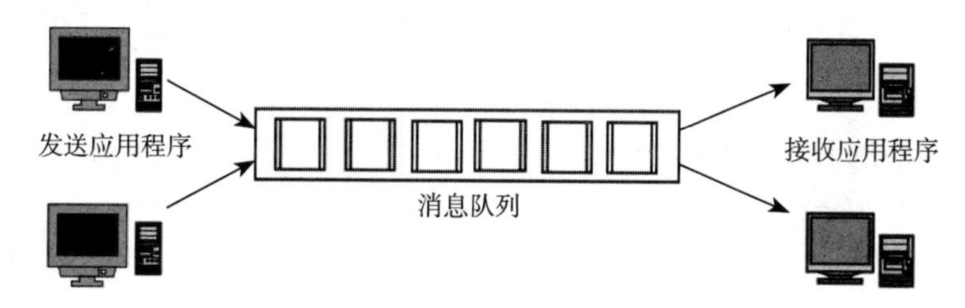

消息队列或面向消息的中间件（MoM）的最流行和最标准化的实现是 AMQP（Advanced Message Queuing Protocol）。AMQP 提供了诸如排队、路由、可靠传输和安全等功能。AMQP 起源于金融行业，因为在金融行业中，可靠和安全的信息传输语义是至关重要的。

AMQP（1.0 版）最流行的实现是 Apache Active MQ、RabbitMQ 和 Apache Qpid。

RabbitMQ 是用 Erlang 编写的一个 MoM 模式。它提供了包括 Python 在内的许多语言库。在 RabbitMQ 中，消息总是通过交换路由密钥来传递，路由密钥表明了消息应该被发送到哪个队列。

本节将不再讨论 RabbitMQ，但将继续讨论与之相关的但稍有不同的中间件，即 Celery。

5.11.2 Celery —— 一种分布式任务队列

Celery 是由 Python 编写的分布式任务队列，它使用分布式消息进行工作。Celery 中的每一个执行单元都称为任务。可以使用进程在一个或多个服务器上并发执行的任务称为 worker。默认情况下，Celery 可以使用 multiprocessing 来实现这一点，但是它也可以使用其他后端，例如 gevent。

可以以同步或异步的方式执行任务，同时保存将来可获得的结果，比如对象。此外，任务结果也可以在后台存储，例如 Redis、数据库或文件夹中。

Celery 与消息队列的不同之处在于 Celery 中的基本单元是一个可执行任务，其在 Python 中可调用，而不仅仅是一条消息。

不过，Celery 可以用来处理消息队列。实际上，Celery 中传递信息的默认代理者就是 RabbitMQ，这是 AMQP 最受欢迎的实现。Celery 也可以用 Redis 作为后端代理者进行工作。

由于 Celery 开始一个任务并将其扩展到多个 worker，所以在多个服务器上，它适用于涉及数据并行性和计算扩展的问题。Celery 可以接受来自队列的消息，并将其分发到多个机器上，例如实现分布式 e-mail 传递系统并实现水平的可扩展性的任务。或者，它可以使用一个单独的函数并通过将数据分解为多个进程来执行并行数据计算，从而实现并行数据处理。

在下面的例子中，我们将使用 Mandelbrot 分形应用程序并重写它，以配合 Celery 的工作。我们将尝试通过执行并行数据来扩展程序，就计算 Mandelbrot 集在多个 Celery worker 上的行数来说，这与在 PyMP 中所做的类似。

使用 Celery 的 Mandelbrot 集

要实现一个使用 Celery 的应用程序，这需要作为一个任务来实现。不像听起来那么难，大多数情况下，它只需要准备一个 Celery app 的实例，接着选择一个后端代理，然

后用特殊的装饰器 @app.task 来装饰想要并行化的调用。这个 app 是 Celery 的一个实例。

下面将一步步介绍这个程序清单，因为它涉及一些新东西。

这一节的软件需求如下所示：

- Celery。
- 一个 AMQP 后端，首选 RabbitMQ。
- 后端结果存储为 Redis。

首先，将为 Mandelbrot 的任务模块提供列表清单：

```
# mandelbrot_tasks.py
from celery import Celery

app = Celery('tasks', broker='pyamqp://guest@localhost//',
             backend='redis://localhost')

@app.task
def mandelbrot_calc_row(y, w, h, max_iteration = 1000):
    """ Calculate one row of the mandelbrot set with size w x h """

    y0 = y * (2/float(h)) - 1 # rescale to -1 to 1

    image_rows = {}
    for x in range(w):
        x0 = x * (3.5/float(w)) - 2.5 # rescale to -2.5 to 1

        i, z = 0, 0 + 0j
        c = complex(x0, y0)
        while abs(z) < 2 and i < max_iteration:
            z = z**2 + c
            i += 1

        color = (i % 8 * 32, i % 16 * 16, i % 32 * 8)
        image_rows[y*w + x] = color

   return image_rows
```

来分析一下上述代码：

- 首先做的是导入 Celery 所需的输入。这要求从 Celery 模块中导入 Celery 类。
- 我们准备了一个 Celery 类实例作为 Celery app，它使用 AMQP 作为消息代理，使用 Redis 作为后端结果存储。AMQP 的配置将使用任何 AMQP MoM 在系统上可获得的东西（在本例中，它是 RabbitMQ）。
- 我们有一个修改过的 mandelbrot_calc_row 版本程序。在 PyMP 版本中，image_row 字典作为一个参数传递给函数。在这里，函数在本地计算它并返回一个值。将在接收端使用这个返回值来创建图像。
- 使用 @app.task 来装饰这个函数，这里的 app 就是 Celery 实例。这使得它准备好被 Celery worker 当作一个 Celery 任务来执行。

接下来是主程序，它通过一系列的 *Y* 输入值调用任务并创建图像：

```
# celery_mandelbrot.py
import argparse
from celery import group
from PIL import Image
from mandelbrot_tasks import mandelbrot_calc_row

def mandelbrot_main(w, h, max_iterations=1000,
output='mandelbrot_celery.png'):
    """ Main function for mandelbrot program with celery """

    # Create a job - a group of tasks
    job = group([mandelbrot_calc_row.s(y, w, h, max_iterations) for y
in range(h)])
    # Call it asynchronously
    result = job.apply_async()

    image = Image.new('RGB', (w, h))

    for image_rows in result.join():
        for k,v in image_rows.items():
            k = int(k)
            v = tuple(map(int, v))

        x,y = k % args.width, k // args.width
        image.putpixel((x,y), v)

 image.save(output, 'PNG')
 print('Saved to',output)
```

由于参数解析器是相同的，所以这里没有复写。

末尾的代码介绍了 Celery 中的一些新概念，所以这里要对其进行理解，具体分析如下：

1）mandelbrot_main 函数的参数与 mandelbrot_calc_set 函数的参数类似。

2）这个函数设置了一组任务，每个任务执行一个给定 *Y* 输入的 mandelbrot_calc_row 函数，输入 *Y* 的范围从 0 到图像的高度。它用 Celery 的 group 对象来实现，group 是一组可以一起执行的任务的集合。

3）任务是通过在 group 上调用 apply_async 函数来执行的，将在多个 worker 的后台异步地执行任务。我们在返回时得到一个异步的 result 对象，当然此时任务还没有完成。

4）然后，通过调用 join 来等待这个 result 对象，它将返回从每一个单独执行的 mandelbrot_calc_row 任务中得到的图像行数所组成的字典。循环遍历该值，由于 Celery 将数据作为字符串返回，并在图像中放置像素值，所以需要为值做整数转换。

5）最终，图像保存于输出文件中。

那么 Celery 究竟是如何执行这些任务的呢？答案是需要一定数量的 worker 去运行这个 Celery 应用程序，处理任务模块。下图显示了在这个案例中 Celery 是如何开始执行任务的。

```
$ celery -A mandelbrot_tasks worker -c 4 --loglevel info

 -------------- celery@ubuntu-pro-book v4.0.2 (latentcall)
---- **** -----
--- * ***  * -- Linux-4.4.0-57-generic-x86_64-with-Ubuntu-16.04-xenial 2017-01-17 01:55:05
-- * - **** ---
- ** ---------- [config]
- ** ---------- .> app:         tasks:0x7fee7c7e84e0
- ** ---------- .> transport:   amqp://guest:**@localhost:5672//
- ** ---------- .> results:     redis://localhost/
- *** --- * --- .> concurrency: 4 (prefork)
-- ******* ---- .> task events: OFF (enable -E to monitor tasks in this worker)
--- ***** -----
 -------------- [queues]
                .> celery           exchange=celery(direct) key=celery


[tasks]
  . mandelbrot_tasks.mandelbrot_calc_row

[2017-01-17 01:55:05,511: INFO/MainProcess] Connected to amqp://guest:**@127.0.0.1:5672//
[2017-01-17 01:55:05,519: INFO/MainProcess] mingle: searching for neighbors
[2017-01-17 01:55:06,540: INFO/MainProcess] mingle: all alone
[2017-01-17 01:55:06,583: INFO/MainProcess] celery@ubuntu-pro-book ready.
```

该命令将从通过带有一组 4 个 worker 进程的被模块 mandelbrot_tasks.py 加载的任务开始 Caelery 执行。因为这台机器有 4 个 CPU 内核，所以选择它来实现并发。

注意：如果没有特别的配置，Celery 将自动默认 worker 数量等于内核的数量。

这一程序的运行时间为 15s 以内，速度是单进程和 PyMP 版本的两倍。

如果观察 Celery 控制台，你会发现许多消息都得到了响应，因为我们在 INFO 日志级别配置了 Celery。所有这些都是带有任务上数据及其结果的 info 消息。

下图显示了程序 10 000 次迭代运行的结果。所示性能略好于之前 PyMP 版本的类似运行性能，大约需要 20s。

```
$ time python3 celery_mandelbrot.py -W 640 -H 480 -n 10000
Creating mandelbrot set with size 640x480, #iterations=10000
Saved to mandelbrot_celery.png

real    1m59.934s
user    0m2.328s
sys     0m0.156s
$
```

在许多组织机构中，Celery 用于生产系统。它为一些更为流行的 Python Web 应用程序框架提供插件。例如，Celery 使用一些基本的管道和配置来支持 Django 内存不足。

还有一些扩展模块，比如 django-celery-results，它允许程序员使用 Django ORM 作为 Celery 后端结果。

这超出了本章和本书的讨论范围，如需了解，建议读者参考 Celery 项目网站上的可用文档。

5.11.3 在 Web 上使用 Python 服务——WSGI

Web 服务器网关接口（WSGI）是 Python Web 应用程序框架和 Web 服务器之间标准接口的规范。

在 Python Web 应用程序的早期，由于没有统一的标准，将 Web 应用程序框架连接到 Web 服务器是不容易的。Python Web 应用程序是用于工作的，具体是通过运用现有的 CGI、FastCGI 或 mod python（Apache）标准之一。这意味着在一个 Web 服务器上工作的应用程序可能无法在另一个 Web 服务器上工作。换言之，统一的应用程序与 Web 服务器之间的互操作性没有了。

WSGI 通过在服务器和 Web 应用程序框架之间指定一个简单但统一的接口来解决这个问题，从而允许移植 Web 应用程序。

WSGI 指定了两个方面：服务器（或网关）端，以及应用程序或框架端。WSGI 请求得到了以下处理：

- 服务器端执行应用程序，给应用程序提供一个环境和一个回调函数。
- 应用程序处理请求，并使用所提供的回调函数返回响应给服务器。

下图是一个示意图，展示了使用 WSGI 的 Web 服务器和 Web 应用程序是如何交互的。

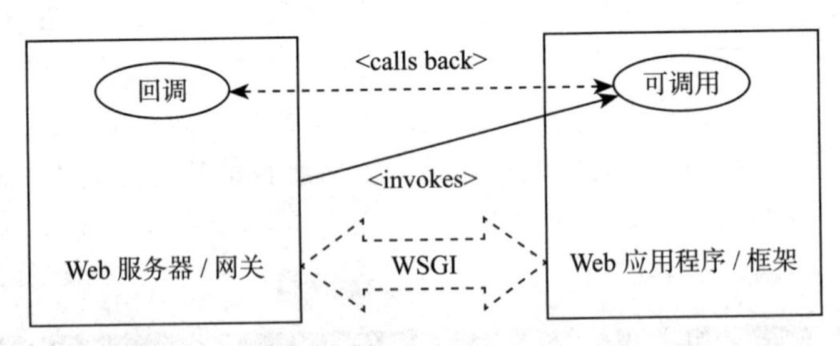

以下是与 WSGI 应用程序或框架端兼容的最简单的函数：

```
def simple_app(environ, start_response):
    """Simplest possible application object"""

    status = '200 OK'
    response_headers = [('Content-type', 'text/plain')]
    start_response(status, response_headers)
    return ['Hello world!\n']
```

上述函数解释如下：

1）environ变量是从服务器传递到应用程序的环境变量的字典，由公共网关接口（CGI）规范定义。WSGI在其规范中规定了一些环境变量受托者。

2）start_response是可调用的，其提供一个从服务器端到应用程序端的回调，从而开启服务器端的响应处理。它必须有两个位置参数。第一个应该是具有整型状态码的状态字符串，第二个是一个（header_name,header_value）列表，其是描述HTTP头响应的元组。

注意：要了解更多细节，读者可以参考WSGI规范v1.0.1，它是在Python语言网站上发布的PEP 3333。

注意：Python增强提案（PEP）是Web上的一种设计文档，它描述了Python的一个新特性或特性建议，或者向Python社区提供关于现有特性的信息。Python社区将PEP作为一种标准的过程，用于描述、讨论和采用Python编程语言及其标准库的新特性和增强功能。

WSGI中间件组件是实现两端规范的软件，因此，提供如下功能：

- 从服务器到应用程序的多个请求的负载平衡。
- 通过在网络上转发请求和响应来远程处理请求。
- 相同进程中的多服务器和/或应用程序的Multi-tenancy或co-hosting。
- 基于URL的链接到不同应用程序对象的请求路由。

中间件位于服务器和应用程序之间。它从服务器向应用程序转发请求，并从应用程序返回响应到服务器。

架构师可以选择的WSGI中间件有许多。下面将简要介绍最受欢迎的两种，即uWSGI和Gunicorn。

1. uWSGI——增强型WSGI中间件

uWSGI是一个开源项目和应用程序，它的目标是为主机服务构建一个完整的堆栈。uWSGI项目的WSGI来源于这样一个事实，即Python的WSGI接口插件是项目中开发的第一个插件。

除了WSGI，uWSGI项目还支持Perl Web应用程序的PSGI（Perl WebServer Gateway Interface)和Ruby Web应用程序的rack web server interface。它还提供网关、负载平衡器和用于请求和响应的路由器。uWSGI的Emperor插件为跨服务器生产系统的多个uWSGI部署提供管理和监视。

uWSGI的组件可以在前叉、线程、异步中运行，或在green-thread/co-routine模式下运行。

uWSGI还提供了一个高速内存缓存架构，其允许Web应用程序的响应存储在uWSGI服务器上的多个缓存中。缓存还可以使用诸如文件之类的持久性存储来支持。除了许多其他的事情之外，uWSGI 还支持基于 Python 的 virtualenv 部署。

uWSGI 还提供了一个本地协议，它由 uWSGI 服务器使用。uWSGI 的 1.9 版本还增加了对 Web 套接字的本地支持。

下面是 uWSGI 配置文件的一个典型示例：

```
[uwsgi]

# the base directory (full path)
chdir           = /home/user/my-django-app/
# Django's wsgi file
module          = app.wsgi
# the virtualenv (full path)
home            = /home/user/django-virtualenv/
# process-related settings
master          = true
# maximum number of worker processes
processes       = 10
# the socket
socket          = /home/user/my-django-app/myapp.sock
# clear environment on exit
vacuum          = true
```

一个带有 uWSGI 的典型部署架构如下图所示。在这个例子中，Web 服务器是 Nginx，Web 应用程序框架是 Django。uWSGI 在带有 Nginx 的反向代理配置中部署，转发 Nginx 和 Django 之间的请求和响应。

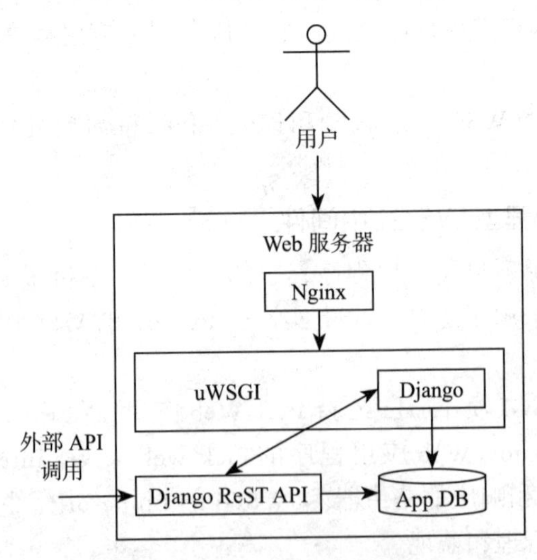

注意： Nginx Web 服务器支持自 0.8.40 版本以来的 uWSGI 协议的本地实现。在 Apache 中也有一个名为 mod_proxy_uwsgi 的代理模块支持 uWSGI。

uWSGI 是 Python Web 应用程序生产部署的理想选择，因为它拥有良好的高性能和高特性的自定义平衡。可以说，它就是 WSGI Web 应用程序部署中的瑞士军刀。

2. Gunicorn——WSGI unicorn（麒麟）

Gunicorn 项目是另一个流行的 WSGI 中间件实现，并且它是开源的。它是一个使用 preforked 模型的来自 Ruby 的 unicorn 项目的移植版本。在 Gunicorn 中有不同的 worker 类型，就像 uWSGI 支持同步和异步处理请求一样。异步 worker 利用建立在 gevent 上的 Greenlet 库。

Gunicorn 中有一个主进程，它运行一个事件循环，对各种信号进行处理并做出反应。主进程管理 worker，同时 worker 处理请求，并发送响应。

3. Gunicorn 与 uWSGI 比较

当选择是使用 Gunicorn 还是 uWSGI 为你的 Python Web 应用程序部署时，这里有一些指导方针：

- 对于不需要大量定制化的简单应用程序部署来说，Gunicorn 是一个不错的选择。uWSGI 与 Gunicorn 相比有一个更大的学习曲线，需要一段时间才能适应。Gunicorn 的默认参数在大多数部署中都工作得很好。
- 如果你的部署与 Python 的部署类似，那么 Gunicorn 是一个不错的选择。另外，uWSGI 允许你执行异构部署，因为它支持像 PSGI 和 Rack 这样的其他堆栈。
- 如果你想要一个功能更全面的 WSGI 中间件且是它可定制的，那么 uWSGI 是一个安全的选择。例如，uWSGI 会使 Python 的基于 virtualenv 的部署变得简单，然而，Gunicorn 并没有原生地支持 virtualenv，相反，Gunicorn 本身必须部署于虚拟环境中。
- 由于 Nginx 本身支持 uWSGI，它与生产系统上的 Nginx 时常被部署在一起。因此，如果你使用 Nginx，并且希望拥有一个具有高速缓存、功能齐全且高度定制化的 WSGI 中间件，那么 uWSGI 是默认的选择。
- 在性能方面，Gunicorn 和 uWSGI 在公开于 Web 上的不同基准测试站上表现相当。

5.12 可扩展架构

正如所讨论的，系统可以垂直扩展，也可以水平扩展。本节将简要介绍一些架构师在部署系统到生产环境时可以选择的架构，从而利用可扩展选项。

5.12.1 垂直可扩展架构

垂直可扩展技术有以下两种风格：

- **向现有系统添加更多资源**：这就意味着在物理或虚拟机中添加更多的 RAM，在虚拟机或 VPS 中添加更多的 vCPU 等。但是，这些选项中没有一个是动态的，因为它们需要停止、重新配置和重新启动实例。

- **更好地利用系统中的现有资源**：即重写应用程序以更好地利用现有资源，例如通过多个 CPU 内核，更有效地利用诸如线程、多进程或异步处理等并发技术。这种方法是动态可扩展的，因为没有新的资源添加到系统中，因此不需要停止 / 开始。

5.12.2 水平扩展架构

水平扩展涉及许多技术，架构师可以将这些技术添加到他的工具箱中，并从中挑选或选择。具体如下：

- **活跃冗余**：这是一种最简单的扩展方法，它涉及向一个通常有负载平衡器的系统添加多个同类的处理节点。这是扩展 Web 应用程序服务器部署的一种常见做法。多个节点确保了即使一个或几个系统出现故障，其余的系统仍将继续执行请求处理，从而保证应用程序不会停机。在一个冗余系统中，所有的节点都在积极地运行，尽管只有一个或几个节点可以在特定的时间响应请求。
- **热备份**：热备份是一种切换到准备接收服务器请求的系统的技术，但是，只有当主系统慢下来后，它才是活跃的。热备份在许多方面与为应用程序提供服务的主节点非常相似。在发生严重故障时，负载平衡器被配置为切换到热备份。

热备份本身可能是一组冗余节点，而不仅是单个节点。将冗余系统与热备份结合起来可以确保最大程度的可靠性和故障转移。

注意：热备份的一个变体是软件备份，它在应用程序中提供了一种模式，可将系统切换到最低的服务质量（QoS），而不是在极端负载下提供完整的特征。一个示例是一个 Web 应用程序在高负载下切换到只读模式，为大多数用户提供服务，但不允许写操作。

- **读副本**：通过增加数据库的“读副本”，可对依赖于数据库的大量读操作的系统响应进行改进。读副本本质上是可提供热备份（在线备份）的数据库节点，这些备份与主数据节点保持同步。在给定的时间点上，读副本可能与主数据库节点不完全一致，但是它们通过 SLA 担保确保了最终的一致性。

  像 Amazon 这样的云服务提供商会通过选择读副本来提供 RDS 数据库服务。这样的副本可以在地理位置上分布在更靠近它们的活跃用户的位置，从而在主节点下降或没有响应时，确保少的响应时间和故障转移。读副本基本上为你的系统提供了某种数据冗余。
- **Blue-green 部署**：这是一种两个独立的系统（在文献中标记为蓝色和绿色）并排运行的技术。在任何给定时刻，只有一个系统是活跃的，并且正在服务请求。例如，蓝色是活跃的，绿色是闲置的。

在准备一个新的部署时，这是在空闲系统上完成的。一旦系统准备好，负载平衡器就会切换到空闲系统（绿色），并且远离活跃系统（蓝色）。此时，绿色是活跃的，而蓝色是闲置的。在下一个转换中，位置又被颠倒了。

如果正确地完成了蓝绿色部署，则能确保你的生产应用程序不停歇地运转。

- **故障检测或重启**：故障监听器是一个检测所部署的关键组件（软件或硬件）的故障的系统，它可以通知你，也可以采取措施来减少停机时间。

  例如，可以在服务器上安装一个监视应用程序来检测当某个关键组件（假设 Celery 或 rabbitmq 服务器）性能下降时，应用程序是否会向 DevOps 联系人发送电子邮件，并尝试重新启动守护进程。

  心跳（heartbeat）监视是另一种技术，在这种技术中，软件不断地向监控软件或硬件发送 ping 或 heartbeat。这些监控软件或硬件可以在同一台计算机上，或者另一台服务器上。如果系统在某个时间间隔后无法发送心跳，监视器将检测系统的停机时间，然后通知系统并尝试重启组件。

  Nagios 是一个常见的生产监视服务器的示例，通常部署在一个单独的环境中，并监视你的部署服务器。其他的系统开关监视器和重启组件的例子是 Monit 和 Supervisord。

  除了这些技术，在执行系统部署以确保可扩展性、可用性和冗余 / 故障转移时，应遵循以下的最佳方法：

- **缓存它**：使用缓存，如果可能的话，尽量在你的系统中分布缓存。缓存有多种类型，最简单有效的缓存就是缓存你的应用程序提供商的内容分发网络（CDN）上的静态资源。这样的缓存会确保资源的位置分布更接近用户，从而可以减少响应和页面加载时间。

  第二种缓存是你的应用程序缓存，它缓存响应和数据库查询结果。Memcached 和 Redis 普遍用于这类情况，并且它们提供典型的主 / 从模式的分布式部署。这些缓存应该在确定的时间内加载和存储你的应用程序中最常见的请求内容，从而确保数据不会太陈旧。

  有效的和良好设计的缓存可以减少系统负载，避免多次冗余操作（多次冗余操作可能人为地增加系统负载并降低性能）。

- **去耦**：尽量去耦化组件，从而利用你的网络的共享位置。例如，我们可以使用消息队列来去耦化一个需要发布和订阅数据的应用程序组件，而不是使用同一台机器上的本地数据库或套接字。当去耦时，实际上向系统自动地引入了冗余和数据备份，因为去耦所增加的新组件，例如消息队列、任务队列和分布式缓存，通常都有自己的状态存储和集群。

  去耦所增加的复杂性是系统的额外配置。然而，在如今的时代，大多数系统能够执行自动配置或提供简单的基于 Web 的配置，这不是一个问题。

可以参考相关提供有效的去耦——例如观察者模式、介质和其他这类中间件——的应用程序架构的文献。

- **优雅降级**：让你的系统使用优雅的降级行为，而不是无法回答一个请求和提供超时设定。例如，当负载较重时，即数据库节点没有响应时，一个 write-heavy 的 Web 应用程序可以切换到只读模式。另一个例子是，当系统提供繁重的 JS-dependent 动态网页时，即服务器上具有重的负载，并且 JS 中间件不能够很好地响应时，可以将动态网页切换为一个类似的静态页面。

  优雅降级既可以配置应用程序本身，也可以配置负载平衡器，或两者一起。使你的应用程序提供一个优雅降级行为，并配置负载平衡器以在重负载情况下切换到这条路线，这是一个好的主意。

- **数据接近代码**：一个强性能软件的黄金法则就是数据要尽量接近使用数据进行计算的地方。例如，如果你的应用程序是在做 50 个 SQL 查询来为每个请求从一个远程数据库加载数据，那么你这样做并不正确。

  使数据接近计算减少了数据访问和传输的时间，因此，程序中的处理时间和延迟都相应减少，从而使其更具有可扩展性。

  有许多不同的技术来使数据接近代码：正如之前所讨论的，缓存是一个常用的技术。另一个方法是将数据库分离为本地和远程，从而使大部分的读操作发生在本地的读副本，写（需要花费时间）发生在一个远程的写主机上。注意，在这个意义上本地并不一定意味着相同的机器，但通常情况下，如果可能的话，相同的数据中心共享相同的子网。

  同样，常见的配置可以从磁盘上的数据库中加载，例如 SQLite 或本地 JSON 文件，从而减少了准备应用程序实例的时间。

  另一种技术是在应用程序层或前端不存储任何事务状态，但是移动状态使其接近后端计算的位置。由于这使得所有应用程序服务器节点都没有任何的中间状态，所以它也允许你用负载平衡器处理它们，并提供一个相似的冗余集群，其中，每一个都可以服务一个给定的请求。

- **按照 SLA 设计**：架构师准确理解某个应用能够给用户提供什么服务的保障条款是非常重要，同时设计部署架构也要参考保障条款。

CAP 定理确保了如果一个网络分区在一个分布式系统中失败了，系统能够保证给定时间内的一致性或可用性。这个集团分布式系统有两种常用的类型，即 CP 和 AP 系统。

在当今世界，大多数 Web 应用程序是 AP。它们确保可用性，但数据只是在最后才是一致的，这意味着它们将在一个系统的网络分区中提供陈旧的数据给用户，例如主数据库节点故障。

另一方面，一些企业（如银行、金融和医疗）需要确保数据的一致性，即使有一个网络分区故障。这些就是 CP 系统。这种系统中的数据应该永远不会是陈旧的，所以在选择可用性和一致性的数据时，它们会选择后者。

软件组件的选择、应用程序架构和最终部署架构是会被这些约束影响的。例如，AP 系统可以使用 NoSQL 数据库保证最终一致的行为。它可以更好地利用缓存。另一方面，CP 系统可能需要关系型数据库系统（RDBM）提供的 ACID 担保。

5.13　本章小结

这一章重用了许多前面所学到的想法和概念。

从定义可扩展性开始，比较了它和并发性、延迟、性能等的关系。同时简要地比较了并发性及其近亲并行性。

接着讨论了各种 Python 中的并发技术的详细示例和性能比较。我们使用带有来自 Web 的随机 URL 的缩略产生器作为例子来说明在 Python 中使用多线程实现并发性的各种技术。你也学习和了解了一个生产者 / 消费者模式的例子，并且本章使用一组例子，介绍了如何使用同步单元实现资源约束和限制。

接下来，讨论了如何使用多进程扩展应用程序，并看了一些使用 multiprocessing 模块的例子，例如质数检查器示例展示了 GIL 在 Python 多线程中的影响，磁盘文件排序程序显示了使用大量磁盘 I/O 扩展程序时，多进程的限制。

本章还介绍了作为下一代并发技术的异步操作，列举了一个基于 co-operative 多任务调度器的产生器以及使用 asyncio 模块的类似产生器。讲解了一些使用 asyncio 模块的例子并且说明如何使用 aiohttp 模块异步地执行 URL 索引。并发处理部分比较了 Python 中 concurrent. 和其他的并发选项，同时概要地举了几个例子。

以 Mandelbrot fractal 为例展示了如何实现数据并行程序，并且展示了一个通过多进程（即多核）使用 PyMP 去扩展 mandelbrot fractal 程序的例子。

接下来继续讨论了如何在 Web 之外扩展应用程序。简要地讨论了消息队列和任务队列的理论知识。也讨论了 Celery、Python 的任务队列库，并且使用 Celery worker 重写了 Mandelbrot 应用程序来进行扩展，并做了性能比较。

WSGI，Python 的通过 Web 服务器服务 Web 应用程序的方式，是接下来讨论的话题，包括 WSGI 规范，并且比较了两种流行的 WSGI 中间件，即 uWSGI 和 Gunicorn。

本章的最后一节讨论了可扩展架构，并且介绍了 Web 上的垂直和水平扩展这两种不同的选择。也讨论了当在 Web 上为获得高可扩展性而设计、实现和部署分布式应用程序时，架构师应该遵循的最优方法。

在下一章中，我们将讨论软件架构的安全性，包括架构师应该了解的安全知识，以及使得应用程序安全的相关策略。

第6章　安全性——编写安全代码

近年来软件应用的安全与否一直受到工业界和媒体界的重视，我们经常听闻一两个恶意黑客在世界各地的软件系统里制造大规模数据泄露事件，造成了数百万美元的损失。受害者包括政府部门、金融机构和一些掌握客户敏感数据（例如密码、信用卡等）的公司。

由于空前规模的数据在软硬件系统中共享，软件安全和安全编码相较以前受到了更多的重视——个人智能技术（例如智能手机、智能手表、智能音乐播放器和其他的智能系统）大爆炸时代的来临很大程度上创造并助长了互联网上大规模的数据流量。随着未来几年IPv6的到来和所预期的IoT（物联网）装置大规模的采用，数据规模将会以指数形式增长。

正如第1章所讨论的，安全性是软件架构的重要方面。抛开应用了安全原则的架构系统不谈，架构师应该让他的团队理解安全编码的原则，从而最小化编码过程中的安全陷阱。

在这一章中，我们将看看架构安全系统的原理，并了解用Python编写安全代码的技巧和技术。

本章主题可以总结为如下几点：

- 信息安全架构
- 安全编码
- 常见的安全漏洞
- Python安全吗？
  - 读取输入
  - 任意输入求值
  - 溢出错误
  - 序列化对象
- Web应用的安全问题
- Python中的安全策略
- 安全编码策略

6.1　信息安全架构

安全架构创造了一种系统，它提供给授权人员和系统访问权限，同时阻止任何未授权的访问。为你的系统创造一个信息安全架构需要包含以下几个方面。

- **保密性**：限制系统中信息访问的一系列规则或过程，保密性确保了数据不会暴露在未授权的访问和修改之下。
- **完整性**：完整性是系统的属性，它确保信息通道是值得信赖和可靠的，并且确保系统不受外部操作影响。换句话说，完整性确保数据在各个组件之间流经整个系统时是可信的。
- **可用性**：根据服务等级协议（SLA），这个属性使得系统能确保针对授权用户的服务等级。可用性确保系统不会拒绝对授权用户的服务。

保密性、完整性、可用性这三个方面经常被称为 CIA 三元组（见下图），它是构建系统信息安全架构的基石。

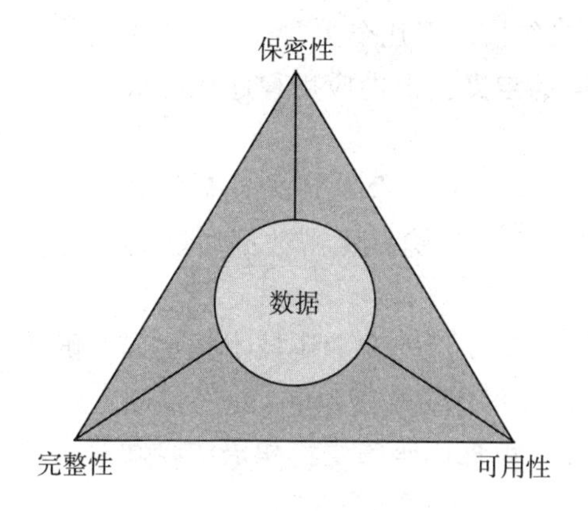

这三个方面由其他的一些特性辅助，比如以下一些特性。

- **认证**：认证事务参与者的身份，并确保它们和自己声称的一样。例如用于电子邮件的数字证书、用于系统登录的公钥等。
- **授权**：给特定的用户或角色授权，让其执行特定的任务或一组相关的任务。授权确保特定的用户组与特定的角色相绑定，这就限制了他们在系统中的读写权限。
- **不可否认性**：安全技术确保了参与事务的用户无法否认已经完成的事务，例如邮件的发送者不能否认他已经发送的邮件；银行基金的接受者无法否认他收到了这笔钱等。

6.2　安全编码

安全编码是软件开发过程中为了使程序防御安全漏洞的实践，并且使程序能够抵御从程序设计到实现过程中的恶意攻击。我们应该在创建之初就编写安全的代码，而不应该认为安全性是后来添加进来的保护层。

安全编码背后的理念包含如下几点。

- 安全性应该是贯穿于程序或应用的设计和发展的过程之中，而不是后来再追加进去的。
- 安全需求应该在开发周期的早期就被确定，并且这些需求应该应用于系统开发的后续阶段，以确保保持合规性。
- 从项目之初就用威胁模型去预测系统的安全威胁。威胁模型包含以下几点：

①识别重要的资产（代码或数据）。

②将应用分解为组件。

③对每个资产或组件的威胁进行识别和分类。

④根据已建立的风险模型对威胁进行排序。

⑤发展威胁缓解策略。

安全编码的实践或策略包括以下几个主要任务。

1）**应用程序关注领域的定义**：识别应用程序代码或数据中的重要资产，这些资产至关重要，需要受保护。

2）**软件架构的分析**：分析软件架构以发现明显的安全缺陷。组件之间的安全交互是为了确保数据的保密性和完整性。确保保密数据通过适当的认证和授权技术保护。确保可用性构建于底层架构之中。

3）**实现细节的审查**：审查使用安全编码技术的代码，确保完成同行审查以发现安全漏洞，向开发人员提供反馈以确保更改被落实。

4）**逻辑和语法的验证**：审查代码的逻辑和语法以确保实现中没有明显的漏洞。确保程序设计符合语言或平台常用的安全编码原则。

5）**白盒测试或单元测试**：除了确保功能性的测试以外，开发人员还用安全测试来对自己的代码进行单元测试。模拟的数据或 API 可以用来虚拟化需要测试的第三方数据或 API。

6）**黑盒测试**：应用程序应由一名经验丰富的测试工程师进行测试，他将仔细检查安全漏洞，例如对数据的未授权访问、意外暴露代码或数据的路径、弱密码或散列等。反馈测试报告给相关人员，其中包括那些确保漏洞已被修复的架构师。

事实上，安全编码是一种实践和习惯，软件开发组织应该通过精心设计和审查过的安全编码策略来培养这种习惯，如前文所提到的一些编码策略。

6.3 常见的安全漏洞

在职业生涯之中一名专业的程序员需要准备好面对和避免哪些常见的安全漏洞呢？查一查现有文献，大致可以将安全漏洞归纳为以下几种特定的类别。

- **溢出错误**：这包括非常普遍并且经常被滥用的**缓冲区溢出**错误，还有那些鲜为人知但容易出错的**算术溢出**或**整型溢出**。

- **缓冲区溢出**：缓冲区溢出是由编程设计错误造成的，这些错误允许应用程序在缓冲区的头尾之外进行写入。缓冲区溢出允许攻击者通过精心设计的攻击数据获取应用程序堆栈内存的访问权限，从而控制整个系统。
- **整型溢出和算术溢出**：这些发生在对整数进行算术运算或数学运算时的错误造成了一种结果——运算的结果超过声明类型所拥有的最大存储空间，从而无法存储。

如果整型溢出没有得到正确处理，这将可能造成安全漏洞。在支持有符号和无符号整型的编程语言中，溢出可能会导致数据产生负值，从而允许攻击者利用与缓冲区溢出类似的结果，在程序执行的限制之外获取堆栈内存的访问权限。

- **未经验证或验证不当的输入**：现代 Web 应用程序中一个很常见的问题是，未经验证的输入可能会导致主要的漏洞，攻击者可以利用这个漏洞欺骗程序去接收恶意输入，如代码数据或系统命令，从而有可能损害系统。一种旨在规避此类型攻击的系统应有检查和移除恶意内容的过滤器，并且只接收对系统来说合理安全的数据。

此类攻击的常见子类型包括 SQL 注入攻击、服务端模板注入攻击、跨站脚本攻击（XSS）和 Shell 执行漏洞利用。

现代 Web 应用程序框架容易受到这种攻击，因为使用的 HTML 模板中混合了代码和数据，但是许多 Web 应用程序框架都有标准的规避程序，比如输入的转义或过滤。

- **不当的访问控制**：现代应用程序应该为其用户类定义单独的角色，比如普通用户和带有特殊权限的超级用户或管理员。当一个应用程序不能这么做或者不能正确这样做的时候，它就有可能暴露路径（URL）或工作流（由包含攻击向量的具体 URL 指定的一系列操作），这可能会将敏感数据暴露给攻击者，在最坏的情况下这将允许攻击者破坏并控制系统。
- **加密问题**：对于加强和保护系统来说，仅仅确保做好了访问控制是不够的。相反，安全的级别和强度应该得到核实和确认，否则你的系统仍可能受到攻击或破坏。下面是一些例子：
- **使用 HTTP 而没有使用 HTTPS**：当实现 RestFULWeb 服务时，确保你更倾向使用 HTTPS（SSL 或 TLS）协议而不是 HTTP 协议。在 HTTP 协议中，客户端与服务器之间的所有通信都是纯文本通信，并且很容易被无源网络嗅探器或安装在路由器上精心设计的数据包捕获软件 / 装置所捕获。

如 letsencrypt 之类的软件项目可使系统管理员轻松地获取和更新免费的 SSL 证书，因此现在用 SSL 或 TLS 保护服务器相比于以前更容易。

- **不安全的认证**：在 Web 服务器上，应倾向于使用安全的认证技术而非不安全的认证技术，例如，更多地使用 HTTP 摘要认证而不是基本认证，在 HTTP 基本认证中，密码未经加密就被发送。同样，在大型共享网络中应使用 Kerberos 认证而不是不安全的协议，例如轻量级目录访问协议（LDAP）或 NTLM（NT LAN

Manager）。

- **弱密码的使用**：易猜测、默认或简单的密码是现代 Web 应用程序的祸根。
- **安全散列或密钥的重用**：安全散列或密钥应特定于某个应用程序或项目，并且不应该在多个应用程序中重用。无论任何时候都需要生成新的散列或密钥。
- **弱加密技术**：无论是对于服务器（SSL 证书）还是 PC（GPG 或 PGP 密钥），通信加密的加密技术都应使用高级安全防护，至少 2048 位并且使用同行审查过的 crypto-safe 算法。
- **弱散列技术**：就如同加密技术一样，用来存储敏感数据（如密码）的盐和密钥的散列技术在选择强算法时也应当小心。例如，如果程序员正在编写一个应用程序，该程序需要用于计算和存储的散列，那么它最好使用 SHA-1 或 SHA-2 算法，而不是较弱的 MD5 算法。
- **无效或过期的证书 / 密钥**：Web 管理员经常忘记更新 SSL 证书，这可能会成为一个大问题，并损害 Web 服务器的安全性，因为无效的证书无法提供保护。类似地，用于电子邮件通信的个人密钥（如 GPG 或 PGP 私钥 / 公钥对）也应当保持更新。

能通过 SSH-SSH 协议登录使用了明文密码的远程系统的密码是一种安全漏洞。因此禁止基于访问的密码，并且只允许特定用户的授权 SSH 密钥的访问。禁止远程根 SSH 访问。

- **信息泄露**：许多 Web 服务器系统——主要是由于开放配置、配置不当或缺少输入验证——可以向攻击者透露很多自身信息。下面是一些例子：
- **服务器的元信息**：许多 Web 服务器通过 404 或登录页面泄露了服务器的信息，如下所示。

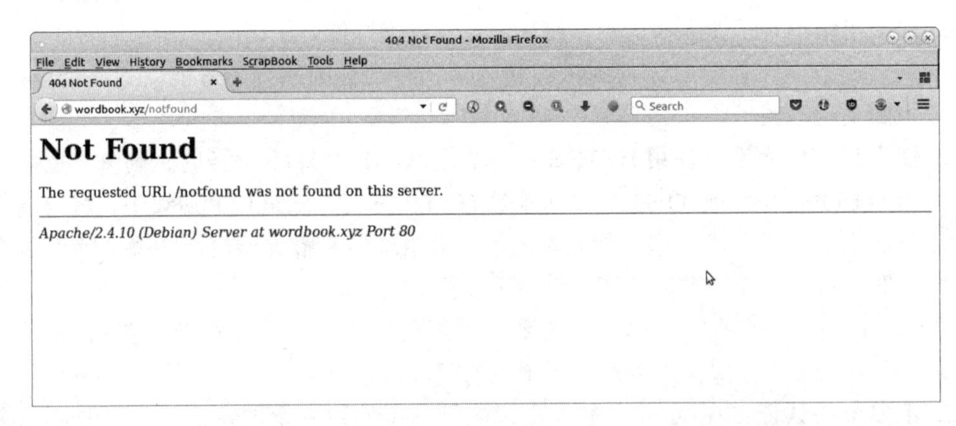

通过简单地请求一个不存在的页面，我们了解到图中所看到的站点在 Debian 服务器上运行 Apache 2.4.10。对于一个狡猾的攻击者来说，这通常给他提供了足够的信息来尝试针对特定的 Web 服务器或操作系统的攻击。

- **开放的索引页**：许多网站不保护它们的目录页面，可进行开放访问，如下图所示。

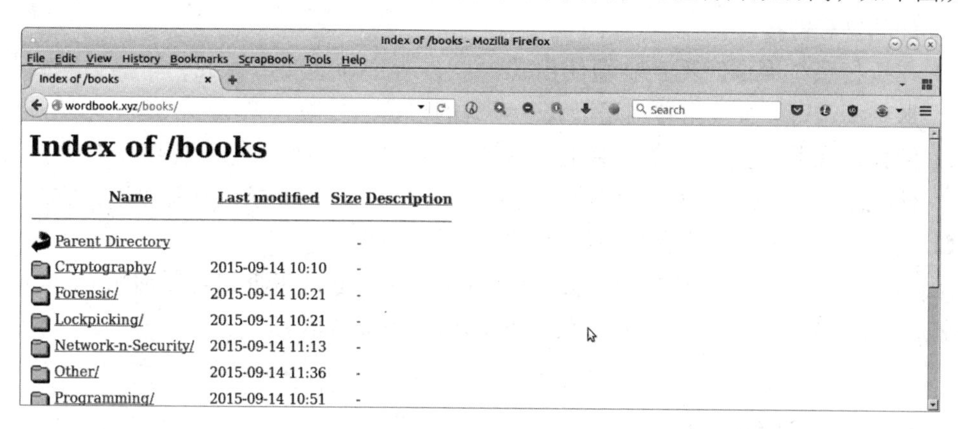

- **开放的端口**：这是个常见的错误——对运行在远程服务器上的程序端口提供开放访问权限，而不是通过特定的 IP 地址或使用了防火墙（如 iptables）的安全组来限制端口的访问。一个类似的错误是允许服务在 0.0.0.0（服务器上的所有 IP 地址）上运行，而实际上这个服务只允许在本地主机上运行。这样就使得攻击者很容易地使用如 nmap 或 hping3 之类的网络侦查工具来扫描这些端口，并计划他们的攻击。

对文件、文件夹和数据库的开放访问——对应用程序配置文件、日志文件、进程 ID 文件和其他工件提供开放访问是一种非常糟糕的实践，以至于任何登录用户都可以访问这些文件并从中获取信息。相反，这些文件应该是安全策略的一部分，以确保具有所需权限的特定角色才能够访问它们。

- **竞态条件**：当一个程序有两个以上的执行者试图访问同一个特定资源时，就会存在一个竞态条件，但是输出是依赖于正确的访问顺序，而访问顺序是无法确定的。例如当两个线程试图在共享内存中增加一个数值，而没有进行适当的同步。

狡猾的攻击者可以利用这种情况来插入恶意代码、更改文件名或者有时利用代码处理中的时间差来干扰操作流程。

- **系统时钟漂移**：这种现象是服务器上的系统时间或本地时钟时间由于不恰当或缺少同步而慢慢地偏离了参考时间。随着时间的推移，时钟漂移可能会导致严重的安全缺陷，比如 SSL 证书认证中的错误，这种错误可以被高精尖的技术所利用，如定时攻击，攻击者通过分析执行加密算法的时间来试图控制系统。像 NTP 这样的时间同步协议可以用来减少这种情况的发生。
- **不安全的文件（文件夹）操作**：程序员经常对文件或文件夹的所有权、位置或属性进行假设，而这在实践中可能是不正确的。这可能会引发安全漏洞或者我们可能无法检测到系统被篡改。下面是一些例子：
- 在写操作之后，没有检查结果而直接假设操作成功。

- 假设本地文件路径总是本地文件（然而，它们可能是应用程序无法访问的系统文件的符号链接）。
- 在执行系统命令时不正确地使用 sudo。没有正确地使用 sudo，可能会导致漏洞，这些漏洞可以被攻击者利用以获得系统的根访问权限。
- 例如，在共享文件或文件夹上随意地使用权限，例如，打开程序所有的执行位，该程序应该被限制为一个组或开放的主文件夹，任何登录用户都可以读它。
- 使用不安全的序列化和反序列化代码或数据对象。

上述漏洞超出了本章的讨论范围，但是本章将认真尝试审查和解释影响 Python 的软件漏洞的常见类别，以及下一章涉及的一些 Python Web 框架。

6.4 Python 安全吗?

Python 是一种具有简单语法且非常易读的语言，并且通常以一种明确的方法来完成任务。它附带了一组经过良好测试且紧凑的标准库模块。所有这些似乎都表明 Python 应该是一种非常安全的语言。

但真的是这样吗?

现来看 Python 中的几个例子，并尝试分析 Python 及其标准库的安全性。

为了便于使用，这里使用 Python 2.x 和 Python 3.x 版本来演示本节的代码示例。这是因为 Python 2.x 版本中的许多安全漏洞在最新的 Python 3.x 版本中已被修复。但是因为许多 Python 开发人员仍然在使用 Python 2.x，所以这里的代码示例对他们同样很有用，并且也说明了迁移到 Python 3.x 的重要性。

所有的示例都在 Linux(Ubuntu 16.0)、x86_64 架构的机器上运行。

注意：用于演示示例的 Python 3.x 版本是 Python 3.5.2，Python 2.x 版本是 Python 2.7.12。所有的示例都在 Linux(Ubuntu 16.0)、x86_64 架构的机器上运行。

```
$ python3
Python 3.5.2 (default, Jul  5 2016, 12:43:10)
[GCC 5.4.0 20160609] on linux
Type "help", "copyright", "credits" or "license" for more information.
>>> import sys
>>> print (sys.version)
3.5.2 (default, Jul  5 2016, 12:43:10)
[GCC 5.4.0 20160609]

$ python2
Python 2.7.12 (default, Jul  1 2016, 15:12:24)
[GCC 5.4.0 20160609] on linux2
```

```
Type "help", "copyright", "credits" or "license" for more information.
>>> import sys
>>> print sys.version
2.7.12 (default, Jul  1 2016, 15:12:24)
[GCC 5.4.0 20160609]
```

注意： 大多的示例代码只有一个版本，它们可以同时在Python 2.x和Python 3.x版本上运行，如果不行，则会给出两个版本的示例代码。

6.4.1　读取输入

现来看看下面程序，它是一个简单的猜谜游戏。它从标准输入中读取一个数字，并将其与随机数进行比较。如果匹配，用户就会赢，否则，用户必须再次尝试。

```
# guessing.py
import random

# Some global password information which is hard-coded
passwords={"joe": "world123",
          "jane": "hello123"}

def game():
     """A guessing game """

    # Use 'input' to read the standard input
    value=input("Please enter your guess (between 1 and 10): ")
    print("Entered value is",value)
    if value == random.randrange(1, 10):
        print("You won!")
    else:
        print("Try again")

if __name__ == "__main__":
    game()
```

前面的代码很简单，只是它有一些敏感的全局数据，这是系统中一些用户的密码。

在实际的例子中，这些可以由其他一些函数来填充，这些函数读取密码并将其缓存到内存中。

下面用一些标准的输入来测试这个程序，首先使用Python 2.7来运行它：

```
$ python2 guessing.py
Please enter your guess (between 1 and 10): 6
('Entered value is', 6)
Try again
$ python2 guessing.py
Please enter your guess (between 1 and 10): 8
('Entered value is', 8)
You won!
```

现在来试一下“非标准”输入：

```
$ python2 guessing.py
Please enter your guess (between 1 and 10): passwords
('Entered value is', {'jane': 'hello123', 'joe': 'world123'})
Try again
```

注意前面运行的代码是如何暴露全局密码数据的！

问题在于，在 Python 2 中，输入值被作为一个表达式来求值，且不进行任何检查。打印时，表达式将输出它的值。在本例中，它刚好匹配一个全局变量，因此它的值被打印出来。

现在来看看下面这个例子：

```
$ python2 guessing.py
Please enter your guess (between 1 and 10): globals()
('Entered value is', {'passwords': {'jane': 'hello123',
'joe' : 'world123'}, '__builtins__': <module '__builtin__' (built-
in)>,
 '__file__': 'guessing.py', 'random':

<module 'random' from '/usr/lib/python2.7/random.pyc'>,
 '__package__': None, 'game':
<function game at 0x7f6ef9c65d70>,
 '__name__': '__main__', '__doc__': None})
Try again
```

现在，它不仅暴露了密码，还暴露了包括密码在内的代码中的完整全局变量。即使程序中没有敏感数据，使用这种方法的黑客也可以揭露程序有价值的信息，例如变量名、函数名、使用的包等。

如何修改呢？对于 Python 2，一个解决方案是替换输入，通过直接赋值给 eval 来对内容进行计算，而对于 raw_input，它不计算内容。由于 raw_input 不返回数值，因此需要将它转换为目标类型（这可以通过将返回数据转换为 int 来完成）。为了更高的安全性，下面的代码不仅替换了输入，还为类型转换添加了异常处理：

```
# guessing_fix.py
import random

passwords={"joe": "world123",
           "jane": "hello123"}

def game():
    value=raw_input("Please enter your guess (between 1 and 10): ")
    try:
        value=int(value)
    except TypeError:
        print ('Wrong type entered, try again',value)
        return
```

```
    print("Entered value is",value)
    if value == random.randrange(1, 10):
        print("You won!")
    else:
        print("Try again")

if __name__ == "__main__":
    game()
```

来看看这个版本的代码是如何修复输入求值中的安全漏洞的：

```
$ python2 guessing_fix.py
Please enter your guess (between 1 and 10): 9
('Entered value is', 9)
Try again
$ python2 guessing_fix.py
Please enter your guess (between1 and 10): 2
('Entered value is', 2)
You won!

$ python2 guessing_fix.py
Please enter your guess (between 1 and 10): passwords
(Wrong type entered, try again =>, passwords)

$ python2 guessing_fix.py
Please enter your guess (between 1 and 10): globals()
(Wrong type entered, try again =>, globals())
```

现在这个新程序比第一个版本更加安全。

这个问题不存在于 Python 3.x 版本中，如下所示 (使用原始版本来运行这个程序)：

```
$ python3 guessing.py
Please enter your guess (between 1 and 10): passwords
Entered value is passwords
Try again

$ python3 guessing.py
Please enter your guess (between 1 and 10): globals()
Entered value is globals()
Try again
```

6.4.2　任意输入求值

Python 中的 eval 函数非常强大，但它也很危险，因为它允许将任意字符串传递给它，可以对潜在的危险代码或命令进行求值。

让我们看看下面这个作为测试程序的愚蠢代码，查看 eval 函数可以做什么：

```
# test_eval.py
import sys
import os
```

```
def run_code(string):
    """ Evaluate the passed string as code """

    try:
eval(string, {})
    except Exception as e:
        print(repr(e))

if __name__ == "__main__":
     run_code(sys.argv[1])
```

假设一种场景：攻击者试图利用这段代码来查找应用程序正在运行的目录的内容（可以暂时假设攻击者能通过 Web 应用程序运行该代码，但是还没有获取机器本身的直接访问权限）。

假设攻击者试图列出当前文件夹的内容：

```
$ python2 test_eval.py "os.system('ls -a')"
NameError("name 'os' is not defined",)
```

前面的攻击不起作用，因为 eval 函数采用了第二个参数，它提供在求值过程中使用的全局值。由于代码中将第二个参数作为一个空字典传递而 Python 无法处理 os 变量名，所以程序报错。

这是否意味着 eval 函数是安全的？不是的。让我们看看这是为什么。

将以下输入传递给代码时会发生什么呢？

```
$ python2 test_eval.py "__import__('os').system('ls -a')"
.   guessing_fix.py  test_eval.py    test_input.py
..  guessing.py      test_format.py  test_io.py
```

可以看到我们仍可以通过使用内置函数 __import__ 来引导 eval 函数完成任务。原因是像 __import__ 之类的变量名在默认内置全局变量 __builtins__ 中是可用的。可以通过第二个参数来传递一个空字典来否认 eval 函数的安全性。以下是修改后的版本：

```
# test_eval.py
import sys
import os

def run_code(string):
    """ Evaluate the passed string as code """

    try:
        # Pass __builtins__ dictionary as empty
        eval(string,  {'__builtins__':{}})
    except Exception as e:
        print(repr(e))

if __name__ == "__main__":
run_code(sys.argv[1])
```

现在攻击者无法通过内置函数 __import__ 查看系统文件：

```
$ python2 test_eval.py "__import__('os').system('ls -a')"
NameError("name '__import__' is not defined",)
```

然而这并不能使 eval 函数更安全，随着时间的延长，会出现一些巧妙的攻击。例如：

```
$ python2 test_eval.py "(lambda f=(lambda x: [c for c in [].__
class__.__bases__[0].__subclasses__() if c.__name__ == x][0]):
f('function')(f('code')(0,0,0,0,'BOOM',(), (),(),'','',0,''),{})())()"
Segmentation fault (core dumped)
```

可以用一段相当模糊的恶意代码来转储 Python 解释器。这是如何发生的呢？

以下是对这些步骤的详细说明。

首先来考虑以下代码：

```
>>> [].__class__.__bases__[0]
<type 'object'>
```

这只不过是基类对象。由于我们没有访问内置函数的权限，所以这是一种间接访问它的方式。

接下来，下面代码将加载当前装载于 Python 解释器中的对象的所有子类。

```
>>> [c for c in [].__class__.__bases__[0].__subclasses__()]
```

其中，我们需要的是代码对象类型。可以通过 __name__ 属性检查条目的名称来访问该对象类型：

```
>>> [c for c in [].__class__.__bases__[0].__subclasses__() if c.__
name__ == 'code']
```

下面是使用匿名 lambda 函数来实现的相同效果：

```
>>> (lambda x: [c for c in [].__class__.__bases__[0].__subclasses__()
if c.__name__ == x])('code')
[<type 'code'>]
```

接下来，我们要执行这个代码对象，但是不能直接调用 code 对象。为了被调用，它们需要被绑定到一个函数上。这是通过将前面的 lambda 函数包装在一个外部 lambda 函数中实现的：

```
>>> (lambda f: (lambda x: [c for c in [].__class__.__bases__[0].__
subclasses__() if c.__name__ == x])('code'))
<function <lambda> at 0x7f8b16a89668
```

现在内部 lambda 函数可以分为两步被调用：

```
>>> (lambda f=(lambda x: [c for c in [].__class__.__bases__[0].__
subclasses__() if c.__name__ == x][0]): f('function')(f('code')))
<function <lambda> at 0x7fd35e0db7d0>
```

最后，通过传递大多数默认参数，我们最终利用这个外部 lambda 函数调用了 code

对象。代码字符串通过一系列字符串传递，当然这是一个伪造的代码字符串，它会导致 Python 解释器产生段错误，从而产生一个核心转储：

```
>>> (lambda f=(lambda x:
[c for c in [].__class__.__bases__[0].__subclasses__() if c.__name__
== x][0]):
f('function')(f('code')(0,0,0,0,'BOOM',(), (),(),'','',0,''),{})())()
Segmentation fault (core dumped)
```

这表明即使缺乏内置模块的支持，eval 函数在任何情况下都是不安全的，并且可能被一个聪明的、恶意的黑客利用来破坏 Python 解释器，从而可能获得对系统的控制。

注意，同样的漏洞利用也在 python 3 中奏效，但是我们需要对 code 对象参数进行一些修改，就像在 python 2 中一样，code 对象需要额外的参数。此外，代码字符串和一些参数必须是字节类型。

下面是在 Python 3 上的漏洞利用，最终的结果是一样的：

```
$ python3 test_eval.py
"(lambda f=(lambda x: [c for c in ().__class__.__bases__[0].__
  subclasses__()
  if c.__name__ == x][0]): f('function')(f('code')(0,0,0,0,0,b't\x00\
  x00j\x01\x00d\x01\x00\x83\x01\x00\x01d\x00\x00S',(),
  (),(),'','',0,b''),{})())()"
Segmentation fault (core dumped)
```

6.4.3 溢出错误

在 Python 2 中，如果参数大小超过 Python 的整型范围，那么 xrange() 函数会产生一个溢出错误。

```
>>> print xrange(2**63)
Traceback (most recent call last):
    File "<stdin>", line 1, in <module>
OverflowError: Python int too large to convert to C long
```

range() 函数也会有一个略有不同的溢出错误：

```
>>> print range(2**63)
Traceback (most recent call last):
    File "<stdin>", line 1, in <module>
OverflowError: range() result has too many items
```

问题是 xrange() 和 range() 使用纯整型对象（int 类型），而不是自动转换为 long 类型，后者仅受系统内存的限制。

然而，随着 int 和 long 被统一为一种类型（int 类型），并且 range() 对象在内部管理内存，这个问题在 Python 3.x 版本中已经被修复。同样，Python 3.x 中不再有单独的 xrange() 对象。

```
>>> range(2**63)
range(0, 9223372036854775808)
```

下面是 Python 中整型溢出错误的另一个例子，这一次是关于 len 函数的整型溢出。

在下面的例子中，我们尝试在 A、B 两个类的实例上使用 len 函数，它的魔术方法 __len__ 已经被过度使用，以提供对 len 函数的支持。注意 A 是一种继承于对象的新型类，并且 B 是一个旧式类。

```
# len_overflow.py

class A(object):
    def __len__(self):
        return 100 ** 100

class B:
    def __len__(self):
        return 100 ** 100


try:
    len(A())
    print("OK: 'class A(object)' with 'return 100 ** 100' - len
calculated")
except Exception as e:
    print("Not OK: 'class A(object)' with 'return 100 ** 100' - len
raise Error: " + repr(e))

try:
    len(B())
    print("OK: 'class B' with 'return 100 ** 100' - len calculated")
except Exception as e:
    print("Not OK: 'class B' with 'return 100 ** 100' - len raise
Error: " + repr(e))
```

下面是用 Python 2 执行代码的输出：

```
$ python2 len_overflow.py
Not OK: 'class A(object)' with 'return 100 ** 100' - len raise Error:
OverflowError('long int too large to convert to int',)
Not OK: 'class B' with 'return 100 ** 100' - len raise Error:
TypeError('__len__() should return an int',)
```

同样的代码在 Python 3 中执行，结果如下：

```
$ python3 len_overflow.py
Not OK: 'class A(object)' with 'return 100 ** 100' - len raise Error:
OverflowError("cannot fit 'int' into an index-sized integer",)
Not OK: 'class B' with 'return 100 ** 100' - len raise Error:
OverflowError("cannot fit 'int' into an index-sized integer",)
```

前面代码中的问题是 len 函数返回的是整型对象，在这种情况下，实际的值太大以致

int 类型无法容纳，所以 Python 会产生一个溢出错误。然而，在 Python 2 中，当类不是从对象派生而来的时候，所执行的代码就会略有不同，它期望一个 int 对象，但是却得到了 long 对象并抛出了一个类型错误。在 python 3 中，两个例子都将返回溢出错误。

是否存在一个带有如上述整数溢出错误的安全问题呢？

在程序运行的时候，这取决于应用程序代码和所使用的依赖模块代码，以及它们如何处理或捕获 / 掩盖溢出错误。

然而，由于 Python 是用 C 编写的，所以在底层 C 代码中任何没有被正确处理的溢出错误都可能导致缓冲区溢出异常。在这种情况下，攻击者可以写入溢出缓冲区并劫持底层的进程或应用程序。

通常情况下，如果一个模块或数据结构能够处理溢出错误并且抛出异常以防止代码的进一步执行，那么代码被利用的机会就会减少很多。

6.4.4 序列化对象

这是很常见的——Python 开发人员在 Python 中使用 pickle 模块及其用 C 实现的兄弟模块 cPickle 来序列化对象。然而，这两个模块都允许代码不受查地执行，因为它们不执行针对被序列化对象的任何类型的检查或规则，以验证它是否为一个良性的 Python 对象或一条可以利用系统的潜在命令。

注意：在 Python 3 中，cPickle 和 pickle 模块都被合并到一个独立的 pickle 模块中。

下面是一个利用 Shell 漏洞的例子，它列出了 Linux/POSIX 系统中根文件夹 (/) 的内容：

```
# test_serialize.py
import os
import pickle

class ShellExploit(object):
    """ A shell exploit class """

    def __reduce__(self):
        # this will list contents of root / folder.
        return (os.system, ('ls -al /',)

def serialize():
    shellcode = pickle.dumps(ShellExploit())
    return shellcode

def deserialize(exploit_code):
    pickle.loads(exploit_code)
```

```
if __name__ == '__main__':
    shellcode = serialize()
    deserialize(shellcode)
```

最后的代码简单地包装了一个ShellExploit类，在pickling时，它通过os.system()方法返回了列出根文件系统（/）的内容的命令。因此，Exploit类将恶意代码伪装成pickle对象，在unpicking时，它会执行代码并将机器根文件夹的内容暴露给攻击者。前面代码的输出如下图所示。

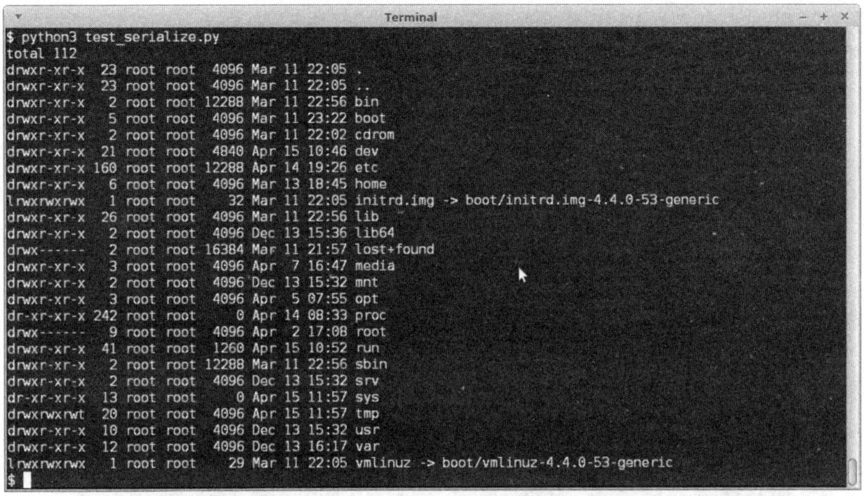

```
Terminal
$ python3 test_serialize.py
total 112
drwxr-xr-x  23 root root  4096 Mar 11 22:05 .
drwxr-xr-x  23 root root  4096 Mar 11 22:05 ..
drwxr-xr-x   2 root root 12288 Mar 11 22:56 bin
drwxr-xr-x   5 root root  4096 Mar 11 23:22 boot
drwxr-xr-x   2 root root  4096 Mar 11 22:02 cdrom
drwxr-xr-x  21 root root  4840 Apr 15 10:46 dev
drwxr-xr-x 160 root root 12288 Apr 14 19:26 etc
drwxr-xr-x   6 root root  4096 Mar 13 18:45 home
lrwxrwxrwx   1 root root    32 Mar 11 22:05 initrd.img -> boot/initrd.img-4.4.0-53-generic
drwxr-xr-x  26 root root  4096 Mar 11 22:56 lib
drwxr-xr-x   2 root root  4096 Dec 13 15:36 lib64
drwx------   2 root root 16384 Mar 11 21:57 lost+found
drwxr-xr-x   3 root root  4096 Apr  7 16:47 media
drwxr-xr-x   2 root root  4096 Dec 13 15:32 mnt
drwxr-xr-x   3 root root  4096 Apr  5 07:55 opt
dr-xr-xr-x 242 root root     0 Apr 14 08:33 proc
drwx------   9 root root  4096 Apr  2 17:08 root
drwxr-xr-x  41 root root  1260 Apr 15 10:52 run
drwxr-xr-x   2 root root 12288 Mar 11 22:56 sbin
drwxr-xr-x   2 root root  4096 Dec 13 15:32 srv
dr-xr-xr-x  13 root root     0 Apr 15 11:57 sys
drwxrwxrwt  20 root root  4096 Apr 15 11:57 tmp
drwxr-xr-x  10 root root  4096 Dec 13 15:32 usr
drwxr-xr-x  12 root root  4096 Dec 13 16:17 var
lrwxrwxrwx   1 root root    29 Mar 11 22:05 vmlinuz -> boot/vmlinuz-4.4.0-53-generic
$
```

如你所见，输出结果清楚地列出了根文件夹中的内容。

应该采取哪些措施去防止这种漏洞的发生呢？

首先，不要在应用程序中使用如pickle这样不安全的模块来进行序列化。相反，要依赖更安全的替代方法，如JSON或yaml。如果出于某种原因，应用程序必须使用pickle模块，那么用沙盒软件或codeJail来创建安全环境，以防止系统中恶意代码的执行。

例如，下面是对早期代码的略微修改，现在有一个简单的chroot监牢，它阻止了实际根文件夹的代码执行，通过上下文管理钩将一个本地的safe_root或子文件夹作为新的根目录。注意这只是一个简单的示例，一个真正的chroot监牢要比这个复杂得多：

```
# test_serialize_safe.py
import os
import pickle
from contextlib import contextmanager

class ShellExploit(object):
    def __reduce__(self):
        # this will list contents of root / folder.
        return (os.system, ('ls -al /',))
```

```
@contextmanager
def system_jail():
    """ A simple chroot jail """

    os.chroot('safe_root/')
    yield
    os.chroot('/')

def serialize():
    with system_jail():
        shellcode = pickle.dumps(ShellExploit())
        return shellcode


def deserialize(exploit_code):
    with system_jail():
        pickle.loads(exploit_code)


if __name__ == '__main__':
    shellcode = serialize()
    deserialize(shellcode)
```

带有 chroot 监牢的代码的执行结果如下。

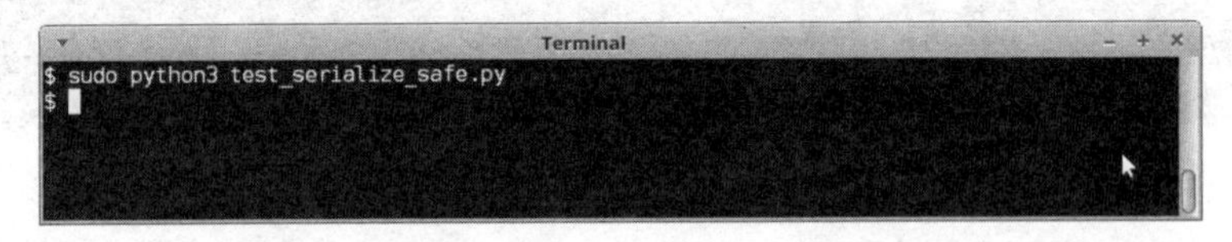

现在没有输出结果产生，因为这是一个伪造的监牢，并且 Python 在新根目录下找不到 ls 命令。当然，为了在生产系统中使 ls 命令有效，应该建立一个正确的 chroot 监牢，以允许程序执行，但是同时阻止或限制恶意程序的执行。

其他如 JSON 的序列化格式如何？ Shell 漏洞利用代码在这种情况下奏效吗？让我们看看下面的例子。

下面是使用 JSON 模块编写的相同序列化代码：

```
# test_serialize_json.py
import os
import json
import datetime

class ExploitEncoder(json.JSONEncoder):
    def default(self, obj):
        if any(isinstance(obj, x) for x in (datetime.datetime,
                                            datetime.date)):
            return str(obj)

        # this will list contents of root / folder.
```

```
        return (os.system, ('ls -al /',))

def serialize():
    shellcode = json.dumps([range(10),
                           datetime.datetime.now()],
                          cls=ExploitEncoder)
    print(shellcode)
    return shellcode

def deserialize(exploit_code):
    print(json.loads(exploit_code))


if __name__ == '__main__':
    shellcode = serialize()
    deserialize(shellcode)
```

注意如何使用名为 ExploitEncoder 的自定义编码器来重写默认的 JSON 编码器，但是由于 JSON 格式不支持这样的序列化，所以它返回作为输入的列表的正确序列化：

```
$ python2 test_serialize_json.py
[[0, 1, 2, 3, 4, 5, 6, 7, 8, 9], "2017-04-15 12:27:09.549154"]
[[0, 1, 2, 3, 4, 5, 6, 7, 8, 9], u'2017-04-15 12:27:09.549154']
```

对于 Python 3，当 Python 3 抛出一个异常时，这个程序就失败了。使用 JSON 进行序列化的 Shell 漏洞利用代码（Python 3）的输出结果如下所示。

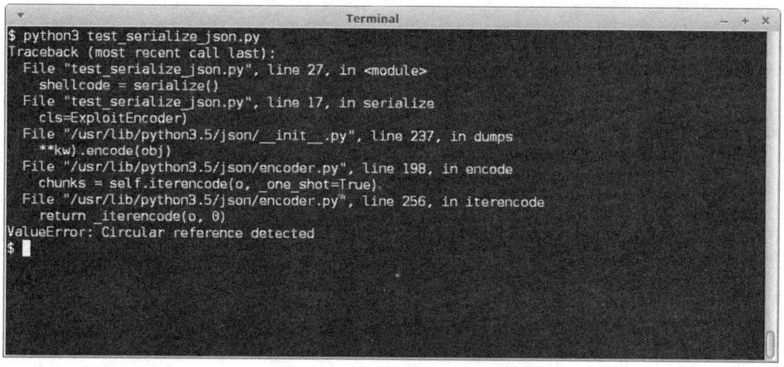

```
Terminal
$ python3 test_serialize_json.py
Traceback (most recent call last):
  File "test_serialize_json.py", line 27, in <module>
    shellcode = serialize()
  File "test_serialize_json.py", line 17, in serialize
    cls=ExploitEncoder)
  File "/usr/lib/python3.5/json/__init__.py", line 237, in dumps
    **kw).encode(obj)
  File "/usr/lib/python3.5/json/encoder.py", line 198, in encode
    chunks = self.iterencode(o, _one_shot=True)
  File "/usr/lib/python3.5/json/encoder.py", line 256, in iterencode
    return _iterencode(o, 0)
ValueError: Circular reference detected
$
```

6.5　Web 应用的安全问题

到目前为止，我们已经看到了 Python 的四种安全问题，即读取输入、表达式求值、溢出错误、序列化问题。目前的示例都是在 Python 控制台上演示的。

然而，几乎所有人每天都与 Web 应用程序进行交互，其中许多都是在 Python Web 框架中编写的，如 Django、Flask、Pyramid 等。因此，我们更有可能在这样的应用程序中暴露出安全问题。

6.5.1 服务器端模板注入

服务器端模板注入 (SSTI) 是一种攻击，它使用公共 Web 框架的服务器端模板作为攻击媒介。该攻击利用嵌入模板的用户输入方式的弱点。SSTI 攻击可以用来找出 Web 应用程序的内部结构，执行 Shell 命令，甚至完全入侵服务器。

我们将看到一个在 Python 中非常流行的 Web 应用程序框架的例子，即 Flask。

以下是 Flask 中一段非常简单的 Web 应用程序的示例代码，其中带有一个内联模板：

```
# ssti-example.py
from flask import Flask
from flask import request, render_template_string, render_template

app = Flask(__name__)

@app.route('/hello-ssti')
defhello_ssti():
    person = {'name':"world", 'secret':
'jo5gmvlligcZ5YZGenWnGcol8JnwhWZd2lJZYo=='}
    if request.args.get('name'):
        person['name'] = request.args.get('name')

    template = '<h2>Hello %s!</h2>' % person['name']
    return render_template_string(template, person=person)

if __name__ == "__main__":
app.run(debug=True)
```

在控制台上运行这段代码，并在浏览器中打开它，允许使用 helo-ssti 路线：

```
$ python3 ssti_example.py
 * Running on http://127.0.0.1:5000/ (Press CTRL+C to quit)
 * Restarting with stat
 * Debugger is active!
 * Debugger pin code: 163-936-023
```

首先，尝试一些良性的输入。

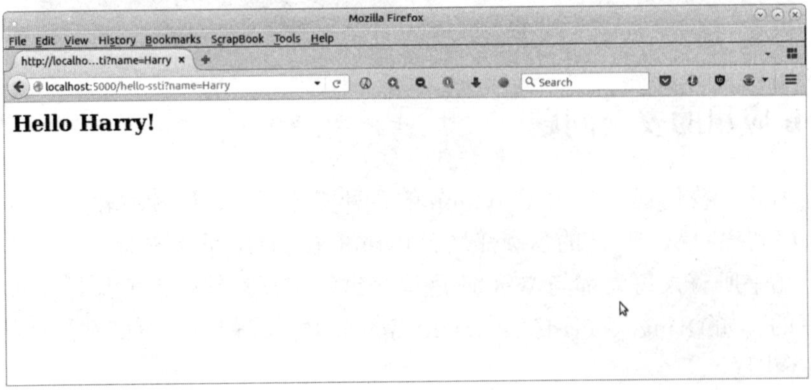

下面是另一个例子。

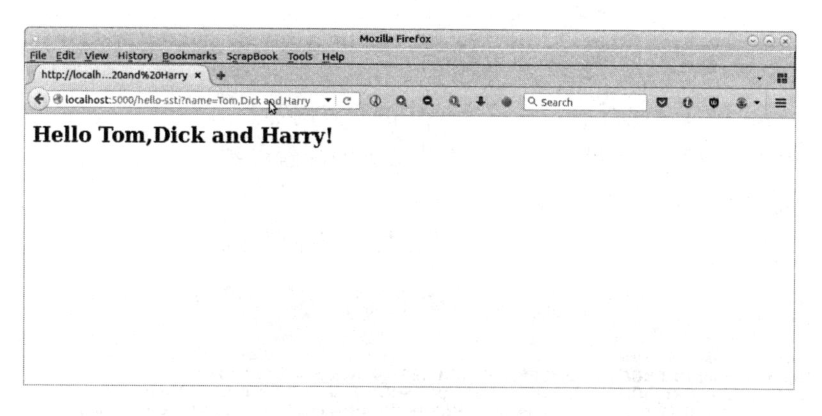

接下来，尝试一下攻击者可能使用的一些狡猾输入。

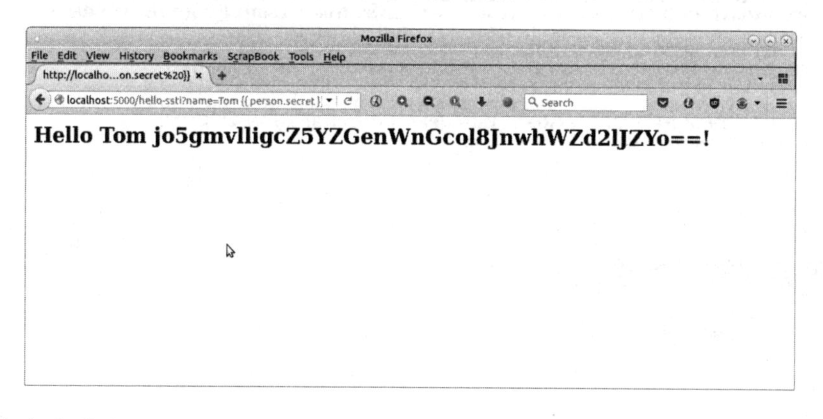

此时会发生什么呢？

由于模板使用的是不安全的 %s 字符串模板，所以它对任何传递给 Python 表达式的内容进行了求值。在 Flask 模板语言（使用了 Jinja2 模板的 Flask）中，我们传递了 {{ person.secret }}，它对字典 person 中保密的键值进行了求值，这有效地揭露了应用程序的密钥。

我们可以执行更有野心的攻击，因为代码中的这个漏洞允许攻击者尝试使用 Jinja 模板的全部功能，其中包括 for 循环，示例如下。

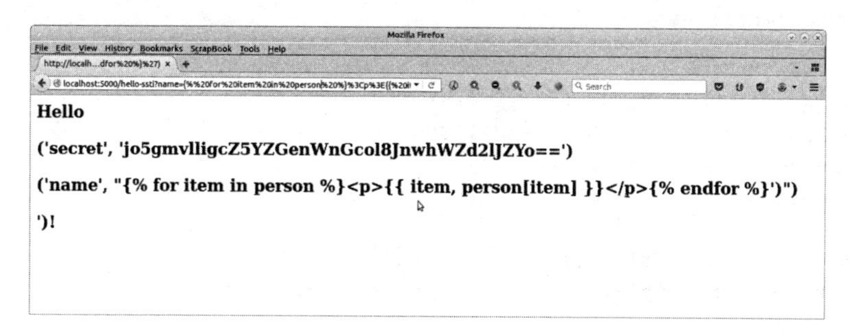

下面是用于攻击的 URL：

```
http://localhost:5000/hello-ssti?name={% for item in person %}<p>{{
item, person[item] }}</p>{% endfor %}
```

通过一个 for 循环尝试打印 person 字典中的所有内容。

这也使得攻击者可以轻松访问服务器端敏感的配置参数。例如，他可以通过传递如 {{ config }} 的名称参数来打印 Flask 的配置。

下面是浏览器的截图，通过使用上述攻击打印出了服务器的配置。

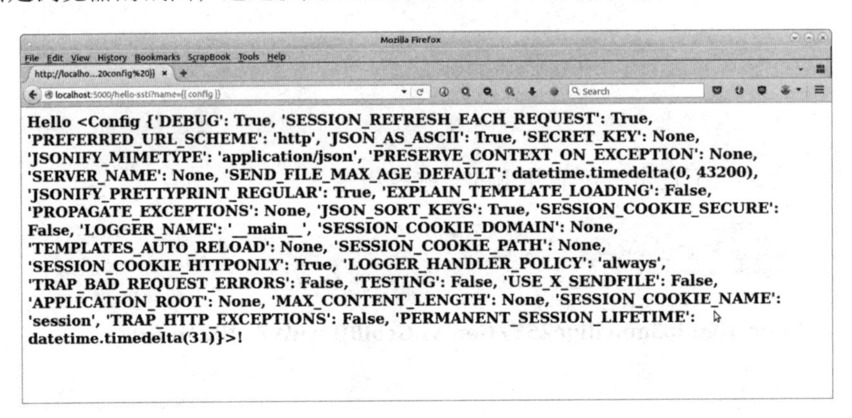

6.5.2 服务器端模板注入——回避

6.5.1 节中，我们看到了使用服务器端模板作为攻击媒介来暴露 Web 应用程序或服务器敏感信息的示例。在本节中，我们将看到程序员如何保护他的代码不受此类攻击的威胁。

在这个特殊的情况下，解决这个问题的方法是使用模板中我们需要的特定变量，而不是危险的 %s 的字符串。下面是修改后的代码：

```
# ssti-example-fixed.py
from flask import Flask
from flask import request, render_template_string, render_template

app = Flask(__name__)

@app.route('/hello-ssti')

defhello_ssti():
    person = {'name':"world", 'secret':
'jo5gmvlligcZ5YZGenWnGcol8JnwhWZd2lJZYo=='}
    if request.args.get('name'):
        person['name'] = request.args.get('name')

    template = '<h2>Hello {{ person.name }} !</h2>'
    return render_template_string(template, person=person)
```

```
if __name__ == "__main__":
app.run(debug=True)
```

现在早期的攻击都失效了。

以下是第一次攻击的浏览器截图。

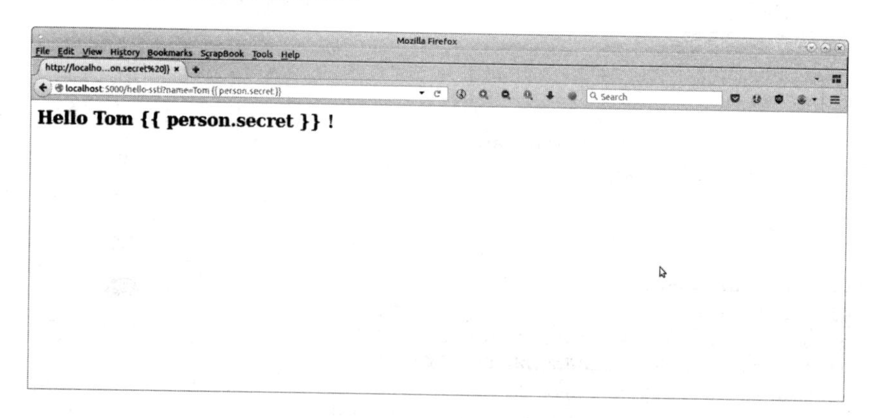

以下是第二次攻击的浏览器截图。

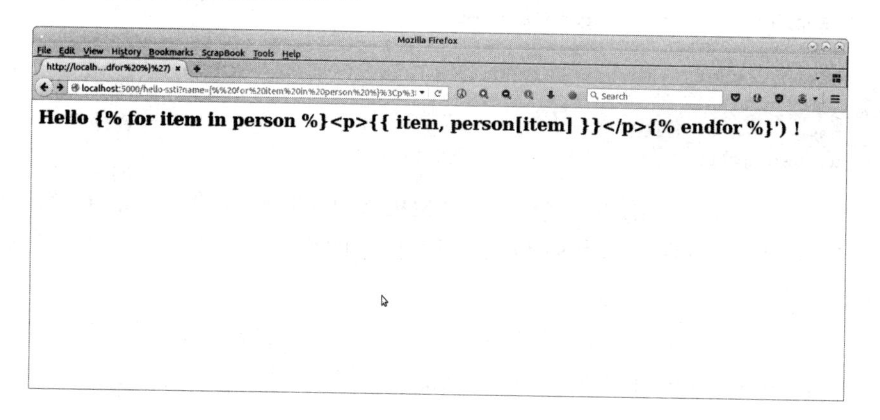

6.5.3　服务拒绝

现在来看看恶意黑客常用的另一种攻击，即**服务拒绝 (DoS)**。

DoS 攻击常以 Web 应用程序中脆弱的线路或 URL 作为目标，并向其发送精心设计的数据包或 URL，这样会迫使服务器陷入无限循环或进行 CPU 密集型计算，从而使得它从数据库中大规模地加载数据，最终迫使服务器 CPU 超荷运载以阻止服务器执行其他请求。

注意：DDoS（或分布式 DoS）攻击是指 DoS 攻击以一种精心设计的方式执行——利用多系统针对单域进行攻击。通常有数千个 IP 地址被使用，这些 IP 地址由发动 DDoS 攻击的僵尸网络所控制。

现来看到一个有关 DoS 攻击的最小示例，它是之前示例的变体：

```
# ssti-example-dos.py
from flask import Flask
from flask import request, render_template_string, render_template

app = Flask(__name__)

TEMPLATE = '''
<html>
 <head><title> Hello {{ person.name }} </title></head>
 <body> Hello FOO </body>
</html>
'''

@app.route('/hello-ssti')
defhello_ssti():
    person = {'name':"world", 'secret':
'jo5gmvlligcZ5YZGenWnGcol8JnwhWZd2lJZYo=='}
    if request.args.get('name'):
        person['name'] = request.args.get('name')

    # Replace FOO with person's name
    template = TEMPLATE.replace("FOO", person['name'])
    return render_template_string(template, person=person)

 if __name__ == "__main__":
 app.run(debug=True)
```

在前面的代码中，我们使用一个名为 TEMPLATE 的全局模板变量，并使用更安全的 {{ person.name }} 模板变量作为 SSTI fix 版本使用的变量。然而，这段附加代码替换了名为 FOO 的变量及其所带的值。

即使去掉了 %s 代码，这个版本仍然包含了原始代码的所有漏洞。例如，查看在页面中显示了 {{ person.secret }} 变量的浏览器截图，而不是查看页面的标题。

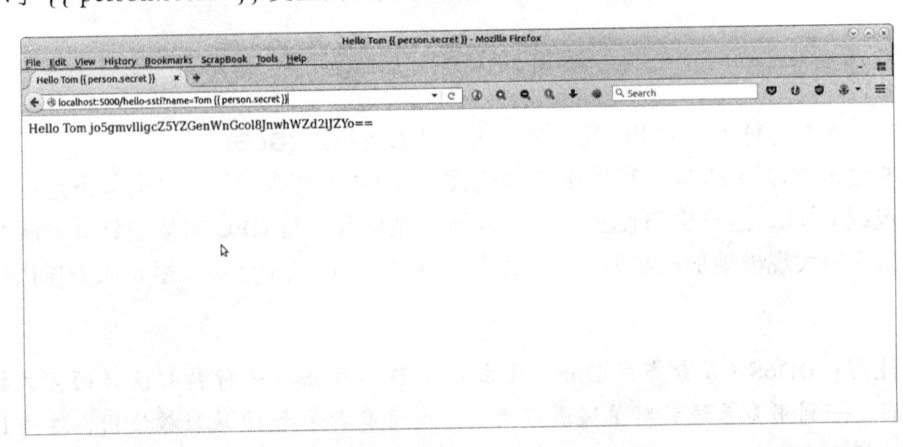

这来自我们添加了如下代码：

```
# Replace FOO with person's name
template = TEMPLATE.replace("FOO", person['name'])
```

任何传递的表达式都被求值，包括算术运算。例如如下所示。

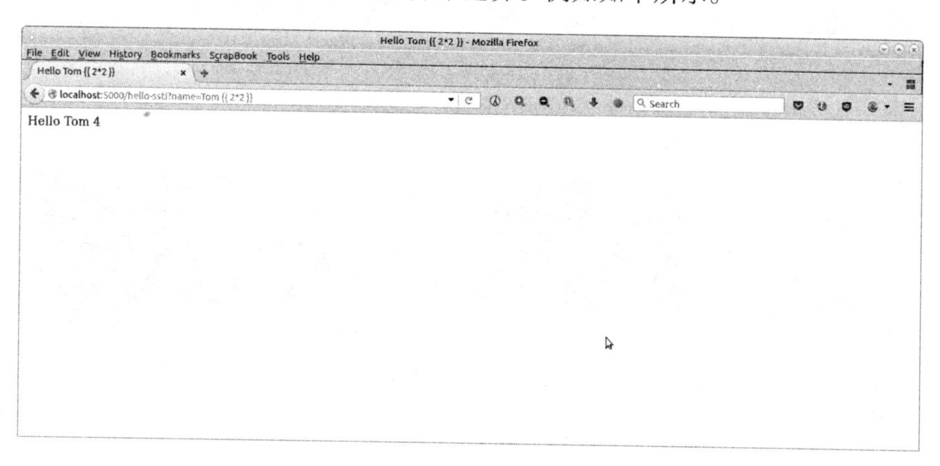

通过传入服务器无法处理的 CPU 密集型计算，这就为简单的 DoS 攻击开辟了途径。例如，在接下来的攻击中，我们传入一个非常大的数值计算，它占用了系统的 CPU，减慢了系统的速度并且使应用程序无法响应。

用计算密集型代码演示 DoS 攻击的一个例子，请求永远无法完成，如下所示。

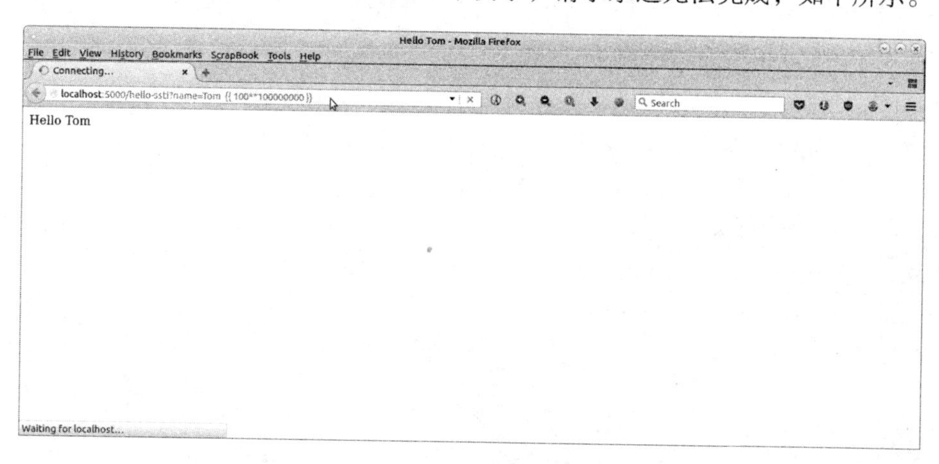

用于此类攻击的 URL 是 http://localhost:5000/hello-ssti?name=Tom。

通过传入算术表达式 {{ 100**100000000 }}，进行密集计算，使服务器超负荷运载，从而无法处理其他请求。

正如在前一个截图中所看到的，请求永远不会完成，并且还会阻止服务器对其他请求做出响应。你可以看到在右侧新标签页里对于相同的应用程序的正常请求也被搁置了，这是 Dos 类攻击的一种影响。

在带有攻击向量的选项卡右侧的一个新选项卡显示应用程序已经没有响应，如下所示。

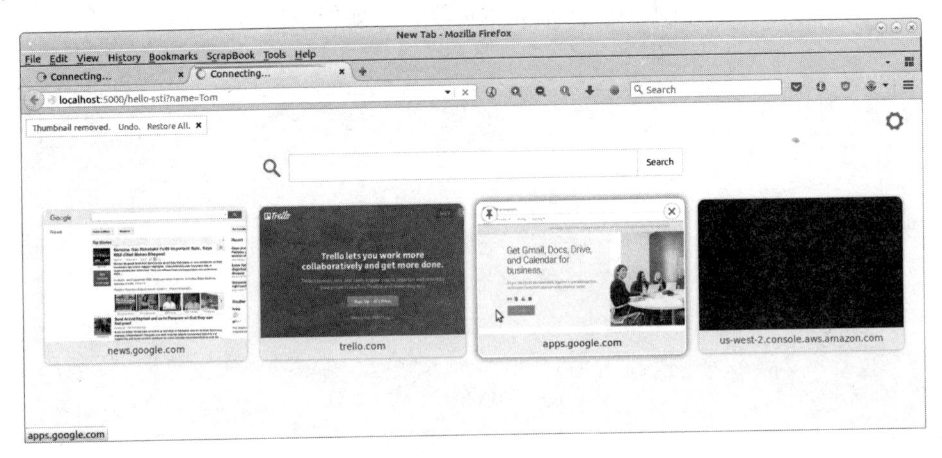

6.5.4 跨站脚本攻击

6.5.3 节演示了一个简约的 DOS 攻击的代码同样也容易受脚本注入的攻击。下面有一个例子。

使用服务器端模板和脚本注入的 XSS 脚本的简单演示，如下所示。

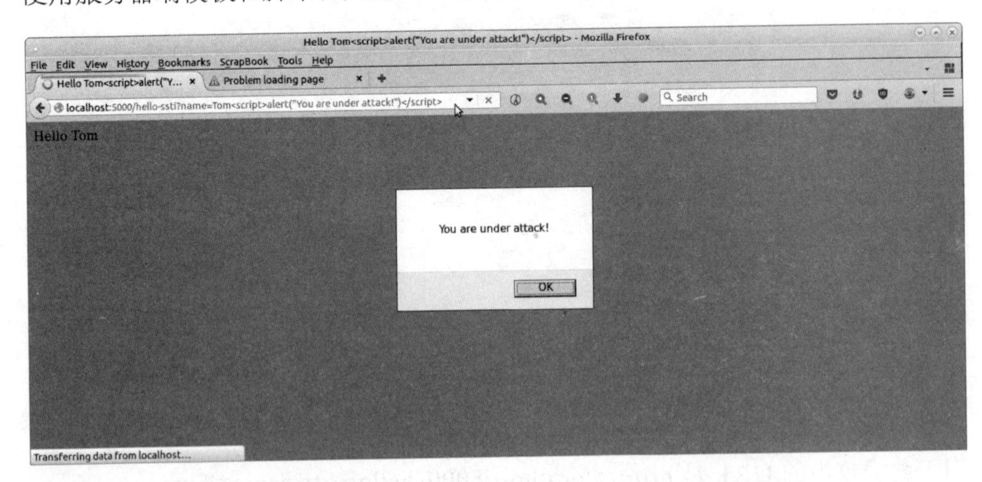

用作此次攻击的 URL 如下：

```
http://localhost:5000/hello-ssti?name=Tom<script>alert("You are under
attack!")</script>
```

这种类型的脚本注入漏洞可能导致跨站脚本攻击（XSS）。XSS 是一种常见的 Web 攻击形式，攻击者可以将恶意脚本注入服务器的代码中，这些脚本从其他网站加载，并控制服务器。

6.5.5　回避——DoS 和 XSS

我们在前面章节中看到了一些 DoS 攻击和简单的 XSS 攻击的例子。现在来看看程序员如何在他的代码中采取行动来回避这种攻击。

在之前用于演示的例子中，修复版本的代码将 FOO 字符串替换为名称值，并将其替换为它自己的参数模板。为了更好地度量，我们使用 Jinja 2 的转义过滤器“ | e”来确保输出正确地转义。下面是重写的代码：

```
# ssti-example-dos-fix.py
from flask import Flask
from flask import request, render_template_string, render_template

app = Flask(__name__)

TEMPLATE = '''
<html>
 <head><title> Hello {{ person.name | e }} </title></head>
 <body> Hello {{ person.name | e }} </body>
</html>
'''

@app.route('/hello-ssti')
defhello_ssti():
    person = {'name':"world", 'secret':
'jo5gmvlligcZ5YZGenWnGcol8JnwhWZd2lJZYo=='}
    if request.args.get('name'):
        person['name'] = request.args.get('name')
    return render_template_string(TEMPLATE, person=person)

if __name__ == "__main__":
app.run(debug=True)
```

既然这两个漏洞都被回避了，那么攻击就没有效果，并且没有造成任何损害。

下面是演示 Dos 攻击的示图。

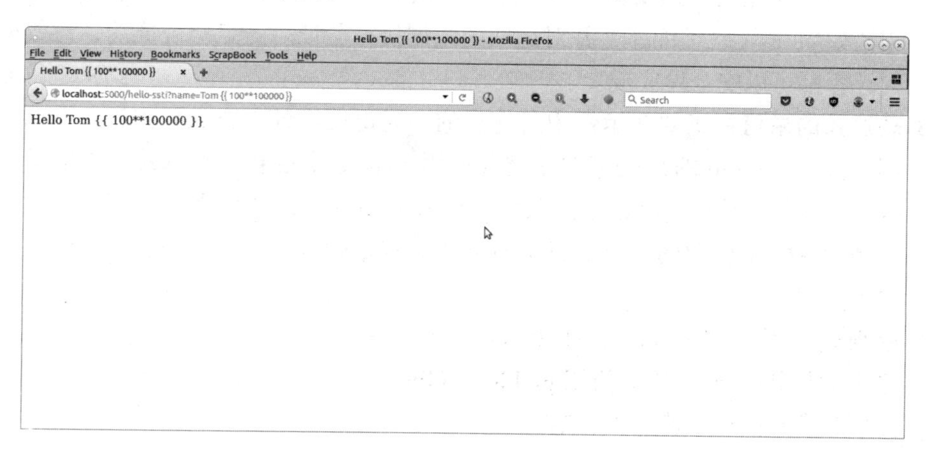

下面是演示 XSS 攻击的示图。

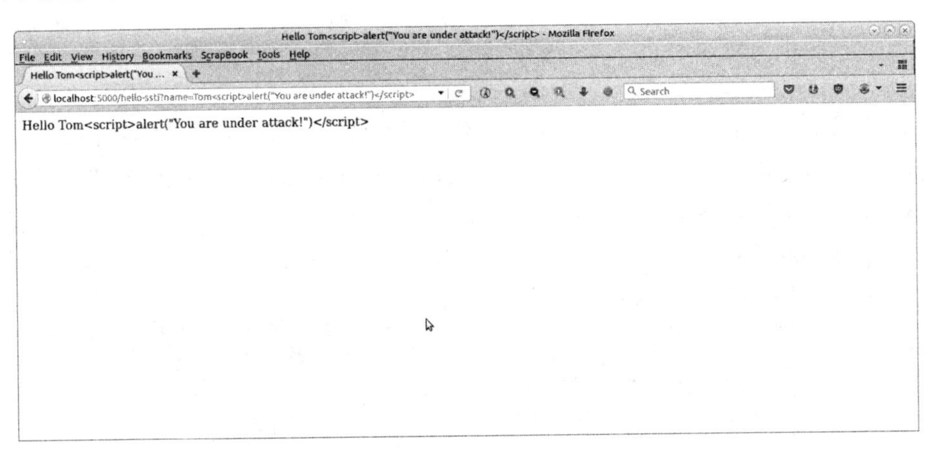

由于服务器模板中的坏编码，其他的 Python Web 框架中也存在类似的漏洞，比如 Django、Pyramid、Tornado 等。然而，对每一个问题的逐步讨论超出了本章的范围。感兴趣的读者可以直接搜索 Web 上的安全资源来探讨这些问题。

6.6 Python 中的安全策略

我们已经讨论了 Python 核心编程语言中的一些漏洞，还讨论了影响 Python Web 应用程序的一些常见安全问题。

现在使用这种策略的时机已经成熟——安全架构师可以使用这些技巧和技术，使他们的团队可以应用安全编码的原则从程序设计和开发的阶段来减少安全问题。

- **读取输入**：在读取控制台输入时，倾向于使用 raw_input 而不是 input，因为前者不计算 Python 表达式，而是将输入作为普通字符串返回。任何类型的转换或验证都应该手动完成，如果类型不匹配，则抛出异常或返回错误。对于读取密码，使用诸如 getpass 之类的库，并对返回的数据执行验证。一旦验证成功，对数据的任何计算都可以安全地完成。
- **表达式的求值**：正如在示例中所看到的，无论使用什么方法，eval 函数总是有漏洞。因此 Python 的最佳策略是避免使用 eval 及其兄弟函数 exec。如果必须使用 eval，那么就不要使用它来读取用户输入的字符串，并且避免从第三方库或无法控制的 API 中读取的数据。只用 eval 函数读取输入源，并从自己控制和信任的函数里返回数值。
- **序列化**：不要使用 pickle 和 cPickle 进行序列化。应更多地使用如 jason 或 yaml 之类的模块。如果必须使用 pickle 或 cPickle，请使用如 chroot 监牢或沙盒来避免恶意代码执行时造成的影响。

- **溢出错误**：使用异常处理程序来防止整型溢出。Python不会受纯粹的缓冲区溢出错误的影响，因为它总是检查其容器里超出边界的读/写访问，并抛出异常。为了重写类中的 __len__ 方法，需要捕获溢出或类型错误异常。
- **字符串格式化**：相比于旧的不安全的 %s 插值，应该更多地使用更新更安全的字符串模板格式方法。

例如：

```
def display_safe(employee):
    """ Display details of the employee instance """

    print("Employee: {name}, Age: {age},
             profession: {job}".format(**employee))

def display_unsafe(employee):
    """ Display details of employee instance """

    print ("Employee: %s, Age: %d,
              profession: %s" % (employee['name'],
                                             employee['age'],
                                             employee['job']))

>>> employee={'age': 25, 'job': 'software engineer', 'name':
'Jack'}
>>> display_safe(employee)
Employee: Jack, Age: 25, profession: software engineer
>>> display_unsafe(employee)
Employee: Jack, Age: 25, profession: software engineer
```

- **文件**：在处理文件时，使用上下文管理器来确保文件描述符在操作之后关闭。

例如下列这种方法：

```
with open('somefile.txt','w') as fp:
 <?>fp.write(buffer)
```

并且防止出现以下情况：

```
fp = open('somefile.txt','w')
fp.write(buffer)
```

如果在文件读或写期间出现任何异常，这也将确保文件描述符是关闭的，而不是在系统中保持打开的文件句柄。

- **密码和敏感信息的处理**：在验证像密码这样的敏感信息时，最好比较一下加密的散列，而不是比较内存中的原始数据：
- 通过这种方式，即使攻击者能够利用漏洞——如Shell漏洞利用程序或输入数据求值中的弱点——来获取敏感数据，实际的敏感数据也不会立即受到攻击。以下是应对此情况的例子：

```
# compare_passwords.py - basic
import hashlib
import sqlite3
import getpass

def read_password(user):
    """ Read password from a password DB """
    # Using an sqlite db for demo purpose

    db = sqlite3.connect('passwd.db')
    cursor = db.cursor()
    try:
        passwd=cursor.execute("select password from passwds
where user='%(user)s'" % locals()).fetchone()[0]
        return hashlib.sha1(passwd.encode('utf-8')).
hexdigest()
    except TypeError:
        pass

def verify_password(user):
    """ Verify password for user """

    hash_pass = hashlib.sha1(getpass.getpass("Password:
").encode('utf-8')).hexdigest()
    print(hash_pass)
    if hash_pass==read_password(user):
        print('Password accepted')
    else:
        print('Wrong password, Try again')

if __name__ == "__main__":
    import sys
    verify_password(sys.argv[1])
```

一种更正确的加密技术是使用带有内置盐和固定数量的杂凑轮的散列密码库。下面是一个使用 Python 中 passlib 库的示例：

```
# crypto_password_compare.py
import sqlite3
import getpass
from passlib.hash import bcrypt

def read_passwords():
    """ Read passwords for all users from a password DB """
    # Using an sqlite db for demo purpose

    db = sqlite3.connect('passwd.db')
    cursor = db.cursor()
    hashes = {}

    for user,passwd in cursor.execute("select user,password from
```

```
passwds"):
            hashes[user] = bcrypt.encrypt(passwd, rounds=8)

    return hashes

def verify_password(user):
    """ Verify password for user """

    passwds = read_passwords()
    # get the cipher
    cipher = passwds.get(user)
    if bcrypt.verify(getpass.getpass("Password: "), cipher):
        print('Password accepted')
    else:
        print('Wrong password, Try again')

if __name__ == "__main__":
    import sys
    verify_password(sys.argv[1])
```

如下图所示，为了进行说明，sqlite数据库创建了一个名为passwd.db的数据库文件，其中包含两个用户及其对应密码。

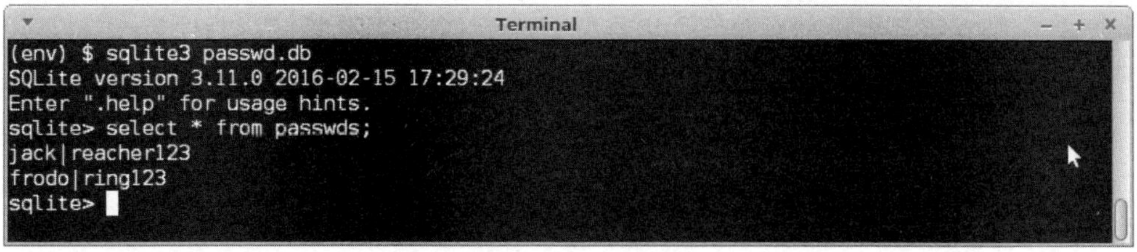

```
Terminal
(env) $ sqlite3 passwd.db
SQLite version 3.11.0 2016-02-15 17:29:24
Enter ".help" for usage hints.
sqlite> select * from passwds;
jack|reacher123
frodo|ring123
sqlite>
```

注意：为了清晰起见，输入的密码被显示出来——在实际的程序之中，因为它使用了getpass库而无法被显示。

下面是运行中的代码：

```
$ python3 crytpo_password_compare.py jack
Password: test
Wrong password, Try again

$ python3 crytpo_password_compare.py jack
Password: reacher123
Password accepted
```

- **本地数据：**尽量避免将敏感数据存储在函数之中。函数中任何输入验证或求值漏洞都可能被攻击者利用，从而获取本地栈的访问权限，最终获取本地数据。应当总是将敏感数据存储在加密或散列的独立模块之中。

下面是一个简单的示例：

```
def func(input):
  secret='e4fe5775c1834cc8bd6abb712e79d058'
  verify_secret(input, secret)
  # Do other things
```

上述的函数是不安全的，因为“secret”密钥能使任何一名攻击者获取函数栈的访问权限，同时也能使他们获取密钥的访问权限。

这样的密钥最好保存在独立的模块之中。如果因为散列或验证而使用密钥，那么下面的代码相比于第一种要更安全一些，这是因为它不会将“secret”的原始数据暴露出来。

```
 # This is the 'secret' encrypted via bcrypt with eight rounds.
 secret_hash=''$2a$08$Q/lrMAMe14vETxJC1kmxp./JtvF4vI7/b/
VnddtUIbIzgCwA07Hty'
 def func(input):
  verify_secret(input, secret_hash)
```

- **竞态条件**：Python 提供了一组优秀的线程原语。如果你的程序使用了多线程和共享的资源，那么请遵循这些原则去同步访问资源，以避免竞态条件或死锁。
  - 通过互斥锁保护那些可以并发写入的资源（threading.Lock）。
  - 对于多线程但受限的并发访问，需要通过信号量保护那些需要被序列化的资源（threading.Condition）。
  - 使用条件对象唤醒那些等待一个可编程的条件或函数的同步多线程（threading.Condition）。
  - 避免那些休眠一段时间然后醒来并等待一个条件或标准的循环。相反，应使用条件或事件对象来进行同步（threading.Event）。

对于使用了多进程的程序而言，那些 multiprocessing 库提供的相似程序应该用于管理资源的并发访问。

- **保持系统的更新**：虽然这听起来陈词滥调，但系统中包的安全升级问题，要像一般的安全新闻一样一直保持在最新的升级状态。这是一种简单保持系统和应用安全的方法，尤其对应用影响较大的包来说更是如此。许多网站提供了大量开源项目的安全状态的持续更新，其中包括 Python 及其标准安全模块。

这些报告通常以**常见的漏洞和暴露（CVE）**来命名，并且如 Mitre（http://cve.mitre.org）之类的网站提供一个持续的更新流。

在这个网站上搜索 Python 显示了 213 个结果。

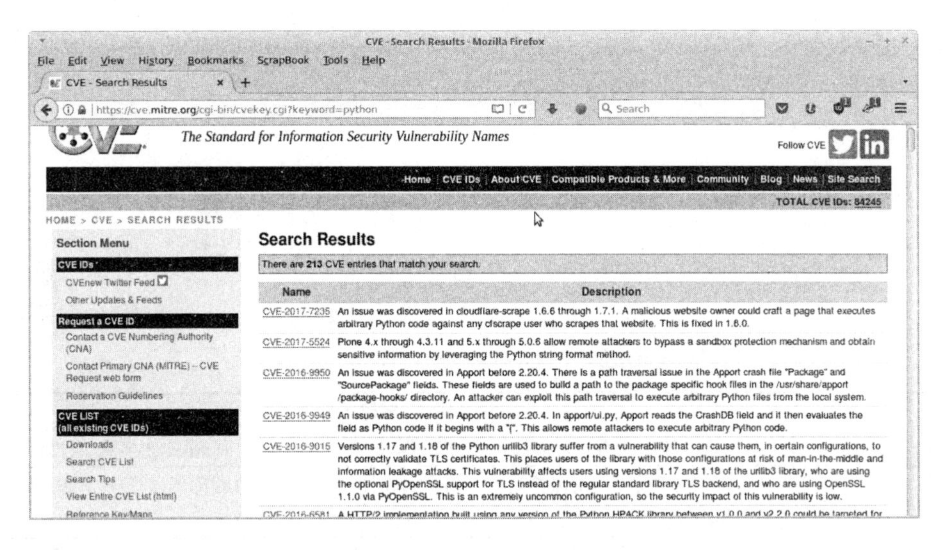

架构师、运维工程师和网站管理员也可以收到系统包更新的提示，并且允许将安全更新设置为默认选项。对于远程服务器，建议每隔两到三个月就将系统升级到最新的安全补丁。

- 类似地，Python **开放式 Web 应用程序安全项目（OWASP）**是一个免费的第三方项目。这个项目旨在创造一个比标准 Cpython 更能抵御安全威胁的 Python 版本。这也是更大规模的 OWASP 项目的一部分。
- Python OWASP 项目通过网站使得 Python 的错误报告、工具和其他工件能够得到使用并与 GitHub 关联起来。以下是这个项目的主要网站，并且大多数 GitHub 项目中的代码都可以在该网站中找到：https://github.com/ebranca/owasp-pysec/。

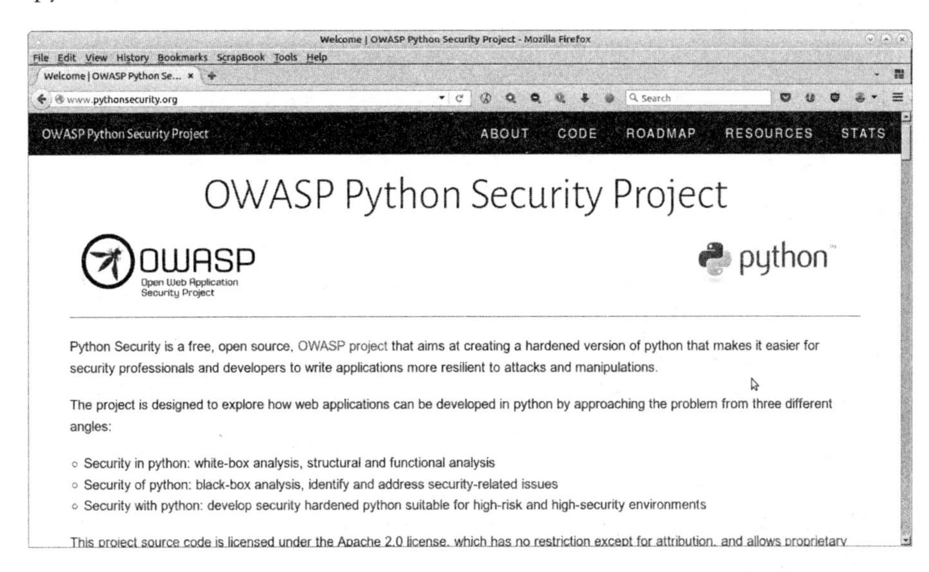

对于涉众来说，跟踪这个项目、运行他们的测试并且阅读他们的报告以获取 Python 安全方面的最新资讯是一个不错的主意。

6.7 安全编码策略

我们即将结束对于软件架构安全方面的讨论。现在是总结这些策略的好时机，应从安全架构师的角度尝试使用这些策略并将其传授给软件开发团队。以下表格总结了前 10 种策略，其中一些之前已经讨论过，所以可能存在重复。

序号	策略	策略的作用
1	输入验证	验证来自所有不可信数据源的输入。适当的输入验证可以消除大多数软件漏洞
2	最简法则	使程序设计尽量保持简单。复杂的设计在实现、配置和部署过程中增加了安全错误的出现概率
3	最小特权原则	每个进程应该用最小的系统权限去完成所需的任务，例如，从 /tmp 中读数据，进程无需 root 权限，任何非特权用户均可读取数据
4	清理数据	清理任何从第三方系统读写的数据，如数据库、命令 Shell、COT 组件和第三方中间件等。这样做可以减少 SQL 注入、Shell 漏洞攻击或其他类似攻击发生的概率
5	授权访问	应用程序的各个部分需要通过登录进行特定的认证或者需要一些其他的特权。不要将应用程序的不同部分混合在同一段代码中，这需要不同等级的访问权限。使用合适的路由，使敏感数据不会通过未受保护的路由暴露
6	进行有效的测试	好的安全测试技术在识别和消除漏洞方面非常有效。模糊测试、渗透测试和源代码审计应该作为程序的一部分来执行
7	多层防御实践	使用多层安全保护来降低风险。例如将安全编码技术与安全运行时配置相结合，这会降低在运行环境中暴露任何残留代码漏洞的可能性
8	定义安全需求	识别和记录系统早期生命周期的安全约束，并不断更新它们，以确保任何进一步的特性都能满足这些需求
9	模型威胁	使用威胁建模来预测软件将受到的威胁
10	安全策略的架构和设计	创建并维护一个软件架构，它可以使该系统及其子系统执行一致的安全策略模式

6.8 本章小结

本章首先讨论了在安全性中构建的系统架构的细节。接着定义了安全编码，并查看了安全编码实践背后的原理和原则。

然后讨论了会在软件系统中遇到的不同类型的常见安全漏洞，如缓冲区溢出、输入验证问题、访问控制问题、加密弱点、信息泄漏、不安全的文件操作等。

再者，继续就 Python 安全性问题进行了详细的讨论，并给出了许多示例。我们仔细讨论了读取输入、输入求值、溢出错误和序列化问题。并继续讨论 Python Web 应用框架中的常见漏洞，其中主要讨论了 Flask 框架的漏洞。我们看到了一个攻击者是如何利用 Web 应用程序模板的弱点，来组织如 SSTI、XSS 和 DoS 之类的攻击。我们还看到了回避这类攻击的多种代码。

再下来，继续列出了 Python 安全编码中的特定技术。详细讨论了如何管理密码的加密散列和代码中其他的一些敏感数据，并讨论了一些正确的处理方式。同样也提到了持续获取安全新闻和项目的资讯，以及保持系统更新安全补丁的重要性。

最后，总结了前 10 种安全编码策略，安全架构师可以将这些安全策略传授给整个团队以构建安全的代码和系统。

下一章将讨论软件工程和设计中最有趣的方面，即软件工程的设计模式。

第 7 章　Python 设计模式

设计模式通过重用成功的设计和架构来简化软件的构建。模式构建于软件工程师和架构师的集体经验之上。当遇到问题且需要编写新代码的时候，有经验的架构师往往会利用具有丰富的、可用的设计模式和架构模式的生态系统。

当特定的设计被证明能够重复地解决特定类别的问题时，模式就出现了。当专家发现特定的设计或架构总是能帮助他们解决相关类别的问题时，他们倾向于越来越多地应用它，并将这类解决方案的结构编写成一个模式。

Python 作为一门语言不仅能够支持动态类型，而且还支持类似类和元类、一阶函数、共同例程、可调用对象等面向对象的高级结构。这些特点使得 Python 能够作为构建可重用设计和架构模式的富饶胜地。实际上，与 C++ 和 Java 这样的语言相反，你经常会发现在 Python 中有多种方式能够实现某个特定的设计模式。而且，通常情况下，你会发现用 Python 化的方式实现某个设计模式，比从 C++/Java 中复制一个标准的实现到 Python 中，要更直观和更具有说明性。

本章的重点主要集中在后者，即说明如何通过更 Python 化的方式来构建设计模式，而不是依照常见书籍和文献在这个主题上的一般做法。尽管我们将随着内容深入涵盖大部分常见的设计模式，但本章的目的不是成为针对设计模式的全方面指南。

本章内容包含如下的几个主题：

- 设计模式——元素
- 设计模式分类
  - 可插拔的散列算法
  - 可插拔的散列算法总结
- Python 模式——创建模式
  - 单例模式
  - 工厂模式
  - 原型模式
  - 建造者模式
- Python 模式——结构化模式
  - 适配器模式
  - 外观模式
  - 代理模式

- Python 模式——行为模式
  - 迭代器模式
  - 观察者模式
  - 状态模式

7.1　设计模式——元素

设计模式试图记录面向对象系统中解决一个或一类问题的重复设计。

当深入检查设计模式时，我们发现几乎所有的模式都拥有以下的元素：

- **名字（name）**：一个众所周知的通常用于描述模式的句柄或标题。设计模式的标准命名有利于沟通和增加我们的设计词汇。
- **上下文（context）**：这是问题出现的情景。上下文可以是泛化的，例如开发一个 Web 应用软件，或者更具体地像在发布者 - 订阅者系统的共享内存实现中实现资源变动提醒。
- **问题（problem）**：描述模式所要应用到的实际问题。从影响力的角度出发，问题可以被描述为以下几个部分。
  - **需求（requirement）**：解决方案要满足的需求。例如，发布者 - 订阅者模式的实现必须支持 HTTP。
  - **约束（constraint）**：解决方案的约束（如果有）。例如，可扩展的对等发布者模式不应该交换 3 个以上的消息来发布通知。
  - **性质（property）**：解决方案想要的一些性质。例如，该解决方案在 Windows 和 Linux 平台上应该同样适用。
- **解决方案（solution）**：显示对问题的实际解决方案。它描述构成解决方案的元素的结构和职责、静态关系以及运行时的交互（协作）。一个解决方案还应该讨论解决问题的**程度（force）**，以及它没有解决的程度。解决方案还应该尽量提及它的后果，即应用一个模式的结果和权衡。

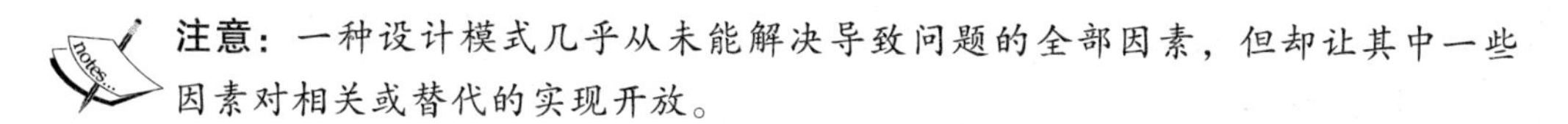

注意：一种设计模式几乎从未能解决导致问题的全部因素，但却让其中一些因素对相关或替代的实现开放。

7.2　设计模式分类

设计模式根据所选择的不同标准有不同的分类方式。一种被普遍接受的方式是使用模式设计目的作为分类标准。换句话说，我们追问的是模式到底解决什么类型的问题。

这种分类方式提供了 3 种简明的模式种类。

- **创建模式（creational）**：这些模式解决与对象创建和初始化相关的问题。这些问题出现在有关对象和类的问题解决生命周期的早期。例如，
  - **工厂模式（factory pattern）**：“如何确保我能够以可重复和可预测的方式创建相关类的实例?”。这个问题由工厂模式解决。
  - **原型模式（prototype pattern）**：“对于实例化对象，然后通过复制这个对象来创建数百个类似的对象而言，什么是高明的方法?”。这个问题由原型模式解决。
  - **单例和相关模式 (singleton and related pattern)**：“如何确保我所创建的类的任何实例仅被创建和初始化一次”或“如何确保一个类的任何实例能够共享相同的初始状态”。这些问题由单例和相关模式解决。
- **结构化模式（structural）**：这些模式关心如何将对象往有意义的结构中组合和组装，它为架构师和开发者提供了可重复使用的行为，其中“整体大于其部分的总和”。一旦对象被创建，这些模式就会自动发生在与对象有关的问题解决的下一个步骤中。例如，
  - **代理模式（proxy pattern）**：“如何通过上层行为的包装层（wrapper）控制对一个对象及其方法的访问？”
  - **组合模式（composite pattern）**：“如何使用同一个表示整体和部分的类来表示一个由许多组件同时组成的对象，例如，一个 Widget 部件树?”。
- **行为模式（behavioral）**：这些模式解决由对象的运行时交互引起的问题，以及它们如何分配责任的问题。当然，这些模式发生在靠后的阶段，在此阶段，类已被创建并组合成较大的结构。例如，
  - **在这种情况下使用中介者模式**：“确保所有对象在运行时使用松耦合方式来互相引用，以此促进交互的运行时动态性”。
  - **在这种情况下使用观察者模式**：“当资源的状态发生变化时，对象希望被通知，但是不希望保持轮询资源来发现改变，系统中可能有很多这样的对象实例”。

注意：创建模式、结构化模式和行为模式的顺序隐式地嵌入在一个系统运行时对象的生命周期中。对象首先被创建，然后被组合成有用的结构，再然后它们进行交互。

现在让我们将注意力转向本章的主题，即以 Python 自己的独特方式实现 Python 中的模式。这将着眼于一个容易说明的例子来进行。

7.2.1 可插拔的散列算法

现来看一看下面的问题。

你希望能够从一个输入流（一个文件或者网络套接字）中读取数据，并且以块的方式对内容进行散列计算。编写如下代码：

```
# hash_stream.py
from hashlib import md5

def hash_stream(stream, chunk_size=4096):
    """ Hash a stream of data using md5 """

    shash = md5()

    for chunk in iter(lambda: stream.read(chunk_size), ''):
        shash.update(chunk)

    return shash.hexdigest()
```

注意： 除非显式地说明，否则，所有的代码都是在 Python 3 中编写的。

```
>>> import hash_stream
>>> hash_stream.hash_stream(open('hash_stream.py'))
'e51e8ddf511d64aeb460ef12a43ce480'
```

代码果然如预期那样有效。

现在假设想要一个更加可重用和多功能的实现，一个可以使用多个散列算法的实现。你第一次尝试修改以前的代码，但很快意识到这意味着需要重写很多代码，因而下面不是一种非常聪明的方法：

```
# hash_stream.py
from hashlib import sha1
from hashlib import md5

def hash_stream_sha1(stream, chunk_size=4096):

        """ Hash a stream of data using sha1 """

        shash = sha1()

        for chunk in iter(lambda: stream.read(chunk_size), ''):
            shash.update(chunk.encode('utf-8'))

        return shash.hexdigest()

    def hash_stream_md5(stream, chunk_size=4096):
        """ Hash a stream of data using md5 """

        shash = md5()

        for chunk in iter(lambda: stream.read(chunk_size), ''):
```

```
            shash.update(chunk.encode('utf-8'))

        return shash.hexdigest()
>>> import hash_stream
>>> hash_stream.hash_stream_md5(open('hash_stream.py'))
'e752a82db93e145fcb315277f3045f8d'
>>> hash_stream.hash_stream_sha1(open('hash_stream.py'))
'360e3bd56f788ee1a2d8c7eeb3e2a5a34cca1710'
```

你意识到可以通过使用一个类重用很多代码。作为一名有经验的程序员，你可能会经过几次迭代之后得到这样的结果：

```
# hasher.py
class StreamHasher(object):
    """ Stream hasher class with configurable algorithm """

    def __init__(self, algorithm, chunk_size=4096):
        self.chunk_size = chunk_size
        self.hash = algorithm()

    def get_hash(self, stream):

        for chunk in iter(lambda: stream.read(self.chunk_size), ''):
            self.hash.update(chunk.encode('utf-8'))

        return self.hash.hexdigest()
```

首先尝试 MD5 算法，如下：

```
>>> import hasher
>>> from hashlib import md5
>>> md5h = hasher.StreamHasher(algorithm=md5)
>>> md5h.get_hash(open('hasher.py'))
'7d89cdc1f11ec62ec918e0c6e5ea550d'
```

现在使用 SHA_1 算法：

```
>>> from hashlib import sha1
>>> shah_h = hasher.StreamHasher(algorithm=sha1)
>>> shah_h.get_hash(open('hasher.py'))
'1f0976e070b3320b60819c6aef5bd6b0486389dd'
```

到目前为止很明显的是，你可以构建不同的散列对象，每个对象具有特定的算法，算法返回流的相应散列摘要（在本例中流为文件）。

现在总结一下刚才做了什么。

首先开发了一个函数 hash_stream，这个函数接收一个流对象然后使用 MD5 算法分块散列。然后开发了一个名为 StreamHasher 的类，这个类允许一次配置一个算法，因而代码可以得到复用。通过 get_hash 方法获得了散列摘要，该方法接收流对象作为参数。

现在让我们把注意力转向 Python 还可以做些什么。

我们的类针对不同的散列算法是多功能的，而且肯定是更加可重用的，然而是否存在一种方式，能够像调用一个函数一样调用这个类呢？如果有的话，想必会相当简洁，不是吗？

下面是 StreamHasher 类的轻量级重新实现，具体如下：

```
# hasher.py
class StreamHasher(object):
    """ Stream hasher class with configurable algorithm """

    def __init__(self, algorithm, chunk_size=4096):
        self.chunk_size = chunk_size
        self.hash = algorithm()

    def __call__(self, stream):

        for chunk in iter(lambda: stream.read(self.chunk_size), ''):

    self.hash.update(chunk.encode('utf-8'))

return self.hash.hexdigest()
```

上面的代码做了什么呢？它仅仅是简单地把 get_hash 函数重命名为 Get_Call。来看看这种做法有什么影响。

```
>>> from hashlib import md5, sha1
>>> md5_h = hasher.StreamHasher(md5)
>>> md5_h(open('hasher.py'))
'ad5d5673a3c9a4f421240c4dbc139b22'
>>> sha_h = hasher.StreamHasher(sha1)
>>> sha_h(open('hasher.py'))
'd174e2fae1d6e1605146ca9d7ca6ee927a74d6f2'
```

我们仅需传递一个文件对象给类的实例，实例就能像一个函数一样被直接调用。

所以我们的类不仅能提供可重用和多功能的代码，还能表现得像一个函数一样。通过简单地实现神奇的 __call__ 方法来使我们的类成为 Python 中的一个可调用类型（callable type），从而达到直接调用对象的效果。

注意： Python 中的可调用类型是指任何一个可以被调用的对象。换句话说，如果可以执行 x() 的话，x 就是可被调用的，至于调用 x 需不需要参数，取决于 __call__ 方法被覆盖的方式。在 Python 中，foo(args) 在语法上等同于 foo.__call__(args)。

7.2.2 可插拔的散列算法总结

那么之前的例子说明了什么呢？它说明了 Python 在解决现有问题时的能力，这些问题在其他编程语言中也能以传统方式解决，但是得益于 Python 的强大和它的做法，Python 化的解决方式显得更加奇特有力，这个例子是通过重写一个特殊的方法让任意一个对象都可被调用。

但是到此为止实现了什么样的模式呢？本章开头讨论过，能够解决一类问题的，才是一种模式。在这个特定的例子中有没有一个隐藏的模式呢？

当然是有的，它是一种策略行为模式（strategy behavioral pattern）的实现：

当需要一个类提供不同的行为时就会使用策略模式（strategy pattern），而且应当能够使用众多可用行为和算法之一来配置类。

在这个特定的例子中，需要一个类能够支持执行不同的算法来完成同样的事情，即利用块来散列计算流中的数据，然后返回相应摘要。这个类接受算法作为一个参数，并且由于所有的算法都支持同样的 hexdiget 方法，hexdiget 方法负责返回数据。因此，我们能够以一种非常简单的方式实现这个类。

现继续探索使用 Python 编写的其他有趣的模式，以及 Python 解决问题的独特方法。在讨论的过程中将沿着创建模式、结构化模式和行为模式的顺序进行。

注意：接下来讨论模式的方法是很务实的。这种方法可能不使用流行的 Gang-of-four(G4) 模式所使用的形式语言（最基本的设计模式方法）。重点是展示 Python 在构建模式中的强大，而不是确切的实现形式主义。

7.3 Python 模式——创建模式

本节将介绍一些常见的创建模式。我们将从单例（singleton）模式开始，然后依次进入工厂（factory）、原型（prototype）和建造者（builder）模式。

7.3.1 单例模式

单例模式是整个设计模式中最著名和容易理解的模式之一。它通常定义为：

单例是一个只有一个实例和一个明确定义访问点的类。

单例的要求可归纳如下：

- 一个类必须只有一个实例，该实例可以通过一个众所周知的访问点访问。
- 该类必须在通过继承扩展后不会破坏模式。
- 下面显示 Python 中最简单的单例实现。它是通过覆盖基本对象类型的 __new__ 方法来完成的：

```
# singleton.py
class Singleton(object):

    """ Singleton in Python """

    _instance = None

    def __new__(cls):
        if cls._instance == None:
            cls._instance = object.__new__(cls)
        return cls._instance
```

```
>>> from singleton import Singleton
>>> s1 = Singleton()
>>> s2 = Singleton()
>>> s1==s2
True
```

- 由于一段时间内一直需要这个检查，所以定义一个函数：

```
def test_single(cls):
    """ Test if passed class is a singleton """
    return cls() == cls()
```

- 现在来看一下我们的单例是否能满足第二个条件。定义一个简单的子类来测试一下：

```
class SingletonA(Singleton):
    pass

>>> test_single(SingletonA)
True
```

这个简单实现通过了测试，但是到这里就结束了吗？

其实，正如之前讨论过的，Python 的要点在于，它提供了许多实现模式的方法，因为它具有活力和灵活性。因此，继续讨论单例，看看能不能得到一些能让我们深入了解 Python 的强大的具有说服力的例子。

```
class MetaSingleton(type):
    """ A type for Singleton classes (overrides __call__) """

    def __init__(cls, *args):
        print(cls,"__init__ method called with args", args)
        type.__init__(cls, *args)
        cls.instance = None

    def __call__(cls, *args, **kwargs):
        if not cls.instance:
            print(cls,"creating instance", args, kwargs)
```

```
        return cls.instance

class SingletonM(metaclass=MetaSingleton):
    pass
```

上述实现将创建单例的逻辑移到类的 type 中，即它的元类。

首先通过继承元类中的 tpye 和重写 __init__、__call__ 方法为 Singletons 创建一个名为 MetaSingleton 的 type。然后声明 SingletonM 类，它指定元类属性为 MetaSingleton。

```
>>> from singleton import *
<class 'singleton.SingletonM'> __init__ method called with args
('SingletonM', (), {'__module__': 'singleton', '__qualname__':
'SingletonM'})
>>> test_single(SingletonM)
<class 'singleton.SingletonM'> creating instance ()
True
```

下面是对新的单例实现场景背后原理的一个窥探：

- **初始化一个类变量**：就像在前面的实现中看到的那样，这可以在类级别（仅在类声明之后）执行，或者可以在元类 __init__ 方法中进行。在这里设置 _instance 变量就是为了保存类的单个实例。
- **覆盖类创建**：可以在类级别上通过覆盖 __new__ 方法去做，正如在之前的实现中看到的那样，或者等价地可以在元类中通过覆盖 __call__ 方法实现。这是新的实现方式的做法。

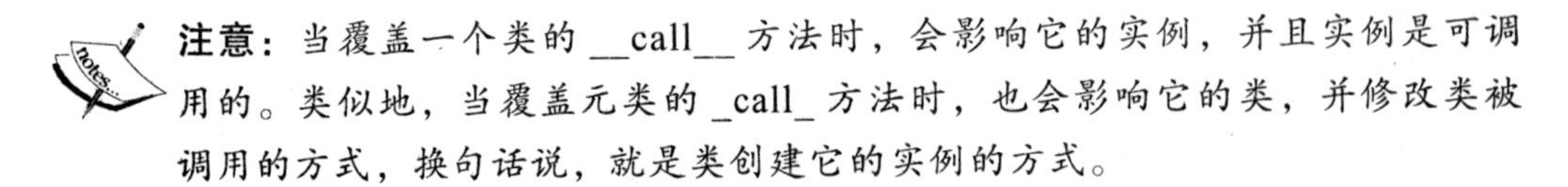

注意：当覆盖一个类的 __call__ 方法时，会影响它的实例，并且实例是可调用的。类似地，当覆盖元类的 _call_ 方法时，也会影响它的类，并修改类被调用的方式，换句话说，就是类创建它的实例的方式。

现来看一下元类方式和类级别实现方式的优缺点：

- 一个好处是，我们可以创建任何数量的新顶级类，这些类通过元类获得单例的行为。使用默认实现，每个类都必须继承顶级类单例或其子类以获得单例行为。元类方法在类层次结构方面提供了更多的灵活性。
- 然而，元类方式可以解释为创建稍微模糊和难以维护的代码，这与类级别方式相反。与理解类的人相比，理解元类和元编程的 Python 程序员的数量较少。这可能是元类方式解决方案的缺点。

现在从框架中跳出来，看看能否用一种不同的方式解决单例问题。

1. 单例——我们需要某个单例吗？

用一个与原来略有不同的方式来解释单例的第一个要求：

类必须为所有实例提供一种共享相同初始状态的方法。

为了解释这一点，那么来简要地看一看一个单例模式实际上试图实现什么。

当一个单例确保它只有一个实例时，它保证的是，在创建和初始化时，该类提供一个单一的状态。换句话说，单例实际提供给类的是一种保证其所有实例之间的单一共享状态的方法。

换句话说，单例的第一个要求可以用稍微不同的形式改写，这与第一种形式最终具有相同的结果。

类必须为所有实例提供一种共享相同初始状态的方法。确保在特定内存位置只有一个实例存在的技术只是实现此目的的一种方法。

到目前为止，我们一直在用较小灵活的和通用的编程语言的实现细节来表达模式。有了像 Python 这样的语言，我们不需要纠结于原始的定义。

现来看看下面的这个类：

```
class Borg(object):
    """ I ain't a Singleton """

    __shared_state = {}
    def __init__(self):
        self.__dict__ = self.__shared_state
```

此模式确保当创建一个类时，你可以使用属于类的共享状态来初始化所有的实例（因为它们是在类级别声明的）。

在一个单例中我们真正关心的是共享状态，所以用 Borg 模式时不需要担心所有的实例是完全相同的。

Python 通过初始化类上的共享状态字典来实现这一点，然后将实例的字典实例化到这个值，从而确保所有的实例共享相同的状态。

以下是 Borg 模式在实战中的一个具体例子：

```
class IBorg(Borg):
    """ I am a Borg """

    def __init__(self):
        Borg.__init__(self)
        self.state = 'init'

    def __str__(self):
        return self.state

>>> i1 = IBorg()
>>> i2 = IBorg()
>>> print(i1)
init
>>> print(i2)
init
>>> i1.state='running'
>>> print(i2)
```

```
running
>>> print(i1)
running
>>> i1==i2
False
```

使用 Borg 创建了一个类，它的实例共享相同的状态，即使实际上实例并不相同。状态的变化是通过实例传播的。正如前面的示例所示，当改变 i1 的状态值时，i2 中的状态值也发生了改变。

那么如果是动态值呢？我们知道在单例模式共享状态还是有效的，因为它始终是相同的对象，但是在 Borg 模式中呢？

```
>>> i1.x='test'
>>> i2.x
'test'
```

因此我们将一个动态属性 x 附加到实例 i1，然后 x 也出现在了实例 i2 中。干净利落！

所以来看看 Borg 相比单例是否有一些好处呢？

- 在一个复杂的系统中，我们可能会有多个从根单例类继承的子类，由于导入问题或竞争条件，可能很难将单例的需求强加给一个实例，例如，如果一个系统正在使用线程。Brog 模式通过消除内存中单个实例的需求，巧妙地解决了这些问题。
- Brog 模式还允许在 Brog 类及其子类中简单地共享状态。单例中并不是这样，因为每个子类创建它自己的状态。下面我们会看到一个示例。

2. 状态共享——Borg 和单例

Brog 模式总是可以从顶级类（Brog）到所有的子类共享相同的状态。单例模式却不是如此。来看一个例子。

对于这个实践，我们将创建原始 Singleton 类的两个子类，即 SingletonA 和 SingletonB：

```
>>> class SingletonA(Singleton): pass
...
>>> class SingletonB(Singleton): pass
...
```

再创建一个 SingletonA 的子类，即 SingletonA1：

```
>>> class SingletonA1(SingletonA): pass
...
```

现在来创建实例：

```
>>> a = SingletonA()
>>> a1 = SingletonA1()
>>> b = SingletonB()
```

添加一个动态属性到 a，值设为 100：

```
>>> a.x = 100
>>> print(a.x)
100
```

检查一下这个属性是否在子类 SingletonA1 中：

```
>>> a1.x
100
```

非常棒！再检查实例 b 上是否拥有 x 属性：

```
>>> b.x
Traceback (most recent call last):
  File "<stdin>", line 1, in <module>
AttributeError: 'SingletonB' object has no attribute 'x'
```

不好！看起来 SingletonA 和 SingletonB 没有共享相同的状态。这就是为什么附加到 SingletonA 实例的动态属性出现在它的子类实例中，但是不会出现在兄弟类或对等子类的实例上，即 SingletonB，因为 SingletonB 是从顶级 Singleton 类往下的类层次结构的一个不同的分支。

来看看 Borg 模式是否做得更好。

首先，创建这些类及其实例：

```
>>> class ABorg(Borg):pass
...
>>> class BBorg(Borg):pass
...
>>> class A1Borg(ABorg):pass
...
>>> a = ABorg()
>>> a1 = A1Borg()
>>> b = BBorg()
```

现在给 a 添加一个值为 100 的动态属性 x：

```
>>> a.x = 100
>>> a.x
100
>>> a1.x
100
```

检查一下兄弟类 Brog 是否也拥有了这个属性：

```
>>> b.x
100
```

这证明了，比起单例模式，Brog 模式在类间和子类间的状态共享要好很多，而且没有太多的麻烦，也没有确保单个实例的开销。

现在来看看其他的创建模式。

7.3.2 工厂模式

工厂模式解决了将相关类的实例创建到另一个类的问题，实现实例创建的方法一般是定义在父工厂类上，然后被子类覆盖（根据需要）。

工厂模式为类的客户端（用户）提供了一种便捷的创建对象的方式，该方式提供一个入口点来创建类和子类的实例，通常将参数传递给工厂类的特殊方法，即工厂方法。

来看一个具体的例子：

```
from abc import ABCMeta, abstractmethod

class Employee(metaclass=ABCMeta):
    """ An Employee class """

    def __init__(self, name, age, gender):
        self.name = name
        self.age = age
        self.gender = gender

    @abstractmethod

    def get_role(self):
        pass

    def __str__(self):
        return "{} - {}, {} years old {}".format(self.__class__.
          __name__,
                                                  self.name,
                                                  self.age,
                                                  self.gender)

class Engineer(Employee):
    """ An Engineer Employee """

    def get_role(self):
        return "engineering"

class Accountant(Employee):
    """ An Accountant Employee """

    def get_role(self):
        return "accountant"

class Admin(Employee):
    """ An Admin Employee """

    def get_role(self):
        return "administration"
```

我们已经创建了一个具有一些属性的普通 Employee 类，以及 3 个子类，即 Engineer

类、Accountant 类和 Admin 类。

由于这些类都是相关类，所以用一个工厂类来抽象出这些实例的创建是很有效的。

下面是 EmployeeFactory 类：

```
class EmployeeFactory(object):
    """ An Employee factory class """

    @classmethod
    def create(cls, name, *args):

""" Factory method for creating an Employee instance """

name = name.lower().strip()

if name == 'engineer':
    return Engineer(*args)
elif name == 'accountant':
    return Accountant(*args)
elif name == 'admin':
    return Admin(*args)
```

该类提供了一个单一的 create 工厂方法，它接收一个名称参数，该参数与相应的类的名称和实例相匹配。其余的参数是实例化类的实例所需的参数，这些参数被原封不动地传递给其构造函数。

现来看看 Factory 类的实际效果：

```
>>> factory = EmployeeFactory()
>>> print(factory.create('engineer','Sam',25,'M'))
Engineer - Sam, 25 years old M
>>> print(factory.create('engineer','Tracy',28,'F'))
Engineer - Tracy, 28 years old F

>>> accountant = factory.create('accountant','Hema',39,'F')
>>> print(accountant)

Accountant - Hema, 39 years old F
>>> accountant.get_role()

accounting
>>> admin = factory.create('Admin','Supritha',32,'F')
>>> admin.get_role()
'administration'
```

以下是关于 Factory 类的一些有趣的注意点：

- 简单 Factory 类可以创建 Employee 层次结构中任意类的实例。
- 在工厂模式中，通常使用一个 Factory 类关联整个类家族（类及其子类层次结构）。例如，一个 Person 类可以使用 PersonFactory，一个 Automobile 类可以使用 AutoMobileFactory 类等。

- 在 Python 中工厂方法通常声明为 classmethod。这种方式使得工厂方法可以通过类的命名空间直接调用。例如：

```
>>> print(EmployeeFactory.create('engineer','Vishal',24,'M'))
Engineer - Vishal, 24 years old M
```

换句话讲，Factory 类的实例在工厂模式下并不是必要的。

7.3.3 原型模式

原型设计模式允许程序员创建一个类的实例作为模板实例，然后通过复制或克隆此原型来创建新的实例。

原型在下列场景中非常有用：

- 当在系统中实例化的类是动态的，即它们被指定为配置的一部分，或者可以在运行时更改。
- 当实例只有初始状态的几个组合。相较于每次跟踪状态和实例化实例，创建与每个状态匹配的原型并克隆更方便。

一个原型对象通常通过 clone 方法来支持对自身的复制。

下面是 Python 中对原型的一个简单实现：

```
import copy

class Prototype(object):
    """ A prototype base class """

    def clone(self):
        """ Return a clone of self """
        return copy.deepcopy(self)
```

clone 方法是使用 copy 模块来实现的，copy 模块深度复制对象并返回克隆对象。

现看看这是如何工作的。为此需要创建几个有意义的子类：

```
class Register(Prototype):
    """ A student Register class  """

    def __init__(self, names=[]):
        self.names = names


>>> r1=Register(names=['amy','stu','jack'])
>>> r2=r1.clone()
>>> print(r1)
<prototype.Register object at 0x7f42894e0128>
>>> print(r2)
<prototype.Register object at 0x7f428b7b89b0>
```

```
>>> r2.__class__
<class 'prototype.Register'>
```

1. 原型——深度复制和浅层复制

现在让我们深入了解 Prototype 类的实现细节。

你或许会注意到我们使用 copy 模块的深度复制方法来实现对象的克隆。这个模块中还有另一个复制方法，即浅层复制。

如果实现浅层复制，你会发现所有对象都是通过引用复制的。对于不可变对象（如字符串或元祖），这是可以接受的，因为本来它们就无法改变。

然而，对于像列表或字典这样的可变对象，这是一个问题，因为实例的状态是共享的，而不是由实例完全拥有，并且一个实例中的可变对象的任何修改也将修改克隆实例中的相同对象。

来看一个例子。我们将会用一个修改过的使用浅层复制的原型类实现，借此来说明这个问题：

```
class SPrototype(object):
    """ A prototype base class using shallow copy """

    def clone(self):
        """ Return a clone of self """
        return copy.copy(self)
```

SRegister 类继承自新的原型类：

```
class SRegister(SPrototype):
    """ Sub-class of SPrototype """

    def __init__(self, names=[]):
        self.names = names


>>> r1=SRegister(names=['amy','stu','jack'])
>>> r2=r1.clone()
```

添加一个名字到实例 r1 的名字注册器：

```
>>> r1.names.append('bob')
```

现在检查一下 r2.names：

```
>>> r2.names
['amy', 'stu', 'jack', 'bob']
```

这并不是我们想要的，但由于是浅层复制，r1 和 r2 最终会共享相同的名称列表，因为只有引用被复制而不是整个对象。这可以通过一个简单的检查验证：

```
>>> r1.names is r2.names
True
```

另一方面，深度复制对被克隆（复制）对象包含的所有对象递归地调用复制方法，因此没有什么是共享的，而且每个克隆出的对象最终都会拥有所有引用对象的副本。

2. 使用元类的原型

我们已经看过如何使用类来构建原型模式了。由于在单例模式示例中已经看到了 Python 中的一些元编程，它可帮助我们发现在原型模式中是否有相同的操作。

我们所需要做的就是在所有原型类上添加一个 clone 方法。可以通过元类的 __init__ 方法动态地添加一个方法到这样的类。

一种使用元类的原型简单实现如下：

```
import copy

class MetaPrototype(type):

    """ A metaclass for Prototypes """

    def __init__(cls, *args):
        type.__init__(cls, *args)
        cls.clone = lambda self: copy.deepcopy(self)

class PrototypeM(metaclass=MetaPrototype):
    pass
```

PrototypeM 现在实现了一个原型模式。来看一个使用子类的例子：

```
class ItemCollection(PrototypeM):
    """ An item collection class """

    def __init__(self, items=[]):
        self.items = items
```

首先创建一个 ItemCollection 对象：

```
>>> i1=ItemCollection(items=['apples','grapes','oranges'])
>>> i1
<prototype.ItemCollection object at 0x7fd4ba6d3da0>
```

现在按下面的方式进行克隆：

```
>>> i2 = i1.clone()
```

这个克隆明显是个不同的对象：

```
>>> i2
<prototype.ItemCollection object at 0x7fd4ba6aceb8>
```

而且它有自己的属性副本：

```
>>> i2.items is i1.items
False
```

3. 使用元类来合成模式

通过元类的功能来创建有趣的和自定义的模式是可能的。下面的例子说明了一种 type，它既是单例模式又是原型模式。

```
class MetaSingletonPrototype(type):
    """ A metaclass for Singleton & Prototype patterns """

    def __init__(cls, *args):
        print(cls,"__init__ method called with args", args)
        type.__init__(cls, *args)
        cls.instance = None
        cls.clone = lambda self: copy.deepcopy(cls.instance)

    def __call__(cls, *args, **kwargs):
        if not cls.instance:
            print(cls,"creating prototypical instance", args, kwargs)
            cls.instance = type.__call__(cls,*args, **kwargs)
        return cls.instance
```

任何使用此元类作为其 type 的类都将展现出单例模式和原型模式的行为。

一个类将看起来冲突的行为组合到一起，这看起来或许有点奇怪，因为单例模式只允许一个实例，而原型模式允许通过克隆导出多个实例，但是如果从模式的 API 角度去考虑就能感觉更自然一点。

- 使用构造函数调用类将始终返回相同的实例，它的行为类似于单例模式。
- 在类的实例上调用 clone 方法将总是返回克隆的实例。这些实例总是使用单例实例作为源进行克隆，它的行为类似于原型模式。

这里修改了 PrototypeM 类，现在使用新的元类：

```
class PrototypeM(metaclass=MetaSingletonPrototype):
    pass
```

由于 Itemcollection 类还是 PrototypeM 的子类，因此它会自动获得新的行为。

看看下面的代码：

```
>>> i1=ItemCollection(items=['apples','grapes','oranges'])
<class 'prototype.ItemCollection'> creating prototypical instance ()
{'items': ['apples'
, 'grapes', 'oranges']}
>>> i1
<prototype.ItemCollection object at 0x7fbfc033b048>
>>> i2=i1.clone()
```

clone 方法按预期一样工作，并生成克隆：

```
>>> i2
<prototype.ItemCollection object at 0x7fbfc033b080>
>>> i2.items is i1.items
False
```

然而，通过构造函数来构建一个实例，则只有在调用单例的 API 时返回单例（原型）实例。

```
>>> i3=ItemCollection(items=['apples','grapes','mangoes'])
>>> i3 is i1
True
```

元类有力地支持了类创建的自定义。在这个具体的例子中，我们通过元类创建了一个包含单例模式和原型模式行为的组合。Python 使用元类的能力，使得程序员能超越传统模式，并想出这种具有创造性的技术。

4. 原型工厂

一个原型类可以使用辅助**原型工厂**（prototype factory）或**注册表**（registry）类进行增强，这能为工厂函数提供配置系列或同一系列产品的原型实例创建功能。把这看作工厂模式的变种。

下面是这个类的代码。可以看出，这里让它继承自 Borg 来实现自动地从层次结构顶部开始的状态共享。

```
class PrototypeFactory(Borg):
    """ A Prototype factory/registry class """

    def __init__(self):

    """ Initializer """

    self._registry = {}

def register(self, instance):
    """ Register a given instance """

    self._registry[instance.__class__] = instance

def clone(self, klass):
    """  Return cloned instance of given class """

    instance = self._registry.get(klass)
    if instance == None:
        print('Error:',klass,'not registered')
    else:
        return instance.clone()
```

让我们创建一些 Prototype 子类，可以在工厂上注册它们的实例：

```
class Name(SPrototype):
    """ A class representing a person's name """

    def __init__(self, first, second):
        self.first = first
```

```
        self.second = second

    def __str__(self):
        return ' '.join((self.first, self.second))


class Animal(SPrototype):
    """ A class representing an animal """

    def __init__(self, name, type='Wild'):
        self.name = name
        self.type = type

    def __str__(self):
        return ' '.join((str(self.type), self.name))
```

这里有两个类，一个是Name类，另一个是Animal类，两者都继承自Sprototyoe类。首先各创建一个Name和Animal对象：

```
>>> name = Name('Bill', 'Bryson')
>>> animal = Animal('Elephant')
>>> print(name)
Bill Bryson
>>> print(animal)
Wild Elephant
```

现在，来创建一个原型工厂的实例。

```
>>> factory = PrototypeFactory()
```

现在在工厂注册两个实例：

```
>>> factory.register(animal)
>>> factory.register(name)
```

工厂已准备好从配置的实例中克隆任意数量的实例：

```
>>> factory.clone(Name)
<prototype.Name object at 0x7ffb552f9c50>

>> factory.clone(Animal)
<prototype.Animal object at 0x7ffb55321a58>
```

如果尝试克隆一个没有注册实例的类，工厂就会抱怨：

```
>>> class C(object): pass
...
>>> factory.clone(C)
Error: <class '__main__.C'> not registered
```

注意：这里展示的工厂类可以通过检查注册类中clone方法的存在来增强，以确保注册的任何类都遵守Prototype类的API。这就作为一个练习留给读者。

如果读者还没注意到我们选择的这个具体例子的其他方面，那么来讨论一下是很有启发性的：

- PrototypeFactory 类是一个工厂类，所以它通常是一个单例形式。在这个例子中，我们已经把它变成了 Borg 形式，因为 Borg 在类层次结构间状态共享中做得更好。
- Name 和 Animal 类继承自 Sprototype，由于它们的属性是不可变的整型和字符串，因此使用浅层复制是可行的。这和第一个 Prototype 子类并不同。
- 原型将类创建签名保留在原型的实例中，即 clone 方法。这使程序员变得轻松，因为他 / 她不必担心类创建签名（__new__ 方法和 __init__ 方法的参数顺序和类型)，但只能在现有实例上调用 clone 方法。

7.3.4 建造者模式

建造者模式将对象的构造和它的表示（组装）分离开来，从而可以使用相同的构建过程来构建不同的表现形式。

换句话说，使用建造者模式，可以方便地创建同一类别的不同类型或表现性的实例，只要每个实例使用稍微不同的构造或组装过程。

正式地，建造者模式使用 Director 类来引导 Builder 对象构建目标类的实例。不同类型（类）的建造器有助于构建同一个类稍微不同的实例。

现来看一个例子：

```
class Room(object):
    """ A class representing a Room in a house """

    def __init__(self, nwindows=2, doors=1, direction='S'):
        self.nwindows = nwindows
        self.doors = doors
        self.direction = direction

    def __str__(self):
        return "Room <facing:%s, windows=#%d>" % (self.direction,
                                                   self.nwindows)
class Porch(object):

    """ A class representing a Porch in a house """

    def __init__(self, ndoors=2, direction='W'):
        self.ndoors = ndoors
        self.direction = direction

    def __str__(self):
        return "Porch <facing:%s, doors=#%d>" % (self.direction,
                                                  self.ndoors)
```

```
class LegoHouse(object):
    """ A lego house class """

    def __init__(self, nrooms=0, nwindows=0,nporches=0):
        # windows per room
        self.nwindows = nwindows
        self.nporches = nporches
        self.nrooms = nrooms
        self.rooms = []
        self.porches = []

    def __str__(self):
        msg="LegoHouse<rooms=#%d, porches=#%d>" % (self.nrooms,
                                                    self.nporches)

        for i in self.rooms:
            msg += str(i)

        for i in self.porches:
            msg += str(i)

        return msg

    def add_room(self,room):
        """ Add a room to the house """

        self.rooms.append(room)

    def add_porch(self,porch):
        """ Add a porch to the house """

        self.porches.append(porch)
```

这里的示例展示了如下的 3 个类：

- 一个 Room 和 Porch 类，各代表一个房间和房屋的门廊——房间有窗户和门，门廊有门。
- LegoHouse 类代表实际房屋的玩具样例（想象一个孩子用乐高积木建造一幢房子，房子有房间和门廊）。乐高搭建的房屋可以由任意数量的房间和门廊构成。

试着创建一个简单的 LegoHouse 实例，它仅带有一个房间和门廊，每个都有默认配置。

```
>>> house = LegoHouse(nrooms=1,nporches=1)
>>> print(house)
LegoHouse<rooms=#1, porches=#1>
```

我们做完了吗？没有！请注意，LegoHouse 类没有在构造函数中完全地构造完成。房间和和门廊还未真正地构建出，仅仅是它们的计数被初始化了。

所以需要分别建造出房间和门廊，并把它们添加到房屋中。可按如下方式来做：

```
>>> room = Room(nwindows=1)
>>> house.add_room(room)
>>> porch = Porch()
>>> house.add_porch(porch)
>>> print(house)
LegoHouse<rooms=#1, porches=#1>
Room <facing:S, windows=#1>
Porch <facing:W, doors=#1>
```

现在看到房屋完全建好了。打印房屋时不仅显示房间和门廊的数量，还显示它们的具体细节。

现在，想象一下你需要建造 100 幢这样的不同房屋实例，每个房屋配置不同数量的房间和门廊，而且，房间通常自身还带有多个窗户和方向。

从示例代码可以清楚地看到，像末尾处那样的代码将无法扩展来解决问题。

这就是建造者模式可以帮助你的地方。让我们从一个简单的 LegoHouse 建造者类开始：

```
class LegoHouseBuilder(object):
    """ Lego house builder class """

    def __init__(self, *args, **kwargs):
        self.house = LegoHouse(*args, **kwargs)

    def build(self):
        """ Build a lego house instance and return it """

        self.build_rooms()
        self.build_porches()
        return self.house

    def build_rooms(self):
        """ Method to build rooms """

        for i in range(self.house.nrooms):
            room = Room(self.house.nwindows)
            self.house.add_room(room)

    def build_porches(self):
        """ Method to build porches """

        for i in range(self.house.nporches):
            porch = Porch(1)
            self.house.add_porch(porch)
```

下面是这个类的主要几个方面：

- 你可以使用目标类的配置来配置建造者类，像房间数和门廊数。
- 它提供给一个 build 方法，这个方法根据具体的配置建造和组装（构建）房屋的组成部分，在这个例子中即为房间和门廊。

❑ build 方法返回建造和组装好的房屋。

现在构建不同类型的 LegoHouse 只需要两行代码，不同类型的 LegoHouse 具有不同的房间和门廊设计：

```
>>> builder=LegoHouseBuilder(nrooms=2,nporches=1,nwindows=1)
>>> print(builder.build())
LegoHouse<rooms=#2, porches=#1>
Room <facing:S, windows=#1>
Room <facing:S, windows=#1>
Porch <facing:W, doors=#1>
```

现在来构建一个相似的房屋，但是里面的房间都只有两扇窗户：

```
>>> builder=LegoHouseBuilder(nrooms=2,nporches=1,nwindows=2)
>>> print(builder.build())
LegoHouse<rooms=#2, porches=#1>
Room <facing:S, windows=#2>
Room <facing:S, windows=#2>
Porch <facing:W, doors=#1>
```

假设你发觉正在持续地使用这个配置建造许多 LegoHouse，那么可以将其封装在建造者类的子类中，这样之前的代码本身不会过多地重复。

```
class SmallLegoHouseBuilder(LegoHouseBuilder):
""" Builder sub-class building small lego house with 1 room and 1
    porch and rooms having 2 windows """

    def __init__(self):
        self.house = LegoHouse(nrooms=2, nporches=1, nwindows=2)
```

现在，房屋配置被**烧制**到新的建造者类中，并且构建一个房屋就跟下面演示的一样简单：

```
>>> small_house=SmallLegoHouseBuilder().build()
>>> print(small_house)
LegoHouse<rooms=#2, porches=#1>
Room <facing:S, windows=#2>
Room <facing:S, windows=#2>
Porch <facing:W, doors=#1>
```

你也可以建造许多的房屋，如下：

```
>>> houses=list(map(lambda x: SmallLegoHouseBuilder().build(),
range(100)))
>>> print(houses[0])
LegoHouse<rooms=#2, porches=#1>

Room <facing:S, windows=#2>
Room <facing:S, windows=#2>
Porch <facing:W, doors=#1>

>>> len(houses)
100
```

还可以创建一些更奇特的建造者类，这些类可以做一些非常具体的事情。例如，下面是一个建造房屋的房间和门廊的朝向都是朝北的建造者类：

```
class NorthFacingHouseBuilder(LegoHouseBuilder):
    """ Builder building all rooms and porches facing North """

    def build_rooms(self):

        for i in range(self.house.nrooms):
            room = Room(self.house.nwindows, direction='N')
            self.house.add_room(room)

    def build_porches(self):

        for i in range(self.house.nporches):
            porch = Porch(1, direction='N')
            self.house.add_porch(porch)
```

```
>>> print(NorthFacingHouseBuilder(nrooms=2, nporches=1, nwindows=1).
build())
LegoHouse<rooms=#2, porches=#1>
Room <facing:N, windows=#1>
Room <facing:N, windows=#1>
Porch <facing:N, doors=#1>
```

借助 Python 的多重继承功能，可以令任何此类建造者类组合成新的有趣的子类。例如，下面是一个生产朝北小型房屋的建造者：

```
class NorthFacingSmallHouseBuilder(NorthFacingHouseBuilder,
SmallLegoHouseBuilder):
    pass
```

正如预期的那样，建造者总是生产朝北的小型房屋，并且房间都是带有两扇窗户。尽管这可能不是很有趣，但是实际非常可靠：

```
>>> print(NorthFacingSmallHouseBuilder().build())
LegoHouse<rooms=#2, porches=#1>
Room <facing:N, windows=#2>
Room <facing:N, windows=#2>
Porch <facing:N, doors=#1>
```

在结束关于创建模式的讨论之前，让我们总结一下这些创建模式及其相互作用的一些有趣的方面，分别如下：

- **建造者和工厂模式**：建造者模式将类实例的组装过程和创建分离开来。另一方面，工厂模式则关注使用统一的接口创建属于同一层次结构的不同子类的实例。建造者模式还将建造好的实例最后返回，而工厂模式将立即返回实例，因为它没有独立的构建步骤。
- **建造者和原型模式**：建造者可以在内部使用一个原型来创建它的实例。然后可以从这个实例克隆来自同一个建造者的其他实例。例如，构建一个建造者类，并让其使用原型元类来一直克隆一个原型实例，这样的做法非常有启发性。
- **原型和工厂模式**：原型工厂可以在内部使用工厂模式来构建相关类的初始实例。
- **工厂和单例模式**：在传统的编程语言中，工厂类通常是一个单例。另一个选择是让它的方法变成类方法或静态方法，这样就不需要创建工厂本身的实例。在我们的例子中可以看到，我们把它变成了 Borg。

现在将进入下一种模式的介绍，即结构化模式。

7.4　Python 模式——结构化模式

结构化模式关心组合类或对象的复杂性以形成更大结构，这个组合的结构大于其部分的总合。

结构化模式通过以下两种截然不同的方式实现：
- 通过使用类的继承组合多个类到成一个类。这是静态方法。
- 通过在运行时组合对象来实现组合功能。这种方法更加动态和灵活。

Python 通过支持多重继承，可以很好地实现这两者。作为具有动态属性的语言，并且拥有神奇的方法，Python 可以在对象组合和结果方法包装上做得很好。因此，使用 Python，程序员在实现结构化模式方面确实处于一个良好的位置。

本章将讨论如下的结构化模式：适配器模式、外观模式和代理模式。

7.4.1　适配器模式

顾名思义，适配器模式将特定接口的现有实现包装或调整到客户端期望的另一个接口中。适配器也被称为**包装器**。

通常，在编写程序时，经常会将对象转换为你想要的接口或类型，大多数情况下，你都没意识到这一点。

例如，看一下下面这个包含两个实例的列表，每个实例由水果的名字和数量构成：

```
>>> fruits=[('apples',2), ('grapes',40)]
```

给定一个水果的名字，假设要快速找到水果的数量。列表不允许使用水果名作为键，而接口更适合这种操作。

你会做什么？答案是只需将列表转换为字典：

```
>>> fruits_d=dict(fruits)
>>> fruits_d['apples']
2
```

瞧！你以一种更方便的方式获得了对象，这适合你的编程需求。这是一种数据或对象的适配。

程序员在他们的代码中几乎是连续地进行此类数据或对象的适配，但却没有意识到这一点。对代码或数据的适配比人们想象中的要普遍得多。

现讨论一个多边形 Polygon 类，它代表的是任意形状的规则或不规则的多边形：

```
class Polygon(object):
    """ A polygon class """

    def __init__(self, *sides):
        """ Initializer - accepts length of sides """
        self.sides = sides

    def perimeter(self):
        """ Return perimeter """

        return sum(self.sides)

    def is_valid(self):
        """ Is this a valid polygon """

        # Do some complex stuff - not implemented in base class
        raise NotImplementedError

    def is_regular(self):
        """ Is a regular polygon ? """

        # True: if all sides are equal
        side = self.sides[0]
        return all([x==side for x in self.sides[1:]])

    def area(self):
        """ Calculate and return area """

        # Not implemented in base class
        raise NotImplementedError
```

前面的这个类描述了一个几何中通用的封闭的多边形几何图形。

注意：我们已经实现了 perimeter 和 is_regular 这些基本方法，is_regular 返回这个多边形是否为规则的多边形，例如像一个六边形或五边形。

假设想要为以下规则的几何形状（例如三角形或矩形）实现特定的类。当然，我们可以从头开始实现。然而，既然有一个 Polygon 类可用，那么可以尝试复用它，并调整，使之符合我们的需求。

假设 Triangle 类需要如下的方法：

- is_equilateral：返回三角形是否为等边三角形。
- is_isosceles：返回三角形是否为等腰三角形

- is_valid：实现 Triangle 类的 is_valid 方法。
- area：实现三角形的面积计算方法。

类似地，Rectangle 类需要如下的方法：

- is_square：返回矩形是否为正方形。
- is_valid：实现 Rectangle 类的 is_valid 方法。
- area：实现矩形的面积计算方法。

以下是适配器模式的代码，适配器模式为 Triangle 类和 Rectangle 类重用了 Polygon 类。

下面是 Triangle 类的代码：

```
import itertools

class InvalidPolygonError(Exception):
    pass

class Triangle(Polygon):
    """ Triangle class from Polygon using class adapter """

    def is_equilateral(self):
        """ Is this an equilateral triangle ? """

        if self.is_valid():
            return super(Triangle, self).is_regular()

    def is_isosceles(self):
        """ Is the triangle isosceles """

        if self.is_valid():
            # Check if any 2 sides are equal
            for a,b in itertools.combinations(self.sides, 2):
                if a == b:
                    return True
        return False

    def area(self):
        """ Calculate area """

        # Using Heron's formula
        p = self.perimeter()/2.0
        total = p
        for side in self.sides:
            total *= abs(p-side)

        return pow(total, 0.5)

    def is_valid(self):
        """ Is the triangle valid """
```

```
        # Sum of 2 sides should be > 3rd side
        perimeter = self.perimeter()
        for side in self.sides:
            sum_two = perimeter - side
            if sum_two <= side:
                raise InvalidPolygonError(str(self.__class__) + "is
invalid!")

        return True
```

来看一下 Rectangle 类的代码：

```
class Rectangle(Polygon):
    """ Rectangle class from Polygon using class adapter """

    def is_square(self):
        """ Return if I am a square """

        if self.is_valid():
            # Defaults to is_regular
            return self.is_regular()

    def is_valid(self):

    """ Is the rectangle valid """

    # Should have 4 sides
    if len(self.sides) != 4:
        return False

    # Opposite sides should be same
    for a,b in [(0,2),(1,3)]:
        if self.sides[a] != self.sides[b]:
            return False

    return True

def area(self):
    """ Return area of rectangle """

    # Length x breadth
    if self.is_valid():
        return self.sides[0]*self.sides[1]
```

现在来看看实际运行的类。

对于第一个测试，创建一个等边三角形：

```
>>> t1 = Triangle(20,20,20)
>>> t1.is_valid()
True
```

一个等边三角形也是等腰的：

```
>>> t1.is_equilateral()
True
>>> t1.is_isosceles()
True
```

来计算一下它的面积：

```
>>> t1.area()
173.20508075688772
```

再来试一个不合法的三角形：

```
>>> t2 = Triangle(10, 20, 30)
>>> t2.is_valid()
Traceback (most recent call last):
  File "<stdin>", line 1, in <module>

  File "/home/anand/Documents/ArchitectureBook/code/chap7/adapter.py",
line 75, in is_valid
    raise InvalidPolygonError(str(self.__class__) + "is invalid!")
adapter.InvalidPolygonError: <class 'adapter.Triangle'>is invalid!
```

注意： 从维度看，它是个直线而不是三角形。在基类中 is_valid 方法并没有实现，因此子类需要提供合适的实现。在这种情况下，如果三角形不合法，那么就抛出一个异常。

下面是一个 Rectangle 类的例子：

```
>>> r1 = Rectangle(10,20,10,20)
>>> r1.is_valid()
True
>>> r1.area()
200
>>> r1.is_square()
False
>>> r1.perimeter()
60
```

创建一个正方形：

```
>>> r2 = Rectangle(10,10,10,10)
>>> r2.is_square()
True
```

这里展示的 Rectangle/Triangle 类的例子是**类适配器**的例子。这是因为它们继承了它们想适配的类，并提供给客户预期的方法，通常将计算委托给基类的方法。这一点在 Triangle 和 Rectangle 类中的 is_equilateral 和 is_square 方法里很明显。

来看一下对相同类的替代实现，下面是利用对象组合的方式，即**对象适配器**。

```
import itertools

class Triangle (object) :
```

```
    """ Triangle class from Polygon using class adapter """

    def __init__(self, *sides):
        # Compose a polygon
        self.polygon = Polygon(*sides)

def perimeter(self):
    return self.polygon.perimeter()

def is_valid(f):
    """ Is the triangle valid """

    def inner(self, *args):
        # Sum of 2 sides should be > 3rd side
        perimeter = self.polygon.perimeter()
        sides = self.polygon.sides

        for side in sides:
            sum_two = perimeter - side
            if sum_two <= side:
                raise InvalidPolygonError(str(self.__class__) +
                                          "is invalid!")

        result = f(self, *args)
        return result

    return inner

@is_valid
def is_equilateral(self):
    """ Is this equilateral triangle ? """

    return self.polygon.is_regular()

@is_valid
def is_isosceles(self):
    """ Is the triangle isoscles """

    # Check if any 2 sides are equal
    for a,b in itertools.combinations(self.polygon.sides, 2):
        if a == b:
            return True
    return False

def area(self):
    """ Calculate area """

    # Using Heron's formula
    p = self.polygon.perimeter()/2.0
    total = p
```

```
    for side in self.polygon.sides:
        total *= abs(p-side)

    return pow(total, 0.5)
```

尽管内部实现细节是通过对象组合而不是类的继承，但这个类表现得和另一个类相似。

```
>>> t1=Triangle(2,2,2)
>>> t1.is_equilateral()
True
>>> t2 = Triangle(4,4,5)
>>> t2.is_equilateral()
False
>>> t2.is_isosceles()
True
```

这种实现方式和类适配器方式的主要区别如下：

- 对象适配器的类并不继承我们想要适配的类。相反，它会组合所要适配类的一个实例。
- 任何包装方法都转发给组合实例。例如 perimeter 方法。
- 所包装实例的所有属性访问在此实现中必须显式指定。没有任何东西是免费的（因为没有继承这个类）。例如，检查访问封闭 Polygon 实例 side 属性的方式。

注意：观察如何将以前的 is_valid 方法转换为此实现中的装饰器。这是因为许多方法首先检查 is_valid，然后执行它们自己的操作，因此装饰器是个理想选择。这也有助于将此实现重写为更简便的形式，这将在后面讨论。

正如前面的实现所示，对象适配器实现的一个问题是，任何对封闭适配实例的属性引用都必须是显式的。例如，如果忘记在这里实现 Triangle 类的 perimeter 方法，就没有任何方法可以调用，因为我们没有从 Adapter 类继承。

下面是另一个实现，它利用了 Python 中的一个神奇方法，即 __getattr__，来简化操作。在 Rectangle 类中演示这个实现：

```
class Rectangle(object):
    """ Rectangle class from Polygon using object adapter """


    method_mapper = {'is_square': 'is_regular'}

    def __init__(self, *sides):
        # Compose a polygon
        self.polygon = Polygon(*sides)
```

```
    def is_valid(f):
        def inner(self, *args):
            """ Is the rectangle valid """

            sides = self.sides
            # Should have 4 sides
            if len(sides) != 4:
                return False

            # Opposite sides should be same
            for a,b in [(0,2),(1,3)]:
                if sides[a] != sides[b]:
                    return False

            result = f(self, *args)
            return result

        return inner

    def __getattr__(self, name):
        """ Overloaded __getattr__ to forward methods to wrapped
            instance """

        if name in self.method_mapper:
            # Wrapped name
            w_name = self.method_mapper[name]
            print('Forwarding to method',w_name)
            # Map the method to correct one on the instance
            return getattr(self.polygon, w_name)
        else:
        # Assume method is the same
        return getattr(self.polygon, name)

@is_valid
def area(self):
    """ Return area of rectangle """

    # Length x breadth
    sides = self.sides
    return sides[0]*sides[1]
```

来看看使用这个类的示例：

```
>>> r1=Rectangle(10,20,10,20)
>>> r1.perimeter()
60
>>> r1.is_square()
Forwarding to method is_regular
False
```

可以看到我们能够在 Rectangle 实例上调用 is_perimeter 方法了，尽管类里没有定义这样的一个方法。相似地，is_squre 方法似乎神奇地有用了。这里到底发生了什么呢？

如果不能以常见的方式找到某个属性（先查找对象的字典，再查找类的字典等），Python 就会在对象上调用神奇的 __getattr__ 方法。这个方法接收一个 name，然后提供一个对接类的钩子，以此实现将方法的查找表路由到其他对象。

在这个场景中，__getattr__ 做了以下的事情：

- 在 method_mapper 字典中查找属性名称。这是一个创建在类上的字典，它能够把我们想调用的类上的方法名（作为 key）映射到所包装实例上的实际方法（作为 value）。如果找到了，就会返回该名称。
- 如果在 method_mapper 字典中没有找到相应的名称，则会传递该名称给所包装实例，并以同样的名称继续进行查找。
- 在这两种情况下都使用 __getattr__ 查找并返回所包装实例的属性。
- 属性可以是任何数据属性或方法。例如，看一下我们是如何引用所包装 Ploygon 实例中的 side 属性，在 area 方法和 is_valid 装饰器中，side 属性就好像属于 Rectangle 类本身。
- 如果一个属性不存在于所包装实例中，就会抛出 AttributeError：

```
>>> r1.convert_to_parallelogram(angle=30)
Traceback (most recent call last):
  File "<stdin>", line 1, in <module>
 File "adapter_o.py", line 133, in __getattr__
    return getattr(self.polygon, name)
AttributeError: 'Polygon' object has no attribute 'convert_to_
parallelogram'
```

使用这种技术实现的对象适配器更加灵活，并且使得代码数量少于常规的对象适配器，因为常规对象适配器中每个方法都必须显式地编写和转发给所包装实例。

7.4.2　外观模式

外观模式是一种结构化模式，它为子系统的多个接口提供统一的接口。如果一个系统由众多子系统构成，这些子系统往往还拥有自己的接口，但呈现一些需要捕获的高级功能，在这种情况下，外观模式作为提供给用户的顶级接口非常有用。

日常生活中一个经典的外观模式的例子就是汽车。

例如，汽车由发动机、动力传送、轴和车轮组件、电子设备、转向系统、制动系统以及其他这样的部件组成。

然而，通常情况下，你不必去管汽车的刹车是不是碟刹的或者汽车的悬挂梁是螺旋弹簧还是麦克弗森支柱的。

这是因为汽车制造商为你提供了一个外观来操作和维护汽车，这样降低了复杂性，并提供了简单易用的子系统，如下：

- 汽车点火系统。
- 调整汽车的转向系统。
- 控制汽车的离合器、加速器和制动系统。
- 管理动力、速度的齿轮和传动系统。

我们周围很多复杂的系统都是外观模式。类似于汽车，一台计算机是一个外观模式，一个工业机器人也是一个外观模式。所有的工厂控制系统都是外观模式，这些控制系统只为工程师提供一些仪表盘和控件，然后工程师就能调整控制系统背后复杂的系统，并保持系统运行。

Python 中的外观模式

Python 的标准库中包含很多能作为优秀外观模式样例的模块。衔接 Python 中源代码解析和编译的 compiler 模块就是词法分析器、解析器、ast 树生成器等的外观。

以下是此模块的帮助内容的截图。

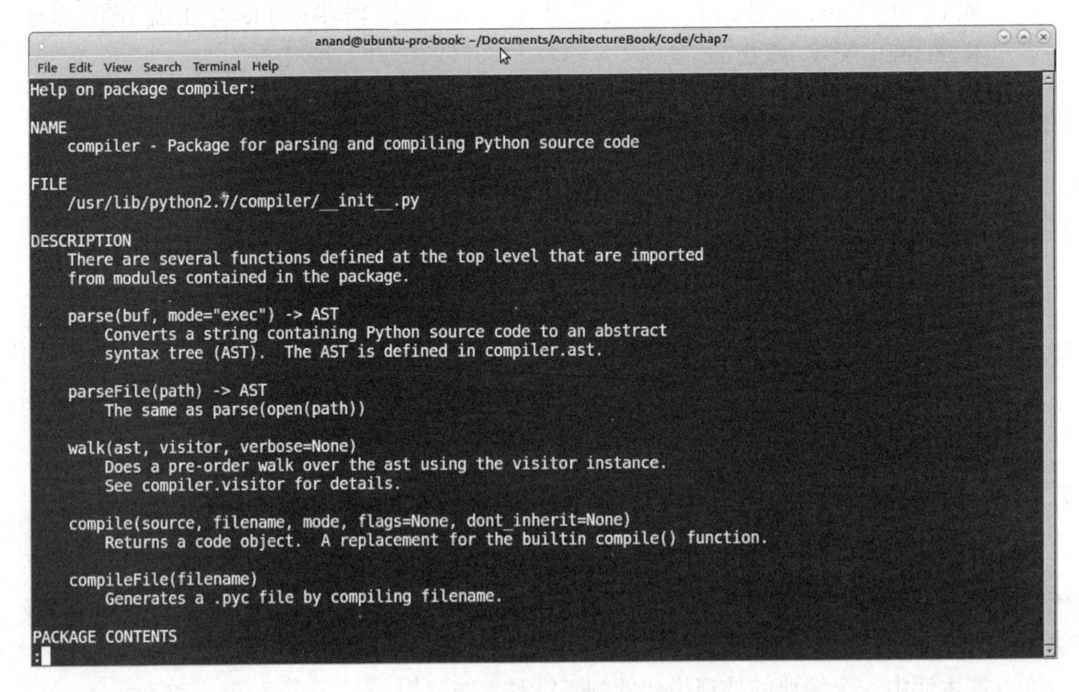

在帮助内容的下一页，你可以看到该模块是实现在软件包中定义的函数所要使用的其他模块的外观（查看截图底部的“Package contents”）。

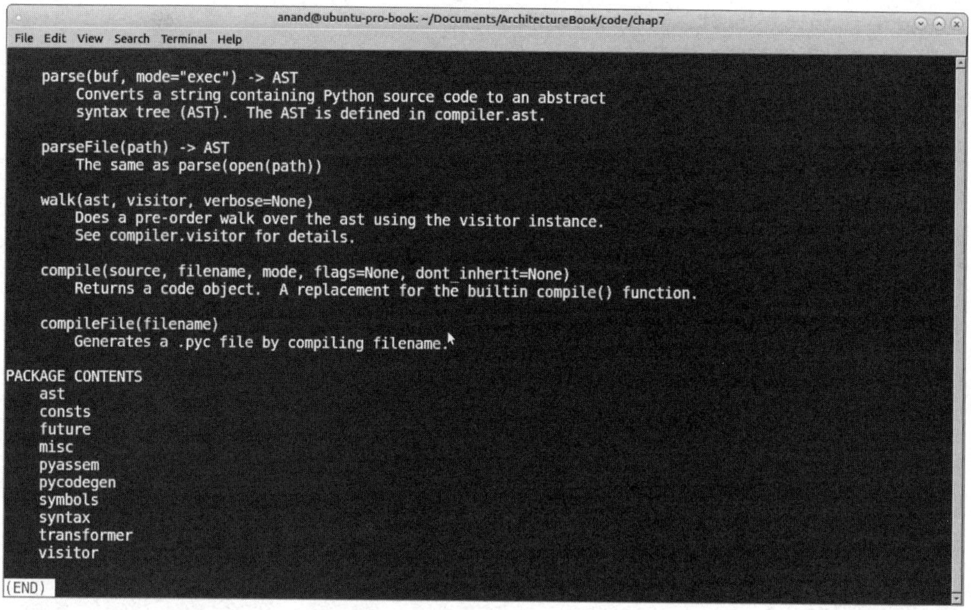

```
anand@ubuntu-pro-book: ~/Documents/ArchitectureBook/code/chap7
File  Edit  View  Search  Terminal  Help
    parse(buf, mode="exec") -> AST
        Converts a string containing Python source code to an abstract
        syntax tree (AST).  The AST is defined in compiler.ast.

    parseFile(path) -> AST
        The same as parse(open(path))

    walk(ast, visitor, verbose=None)
        Does a pre-order walk over the ast using the visitor instance.
        See compiler.visitor for details.

    compile(source, filename, mode, flags=None, dont_inherit=None)
        Returns a code object.  A replacement for the builtin compile() function.

    compileFile(filename)
        Generates a .pyc file by compiling filename.

PACKAGE CONTENTS
    ast
    consts
    future
    misc
    pyassem
    pycodegen
    symbols
    syntax
    transformer
    visitor
(END)
```

我们来看一个外观模式的实例代码。在这个例子中，我们模拟一个具有多个子系统的汽车。

下面是所有子系统的代码：

```
class Engine(object):
    """ An Engine class """

    def __init__(self, name, bhp, rpm, volume, cylinders=4,
      type='petrol'):
        self.name = name
        self.bhp = bhp
        self.rpm = rpm
        self.volume = volume
        self.cylinders = cylinders
        self.type = type

    def start(self):
        """ Fire the engine """

        print('Engine started')

    def stop(self):
        """ Stop the engine """
        print('Engine stopped')

class Transmission(object):
    """ Transmission class """
```

```
    def __init__(self, gears, torque):
        self.gears = gears
        self.torque = torque
        # Start with neutral
        self.gear_pos = 0

    def shift_up(self):
        """ Shift up gears """

        if self.gear_pos == self.gears:
            print('Cant shift up anymore')
        else:
            self.gear_pos += 1
            print('Shifted up to gear',self.gear_pos)

    def shift_down(self):
        """ Shift down gears """

        if self.gear_pos == -1:
            print("In reverse, can't shift down")
        else:
            self.gear_pos -= 1
            print('Shifted down to gear',self.gear_pos)

    def shift_reverse(self):
        """ Shift in reverse """

        print('Reverse shifting')
        self.gear_pos = -1

    def shift_to(self, gear):
        """ Shift to a gear position """

        self.gear_pos = gear

        print('Shifted to gear',self.gear_pos)


class Brake(object):
    """ A brake class """

    def __init__(self, number, type='disc'):
        self.type = type
        self.number = number

    def engage(self):
        """ Engage the break """

        print('%s %d engaged' % (self.__class__.__name__,
                                 self.number))
```

```
    def release(self):
        """ Release the break """

        print('%s %d released' % (self.__class__.__name__,
                                   self.number))

class ParkingBrake(Brake):
    """ A parking brake class """

    def __init__(self, type='drum'):
        super(ParkingBrake, self).__init__(type=type, number=1)


class Suspension(object):
    """ A suspension class """

    def __init__(self, load, type='mcpherson'):
        self.type = type
        self.load = load

class Wheel(object):
    """ A wheel class """

    def __init__(self, material, diameter, pitch):
        self.material = material
        self.diameter = diameter

        self.pitch = pitch

class WheelAssembly(object):
    """ A wheel assembly class """

    def __init__(self, brake, suspension):
        self.brake = brake
        self.suspension = suspension
        self.wheels = Wheel('alloy', 'M12',1.25)

    def apply_brakes(self):
        """ Apply brakes """

        print('Applying brakes')
        self.brake.engage()

class Frame(object):
    """ A frame class for an automobile """

    def __init__(self, length, width):
        self.length = length
        self.width = width
```

正如你所看到的，我们已经覆盖了一辆汽车中大量的子系统，至少已经覆盖了至关重要的部分。

下面是Car类的代码，它组合了子系统并提供拥有两个方法的外观，两个方法是start和stop方法，即启动和停止汽车：

```
class Car(object):
    """ A car class - Facade pattern """

    def __init__(self, model, manufacturer):
        self.engine = Engine('K-series',85,5000, 1.3)
        self.frame = Frame(385, 170)
        self.wheel_assemblies = []
        for i in range(4):
            self.wheel_assemblies.append(WheelAssembly(Brake(i+1),
                                         Suspension(1000)))

        self.transmission = Transmission(5, 115)
        self.model = model
        self.manufacturer = manufacturer
        self.park_brake = ParkingBrake()
        # Ignition engaged

      self.ignition = False

   def start(self):
      """ Start the car """

      print('Starting the car')
      self.ignition = True
      self.park_brake.release()
      self.engine.start()
      self.transmission.shift_up()
      print('Car started.')

   def stop(self):
      """ Stop the car """

      print('Stopping the car')
      # Apply brakes to reduce speed
      for wheel_a in self.wheel_assemblies:
          wheel_a.apply_brakes()

      # Move to 2nd gear and then 1st
      self.transmission.shift_to(2)
      self.transmission.shift_to(1)
      self.engine.stop()
      # Shift to neutral
      self.transmission.shift_to(0)
      # Engage parking brake
      self.park_brake.engage()
      print('Car stopped.')
```

先来构建一个 Car 类实例：

```
>>> car = Car('Swift','Suzuki')
>>> car
<facade.Car object at 0x7f0c9e29afd0>
```

现在把汽车从车库中开出来，去转一圈：

```
>>> car.start()
Starting the car
ParkingBrake 1 released
Engine started
Shifted up to gear 1
```

车子启动了。

既然我们已经驾驶了它一会了，现在可以停车了。也许你已经猜到了，停车比启动汽车要求更多的子系统参与。

```
>>> car.stop()
Stopping the car
Shifted to gear 2
Shifted to gear 1
Applying brakes
Brake 1 engaged
Applying brakes
Brake 2 engaged
Applying brakes
Brake 3 engaged
Applying brakes
Brake 4 engaged
Engine stopped
Shifted to gear 0
ParkingBrake 1 engaged
Car stopped.
>>>
```

外观模式有力地将复杂性从系统中提取出来，也因此使系统使用变得更加容易。如同之前的例子所示，如果没有像这个例子一样构建 start 和 stop 方法，启动和停止过程会变得非常令人头疼。这些方法隐藏了启动和停止汽车时子系统所涉及动作背后的复杂性。

这就是外观模式做的最好的地方。

7.4.3　代理模式

代理模式包装另一个对象来控制针对此对象的访问。一些使用场景如下：

- 需要一个更接近客户的虚拟资源，它可以替代另一网络中的实际资源，例如远程代理。
- 当需要控制 / 监视对资源的访问时，例如网络代理和实例计数代理。

- 需要保护资源或对象（保护代理），因为直接访问资源会导致安全问题或危及资源，例如反向代理服务器。
- 需要从开销大的计算或网络操作中优化对结果的访问，以便不必每次都执行计算，例如缓存代理。

代理总是实现所代理对象的接口，换句话说，这是它的目标。这既可以通过继承也可以通过组合实现。正如在适配器模式的例子中所看到的那样，在 Python 中对组合的实现可以通过覆盖 __getattr__ 方法更有力地完成。

一个实例：计数代理

这个例子演示了使用代理模式追踪类的实例。这里会重用工厂模式中的 Employee 类及其子类：

```
class EmployeeProxy(object):
    """ Counting proxy class for Employees """

    # Count of employees
    count = 0

    def __new__(cls, *args):
        """ Overloaded __new__ """
        # To keep track of counts
        instance = object.__new__(cls)
        cls.incr_count()
        return instance

    def __init__(self, employee):
        self.employee = employee

    @classmethod
    def incr_count(cls):
        """ Increment employee count """
        cls.count += 1

    @classmethod
    def decr_count(cls):
        """ Decrement employee count """
        cls.count -= 1

    @classmethod
    def get_count(cls):

        """ Get employee count """
        return cls.count

    def __str__(self):
        return str(self.employee)
```

```
    def __getattr__(self, name):
        """ Redirect attributes to employee instance """

        return getattr(self.employee, name)

    def __del__(self):
        """ Overloaded __del__ method """
        # Decrement employee count
        self.decr_count()

class EmployeeProxyFactory(object):
    """ An Employee factory class returning proxy objects """

    @classmethod
    def create(cls, name, *args):
        """ Factory method for creating an Employee instance """

        name = name.lower().strip()

        if name == 'engineer':
            return EmployeeProxy(Engineer(*args))
        elif name == 'accountant':
            return EmployeeProxy(Accountant(*args))
        elif name == 'admin':
            return EmployeeProxy(Admin(*args))
```

注意：我们并没有重复Employee子类的代码，因为它们在工厂模式的讨论中已经存在了。

这里有两个类，即EmployeeProxy和被修改过的原始Factory类，Factory类返回EmployeeProxy实例而不是Employee的实例。修改后的Factory类使我们能很容易地创建代理实例，而不用自己去实例化。

这里实现的代理是一个组合或对象代理，它包装目标对象（Employee），并重载__getattr__来重定向访问权。它通过覆盖实例创建的__new__方法和实例删除的__del__方法来跟踪实例的计数。

来看一个使用代理的例子：

```
>>> factory = EmployeeProxyFactory()
>>> engineer = factory.create('engineer','Sam',25,'M')
>>> print(engineer)
Engineer - Sam, 25 years old M
```

注意：这是通过代理打印engineer对象的详细信息，因为我们已经在代理类中重写了__str__方法，这个方法调用Employee实例中相同的方法。

```
>>> admin = factory.create('admin','Tracy',32,'F')
>>> print(admin)
Admin - Tracy, 32 years old F
```

现在来检查一下实例的计数。计数查询既可以通过实例也可以通过代理类进行，因为它是引用类变量的：

```
>>> admin.get_count()
2
>>> EmployeeProxy.get_count()
2
```

删除这个实例，看看会发生什么：

```
>>> del engineer
>>> EmployeeProxy.get_count()
1
>>> del admin
>>> EmployeeProxy.get_count()
0
```

注意： Python 中的弱引用模块提供了一个和我们的实现相似的代理对象，它们都是代理对类实例的访问。

下面是一个例子：

```
>>> import weakref
>>> import gc
>>> engineer=Engineer('Sam',25,'M')
```

检查对新对象的引用计数：

```
>>> len(gc.get_referrers(engineer))
1
```

现在创建一个对它的弱引用：

```
>>> engineer_proxy=weakref.proxy(engineer)
```

weakref 对象在所有方面都表现得像它所代理的对象：

```
>>> print(engineer_proxy)
Engineer - Sam, 25 years old M
>>> engineer_proxy.get_role()
'engineering'
```

然而，注意到 weakref 对象并没有增加被代理对象的引用计数。

```
>>> len(gc.get_referrers(engineer))
    1
```

7.5　Python 模式——行为模式

行为模式是模式复杂性和功能性的最后阶段。它们也是在一个系统中对象生命周期最后出场的，因为对象首先被创建，然后再被构建成更大的结构，最后才能互相交互。

行为模式封装了对象之间的通信和交互模型。它允许我们描述在运行时难以遵循的复杂工作流。

通常情况下，行为模式往往倾向于对象组合而不是继承，因为在系统中交互的对象一般来自不同的类层次结构。

下文将讨论以下模式：**迭代器模式、观察者模式和状态模式。**

7.5.1　迭代器模式

迭代器提供一种连续访问容器对象中的元素而不会暴露底层对象本身的方法。换句话说，迭代器是一个代理，它提供一种对容器对象进行迭代的方法。

迭代器在 Python 中无处不在，所以没有必要介绍它们。

Python 中的所有容器 / 序列类型，即 list、tuple、str 和 set 都实现了自己的迭代器。字典也在其键上实现了迭代器。

在 Python 中，迭代器是任何实现了 __iter__ 方法的对象，并且该对象还要能响应返回迭代器实例的 iter 函数。

通常，创建的迭代器对象隐藏在 Python 的幕后。

例如，像下面那样迭代一个列表：

```
>>> for i in range(5):
...         print(i)
...
0
1
2
3
4
```

在内部，一些非常类似的事情发生了：

```
>>> I = iter(range(5))
>>> for i in I:
...         print(i)
...
0
1
2
3
4
```

每个序列类型都在 Python 中实现自己的迭代器类型。这方面的例子如下。

- list：

```
>>> fruits = ['apple','oranges','grapes']
>>> iter(fruits)
<list_iterator object at 0x7fd626bedba8>
```

- tuple：

```
>>> prices_per_kg = (('apple', 350), ('oranges', 80), ('grapes',
120))
>>> iter(prices_per_kg)
<tuple_iterator object at 0x7fd626b86fd0>
```

- set：

```
>>> subjects = {'Maths','Chemistry','Biology','Physics'}
>>> iter(subjects)
<set_iterator object at 0x7fd626b91558>
```

在 Python 3 中，即使是字典类型，也都有自己特殊的键迭代器：

```
>>> iter(dict(prices_per_kg))
<dict_keyiterator object at 0x7fd626c35ae8>
```

下面是一个在 Python 中实现自己的迭代器类 / 类型的小例子：

```
class Prime(object):
    """ An iterator for prime numbers """

    def __init__(self, initial, final=0):
        """ Initializer - accepts a number """
        # This may or may not be prime
        self.current = initial
        self.final = final

    def __iter__(self):
        return self

    def __next__(self):
        """ Return next item in iterator """
        return self._compute()

    def _compute(self):

""" Compute the next prime number """

num = self.current

while True:
    is_prime = True
```

```
        # Check this number
        for x in range(2, int(pow(self.current, 0.5)+1)):
            if self.current%x==0:
                is_prime = False
                break


        num = self.current
        self.current += 1

        if is_prime:
            return num

        # If there is an end range, look for it
        if self.final > 0 and self.current>self.final:
            raise StopIteration
```

上面的类是一个质数迭代器，它返回两个限定值间的所有质数：

```
>>> p=Prime(2,10)
>>> for num in p:
... print(num)
...
2
3
5
7
>>> list(Prime(2,50))
[2, 3, 5, 7, 11, 13, 17, 19, 23, 29, 31, 37, 41, 43, 47]
```

没有结束限制的质数迭代器是一个无限迭代器。例如，以下迭代器将返回从 2 开始的所有质数，并且永远不会停止：

```
>>> p = Prime(2)
```

然而，通过将其与 itertool 模块相结合，可以从这种无限迭代器中提取出想要的特定数据。

例如，使用 itertool 的 islice 方法来计算前 100 个质数：

```
>>> import itertools
>>> list(itertools.islice(Prime(2), 100))
[2, 3, 5, 7, 11, 13, 17, 19, 23, 29, 31, 37, 41, 43, 47, 53, 59, 61,
67, 71, 73, 79, 83, 89, 97, 101, 103, 107, 109, 113, 127, 131, 137,
139, 149, 151, 157, 163, 167, 173, 179, 181, 191, 193, 197, 199, 211,
223, 227, 229, 233, 239, 241, 251, 257, 263, 269, 271, 277, 281, 283,
293, 307, 311, 313, 317, 331, 337, 347, 349, 353, 359, 367, 373, 379,
383, 389, 397, 401, 409, 419, 421, 431, 433, 439, 443, 449, 457, 461,
463, 467, 479, 487, 491, 499, 503, 509, 521, 523, 541]
```

类似地，下面使用 filterfalse 方法过滤出个位以 1 结尾的前 10 个质数：

```
>>> list(itertools.islice(itertools.filterfalse(lambda x: x % 10 != 1,
```

```
Prime(2)), 10))
[11, 31, 41, 61, 71, 101, 131, 151, 181, 191]
```

采用类似的方式，下面是获得前 10 个回文质数的代码：

```
>>> list(itertools.islice(itertools.filterfalse(lambda x:
str(x)!=str(x)[-1::-1], Prime(2)), 10))
[2, 3, 5, 7, 11, 101, 131, 151, 181, 191]
```

感兴趣的读者参考 itertool 模块的文档及其方法，会发现有趣的使用和操作这个无限迭代器所产生的数据的方式。

7.5.2 观察者模式

观察者模式解耦合了对象，但又允许在同一时刻一组对象（订阅者）跟踪另一组对象（发布者）的改变。这避免了一对多的依赖和引用，同时保持它们的交互活动。

这个模式又称为**发布者 – 订阅者模式**。

下面是一个相当简单的示例，示例使用 Alarm 类，Alam 类在自己的线程中运行，并且每隔 1s 生成定期报警（默认情况下）。 它也可以作为发布者类，当发生报警时通知其订阅者。

```
import threading
import time

from datetime import datetime

class Alarm(threading.Thread):
    """ A class which generates periodic alarms """

    def __init__(self, duration=1):
        self.duration = duration
        # Subscribers
        self.subscribers = []
        self.flag = True
        threading.Thread.__init__(self, None, None)

    def register(self, subscriber):
        """ Register a subscriber for alarm notifications """

        self.subscribers.append(subscriber)

    def notify(self):
        """ Notify all the subscribers """

        for subscriber in self.subscribers:
            subscriber.update(self.duration)

    def stop(self):
        """ Stop the thread """
```

```
        self.flag = False

    def run(self):
        """ Run the alarm generator """

        while self.flag:
            time.sleep(self.duration)
            # Notify
            self.notify()
```

订阅者是一个简单的 DumbClock 类，它订阅了 Alarm 对象并接收通知，同时利用通知更新它的时间。

```
class DumbClock(object):
    """ A dumb clock class using an Alarm object """

    def __init__(self):
        # Start time
        self.current = time.time()

    def update(self, *args):
        """ Callback method from publisher """

        self.current += args[0]

    def __str__(self):
        """ Display local time """

        return datetime.fromtimestamp(self.current).
               strftime('%H:%M:%S')
```

我们来让这些对象工作起来。

1）首先创建一个通知周期为 1s 的闹钟。这允许：

```
>>> alarm=Alarm(duration=1)
```

2）接下来创建 DumbClock 对象：

```
>>> clock=DumbClock()
```

3）最后，将 clock 对象作为一个观察者注册到 Alarm 对象上，这样它才能接收通知：

```
>>> alarm.register(clock)
```

4）现在 clock 会持续接收来自 Alarm 的更新。每次打印 clock 时，都会显示精确到秒的当前时间。

```
>>> print(clock)
10:04:27
```

过段时间打印，就会有如下结果：

```
>>> print(clock)
10:08:20
```

5）休眠一段时间再打印，结果如下：

```
>>> print(clock);time.sleep(20);print(clock)
10:08:23
10:08:43
```

以下是实现观察者模式时要注意的一些方面：

- **订阅者的引用**：发布者可以选择保留对订阅者的引用，或者在需要的时候使用中介模式获取引用。中介模式可以将系统中的许多对象从强引用解耦。例如，在 Python 中，如果发布者和订阅者对象都在同一个运行时环境中，中介可能是一个弱引用或代理的集合，或者是管理此类集合的对象。对于远程引用，可以使用远程代理。
- **实现回调**：在这个例子中，Alarm 对象直接通过调用订阅者对象的 update 方法更新订阅者状态。另一个替代实现是让发布者简单地通知订阅者，在这点上，订阅者通过使用 get_state 方法来查询发布者的状态，从而实现自己的状态更改。

对可能会与不同类型 / 类的订阅者交互的发布者来说，这种方式是首选的。这种方式还允许发布者对订阅者代码解耦，因为如果订阅者的 update 和 notify 代码改变后，发布者不一定需要修改自己的代码。

- **同步与异步**：在本例中，当发布者状态改变时，notify 方法是在和发布者相同的线程中调用，原因是 clock 需要可靠及时的通知才能准确。在异步实现中，这个操作可以异步执行，由此发布者的主要线程能够继续运行。例如，使用异步执行的系统会首选这种执行方式，异步执行在一有通知后会返回一个 future 对象，但是实际的通知可能在之后发生。

由于已经在第 5 章讲过异步处理，所以这里将以一个示例来结束对观察者模式的讨论，这个例子展示的是发布者和订阅者之间的异步交互。为此将使用 Python 中的 asyncio 模块。

对于这个例子，我们将涉及新闻发布领域。例子中的发布者利用新闻网址（URL）从不同的来源获取新闻报道，这些新闻网址被标记到特定的新闻频道。此类频道可能是“体育”“国际事务”“科技”“印度”等。

新闻订阅者注册感兴趣的新闻频道，以 URL 方式消费新闻报道。一旦收到一个 URL，他们将以异步的方式获取 URL 的数据。发布者对订阅者的通知也是异步的。

以下是发布者的源代码：

```
import weakref
import asyncio

from collections import defaultdict, deque
```

```
class NewsPublisher(object):
  """ A news publisher class with asynchronous notifications """

  def __init__(self):
      # News channels
      self.channels = defaultdict(deque)
      self.subscribers = defaultdict(list)
      self.flag = True

  def add_news(self, channel, url):
      """ Add a news story """

      self.channels[channel].append(url)

  def register(self, subscriber, channel):
      """ Register a subscriber for a news channel """

      self.subscribers[channel].append(weakref.proxy(subscriber))

  def stop(self):
      """ Stop the publisher """

      self.flag = False

  async def notify(self):
      """ Notify subscribers """

      self.data_null_count = 0

      while self.flag:
          # Subscribers who were notified
          subs = []

          for channel in self.channels:
              try:

        data = self.channels[channel].popleft()
    except IndexError:
        self.data_null_count += 1
        continue

    subscribers = self.subscribers[channel]
    for sub in subscribers:
        print('Notifying',sub,'on channel',channel,'with
               data=>',data)
        response = await sub.callback(channel, data)
        print('Response from',sub,'for
               channel',channel,'=>',response)
        subs.append(sub)

await asyncio.sleep(2.0)
```

发布者的 notify 方法是异步的。它遍历频道列表，找出每个频道的订阅者，然后使用订阅者的 callback 方法回调订阅者，并向其提供频道的最新数据。

callback 方法本身也是异步的，它返回的是 future 而不是最终处理好的结果。这个 future 的未来处理也是在订阅者 fetch_urls 方法内异步进行的。

下面是订阅者的源代码：

```
import aiohttp

class NewsSubscriber(object):
    """ A news subscriber class with asynchronous callbacks """

    def __init__(self):
        self.stories = {}
        self.futures = []
        self.future_status = {}
        self.flag = True

    async def callback(self, channel, data):
        """ Callback method """

        # The data is a URL
        url = data
        # We return the response immediately
        print('Fetching URL',url,'...')
        future = aiohttp.request('GET', url)
    self.futures.append(future)

    return future

async def fetch_urls(self):

    while self.flag:

        for future in self.futures:
            # Skip processed futures
            if self.future_status.get(future):
                continue

            response = await future

            # Read data
            data = await response.read()

            print('\t',self,'Got data for URL',response.
                   url,'length:',len(data))
            self.stories[response.url] = data
            # Mark as such
            self.future_status[future] = 1

        await asyncio.sleep(2.0)
```

注意 callback 和 fetch_urls 方法是如何被声明为异步的。callback 方法把来自发布者的 URL 传递给 aiohttp 模块的 GET 方法，后者仅仅返回一个 future。

future 被添加到 future 列表中，这个列表是针对异步处理准备的，fetch_urls 方法使用列表获取 URL 数据，然后再将数据以 URL 作为 key 的方式添加进本地新闻报道字典中。

下面是代码的异步循环部分。

1）刚开始，我们创建了一个发布者并通过特定的 URL 添加一些新闻到发布者的几个频道：

```
        publisher = NewsPublisher()

        # Append some stories to the 'sports' and 'india' channel

        publisher.add_news('sports', 'http://www.cricbuzz.com/
        cricket-news/94018/collective-dd-show-hands-massive-loss-to-
        kings-xi-punjab')

        publisher.add_news('sports', 'https://sports.ndtv.com/
        indian-premier-league-2017/ipl-2017-this-is-how-virat-kohli-
        recovered-from-the-loss-against-mumbai-indians-1681955')

publisher.add_news('india','http://www.business-standard.com/
article/current-affairs/mumbai-chennai-and-hyderabad-airports-put-
on-hijack-alert-report-117041600183_1.html')
    publisher.add_news('india','http://timesofindia.indiatimes.
com/india/pakistan-to-submit-new-dossier-on-jadhav-to-un-report/
articleshow/58204955.cms')
```

2）然后创建两个订阅者，一个收听 sports 频道，另一个收听 india 频道。

```
subscriber1 = NewsSubscriber()
subscriber2 = NewsSubscriber()
publisher.register(subscriber1, 'sports')
publisher.register(subscriber2, 'india')
```

3）接着创建异步事件循环：

```
loop = asyncio.get_event_loop()
```

4）下一步，将任务作为共同例程添加到异步循，借此让异步循环开始工作，具体需要添加以下 3 个任务：

- publisher.notify()
- subscriber.fetch_urls(): 两个订阅者各一个

5）由于发布者和订阅者处理循环都不会退出，所以通过其 wait 方法添加超时处理：

```
    tasks = map(lambda x: x.fetch_urls(), (subscriber1,
subscriber2))
    loop.run_until_complete(asyncio.wait([publisher.notify(), *tas
ks],                                   timeout=120))
```

```
    print('Ending loop')
    loop.close()
```

下面是在控制台看到的实际运行中的异步发布者和订阅者。

```
Terminal
(env) $ python3 observer_async.py
Notifying <__main__.NewsSubscriber object at 0x7efbf5153f98> on channel india with data=> http://www.busin
ess-standard.com/article/current-affairs/mumbai-chennai-and-hyderabad-airports-put-on-hijack-alert-report-
117041600183_1.html
Fetching URL http://www.business-standard.com/article/current-affairs/mumbai-chennai-and-hyderabad-airport
s-put-on-hijack-alert-report-117041600183_1.html ...
Response from <__main__.NewsSubscriber object at 0x7efbf5153f98> for channel india => <aiohttp.client._Ses
sionRequestContextManager object at 0x7efbf53ded38>
Notifying <__main__.NewsSubscriber object at 0x7efbf691d2e8> on channel sports with data=> http://www.cric
buzz.com/cricket-news/94018/collective-dd-show-hands-massive-loss-to-kings-xi-punjab
Fetching URL http://www.cricbuzz.com/cricket-news/94018/collective-dd-show-hands-massive-loss-to-kings-xi-
punjab ...
Response from <__main__.NewsSubscriber object at 0x7efbf691d2e8> for channel sports => <aiohttp.client._Se
ssionRequestContextManager object at 0x7efbf4c68318>
Notifying <__main__.NewsSubscriber object at 0x7efbf5153f98> on channel india with data=> http://timesofin
dia.indiatimes.com/india/pakistan-to-submit-new-dossier-on-jadhav-to-un-report/articleshow/58204955.cms
Fetching URL http://timesofindia.indiatimes.com/india/pakistan-to-submit-new-dossier-on-jadhav-to-un-repor
t/articleshow/58204955.cms ...
Response from <__main__.NewsSubscriber object at 0x7efbf5153f98> for channel india => <aiohttp.client._Ses
sionRequestContextManager object at 0x7efbf39e0ca8>
Notifying <__main__.NewsSubscriber object at 0x7efbf691d2e8> on channel sports with data=> https://sports.
ndtv.com/indian-premier-league-2017/ipl-2017-this-is-how-virat-kohli-recovered-from-the-loss-against-mumba
i-indians-1681955
Fetching URL https://sports.ndtv.com/indian-premier-league-2017/ipl-2017-this-is-how-virat-kohli-recovered
-from-the-loss-against-mumbai-indians-1681955 ...
Response from <__main__.NewsSubscriber object at 0x7efbf691d2e8> for channel sports => <aiohttp.client._Se
ssionRequestContextManager object at 0x7efbf39e05e8>
        <__main__.NewsSubscriber object at 0x7efbf691d2e8> Got data for URL http://www.cricbuzz.com/crick
et-news/94018/collective-dd-show-hands-massive-loss-to-kings-xi-punjab length: 66230
        <__main__.NewsSubscriber object at 0x7efbf691d2e8> Got data for URL https://sports.ndtv.com/india
n-premier-league-2017/ipl-2017-this-is-how-virat-kohli-recovered-from-the-loss-against-mumbai-indians-1681
```

现在讨论设计模式的最后一个模式，即状态模式。

7.5.3 状态模式

状态模式将对象的内部状态封装到另一个类（**状态对象**）。对象通过将内部封装的状态对象切换到不同的值来更改其自身状态。

一个状态对象及其相关的表亲——有限状态机（FSM），允许程序员在不需要复杂代码的情况下，在对象的不同状态下实现无缝的状态转换。

在 Python 中，状态模式可以很容易地实现，因为 Python 中有一个很神奇的对象的类属性，即 __class__ 属性。

听起来有点奇怪，但是在 Python 中，这个属性可以在实例的字典上修改。这允许实例动态地改变它的 __class__ 属性，可以利用这个特点在 Python 中实现状态模式。

以下是一个简单的示例：

```
>>> class C(object):
...     def f(self): return 'hi'
...
>>> class D(object): pass
...
```

```
>>> c = C()
>>> c
<__main__.C object at 0x7fa026ac94e0>
>>> c.f()
'hi'
>>> c.__class__=D
>>> c
<__main__.D object at 0x7fa026ac94e0>
>>> c.f()
Traceback (most recent call last):
  File "<stdin>", line 1, in <module>
AttributeError: 'D' object has no attribute 'f'
```

刚才能够在运行时修改对象 C 的 __class__ 属性。现在，在这个例子中，这必然是危险的，因为 C 和 D 是不相关的类，所以在这种情况下这么做永远不是一件聪明的事情。很明显，当修改 C 为 D 类（D 类没有 f 方法）的实例时，C 会忘记方法 f。

然而，对于相关类，更具体地说，实现相同接口的父类的子类的方式非常有用，并且可以用于实现类似于状态模式的模式。

下面的例子已经使用了这个技术来实现状态模式。它展示了一台可以从一个状态切换到另一个状态的计算机。

注意如何使用迭代器来定义这个类。因为迭代器通过自然的方式定义了到下一个位置的移动，所以我们利用这个事实来实现状态模式。

```
import random

class ComputerState(object):
    """ Base class for state of a computer """

    # This is an iterator
    name = "state"
    next_states = []
    random_states = []

    def __init__(self):
        self.index = 0

    def __str__(self):
        return self.__class__.__name__

    def __iter__(self):
        return self

    def change(self):
        return self.__next__()

    def set(self, state):
        """ Set a state """
```

```
        if self.index < len(self.next_states):
            if state in self.next_states:
                # Set index
                self.index = self.next_states.index(state)
                self.__class__ = eval(state)
                return self.__class__
            else:
                # Raise an exception for invalid state change
              current = self.__class__
                new = eval(state)
                raise Exception('Illegal transition from %s to %s' %
(current, new))
        else:
            self.index = 0
            if state in self.random_states:

            self.__class__ = eval(state)
            return self.__class__

    def __next__(self):
        """ Switch to next state """

        if self.index < len(self.next_states):
            # Always move to next state first
            self.__class__ = eval(self.next_states[self.index])
            # Keep track of the iterator position
            self.index += 1
            return self.__class__
        else:
             # Can switch to a random state once it completes
            # list of mandatory next states.
            # Reset index
            self.index = 0
            if len(self.random_states):
                state = random.choice(self.random_states)
                self.__class__ = eval(state)
                return self.__class__
            else:
                raise StopIteration
```

现在来定义一下具体的 ComputerState 类的子类。

每个子类都可以定义 next_state 的列表，next_state 表示的是当前状态可以切换到的一组合法状态；还可以定义随机状态的列表，这些随机状态一旦切换到下一个状态，就可以切换到随机合法状态。

例如，这里的第一个状态是计算机的 Off 状态，下一个必然的状态当然是 On 状态。一旦计算机处于 On 状态，此状态就可以移动到任何其他随机状态。

因此，定义如下：

```
class ComputerOff(ComputerState):
    next_states = ['ComputerOn']
    random_states = ['ComputerSuspend', 'ComputerHibernate',
'ComputerOff']
```

同样，下面是其他状态类的定义：

```
class ComputerOn(ComputerState):
    # No compulsory next state
    random_states = ['ComputerSuspend', 'ComputerHibernate',
'ComputerOff']

class ComputerWakeUp(ComputerState):
    # No compulsory next state
    random_states = ['ComputerSuspend', 'ComputerHibernate',
'ComputerOff']

class ComputerSuspend(ComputerState):
    next_states = ['ComputerWakeUp']
    random_states = ['ComputerSuspend', 'ComputerHibernate',
'ComputerOff']

class ComputerHibernate(ComputerState):
    next_states = ['ComputerOn']
    random_states = ['ComputerSuspend', 'ComputerHibernate',
'ComputerOff']
```

最后，下面是 Computer 类，它使用状态类表明内部状态。

```
class Computer(object):
    """ A class representing a computer """

    def __init__(self, model):
        self.model = model
        # State of the computer - default is off.
        self.state = ComputerOff()

    def change(self, state=None):
        """ Change state """

        if state==None:
            return self.state.change()
        else:
            return self.state.set(state)

    def __str__(self):
        """ Return state """
        return str(self.state)
```

以下是这个实现的一些有趣的方面：

- **作为迭代器的状态**：我们已经将 ComputerState 类作为迭代器进行实现。这是因为一个状态自然会有一个可以立即切换到的将来状态列表。例如，处于 Off 状态的计算机可以仅移动到 On 状态。 将其定义为迭代器可以让我们很好地利用迭代器从一个状态到下一个状态的自然过程。

- **随机状态**：这个例子已经实现了随机状态的概念。一旦计算机从一个状态移动到其强制的下一个状态（On 到 Off、Suspend 到 WakeUp），它就有一个随机状态列表可供移动。处于 On 状态的计算机不一定要切换到 Off 状态，它也可以转为 Sleep（Suspend）或者 Hibernate 状态。
- **手动改变**：计算机可以通过设置 change 方法的第二个可选参数切换到指定的状态。当然，这只在状态变化合法的情况下才有可能发生，否则会抛出异常。

现在将来看看实际运行的状态模式。

计算机当然开始是 Off 状态：

```
>>> c = Computer('ASUS')
>>> print(c)
ComputerOff
```

现来看看自动的状态切换：

```
>>> c.change()
<class 'state.ComputerOn'>
```

现在，让计算机决定其下一个状态，注意现在这些是随机状态，直到计算机进入某个状态，处于这个状态时已经强制决定了计算机下一个切换到的状态。

```
>>> c.change()
<class 'state.ComputerHibernate'>
```

现在的状态是 Hibernate，这意味着下一个状态必须是 on，因为 on 是强制性的下个状态。

```
>>> c.change()
<class 'state.ComputerOn'>
>>> c.change()
<class 'state.ComputerOff'>
```

现在状态切换到了 Off，这意味着下个状态只能是 On。

```
>>> c.change()
<class 'state.ComputerOn'>
```

下面的都是随机状态：

```
>>> c.change()
<class 'state.ComputerSuspend'>
>>> c.change()
<class 'state.ComputerWakeUp'>
>> c.change()
<class 'state.ComputerHibernate'>
```

现在，既然底层的状态机其实是迭代器，那就可以通过类似 itertool 这样的模块迭代状态。

下面是一个迭代状态机的例子，这里迭代了计算机的下 5 个状态：

```
>>> import itertools
>>> for s in itertools.islice(c.state, 5):
... print (s)
...
<class 'state.ComputerOn'>
<class 'state.ComputerOff'>
<class 'state.ComputerOn'>
<class 'state.ComputerOff'>
<class 'state.ComputerOn'>
```

现在来尝试一些手动状态改变：

```
>>> c.change('ComputerOn')
<class 'state.ComputerOn'>
>>> c.change('ComputerSuspend')
<class 'state.ComputerSuspend'>

>>> c.change('ComputerHibernate')
Traceback (most recent call last):
  File "state.py", line 133, in <module>
      print(c.change('ComputerHibernate'))
  File "state.py", line 108, in change
      return self.state.set(state)
  File "state.py", line 45, in set
      raise Exception('Illegal transition from %s to %s' %
          (current, new))
Exception: Illegal transition from <class '__main__.ComputerSuspend'>
to <class '__main__.ComputerHibernate'>
```

当尝试非法的状态转换时会得到异常，因为计算机无法从 Suspend 状态直接切换到 Hibernate 状态。它首先需要切换到 WakeUp！

```
>>> c.change('ComputerWakeUp')
<class 'state.ComputerWakeUp'>
>>> c.change('ComputerHibernate')
<class 'state.ComputerHibernate'>
```

现在全好了。

关于 Python 中的设计模式的讨论已经到最后了，所以现在是时候总结一下我们所学到的东西了。

7.6　本章小结

本章详细介绍了面向对象的设计模式，并且发现了在 Python 中实现设计模式的新的且不同的方式。从设计模式的概述及其分类开始，然后到创建模式、结构化模式和行为模式。

然后继续看了一个策略设计模式的例子，并且看到了如何用 Python 化的方式实现该模式。接着，开始正式讨论 Python 中的模式。

在创建模式中，我们涵盖了单例模式、Borg 模式、原型模式、工厂模式和建造者模式。在 Python 中 Borg 得益于在类层次结构中保持状态的能力，从而通常表现得比单例要好。我们还看到了建造者模式、原型模式和工厂模式之间的相互作用，并且看了一些例子。另外，在任何可能的地方都引入了元类的讨论，并使用元类来实现模式。

在结构化模式中，我们关注的是适配器模式、外观模式和代理模式。看到了使用个适配器模式的详细实例，并且讨论了通过继承和对象组合实现适配器模式的方法。在通过 __getattr_ 技术实现适配器模式和代理模式的时候，我们见识了 Python 中的神奇方法。

在外观模式中，我们看到了一个关于外观模式如何帮助程序员克服复杂性并在子系统上提供通用接口的 Car 类详细例子。我们还意识到很多 Python 标准库中的模块本身也是外观模式。

在行为模式中，讨论了迭代器模式、观察者模式和状态模式。见识到迭代器是如何作为 Python 的一个部分。另外，实现了一个负责生成质数的迭代器。

观察者模式的例子使用 Alarm 类作为发布者，使用 Clock 类作为订阅者。另外，还有使用 Python 中 asyncio 模块实现的异步观察者模式的例子。

最后，以状态模式结束关于模式的讨论，讨论了一个通过所允许的状态改变来切换计算机状态的详细示例，以及如何使用 Python 中的 __class__ 作为一个动态属性来修改实例的类属性。在状态模式的实现中，借鉴了迭代器模式中的技术，并将状态样例类作为迭代器实现。

下一章从设计转移到软件架构，观察更高抽象模式范例，即架构模式。

第 8 章　Python 架构模式

架构模式是软件模式殿堂中等级最高的模式。架构模式允许架构师指定一个应用程序的基础结构。针对给定的软件问题选择的架构模式决定了该软件其余的行为，例如所涉及的系统的设计、系统不同部分之间的通信等。

根据手头的问题，有多种不同的架构模式可供选择。不同的模式解决不同类型或系列的问题，从而形成了自己的架构风格或架构类型。例如，某些类型的模式解决 C/S 系统架构的问题，某些类型的模式用于建立分布式系统，还有一些类型的模式用于设计耦合性非常低的 P2P 系统。

本章将讨论并关注在 Python 中经常遇到的几种架构模式。本章讨论的模式将会采用众所周知的架构模式，并且探索一到两个流行的软件应用程序或者它的实现框架，或者它的变体。

本章将不讨论过多的代码——代码仅限于在那些绝对需要用程序去说明的模式中使用。另一方面，大部分的讨论内容将集中在架构的细节、参与的子系统、所选择的应用程序和框架在架构实现中的变体等方面。

我们所知道的架构模式有很多种。本章将重点介绍 MVC 及与其相关的模式、事件驱动编程架构、微服务架构以及管道和过滤器。

本章将介绍以下主题：

- MVC 概述
  - 模型模板视图——Django
  - Flask 微框架
- 事件驱动编程
  - 使用 select 模块的聊天服务器和客户端
  - 事件驱动与并发编程
  - Twisted
    - Twisted 聊天服务器和客户端
  - Eventlet
    - Eventlet 聊天服务器
  - Greenlet 和 Gevent
    - Gevent 聊天服务器
- 微服务架构

- Python 中的微服务框架
- 微服务实例
- 微服务的优点

❑ 管道和过滤器架构
- Python 中的管道和过滤器

8.1 MVC 概述

在构建交互式应用程序中，模型视图控制器（MVC）是一个著名并且流行的架构模式，MVC 将应用程序拆分为 3 个组件：模型（model）、视图（view）、控制器（controller），MVC 架构如下图所示。

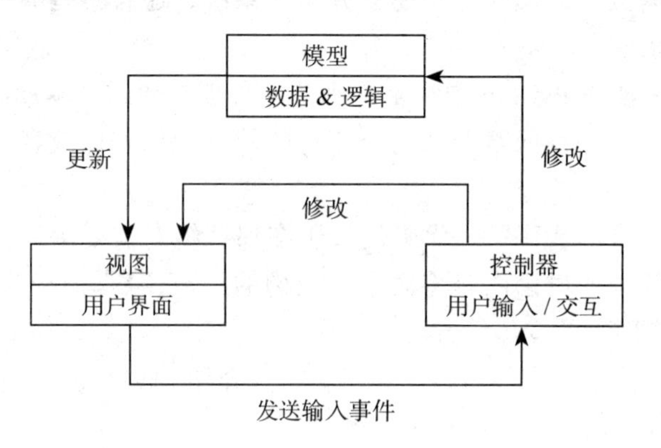

这 3 个组件履行以下职责：

❑ **模型**：模型包含应用程序的核心数据和业务逻辑。

❑ **视图**：视图将应用程序的输出呈现给用户，向用户展示信息。相同数据的多视图是可能的。

❑ **控制器**：控制器接收和处理用户的输入，像键盘的输入、鼠标的点击和移动，并将它们转化为模型或视图的变更请求。

使用这 3 个组件分离了关注点，从而避免了应用程序的数据与其表示之间的紧密耦合。它允许对相同数据（模型）有多个表示（视图），这个表示可以通过控制器接收到的用户输入进行计算和显示。

MVC 模式允许以下交互：

1）一个模型可以根据从控制器接收的输入来更改其数据。

2）已更改的数据将显示在视图中，这些视图订阅了模型中的更改。

3）控制器可以发送命令去更新模型的状态，例如当更改一个文件的时候。在不改变模型的情况下，控制器还可以发送命令来修改视图的表示，例如放大图或者表。

4）MVC 模式隐含地包括一个更改传播机制，用以通知每个组件其他依赖它们的更改。

5）Python 中的一些 Web 应用程序实现了 MVC 或其变体。下面会介绍其中的几个，如 Django 和 Flask。

8.1.1　模型模板视图——Django

Django 工程是 Python 世界中最流行的 Web 应用程序框架之一，它实现了像 MVC 这样的模式，但是有一些细微的差别。

右图所示是 Django（核心）组件架构。

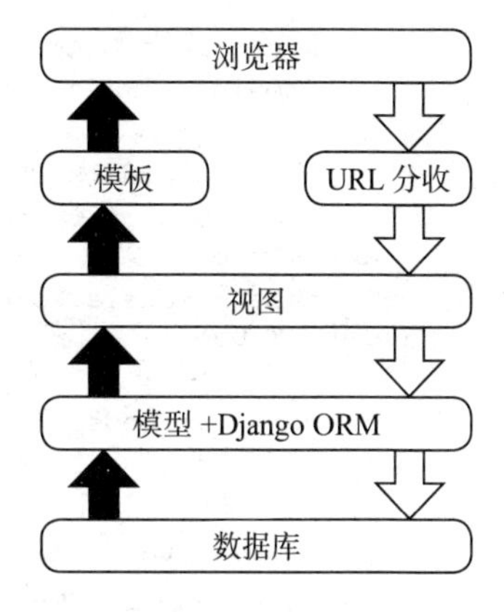

Django 框架的核心组件如下：

- 一个**对象关系映射器（ORM）**，它作为数据模型（Python）和数据库（RDBMS）之间的中介者。这可以被认为是 Model 层。
- 一组 Python 中的回调函数，它们将数据呈现给拥有特定 URL 的用户界面。这可以被认为是 View 层。View 层的重点是构建和转换内容，而不是实际的表示。
- 一组 HTML 模板，用于在不同的表示中呈现内容。视图委托一个特定的模板，该模板将负责如何呈现数据。

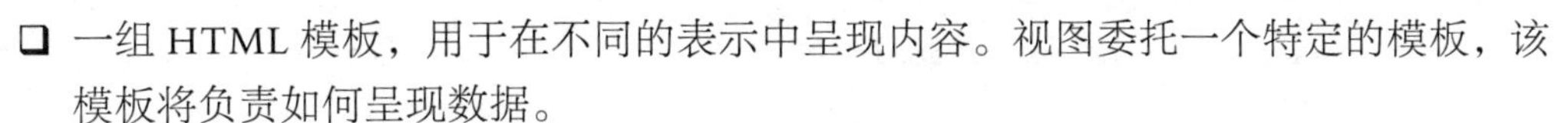

- 基于正则表达式的 **URL 分发**，它将服务器上的相对路径连接到特定的视图及其变量参数。这可以被认为是一个基本的**控制器**。
- 在 Django 中，因为表示通常由 Template 层执行，View 层只负责内容的映射，所以 Django 通常被描述为实现**模型模板视图（MTV）**的框架。
- Django 中的控制器定义得不是很好——它可以被认为是整个框架本身——或者是仅限于 URL 分发层。

8.1.2　Django 管理——自动的以模型为中心的视图

自动管理系统是 Django 框架中最强大的组件之一，它从 Django 模型中读取元数据，并生成快速、以模型为中心的管理视图，系统管理员可以通过简单的 HTML 表单查看和编辑数据模型。

为了说明，以下是 Django 模型的一个例子，它描述了作为词汇表（glossary）术语添加到网站中的术语（词汇表是描述与特定主题、文本或方言相关的单词的含义的单词列表或索引）：

```
from django.db import models
```

```
class GlossaryTerm(models.Model):
    """ Model for describing a glossary word (term) """

    term = models.CharField(max_length=1024)
    meaning = models.CharField(max_length=1024)
    meaning_html = models.CharField('Meaning with HTML markup',
                    max_length=4096, null=True, blank=True)
    example = models.CharField(max_length=4096, null=True, blank=True)

    # can be a ManyToManyField?
    domains = models.CharField(max_length=128, null=True, blank=True)

    notes = models.CharField(max_length=2048, null=True, blank=True)
    url = models.CharField('URL', max_length=2048, null=True,
blank=True)
    name = models.ForeignKey('GlossarySource', verbose_name='Source',
blank=True)

    def __unicode__(self):
        return self.term

    class Meta:
        unique_together = ('term', 'meaning', 'url')
```

下面与注册了自动管理视图的模型的管理系统相结合：

```
from django.contrib import admin

admin.site.register(GlossaryTerm)
admin.site.register(GlossarySource)
```

下图是通过 Django 管理界面添加词汇表术语的自动管理视图（HTML 表单）的截图。

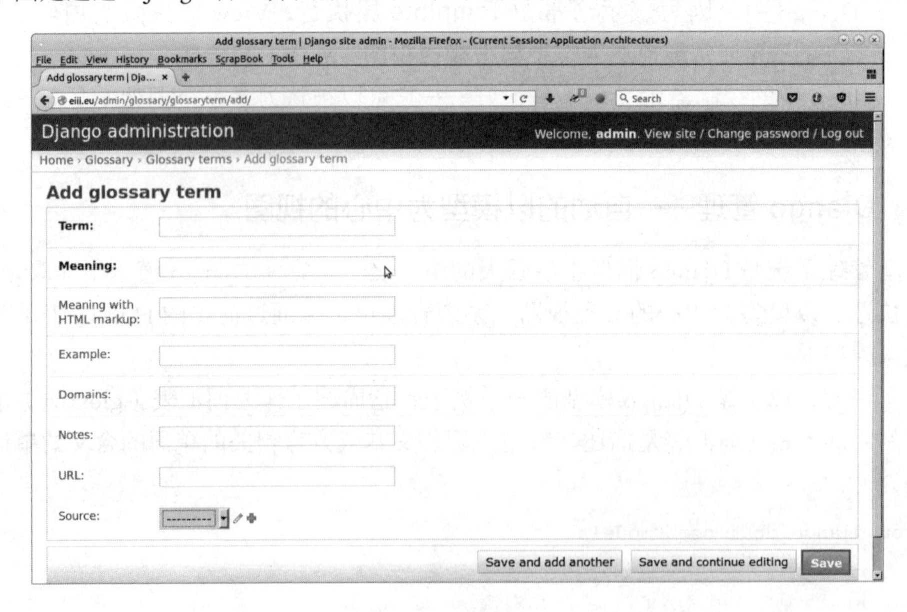

快速观察此截图，你会弄明白 Django 管理员如何为模型中的不同数据字段生成正确的字段类型，并生成用于添加数据的表单。在 Django 中这是一个强大的模式，它允许程序员在几乎不用编码的情况下，生成用于添加 / 编辑模型的自动管理视图。

现在来看看另一个流行的 Python Web 应用程序框架，即 Flask。

8.1.3　灵活的微框架——Flask

Flask 是一个微型的 Web 框架，它使用简约的哲学思想来构建 Web 应用程序。Flask 依赖于两个库：Werkzeug(http：// werkzeug.pocoo.org/)WSGI 工具包和 Jinja2 模板框架。

Flask 通过装饰器进行简单的 URL 路由。Flask 中的 micro 词表明框架的核心很小。Flask 支持数据库、表单和由 Python 社区围绕 Flask 构建的多个扩展所提供的应用程序。

核心的 Flask 可以被认为是 MTV 框架减去 M，即视图模板（VT），因为 Flask 的核心没有实现对模型的支持。

下图是 Flask 组件架构的近似示意图。

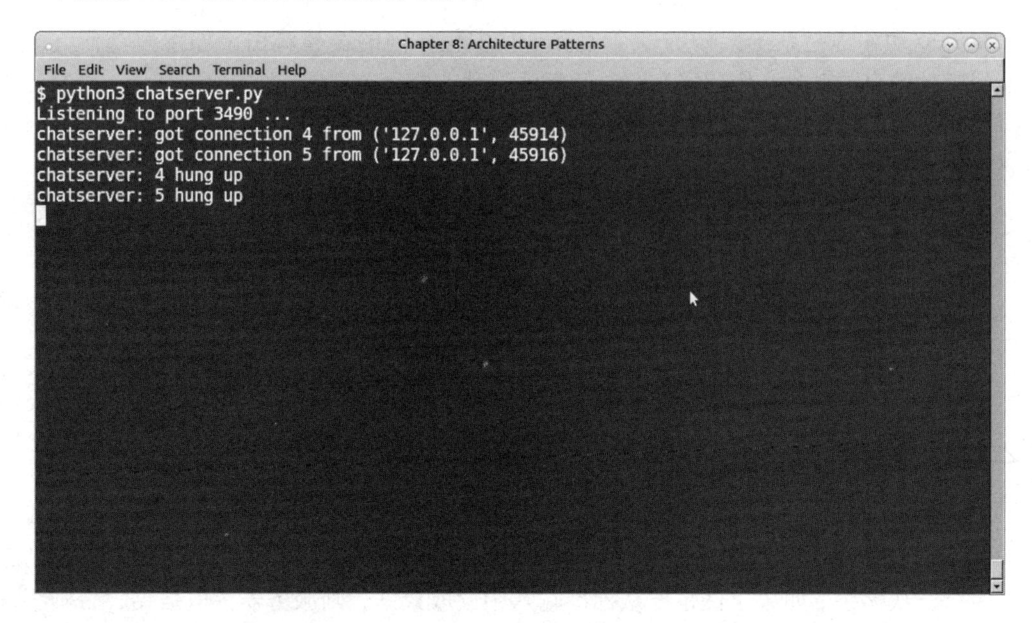

使用模板的简单 Flask 应用程序看起来像下面这样：

```
from flask import Flask
app = Flask(__name__)

@app.route('/')
def index():
    data = 'some data'
    return render_template('index.html', **locals())
```

可以在这里找到一些 MVC 模式的组件：

- @ app.route 装饰器将请求从浏览器路由到 index 函数。应用程序路由器可以被认为是控制器。
- index 函数返回数据，然后用模板呈现数据。index 函数可以被认为用于生成视图或生成视图组件。
- Flask 使用像 Django 这样的模板来保持内容与表示之间的分离，这可以被认为是模板组件。
- Flask 核心中没有特定的模型组件。然而，这可以通过额外插件来添加。
- Flask 使用插件架构来支持其他功能。例如，通过使用 Flask-SQLAlchemy、基于 Flask-RESTful 的 RESTful API 支持、基于 Flask-marshmallow 的序列化等来添加模型。

8.2 事件驱动编程

事件驱动编程是系统架构的一个范例，其中程序内的逻辑流由诸如用户动作、来自其他程序的消息或硬件（传感器）输入等事件驱动。

在事件驱动架构中，通常有一个主事件循环，它监听事件，然后在检测到事件时触发具有特定参数的回调函数。

在现代操作系统中，比如 Linux，支持输入文件描述符的事件（如套接字和打开文件）由系统调用实现（如 select、poll 和 epoll）。

Python 通过其 select 模块为这些系统调用提供封装。使用 Python 中的 select 模块编写一个简单的事件驱动程序并不是很难。

下面一组程序利用 select 模块在 Python 中实现了基本的聊天服务器和客户端。

8.2.1 采用 I/O 多路复用 select 模块的聊天服务器和客户端

聊天服务器通过 select 模块利用 select 系统调用去创建客户端之间可以彼此连接和对话的通道。它处理已准备输入的事件（套接字），如果事件是客户端连接到服务器，则连接并执行一次握手；如果事件是要从标准输入中读取数据，则服务器读取数据，否则将从一个客户端接收到的数据传递给其他客户端。

下面是我们的聊天服务器：

注意：由于聊天服务器的代码量很大，所以这里只涉及主要的功能，也就是这里只展示服务器如何使用 I/O 多路复用。serve 函数中的大量代码也进行了修剪，以保证代码简洁。完整的源代码可以从本书相关网站中下载。

```
# chatserver.py

import socket
```

```
import select
import signal
import sys
from communication import send, receive

class ChatServer(object):
    """ Simple chat server using select """


    def serve(self):
        inputs = [self.server,sys.stdin]
        self.outputs = []


        while True:

                inputready,outputready,exceptready = select.
select(inputs, self.outputs, [])





            for s in inputready:

                if s == self.server:
                    # handle the server socket
                    client, address = self.server.accept()

                    # Read the login name

                    cname = receive(client).split('NAME: ')[1]

                    # Compute client name and send back
                    self.clients += 1
                    send(client, 'CLIENT: ' + str(address[0]))
                    inputs.append(client)

                    self.clientmap[client] = (address, cname)
                    self.outputs.append(client)

                elif s == sys.stdin:
                    # handle standard input - the server exits
                    junk = sys.stdin.readline()
            break
                else:
                    # handle all other sockets
                    try:
                        data = receive(s)
                        if data:
```

```
                                # Send as new client's message...
                                msg = '\n#[' + self.get_name(s) + ']>> ' +
data
                                # Send data to all except ourselves
                                for o in self.outputs:
                                    if o != s:
                                        send(o, msg)
                            else:
                                print('chatserver: %d hung up' %
s.fileno())
                                self.clients -= 1
                                s.close()
                                inputs.remove(s)
                                self.outputs.remove(s)

                        except socket.error as e:
                            # Remove
                            inputs.remove(s)
                            self.outputs.remove(s)

            self.server.close()

    if __name__ == "__main__":
        ChatServer().serve()
```

注意： 可以通过发送一行空输入来停止聊天服务器。

聊天客户端也可以使用 select 系统调用。它使用套接字连接到服务器，然后等待套接字上的事件和标准输入。如果事件来自标准输入，它将读取数据。否则，它将通过套接字把数据发送到服务器：

```
# chatclient.py
import socket
import select
import sys
from communication import send, receive

class ChatClient(object):
    """ A simple command line chat client using select """

    def __init__(self, name, host='127.0.0.1', port=3490):
        self.name = name
        # Quit flag
        self.flag = False
        self.port = int(port)
        self.host = host
        # Initial prompt
        self.prompt='[' + '@'.join((name, socket.gethostname().
split('.')[0])) + ']> '
```

```
        # Connect to server at port
        try:
            self.sock = socket.socket(socket.AF_INET, socket.SOCK_
STREAM)
            self.sock.connect((host, self.port))
            print('Connected to chat server@%d' % self.port)
            # Send my name...
            send(self.sock,'NAME: ' + self.name)
            data = receive(self.sock)
            # Contains client address, set it
            addr = data.split('CLIENT: ')[1]
            self.prompt = '[' + '@'.join((self.name, addr)) + ']> '
        except socket.error as e:
            print('Could not connect to chat server @%d' % self.port)
            sys.exit(1)

    def chat(self):

        """ Main chat method """

        while not self.flag:
            try:
                sys.stdout.write(self.prompt)
                sys.stdout.flush()

                # Wait for input from stdin & socket
                inputready, outputready,exceptrdy = select.select([0,
self.sock], [],[])

                for i in inputready:
                    if i == 0:
                        data = sys.stdin.readline().strip()
                        if data: send(self.sock, data)
                    elif i == self.sock:
                        data = receive(self.sock)
                        if not data:
                            print('Shutting down.')
                            self.flag = True
                            break
                        else:
                            sys.stdout.write(data + '\n')
                            sys.stdout.flush()

            except KeyboardInterrupt:
                print('Interrupted.')
                self.sock.close()
                break

if __name__ == "__main__":
    if len(sys.argv)<3:
```

```
        sys.exit('Usage: %s chatid host portno' % sys.argv[0])

    client = ChatClient(sys.argv[1],sys.argv[2], int(sys.argv[3]))
    client.chat()
```

注意：可以通过在终端上按 Ctrl + C 组合键来停止聊天客户端。

为了通过套接字来回发送数据，这两个脚本都使用名为 communication 的第三方模块，它具有 send 和 receive 函数。该模块使用 pickle 分别序列化和反序列化 send 和 receive 函数中的数据：

```
# communication.py
import pickle
import socket
import struct

def send(channel, *args):
    """ Send a message to a channel """

    buf = pickle.dumps(args)
    value = socket.htonl(len(buf))
    size = struct.pack("L",value)
    channel.send(size)
    channel.send(buf)

def receive(channel):
    """ Receive a message from a channel """

    size = struct.calcsize("L")
    size = channel.recv(size)
    try:
        size = socket.ntohl(struct.unpack("L", size)[0])
    except struct.error as e:
        return ''

    buf = ""

    while len(buf) < size:
        buf = channel.recv(size - len(buf))

    return pickle.loads(buf)[0]
```

以下是服务器运行和两个通过聊天服务器彼此连接的客户端的一些截图。

下图是连接到聊天服务器的名为 andy 的客户端 1 号的截图。

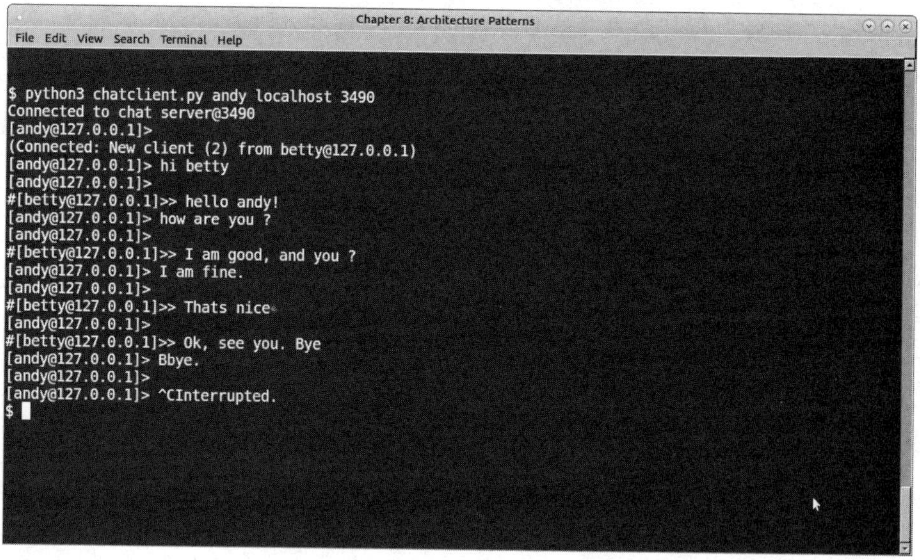

```
Chapter 8: Architecture Patterns
File Edit View Search Terminal Help

$ python3 chatclient.py andy localhost 3490
Connected to chat server@3490
[andy@127.0.0.1]>
(Connected: New client (2) from betty@127.0.0.1)
[andy@127.0.0.1]> hi betty
[andy@127.0.0.1]>
#[betty@127.0.0.1]>> hello andy!
[andy@127.0.0.1]> how are you ?
[andy@127.0.0.1]>
#[betty@127.0.0.1]>> I am good, and you ?
[andy@127.0.0.1]> I am fine.
[andy@127.0.0.1]>
#[betty@127.0.0.1]>> Thats nice
[andy@127.0.0.1]>
#[betty@127.0.0.1]>> Ok, see you. Bye
[andy@127.0.0.1]> Bbye.
[andy@127.0.0.1]>
[andy@127.0.0.1]> ^CInterrupted.
$
```

类似地，下图是一个名为 betty 的客户端，该客户端连接到聊天服务器并且正在和 andy 交谈。

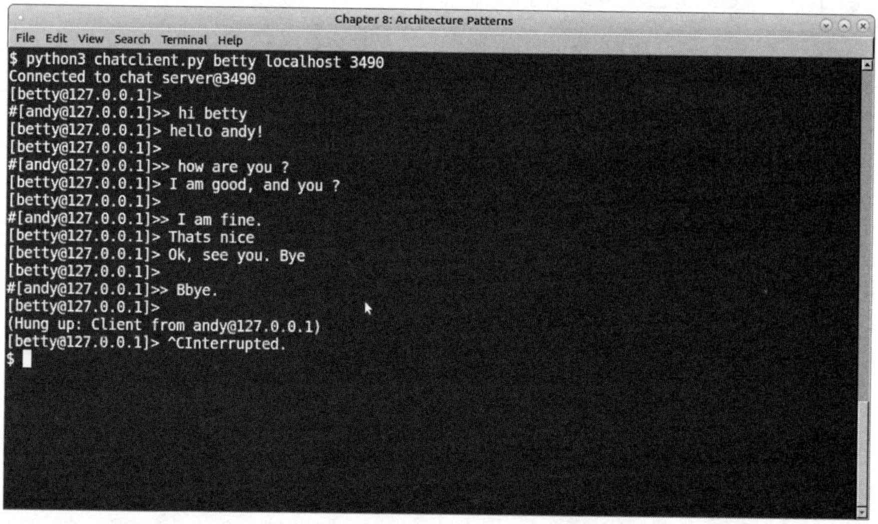

```
Chapter 8: Architecture Patterns
File Edit View Search Terminal Help
$ python3 chatclient.py betty localhost 3490
Connected to chat server@3490
[betty@127.0.0.1]>
#[andy@127.0.0.1]>> hi betty
[betty@127.0.0.1]> hello andy!
[betty@127.0.0.1]>
#[andy@127.0.0.1]>> how are you ?
[betty@127.0.0.1]> I am good, and you ?
[betty@127.0.0.1]>
#[andy@127.0.0.1]>> I am fine.
[betty@127.0.0.1]> Thats nice
[betty@127.0.0.1]> Ok, see you. Bye
[betty@127.0.0.1]>
#[andy@127.0.0.1]>> Bbye.
[betty@127.0.0.1]>
(Hung up: Client from andy@127.0.0.1)
[betty@127.0.0.1]> ^CInterrupted.
$
```

该程序中一些有趣的地方列举如下：

- 先来看看客户是如何看到对方的消息的。服务器将一个客户端发送过来的数据发送到所有其他连接着的客户端，聊天服务器将散列 # 作为消息的前缀，以指示该消息来自另一个客户端。
- 再来看看服务器是如何向所有其他客户端发送当前客户端的连接和断开连接信息的。当另外一个客户端连接到会话或与会话断开连接时，就通知当前客户端。

❑ 当客户端断开连接时，也就是通常说的客户端**挂起**，服务器会回显消息。

注意：这里的聊天服务器和客户端示例是“ASPN Cookbook”中作者自己的 Python 秘诀的一小部分变体。“ASPN Cookbook”网址：https://code.activestate.com/recipes/531824。

基于选择的简单复用被诸如 Twisted、Eventlet 和 Gevent 之类的库提升到一个新的层次，以便构建能够向程序员提供高级别的基于事件的编程例程的系统，这通常是基于一个核心的事件循环的。这里的事件循环非常类似聊天服务器示例的循环。

以下部分将讨论这些框架的架构。

8.2.2 事件驱动与并发编程

上一节使用的异步事件技术就像在并发章节中介绍的那样，它与真正的并发或并行编程都不同。

事件编程库也用于异步事件的技术，只有一个单独的执行线程，其中任务是根据接收到的事件相互交错执行。

下图展示 3 个线程或进程真正并行执行 3 个任务。

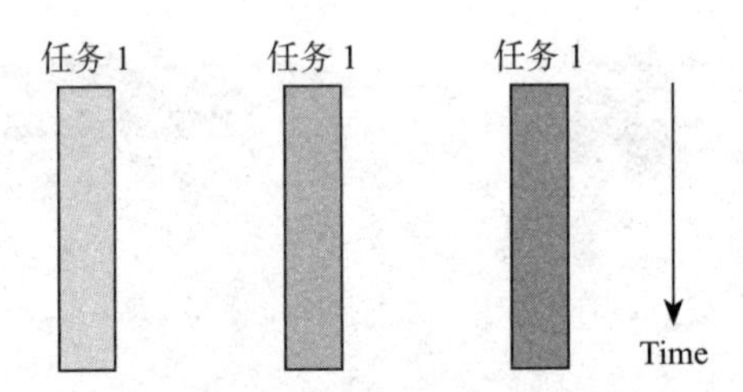

将上面的示例与通过事件驱动编程执行任务时发生的情况做对比，如下图所示。

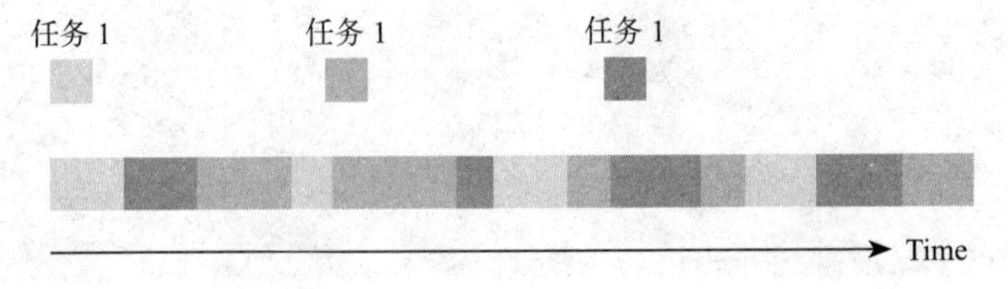

在异步模型中，只有一个以交错方式执行任务的执行线程。每个任务在异步处理服务器的事件循环中获得自己的处理时间空档，但在给定时间中异步处理服务器只执行一个任务。任务将控制权返还给循环体，这样它就可以在下一个时间段从当前正在执行的任务中调用一个不同的任务。正如在第 5 章中所看到的，这是一种协作的多任务处理。

8.2.3 Twisted

Twisted 是一个事件驱动的网络引擎，支持多种协议，例如 DNS、SMTP、POP3、

IMAP 等。它还支持编写 SSH 客户端和服务器，并构建消息传递和 IRC 客户端 / 服务器。

Twisted 还提供一组用于编写通用服务器和客户端的模式（样式），例如 Web 服务器 / 客户端（HTTP）、发布 / 订阅模式、消息传递客户端和服务器（SOAP/XML-RPC）等。

它使用反应器设计模式，在单个线程中将来自多个源的事件多路复用和分派给事件处理器。

它接收来自多个并发客户端的消息、请求和连接，并在不需要并发线程或进程的情况下使用事件处理器顺序处理这些报文。

反应器模式的伪代码大致如下所示：

```
while True:
    timeout = time_until_next_timed_event()
    events = wait_for_events(timeout)
    events += timed_events_until(now())
    for event in events:
        event.process()
```

当事件被触发时，Twisted 就使用回调机制来调用事件处理器。若要处理特定事件，就要为该事件注册一个回调。回调可以用于常规处理，也可以用于管理异常 (errback)。

像 asyncio 模块一样，Twisted 使用诸如 future 之类的对象来封装任务执行的结果，其实际结果仍然不可用。在 Twisted 中，这些对象称为 Deferred。

Deferred 对象有一对回调链：一条用于处理结果（callback），一条用于管理错误（errback）。当 Twisted 获得执行结果时，会创建一个 Deferred 对象，并且按照添加的顺序调用它的 callback 或 errback。

下图是 Twisted 的架构图，显示了高级别的组件。

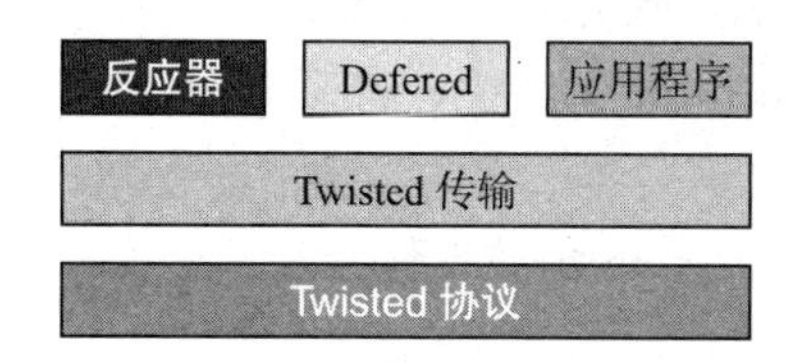

1. Twisted——个简单的 Web 客户端

以下是使用 Twisted 的一个 Web HTTP 客户端的简单示例，主要功能是获取给定 URL 并将其内容保存为特定文件名：

```
# twisted_fetch_url.py
from twisted.internet import reactor
from twisted.web.client import getPage
import sys

def save_page(page, filename='content.html'):
    print type(page)
```

```
        open(filename,'w').write(page)
        print 'Length of data',len(page)
        print 'Data saved to',filename

    def handle_error(error):
        print error

    def finish_processing(value):
        print "Shutting down..."
        reactor.stop()

    if __name__ == "__main__":
        url = sys.argv[1]

    deferred = getPage(url)
    deferred.addCallbacks(save_page, handle_error)
    deferred.addBoth(finish_processing)

    reactor.run()
```

如上面的代码所示，getPage 方法返回一个 deferred 对象，而不是 URL 数据。对于 deferred 对象，添加两个回调：一个用于处理数据（save_page 函数），另一个用于处理错误（handle_error 函数）。deferred 对象的 addBoth 方法添加单个函数作为 callback 和 errback。

通过运行反应器开始事件处理。在最后调用的 finish_processing 回调中，反应器停止。由于事件处理器按照它们被添加的顺序调用，所以这个函数将仅在最后调用。

在反应器运行时，会发生以下事件：

- 捕获页面和创建 deferred 对象。
- 在 deferred 对象上按顺序调用回调。首先调用 save_page 函数，该函数将保存页面上的内容到 content.html 文件中；然后调用 handle_error 事件处理器，打印任何错误的字符串。
- 最后，调用 finish_processing 函数，停止反应器并且结束事件处理，退出程序。

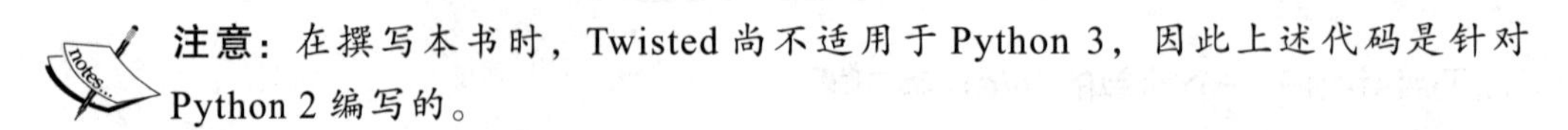

注意：在撰写本书时，Twisted 尚不适用于 Python 3，因此上述代码是针对 Python 2 编写的。

- 运行代码时，将会看到以下输出：

```
$ python2 twisted_fetch_url.py http://www.google.com
Length of data 13280
Data saved to content.html
Shutting down...
```

2. 使用 Twisted 的聊天服务器

现在来看看如何在 Twisted 中在线编写一个简单的聊天服务器，它类似于使用了

select 模块的聊天服务器。

在 Twisted 中，服务器是通过实现协议和协议工厂来构建的。协议类通常继承 Twisted 中的 Protocol 类。

工厂类只不过是作为用于协议对象的工厂模式的类。使用工厂类，下面是使用了 Twisted 的聊天服务器：

```
from twisted.internet import protocol, reactor

class Chat(protocol.Protocol):
    """ Chat protocol """

    transports = {}
    peers = {}

    def connectionMade(self):
        self._peer = self.transport.getPeer()
        print 'Connected',self._peer

    def connectionLost(self, reason):
        self._peer = self.transport.getPeer()
        # Find out and inform other clients
        user = self.peers.get((self._peer.host, self._peer.port))
        if user != None:
            self.broadcast('(User %s disconnected)\n' % user, user)
            print 'User %s disconnected from %s' % (user, self._peer)

    def broadcast(self, msg, user):
        """ Broadcast chat message to all connected users except
        'user' """

        for key in self.transports.keys():
            if key != user:
                if msg != "<handshake>":
                    self.transports[key].write('#[' + user + "]>>> " +
msg)
                else:
                    # Inform other clients of connection
                    self.transports[key].write('(User %s connected
from %s)\n' % (user, self._peer))

    def dataReceived(self, data):
        """ Callback when data is ready to be read from the socket """

        user, msg = data.split(":")
        print "Got data=>",msg,"from",user
        self.transports[user] = self.transport
        # Make an entry in the peers dictionary
        self.peers[(self._peer.host, self._peer.port)] = user
        self.broadcast(msg, user)
```

```
class ChatFactory(protocol.Factory):
    """ Chat protocol factory """

    def buildProtocol(self, addr):
        return Chat()

if __name__ == "__main__":
    reactor.listenTCP(3490, ChatFactory())
    reactor.run()
```

这里的聊天服务器比之前的聊天服务器更复杂，因为它执行以下附加步骤：

1）它具有使用特殊 <handshake> 消息的单独握手协议。

2）当一个客户端连接上时，会广播给其他的客户端，通知它们该客户端的名称和连接细节。

3）当客户端断开连接时，也会通知其他客户端。

该聊天客户端也使用 Twisted 和两种协议，即 ChatClientProtocol 和 StdioClientProtocol。前者主要用于与服务器通信，后者主要用于从标准输入中读取数据和回显从服务器接收到的数据到标准输出。

后一种协议还将前一种协议连接到它的输入，使得从标准输入上接收到的任何数据都作为聊天消息发送到服务器。

看看下面的代码：

```
import sys
import socket
from twisted.internet import stdio, reactor, protocol


class ChatProtocol(protocol.Protocol):
    """ Base protocol for chat """

    def __init__(self, client):
        self.output = None
        # Client name: E.g: andy
        self.client = client

        self.prompt='[' + '@'.join((self.client, socket.gethostname().
split('.')[0])) + ']> '

    def input_prompt(self):
        """ The input prefix for client """
        sys.stdout.write(self.prompt)
        sys.stdout.flush()

    def dataReceived(self, data):
        self.processData(data)

class ChatClientProtocol(ChatProtocol):
```

```
    """ Chat client protocol """

    def connectionMade(self):
        print 'Connection made'
        self.output.write(self.client + ":<handshake>")

    def processData(self, data):
        """ Process data received """

        if not len(data.strip()):
            return

        self.input_prompt()

        if self.output:
            # Send data in this form to server
            self.output.write(self.client + ":" + data)


class StdioClientProtocol(ChatProtocol):
    """ Protocol which reads data from input and echoes
    data to standard output """

    def connectionMade(self):
        # Create chat client protocol
        chat = ChatClientProtocol(client=sys.argv[1])
        chat.output = self.transport

        # Create stdio wrapper
        stdio_wrapper = stdio.StandardIO(chat)
        # Connect to output

        self.output = stdio_wrapper
        print "Connected to server"
        self.input_prompt()

    def input_prompt(self):
        # Since the output is directly connected
        # to stdout, use that to write.
        self.output.write(self.prompt)

    def processData(self, data):
        """ Process data received """

        if self.output:
            self.output.write('\n' + data)
            self.input_prompt()


class StdioClientFactory(protocol.ClientFactory):
```

```
    def buildProtocol(self, addr):
        return StdioClientProtocol(sys.argv[1])


def main():
    reactor.connectTCP("localhost", 3490, StdioClientFactory())
    reactor.run()


if __name__ == '__main__':
    main()
```

以下是两个客户端 andy 和 betty 使用此聊天服务器和客户端进行交流的一些截图。

使用 Twisted 聊天服务器的客户端——与客户端 1 号（andy）的会话如下所示。

```
Terminal
anand@mangu-probook:/home/user/programs/chap8$ python2 twisted_chat_client.py andy
Connection made
Connected to server
[andy@mangu-probook]>
(User betty connected from IPv4Address(TCP, '127.0.0.1', 39252))
[andy@mangu-probook]> hello betty
[andy@mangu-probook]>
#[betty]>>> hi andy
[andy@mangu-probook]> how are you ?
[andy@mangu-probook]>
#[betty]>>> I am good, and you ?
[andy@mangu-probook]> I am pretty fine
[andy@mangu-probook]>
#[betty]>>> Ok
[andy@mangu-probook]>
#[betty]>>> How about the dinner plan today ?
[andy@mangu-probook]> All good
[andy@mangu-probook]>
#[betty]>>> See you at 8 then
[andy@mangu-probook]> Sure, see you then
[andy@mangu-probook]>
#[betty]>>> bye andy
[andy@mangu-probook]> bye betty
anand@mangu-probook:/home/user/programs/chap8$
anand@mangu-probook:/home/user/programs/chap8$
```

下面是第二次会话。使用 Twisted 聊天服务器的客户端——客户端 2 号（betty）的会话如下。

```
Terminal
anand@mangu-probook:/home/user/programs/chap8$ python twisted_chat_client.py betty
Connection made
Connected to server
[betty@mangu-probook]>
#[andy]>>> hello betty
[betty@mangu-probook]> hi andy
[betty@mangu-probook]>
#[andy]>>> how are you ?
[betty@mangu-probook]> I am good, and you ?
[betty@mangu-probook]>
#[andy]>>> I am pretty fine
[betty@mangu-probook]> Ok
[betty@mangu-probook]> How about the dinner plan today ?
[betty@mangu-probook]>
#[andy]>>> All good
[betty@mangu-probook]> See you at 8 then
[betty@mangu-probook]>
#[andy]>>> Sure, see you then
[betty@mangu-probook]> bye andy
[betty@mangu-probook]>
#[andy]>>> bye betty
[betty@mangu-probook]>
#[andy]>>> (User andy disconnected)
anand@mangu-probook:/home/user/programs/chap8$
anand@mangu-probook:/home/user/programs/chap8$
```

通过交替查看截图来跟踪对话的流程。请注意，当用户 betty 和用户 andy 分别连接和断开时，服务器也发送连接和断开的消息。

8.2.4　Eventlet

Eventlet 是 Python 中另一个众所周知的网络库，它允许使用同样的异步执行概念来编写事件驱动的程序。

Eventlet 为了实现这样的目的，在一组称为“绿色线程”的帮助下使用了协同例程，这些线程是轻量级的用户空间线程，可以执行协同多任务。

Eventlet 在一组“绿色线程”上使用一个抽象概念，即 Greenpool 类，用于执行任务。

Greenpool 类运行一组预定义的 Greenpool 线程（默认为 1000），并提供以不同方式将函数和可调用对象映射到线程中的方法。

以下是使用 Eventlet 重写的多用户聊天服务器：

```
# eventlet_chat.py

import eventlet
from eventlet.green import socket

participants = set()

def new_chat_channel(conn):
    """ New chat channel for a given connection """

    data = conn.recv(1024)
    user = ''

    while data:
        print("Chat:", data.strip())
        for p in participants:
            try:
                if p is not conn:
                    data = data.decode('utf-8')

                    user, msg = data.split(':')
                    if msg != '<handshake>':
                        data_s = '\n#[' + user + ']>>> says ' + msg
                    else:
                        data_s = '(User %s connected)\n' % user

                    p.send(bytearray(data_s, 'utf-8'))
            except socket.error as e:
                # ignore broken pipes, they just mean the participant
                # closed its connection already
                if e[0] != 32:
                    raise
        data = conn.recv(1024)
```

```
        participants.remove(conn)
        print("Participant %s left chat." % user)

if __name__ == "__main__":
    port = 3490
    try:
        print("ChatServer starting up on port", port)
        server = eventlet.listen(('0.0.0.0', port))

        while True:
            new_connection, address = server.accept()
            print("Participant joined chat.")
            participants.add(new_connection)
            print(eventlet.spawn(new_chat_channel,
                                 new_connection))

    except (KeyboardInterrupt, SystemExit):
        print("ChatServer exiting.")
```

注意：该服务器可以与上一个示例中的 Twisted 聊天客户端一起使用，并且行为方式完全相同。因此，这里不再展示此服务器的运行示例。

Eventlet 库内部使用 Greenlet，一个在 Python 运行时提供“绿色线程”的软件包。下一节将介绍 Greenlet 和与其相关的库——Gevent。

8.2.5 Greenlet 和 Gevent

Greenlet 是一个在 Python 解释器上提供绿色版本或微线程的软件包。它受到 Stackless 的启发，Stackless 是支持称为 Stacklet 的微线程的 CPython 版本。但是，Greenlet 能够在标准的 CPython 运行环境内运行。

Gevent 是一个 Python 网络库，在 libev 之上提供高级同步 API，libev 是一个用 C 语言编写的事件库。它具有更一致的 API 和更好的性能。

像 Eventlet 一样，Gevent 在系统库上打了大量的猴子补丁来为协同多任务提供支持。例如，Gevent 带有自己的套接字，就像 Eventlet 一样。

与 Eventlet 不同的是，Gevent 还需要程序员进行显式的猴子补丁。它提供在模块本身上执行此操作的方法。

不用多说，我们来看看多用户聊天服务器如何使用 Gevent：

```
# gevent_chat_server.py

import gevent
from gevent import monkey
from gevent import socket
from gevent.server import StreamServer
```

```
monkey.patch_all()

participants = set()

def new_chat_channel(conn, address):
    """ New chat channel for a given connection """

    participants.add(conn)
    data = conn.recv(1024)
    user = ''

    while data:
        print("Chat:", data.strip())
        for p in participants:
            try:

                if p is not conn:
                    data = data.decode('utf-8')
                    user, msg = data.split(':')
                    if msg != '<handshake>':
                        data_s = '\n#[' + user + ']>>> says ' + msg
                    else:
                        data_s = '(User %s connected)\n' % user

                    p.send(bytearray(data_s, 'utf-8'))
            except socket.error as e:
                # ignore broken pipes, they just mean the participant
                # closed its connection already
                if e[0] != 32:
                    raise
        data = conn.recv(1024)

    participants.remove(conn)
    print("Participant %s left chat." % user)

if __name__ == "__main__":
    port = 3490
    try:
        print("ChatServer starting up on port", port)
        server = StreamServer(('0.0.0.0', port), new_chat_channel)
        server.serve_forever()
    except (KeyboardInterrupt, SystemExit):
        print("ChatServer exiting.")
```

基于 Gevent 聊天服务器的代码与使用 Eventlet 的代码几乎相同。原因是，当进行新连接时，通过处理对回调函数的控制，两者都以非常相似的方式工作。在这两种情况下，回调函数都命名为 new_chat_channel，它具有相同的功能，因此代码非常相似。

两者之间的差异如下：

- Gevent 提供自己的 TCP 服务器类 StreamingServer，所以使用该服务器类而不是直接在模块上监听。

- 在 Gevent 服务器中，对于每个连接，都调用 new_chat_channel 处理器，因此在那里管理参与者集。
- 由于 Gevent 服务器有自己的事件循环，所以不需要像使用 Eventlet 那样创建一个 while 循环来监听传入的连接。

此示例与之前的示例完全相同，并与 Twisted 聊天客户端配合使用。

8.3 微服务架构

微服务架构是一种将单体应用程序分解为一套小型独立的服务进行开发的架构类型，每个小型独立的服务都运行在自己的进程中，并通过轻量级的机制进行通信，通常使用 HTTP 协议进行通信。

微服务是独立可部署的组件，通常具有零或最简的中央管理或配置。

微服务可以被认为是面向服务架构（SOA）的具体实现方式，而不是自上而下构建一个单体应用程序。该应用程序被构建为一个动态的服务组，服务组里各个服务既互相交互，又彼此独立。

传统上，企业应用程序是以单一模式构建的，通常由以下 3 个层组成：

1）由 HTML 和 JavaScript 组成的客户端用户界面（UI）层。

2）由业务逻辑组成的服务器端应用程序。

3）保存业务数据的数据库和数据访问层。

另一方面，微服务架构将每层分为多个服务。例如，业务逻辑将不是一个单体应用程序，它将被拆分为多个组件服务，组件服务之间的交互定义了应用程序内部的逻辑流。服务可能会查询单个数据库或独立的本地数据库，而后者的配置更为常见。

微服务架构中的数据通常以文档对象的形式进行处理和返回，文档通常以 JSON 来编码。

下图说明了一体化架构与微服务架构的区别。

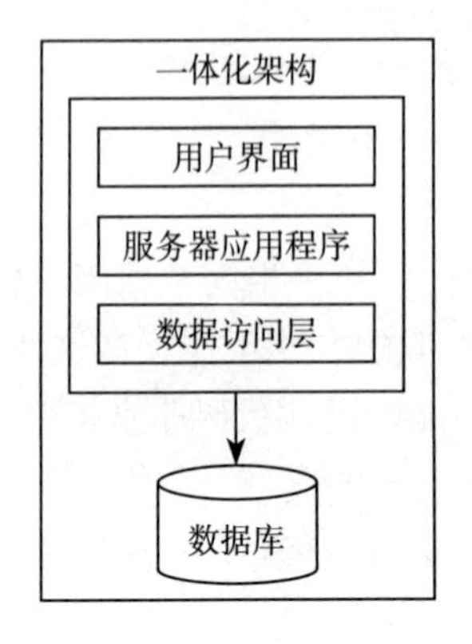

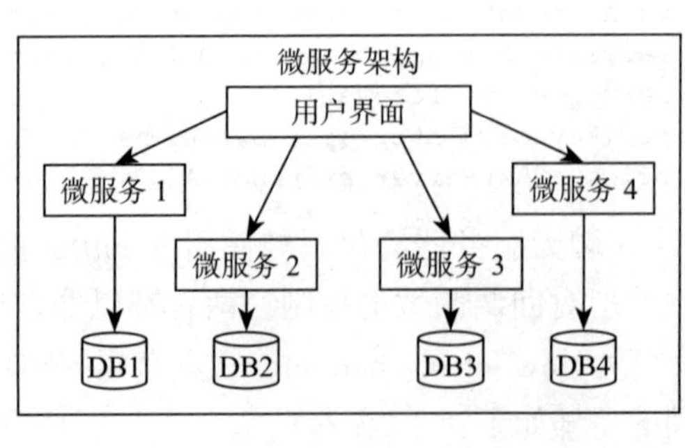

8.3.1 Python 中的微服务框架

由于微服务更像是一种哲学或架构风格，因此没有一种可以称为适合它们的明确的软件框架类型。然而，人们仍然可以对框架应该具有的属性进行一些有知识水平的预测，因为这个框架是构建 Python 中的 Web 应用程序的微服务架构的好选择。

这些属性包括：

- 组件架构应该是灵活的。在组件选择中框架不应该死板，因为框架规定了系统不同部分的作用。
- 框架的核心应该是轻量级的。这是有意义的，因为从微服务框架本身开始讲，如果它有很多依赖关系，软件在开发一开始就会显得很笨重。这可能会导致部署、测试等过程出现问题。
- 框架应支持零或最简的配置。微服务架构通常会自动配置（零配置），也可以在某处获得一组最小的配置输入集。通常，配置本身可以作为其他服务的微服务来查询，并使配置的共享是简单的、一致的和可扩展的。
- 它应该使得现有的业务逻辑块（比如类或函数）变得非常简单，并将其转换为 HTTP 或 RCP 服务。这允许代码复用和代码的智能重构。

如果使用这些原则并在 Python 软件生态系统中观察，你就会发现一些 Web 应用程序框架适合于此，而有些则不然。

例如，Flask 及其单文件对应的框架 Bottle 是微服务框架的良好候选者，因为它们的占用空间小、核心小和配置简单。

诸如 Pyramid 之类的框架也可以用于微服务架构，因为它可以提高组件选择的灵活性，避免紧密集成。

出于完全相反的原因，比如组件紧密的垂直整合、选择组件时缺乏灵活性、复杂的配置等，更加复杂的 Web 框架（如 Django）对于微服务框架来说是一个不好的选择。

另一个专门用于在 Python 中实现微服务的框架是 Nameko。Nameko 的目标是应用程序的可测试性，它支持不同的通信协议，如 HTTP、RPC(基于 AMQP)——发布 - 订阅系统和定时服务。

这里不会详细介绍这些框架。另外，这里将介绍一下如何使用微服务构架和设计一个使用了微服务的现实生活中的 Web 应用程序实例。

8.3.2 微服务实例——餐馆预订

现来看一个现实生活中 Python Web 应用程序的实例，并尝试将其设计为一组微服务。

这里的应用程序是一个餐馆预订 APP，它可以帮助用户在特定的时间里在附近订到一个能容纳一定人数的餐位。假定预订仅当天有效。

该 APP 需要执行以下操作：

1）在用户想要进行预订的时候，返回正在营业的餐馆列表。

2）对于给定的餐馆，返回足够的元信息，如美食选择、评级、定价等，并允许用户根据自己的标准过滤餐馆。

3）一旦用户做出选择，允许他们在特定时间内为特定数量的人在所选餐馆进行预订。

以上每一个要求都足够简约地描述了自己的微服务。

因此，这个 APP 将设计成以下一组微服务：

- 第一项服务是使用用户所在位置的服务，并返回支持在线预订服务的正在营业的餐馆列表。
- 第二项服务是根据餐馆 ID 检索给定餐馆的元数据。该 APP 可以使用此元数据与用户的标准进行比较，以查看它们是否匹配。
- 第三项服务，根据餐馆 ID、用户信息、所需座位数和预约时间、使用预约 API 预订座位，并返回预订状态。

现在应用程序逻辑的核心部分符合这 3 个微服务。一旦实施，在垂直调用这些服务并进行预约的条件下，将直接在应用程序逻辑中触发服务。

这里不显示该应用程序的任何代码，因为这是一个单独项目，但是将向读者展示微服务在 API 和返回数据方面的情况，如下图所示。

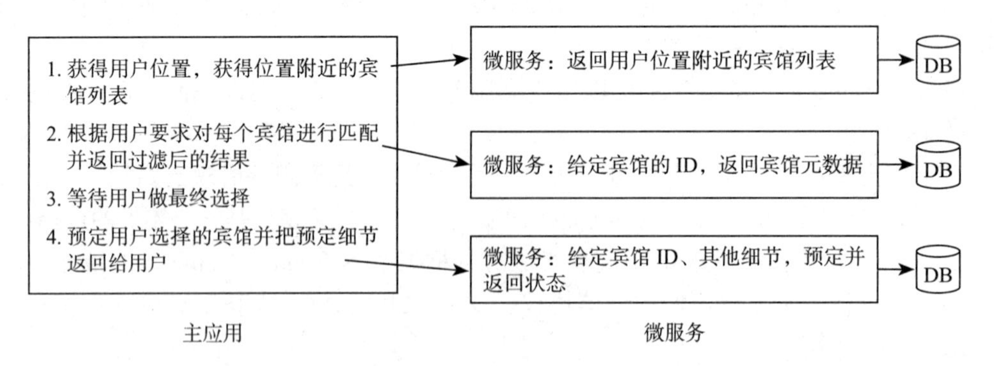

微服务器通常以 JSON 的形式返回数据。例如，第一个返回餐馆列表的服务将返回类似于以下形式的 JSON：

```
GET /restaurants?geohash=tdr1y1g1zgzc

{
    "8f95e6ad-17a7-48a9-9f82-07972d2bc660": {
        "name": "Tandoor",
        "address": "Centenary building, #28, MG Road b-01"
        "hours": "12.00 - 23.30"
    },
```

```
    "4307a4b1-6f35-481b-915b-c57d2d625e93": {
          "name": "Karavalli",
          "address": "The Gateway Hotel, 66, Ground Floor"
          "hours": "12.30 - 01:00"
     },
     ...
}
```

返回餐馆元数据的第二个服务基本上都会返回像下面的JSON：

```
GET /restaurants/8f95e6ad-17a7-48a9-9f82-07972d2bc660

{

   "name": "Tandoor",
   "address": "Centenary building, #28, MG Road b-01"
   "hours": "12.00 - 23.30",
   "rating": 4.5,
   "cuisine": "north indian",
   "lunch buffet": "no",
   "dinner buffet": "no",
   "price": 800
```

下面是第三个微服务的交互，根据餐馆ID进行预订。

由于此服务需要用户提供预订信息，所以需要具有预订详情的JSON负载。因此，最佳的做法是用HTTP POST调用来完成。

```
POST  /restaurants/reserve
```

在这种情况下，服务将使用以下给定的负载作为POST数据：

```
{
   "name": "Anand B Pillai",
   "phone": 9880078014,
   "time": "2017-04-14 20:40:00",
   "seats": 3,
   "id": "8f95e6ad-17a7-48a9-9f82-07972d2bc660"
}
```

它将返回一个JSON作为响应，如下所示：

```
{
   "status": "confirmed",
   "code": "WJ7D2B",
   "time": "2017-04-14 20:40:00",
   "seats": 3
}
```

通过这种设计，在你选择的框架中实现该应用程序并不困难，无论是Flask、Bottle、Nameko还是其他任何框架。

8.3.3 微服务的优点

那么在单体应用程序中使用微服务有什么优势呢？现来看一些重要的优点：

- 微服务通过将应用程序逻辑分为多个服务来加强关注点的分离。这提高了内聚，降低了耦合。由于业务逻辑不集中在一起，所以系统不需要自顶向下的前期设计。相反，架构师可以专注于微服务与应用程序之间的相互作用和通信，并让微服务本身的设计和架构通过重构迭代地形成。
- 微服务提高了应用程序的可测试性，因为逻辑的每个部分都可独立地作为单独的服务进行测试，所以易于与其他部分隔离开来并进行测试。
- 开发团队也可以围绕业务能力来组织，而不是围绕应用程序和技术层面。由于每个微服务包括逻辑、数据和部署，使用微服务的公司鼓励员工拥有全面的技术，这有助于建立一个更敏捷的组织。
- 微服务支持去中心化的数据。通常，每个服务将具有自己的本地数据库或数据存储，而不是单体应用程序偏爱的中心数据库。
- 微服务可实现持续交付和集成，并可快速部署。由于业务逻辑的变化往往只需要在一个或几个服务中进行一些小的改变，所以测试和重新部署通常可以在很短的周期内进行，而在大多数情况下，可以完全自动化。

8.4 管道和过滤器架构

管道和过滤器是一种简单的架构风格，它连接了一些处理数据流的组件，每个组件通过**管道**连接到正在进行数据处理的管道中的下一个组件。

管道和过滤器架构的灵感来源于 Unix 技术，该技术通过 Shell 上的管道将应用程序的输出连接到另一个应用程序的输入。

如下图所示，管道和过滤器架构由一个或多个数据源组成。数据源通过管道连接到数据过滤器。过滤器处理它们接收到的数据，并将它们传递到管道中的其他过滤器。最后在**数据接收器中**收到最终数据。

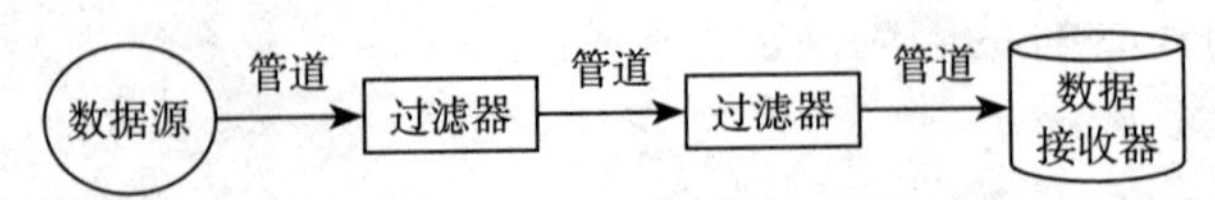

管道和过滤器通常用于执行需要处理大量数据的应用程序，如数据分析、数据转换、元数据提取等。

多个过滤器可以在同一台机器上运行，它们使用实际的 Unix 管道或共享内存进行通信。然而，在大型系统中，这些过滤器通常在不同的机器上运行，并且管道不需要是实际的管道，而是任何类型的数据通道，例如套接字、共享存储器、队列等。

多个过滤器管道可以连接在一起，执行复杂的数据处理和数据分层。

gstreamer 是一个很好的使用此架构的 Linux 应用程序实例，它可以在多媒体视频和音频上执行多个任务的多媒体处理库，包括播放、录制、编辑和串流。

Python 中的管道和过滤器

在 Python 中，我们在多处理模块中会以最纯粹的形式遇到管道。多处理模块提供管道作为一个进程与另一个进程通信的方法。

一个管道就像一对父子连接关系那样被创建。在连接的一侧写入的内容可以在另一边读取。反之亦然。

这使得能够构建非常简单的数据处理管道。

例如，在 Linux 中，下面这一系列命令可以计算文件中的单词数：

```
$ cat filename | wc -w
```

这里使用多处理模块编写一个简单的程序来模拟这个管道：

```
# pipe_words.py
from multiprocessing import Process, Pipe
import sys

def read(filename, conn):
    """ Read data from a file and send it to a pipe """

    conn.send(open(filename).read())

def words(conn):
    """ Read data from a connection and print number of words """

    data = conn.recv()
    print('Words',len(data.split()))

if __name__ == "__main__":
    parent, child = Pipe()
    p1 = Process(target=read, args=(sys.argv[1], child))
    p1.start()
    p2 = Process(target=words, args=(parent,))
    p2.start()
    p1.join();p2.join()
```

下面是该工作流的一些分析：

1）创建一个管道，并获得两个连接。

2）read 函数作为一个进程执行，将会读取通过的（passing）管道一端（子）的连接和文件名。

3）此进程读取文件，将数据写入连接。

4）words 函数作为第二个进程执行，将管道的另一端传递给它。

5）当此函数作为进程执行时，它将从连接中读取数据，并打印单词数。

以下截图显示了同一文件上 Shell 命令和上一个程序的输出。

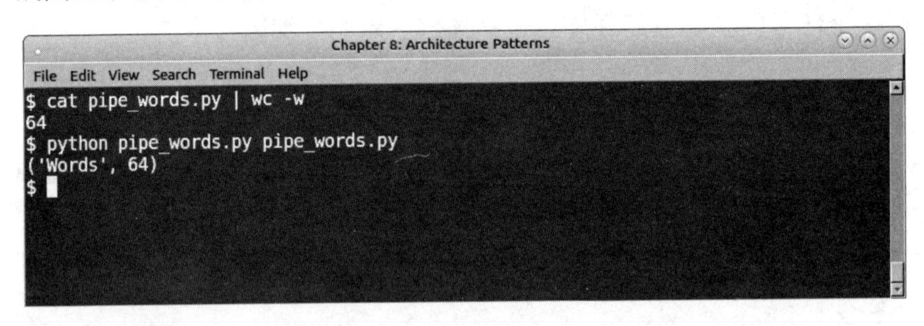

你不需要使用看起来像实际管道的对象来创建管道。另一方面，Python 中的生成器提供了一种创建一组能相互调用的、相互消耗和处理对方数据、能产生数据处理管道的优秀方法。

下面的例子与上一个例子相同，使用生成器来重写，这一次是处理与特定模式匹配的文件夹中的所有文件：

```
# pipe_words_gen.py

# A simple data processing pipeline using generators
# to print count of words in files matching a pattern.
import os

def read(filenames):
    """ Generator that yields data from filenames as (filename, data)
tuple """

    for filename in filenames:
        yield filename, open(filename).read()

def words(input):
    """ Generator that calculates words in its input """

    for filename, data in input:
        yield filename, len(data.split())

def filter(input, pattern):
    """ Filter input stream according to a pattern """

    for item in input:
        if item.endswith(pattern):
            yield item

if __name__ == "__main__":
    # Source
    stream1 = filter(os.listdir('.'), '.py')
    # Piped to next filter
```

```
stream2 = read(stream1)
# Piped to last filter (sink)
stream3 = words(stream2)

for item in stream3:
    print(item)
```

下面是输出的截图。

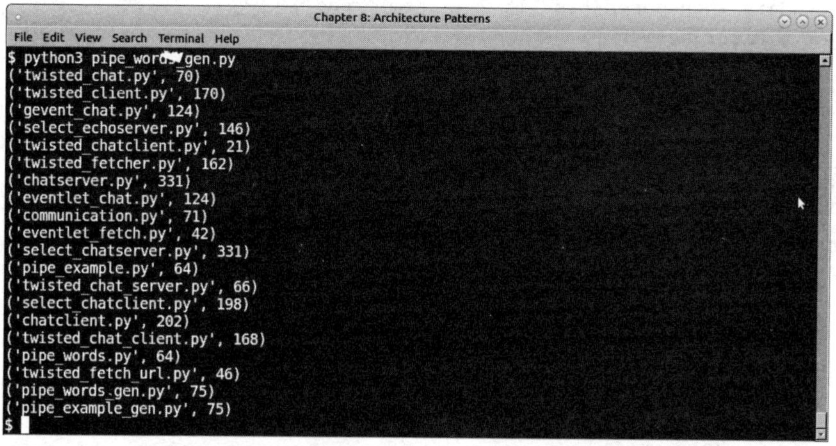

```
Chapter 8: Architecture Patterns
File  Edit  View  Search  Terminal  Help
$ python3 pipe_words_gen.py
('twisted_chat.py', 70)
('twisted_client.py', 170)
('gevent_chat.py', 124)
('select_echoserver.py', 146)
('twisted_chatclient.py', 21)
('twisted_fetcher.py', 162)
('chatserver.py', 331)
('eventlet_chat.py', 124)
('communication.py', 71)
('eventlet_fetch.py', 42)
('select_chatserver.py', 331)
('pipe_example.py', 64)
('twisted_chat_server.py', 66)
('select_chatclient.py', 198)
('chatclient.py', 202)
('twisted_chat_client.py', 168)
('pipe_words.py', 64)
('twisted_fetch_url.py', 46)
('pipe_words_gen.py', 75)
('pipe_example_gen.py', 75)
$
```

注意： 可以像前一个程序一样使用以下命令验证程序的输出：

```
$ wc -w *.py
```

下面是另一个程序，它使用另外两个数据过滤生成器来构建一个程序，监视与特定模式匹配的文件，并打印最新文件的相关信息——类似于 Linux 上的监视程序所做的事情：

```
# pipe_recent_gen.py
# Using generators, print details of the most recently modified file
# matching a pattern.

import glob
import os
from time import sleep

def watch(pattern):
    """ Watch a folder for modified files matching a pattern """

    while True:
        files = glob.glob(pattern)
        # sort by modified time
        files = sorted(files, key=os.path.getmtime)
```

```
            recent = files[-1]
            yield recent
            # Sleep a bit
            sleep(1)

def get(input):
    """ For a given file input, print its meta data """
    for item in input:
        data = os.popen("ls -lh " + item).read()
        # Clear screen
        os.system("clear")
        yield data

if __name__ == "__main__":
    import sys

    # Source + Filter #1
    stream1 = watch('*.' + sys.argv[1])

    while True:
        # Filter #2 + sink
        stream2 = get(stream1)
        print(stream2.__next__())
        sleep(2)
```

最后一个程序的实现细节，读者可以自己去理解。

下面是该程序在控制台上的输出，作用是监视 Python 源文件。

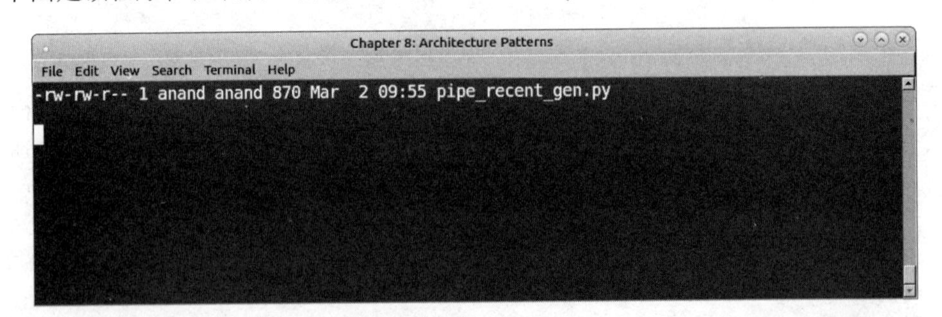

如果创建一个空的 Python 源文件，例如 example.py，输出会在两秒钟内改变。

使用生成器（协同例程）来构建这样的管道的基本技术是，将一个生成器的输出连接到下一个生成器的输入。通过将许多这样的生成器串联起来，就可以构建数据处理管道，这些管道的复杂性从简单到复杂不等。

当然，建立管道的技术有很多。一些常见的选择是使用了队列连接的生产者 – 消费者任务，它们可以使用线程或进程。第 5 章中介绍了相关例子。

微服务也可以通过将一个微服务的输入连接到另一个微服务的输出来构建简单的处理管道。

在 Python 第三方软件生态系统中，有许多模块和框架允许你构建复杂的数据管道。Celery 虽然是一个任务队列，但可以在有限数量的管道支持下构建简单的批量处理工作流。管道不是 Celery 的主要特征，但它对于串联任务的有限支持可以用于实现管道构建这一目的。

Luigi 是另一个强大的框架，适用于复杂并且长时间运行的、需要管道和过滤器架构的批处理作业。Luigi 内置了对 Hadoop 作业的支持，因此它是构建数据分析管道的理想选择。

8.5　本章小结

本章讨论了软件开发过程中一些常见的架构模式。我们从 MVC 架构开始，并在 Django 和 Flask 中查看了实例。介绍了 MVC 架构的组件，以及 Django 使用模板实现 MVC 的变体的内容。

将 Flask 作为一个微框架的例子，通过使用可添加额外服务的插件架构来实现一个占用空间最小的 Web 应用程序。

接下来，继续讨论事件驱动的编程架构，这是一种使用协同例程和事件的异步编程。以使用了 Python 中的 select 模块的多用户聊天实例作为起点，继续讨论更大的框架和库。

本章讨论了 Twisted 的架构及其组件，还讨论了 Eventlet 及与其相类似的框架 Gevent。对于这些框架，我们都用它们来实现了多用户聊天服务器。

接下来，以微服务作为架构，该架构通过将核心业务逻辑拆分为多个服务来构建可扩展的服务和部署。我们使用微服务设计了一个餐馆预订应用程序，并简要地介绍了可用于构建微服务器的 Python Web 框架的优点。

本章末尾提到了使用管道和过滤器处理串行和可扩展数据的架构。我们使用 Python 中的多处理模块构建了一个简单的实际管道示例，该模块模拟了 Unix 管道命令。然后，介绍了使用生成器构建管道的技术，并且展示了两个例子。最后总结了 Python 第三方软件生态系统中可用的构建管道和框架的技术。

下一章将介绍可部署性，即将软件部署到诸如生产系统等环境的内容。

第 9 章　部署 Python 应用程序

将代码部署到产品运行环境通常是应用程序从开发到客户的最后一步。尽管这是一项重要的活动，但是在软件架构师给出的重要事项清单中，它常常被忽视。

如果假设一个系统在开发环境中正常工作，它在产品运行环境中也会正常工作，那么这是一个非常致命的误解。一方面，产品运行环境的配置与开发环境的配置往往非常不同。许多优化和调试在开发环境中理所当然没有问题，但是在产品运行环境中通常是行不通的。

如何部署系统到产品运行环境中是一门艺术而不是一门严谨的科学。系统部署的复杂性取决于许多因素，例如开发环境所用的语言、系统运行时的可移植性和性能、配置参数的数量、系统是否部署在同构或异构环境中、二进制依赖关系、系统部署的地理分布、部署自动化工具以及许多其他因素等。

近年来，Python 作为一种开源语言，已经达到比较成熟的自动化水平，可支持它提供如何将包部署到产品运行系统的能力。由于其丰富的可用的内置工具和第三方支持工具，产品部署以及对部署系统进行维护的痛苦和麻烦已经减少。

本章将简要讨论可部署系统和可部署性的概念，会花费一些时间来介绍 Python 应用程序的部署问题，以及架构师可以使用的各种工具和过程，以使得产品系统运行的应用程序的部署和维护变得更加容易。本章还将讨论架构师可以借用和借鉴的技术和最佳实践，以确保产品系统健康安全地运行且不会频繁地停机。

以下是本章将讨论的主题：

- 可部署性
  - 影响可部署性的因素
  - 软件部署架构的层次
- Python 软件部署
  - 给 Python 代码打包
    - pip
    - virtualenv
    - virtualenv 和 pip
    - 可重定位的虚拟环境
    - PyPI
    - 一个应用程序的打包和发布

    - ◆ PyPA
  - ● 使用 Fabric 进行远程部署
  - ● 使用 Ansible 进行远程部署
  - ● 使用 Supervisor 管理远程守护进程
- ❑ 部署——模式和最佳实践

9.1　可部署性

软件系统的可部署性是指从开发环境移植到产品运行环境的容易程度。它可以根据工作量（例如工时）或者复杂度（例如从开发环境到产品运行环境中部署代码所需的独立步骤数）来度量。

一个常见的误解就是，事先假设在开发环境或其他预演环境中运行良好的代码，在最终产品运行环境中也会运行良好。通常情况并非如此，因为与开发环境相比，产品运行环境通常会有一些特殊的要求。

9.1.1　影响可部署性的因素

以下简要介绍用于区分产品运行环境与开发环境的一些因素，这些因素常常会在部署中引发一些意想不到的情况，从而导致产品运行陷进（production gotcha）问题：

❑ **优化和调试**：在开发环境中关闭代码优化功能是非常普遍的做法。

如果你的代码像 Python 那样一边解释一边运行的话，通常所有的调试配置功能都会打开，这样在发生异常时会让程序员产生大量的回溯。此时，通常会关闭任何 Python 解释器的优化功能。

另一方面，在产品运行环境中，情况恰恰相反——优化功能被打开，调试功能被关闭。这通常需要使用其他配置来使代码以类似的方式工作，而且有可能（尽管很少），在一些特定环境下，程序在优化前和优化后表现出不同的行为。

❑ **依赖关系和版本**：一个开发环境中通常安装了丰富的开发库和支持库，供开发人员在开发多个应用程序时使用。很多时候，它们可能构成了一些不会过时的依赖关系，因为开发人员总是涉及这些最活跃的代码（bleeding edge code）。

另一方面，产品运行系统需要精心准备一个依赖关系及其版本的预编译列表。只在产品运行环境中部署成熟或稳定的版本是很常见的。因此，如果开发人员依赖某个不稳定（α、β 或其他候选发行版）版本的下游依赖项提供的功能或错误修复功能时，则可能会发现该功能在产品运行环境中无法按照预期的方式正常工作，而这时已经太迟了。

另一个常见的依赖问题是无证依赖（undocumented dependency）或者是需要从源代码中通过编译得到的依赖——这往往是首次部署的问题。

❑ **资源配置和访问权限**：开发环境和产品运行环境通常在本地、网络中访问资源的级别、权限和访问细节方面不尽相同。开发环境可能具有本地数据库，而产品运行环境倾向于将应用程序和数据库系统分开托管。开发环境可以使用一个标准的配置文件，而在产品运行环境中，可能必须使用特定脚本为主机或环境专门生成配置。类似地，在产品运行环境中，可能是权限较小的特定用户 / 组来运行应用程序，而在开发环境中，通常以 root 或超级用户身份运行该程序。用户权限和配置的这些差异可能会影响资源访问，并且可能导致软件在开发环境中运行良好但在产品运行时失败。

- **异构产品运行环境**：代码通常在同构的开发环境中开发，但是在产品运行中可能经常需要被部署到异构系统上。例如，软件也许在 Linux 上开发，但也可能会有客户要求将其部署在 Windows 上。

部署的复杂性与环境的异构性成比例地增加。在将此类代码投入产品运行之前，需要妥善管理预演和测试环境。此外，异构系统使依赖关系的管理更加复杂，需要为每个目标系统架构维护单独的依赖关系列表。

- **安全性**：在开发和测试环境中，为了节省时间并降低测试的配置复杂度，忽视安全方面的考虑是比较常见的。例如，在一个 Web 应用程序中，可以通过使用特殊的开发环境标志来禁用需要登录的路由，以便快速编程和测试。

类似地，在开发环境中用到的一些系统通常采用容易猜测的密码（例如数据库系统、Web 应用程序登录等），以便使得路由调用和使用比较容易。与此同时，为了便于测试，会忽视基于角色的授权要求等。

然而，安全性在产品运行中至关重要，因此这些方面需要按另一种方式处理。需要登录的路由应该要求如下执行：使用更强的密码。基于角色的授权也需要强制执行。这些常常会在产品运行时引发琐碎的错误，如原本在开发环境中正常工作的功能在产品运行时失败。

由于这些和其他类似的问题都是在产品运行环境中部署代码的症结，所以明确定义标准的部署实践，会使得开发部署的工作轻松不少。目前，大多数公司都遵循一种使用独立环境进行开发、测试、验证代码和应用程序的实践，然后再将它们部署到产品运行环境中。

9.1.2 软件部署架构的层次

为了避免代码从开发环境到测试环境，再到产品运行环境的部署过程的复杂性，在代码部署到产品运行环境之前，通常使用某个多层架构来刻画应用程序生命周期的每个阶段。

现来看看以下常见的部署层次：

- **开发 / 测试 / 预演 / 产品运行**：这就是传统的四层架构。
  - 开发人员将代码推送到运行单元测试和开发人员测试的开发环境中。这种环境将始终处于最新或最前沿的代码中。大多时候，这种环境被直接跳过并且被开发人员笔记本电脑上的本地设置所取代。

- 然后，由 QA 或测试工程师使用黑盒技术在测试环境中测试该软件。他们也可以在这种环境中进行性能测试。在代码更新方面，这种环境总是落后于开发环境。通常，内部版本、标签或代码转储用于将 QA 环境与开发环境同步。
- 预演环境尽量反映产品运行环境。它是预产品运行阶段，软件在尽量接近部署环境的环境中进行测试，以提前发现在产品运行中可能出现的问题。这通常是进行压力或负载测试的环境。它还允许 DevOps 工程师测试他的部署自动化脚本、定时任务和验证系统配置。
- 当然，产品运行是软件预演测试和部署的最终层次。许多部署通常使用相同的预演 / 产品运行层，并且只需从一个切换到另一个。

- **开发和测试 / 预演 / 产品运行**：这是前一层的一个变体，开发环境也执行测试环境的双重任务。该系统用于具有敏捷软件开发实践的公司，每周至少将代码推送至产品运行环境一次，并且没有空间或时间来维护和管理单独的测试环境。当没有独立的开发环境时——即开发人员使用笔记本电脑进行编程——测试环境也是本地的。
- **开发和测试 / 预演和产品运行**：在此设置中，预演和产品运行环境使用多台完全相同的服务器。一旦系统在预演中进行了测试和验证，就通过简单地切换主机将其推送到产品运行环境中——当前产品运行环境可以切换到预演，预演也可以切换到产品运行。

除此之外，还可以有更复杂的架构，包含如何使用独立的**集成**环境进行集成测试，以及如何使用**沙箱**（sandbox）环境来测试实验特征等。

将代码推送至产品运行环境之前，使用预演来运行系统非常重要，以确保软件系统在类似最终的产品运行的环境中获得良好的测试和编排。

9.2 Python 软件部署

如前所述，Python 开发人员都是很有幸福感的，因为 Python 提供的各种工具和第三方生态系统可以使得应用程序部署和代码编写比较容易，而且自动化程度较高。

本节将简要介绍一些这类工具。

9.2.1 给 Python 代码打包

Python 自带支持各种发行版的内置打包应用程序——支持源代码、二进制以及各种特定操作系统级的打包。

在 Python 中打包源代码的主要方法是编写一个 setup.py 文件，然后利用 Python 内置的 distutils 库或者更成熟、更丰富的 setuptools 框架完成源代码打包。

在介绍 Python 打包的核心内容之前，让我们先熟悉两个紧密相关的工具，即 pip 和

virtualenv。

1. pip

pip 是 pip install packages 的递归缩写。pip 是一个可以在 Python 中安装软件包的标准和建议工具。

本书之前已经介绍了一些 pip 用例，但是到目前为止，从没介绍过 pip 本身是如何被安装的。

现来看看下面的截图，其展示了如何下载和安装 Python 3 的 pip。

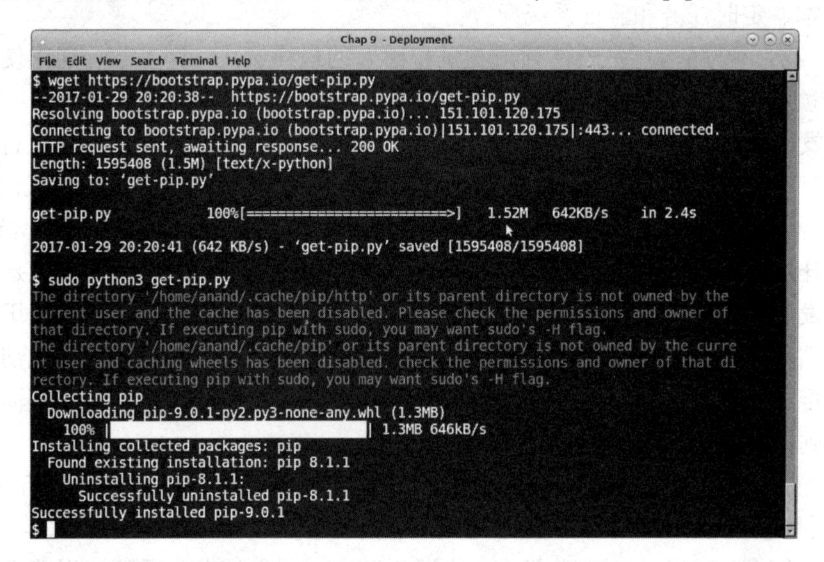

pip 安装脚本可以在 https://bootstrap.pypa.io/get-pip.py 上找到。这些步骤应该是不言自明的。

注意：在上面的例子中，已经有一个 pip 版本，所以操作升级了现有的版本，而不是重新安装一个新的版本。可以通过 version 选项来查看版本的详细信息，操作如下。

来看看下面的截图，其展示了 pip 如何清楚地显示其版本号和安装目录位置，以及安装它的 Python 版本。

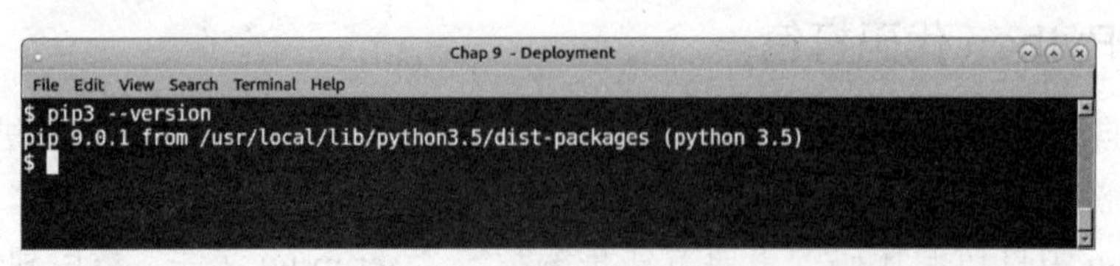

注意：通过 pip 区分 Python 2 和 Python 3 版本。请记住，为 Python 3 安装的版本始终命名为 pip3。针对 Python 2 版本的是 pip2，或仅仅是 pip。

要使用 pip 安装软件包，只需要通过 install 命令提供软件包名称即可。例如，以下截图显示了如何使用 pip 安装 numpy 包。

```
$ sudo -H pip3 install numpy
Collecting numpy
  Downloading numpy-1.12.0-cp35-cp35m-manylinux1_x86_64.whl (16.8MB)
    100% |████████████████████████████████| 16.8MB 38kB/s
Installing collected packages: numpy
Successfully installed numpy-1.12.0
$
```

这里不再进一步详细说明如何使用 pip。相反，现来看看在安装 Python 软件时与 pip 密切配合的另一个工具。

2. virtualenv

virtualenv 是一种允许开发人员为本地开发创建沙箱式 Python 环境的工具。先假设要维护某个特殊用途库或框架的两个不同版本，分别用于开发两个不同的应用程序。

如果要将所有内容安装到系统 Python 中，那么在给定的时间内你只能保留一个版本。另一个选择是在不同的根文件夹中创建不同系统的 Python 安装，也就是说，使用 /opt 模式而不是 /usr 模式。但是，这会导致额外的开销并给路径管理增添麻烦。此外，当你希望在没有超级用户权限的共享主机上维护版本依赖关系时，你又无法获取这些文件夹的写入权限。

virtualenv 一次性解决权限和版本的问题，它利用自己的 Python 可执行标准库和安装程序（默认为 pip）创建本地安装目录。

一旦开发人员激活了如此创建的虚拟环境，任何进一步的安装都将进入此环境，而不是系统的 Python 环境。

可以使用 pip 来安装 virtualenv。

下图显示了使用 virtualenv 命令创建名为 appvenv 的 virtualenv，且它随着软件包被安装到环境中的同时，激活环境。

注意：以下安装过程还安装了 pip、setuptool 和其他依赖项。

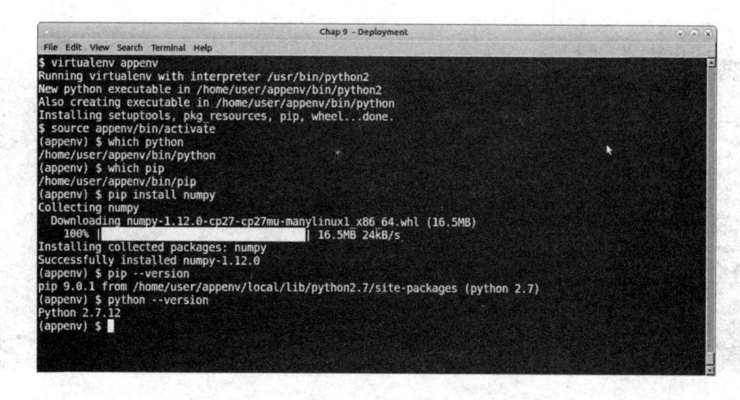

注意： 看看 Python 和 pip 命令是如何指向虚拟环境中的命令。pip-version 命令清楚地显示了虚拟环境文件夹中 pip 的路径。

从 Python 3.3 起，就通过使用新的 venv 库为在 Python 安装过程中内置虚拟环境提供支持。

下图显示了如何使用此库在 Python 3.5 中安装虚拟环境，以及如何在该环境中安装一些软件包。像之前一样，看看 Python 和 pip 的可执行路径。

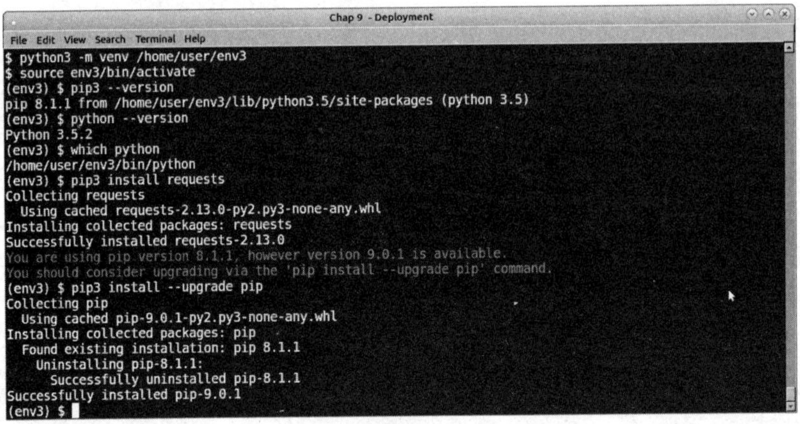

```
Chap 9 - Deployment
File Edit View Search Terminal Help
$ python3 -m venv /home/user/env3
$ source env3/bin/activate
(env3) $ pip3 --version
pip 8.1.1 from /home/user/env3/lib/python3.5/site-packages (python 3.5)
(env3) $ python --version
Python 3.5.2
(env3) $ which python
/home/user/env3/bin/python
(env3) $ pip3 install requests
Collecting requests
  Using cached requests-2.13.0-py2.py3-none-any.whl
Installing collected packages: requests
Successfully installed requests-2.13.0
You are using pip version 8.1.1, however version 9.0.1 is available.
You should consider upgrading via the 'pip install --upgrade pip' command.
(env3) $ pip3 install --upgrade pip
Collecting pip
  Using cached pip-9.0.1-py2.py3-none-any.whl
Installing collected packages: pip
  Found existing installation: pip 8.1.1
    Uninstalling pip-8.1.1:
      Successfully uninstalled pip-8.1.1
Successfully installed pip-9.0.1
(env3) $
```

注意： 上图还显示了如何通过 pip 命令对 pip 本身进行升级。

3. virtualenv 和 pip

一旦为应用程序安装了虚拟环境和所需的软件包，一种好的做法就是尽快生成依赖关系及其版本号。这可以通过以下使用 pip 的命令轻松完成：

```
$ pip freeze
```

此命令要求 pip 输出所有已安装的 Python 包及其版本号的列表。这可以保存到需求文件中，并在服务器上保留安装过程拷贝，用于部署镜像。

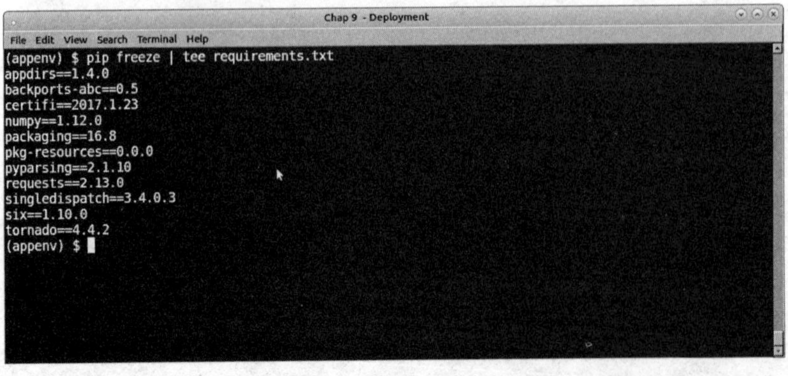

```
Chap 9 - Deployment
File Edit View Search Terminal Help
(appenv) $ pip freeze | tee requirements.txt
appdirs==1.4.0
backports-abc==0.5
certifi==2017.1.23
numpy==1.12.0
packaging==16.8
pkg-resources==0.0.0
pyparsing==2.1.10
requests==2.13.0
singledispatch==3.4.0.3
six==1.10.0
tornado==4.4.2
(appenv) $
```

下图显示了通过 pip install 命令的 -r 选项在另一个虚拟环境中重新创建相同的设置，该命令接收以下的输入文件。

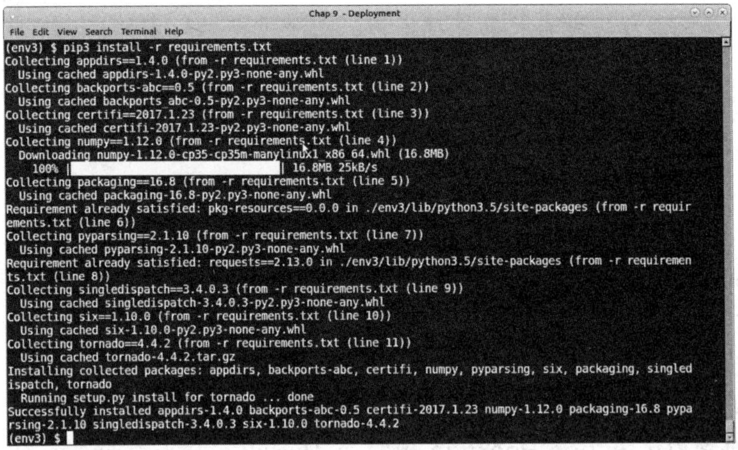

```
Chap 9 - Deployment
File Edit View Search Terminal Help
(env3) $ pip3 install -r requirements.txt
Collecting appdirs==1.4.0 (from -r requirements.txt (line 1))
  Using cached appdirs-1.4.0-py2.py3-none-any.whl
Collecting backports-abc==0.5 (from -r requirements.txt (line 2))
  Using cached backports_abc-0.5-py2.py3-none-any.whl
Collecting certifi==2017.1.23 (from -r requirements.txt (line 3))
  Using cached certifi-2017.1.23-py2.py3-none-any.whl
Collecting numpy==1.12.0 (from -r requirements.txt (line 4))
  Downloading numpy-1.12.0-cp35-cp35m-manylinux1_x86_64.whl (16.8MB)
    100% |████████████████████████████████| 16.8MB 25kB/s
Collecting packaging==16.8 (from -r requirements.txt (line 5))
  Using cached packaging-16.8-py2.py3-none-any.whl
Requirement already satisfied: pkg-resources==0.0.0 in ./env3/lib/python3.5/site-packages (from -r requir
ements.txt (line 6))
Collecting pyparsing==2.1.10 (from -r requirements.txt (line 7))
  Using cached pyparsing-2.1.10-py2.py3-none-any.whl
Requirement already satisfied: requests==2.13.0 in ./env3/lib/python3.5/site-packages (from -r requiremen
ts.txt (line 8))
Collecting singledispatch==3.4.0.3 (from -r requirements.txt (line 9))
  Using cached singledispatch-3.4.0.3-py2.py3-none-any.whl
Collecting six==1.10.0 (from -r requirements.txt (line 10))
  Using cached six-1.10.0-py2.py3-none-any.whl
Collecting tornado==4.4.2 (from -r requirements.txt (line 11))
  Using cached tornado-4.4.2.tar.gz
Installing collected packages: appdirs, backports-abc, certifi, numpy, pyparsing, six, packaging, singled
ispatch, tornado
  Running setup.py install for tornado ... done
Successfully installed appdirs-1.4.0 backports-abc-0.5 certifi-2017.1.23 numpy-1.12.0 packaging-16.8 pypa
rsing-2.1.10 singledispatch-3.4.0.3 six-1.10.0 tornado-4.4.2
(env3) $
```

注意：我们的源虚拟环境在 Python 2 中，目标环境在 Python 3 中。但是，pip 能够毫无问题地通过 requirments.txt 文件安装依赖关系。

4. 可重定位的虚拟环境

将包依赖关系从一个虚拟环境复制到另一个虚拟环境的简易方法是，首先执行冻结，然后如前一节所述，通过 pip 进行安装。例如，最常见的方法就是首先在开发环境中冻结 Python 包依赖需求，再在产品运行服务器上成功重新创建依赖关系。

你还可以尝试将虚拟环境重新定位（见下图），以便将其归档并转移到某个兼容的系统。

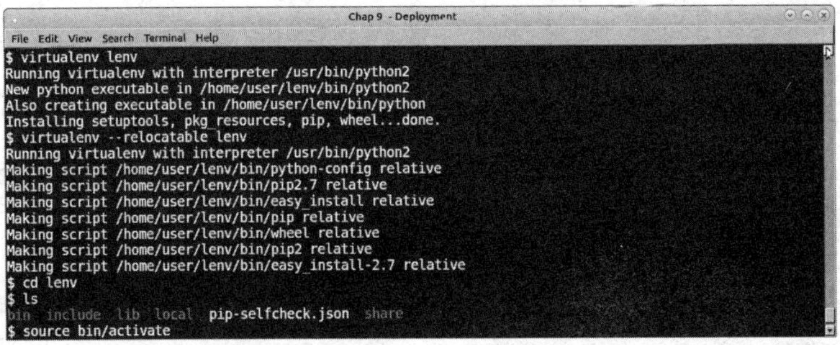

```
Chap 9 - Deployment
File Edit View Search Terminal Help
$ virtualenv lenv
Running virtualenv with interpreter /usr/bin/python2
New python executable in /home/user/lenv/bin/python2
Also creating executable in /home/user/lenv/bin/python
Installing setuptools, pkg_resources, pip, wheel...done.
$ virtualenv --relocatable lenv
Running virtualenv with interpreter /usr/bin/python2
Making script /home/user/lenv/bin/python-config relative
Making script /home/user/lenv/bin/pip2.7 relative
Making script /home/user/lenv/bin/easy_install relative
Making script /home/user/lenv/bin/pip relative
Making script /home/user/lenv/bin/wheel relative
Making script /home/user/lenv/bin/pip2 relative
Making script /home/user/lenv/bin/easy_install-2.7 relative
$ cd lenv
$ ls
bin  include  lib  local  pip-selfcheck.json  share
$ source bin/activate
```

工作原理如下：

1）首先，像往常一样创建虚拟环境。

2）然后通过在其上运行 virtualenv –relocatable lenv 命令，使其可重定位。

3）这将 setuptool 使用的一些路径更改为相对路径，并将系统设置为可重定位。

4）这样的虚拟环境可重定位到同一台机器中的另一个文件夹，或重定位到**远程相似机器**的文件夹。

> **注意：** 如果远程环境与机器环境不同，则可重定位的虚拟环境不能保证可以工作。例如，如果你的远程计算机采用不同的架构，或者甚至使用另一种打包机制完成的不同 Linux 部署，则重定位虚拟环境将无法正常工作。这就是相似机器本来的意思。

5. PyPI

我们了解到，pip 是在 Python 中执行软件包安装的标准化工具。它可以通过名称捕获任何存在的包，也可以像前文的需求文件示例那样，安装不同版本的包。

但是 pip 从哪里获取它的包呢？

为了回答这个问题，来看一下 Python 包索引，更常见的叫法是 PyPI。

Python 包索引（Python Package Index，PyPI）是官方存储库，托管在 Web 上，存储了第三方 Python 包的元数据。顾名思义，它是 Web 上的 Python 包的索引，其元数据通过服务器发布和索引。PyPI 托管在 URL http://pypi.python.org 上。

目前，PyPI 拥有近百万个包。这些包通过 Python 中具有挂钩的打包和分发工具 distutil 和 setuptool 提交给 PyPI。尽管可以使用 PyPI 来指向位于另一个服务器上某个 URL 中的包数据，许多包还会在 PyPI 中直接托管实际的包数据。

当使用 pip 安装包时，它实际上会对 PyPI 上的软件包进行搜索，并下载元数据。它使用元数据来查找包的下载 URL 和其他信息（例如，进一步的下游依赖关系），便于你提取和安装软件包。

以下是 PyPI 的屏幕截图，它显示了当前包的实际数量。

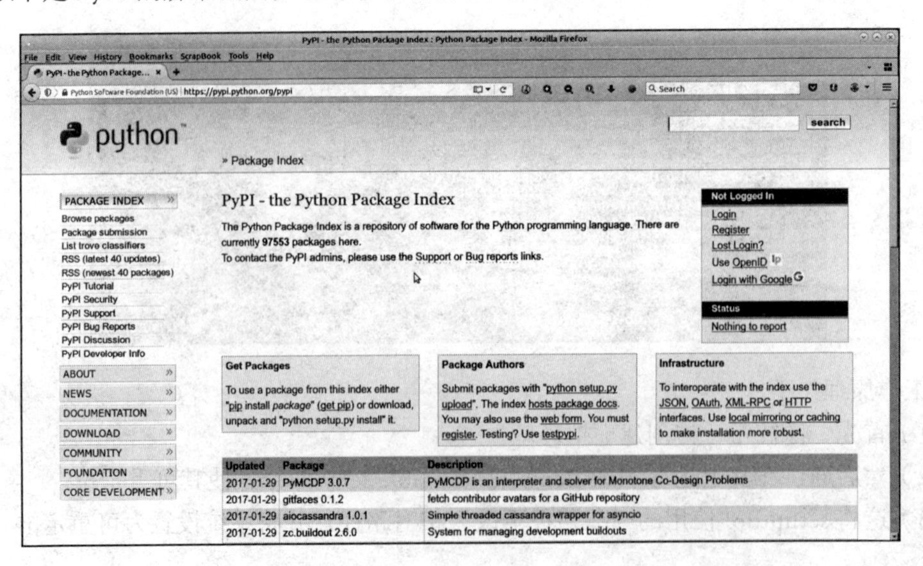

开发人员可以直接在 PyPI 网站上完成的事情如下：

1）使用电子邮箱地址注册并登录网站。

2）登录后，直接在网站上提交包。

3）通过关键字搜索包。

4）通过一些顶级的 trove 分类器浏览包，如主题、平台 / 操作系统、开发状态、许可证等。

现在我们已经熟悉了 Python 打包和安装工具及其关系，现再看一个打包琐碎的 Python 模块并将其提交给 PyPI 的示例。

6. 一个应用程序的打包和发布

第 5 章中开发了一个使用 PyMP 来实现扩展功能的 Mandelbrot 程序。我们将它作为一个示例程序来进行打包，并且使用一个 setup.py 文件将应用程序发布到 PyPI。

把 Mandelbrot 应用程序打包在一个由两个子包组成的主包中，如下所示：

- ❑ mandelbrot.simple：由 Mandelbrot 的基本实现组成的子包（子模块）。
- ❑ mandelbrot.mp：具有 Mandelbrot 的 PyMP 实现的子包（子模块）。

下图是该包的文件夹结构。

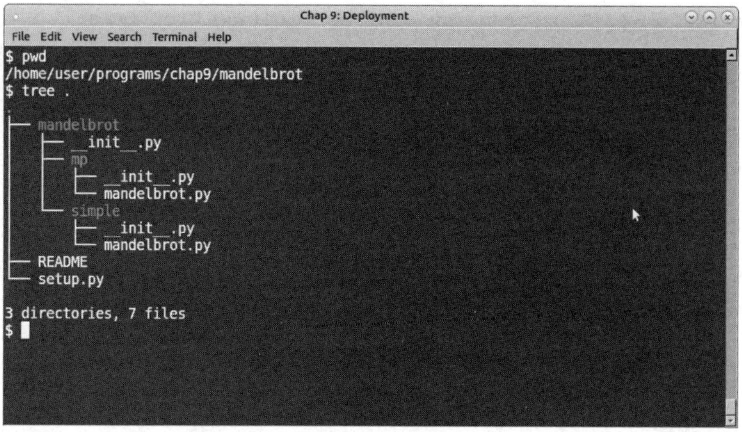

```
Chap 9: Deployment
File Edit View Search Terminal Help
$ pwd
/home/user/programs/chap9/mandelbrot
$ tree .
.
├── mandelbrot
│   ├── __init__.py
│   ├── mp
│   │   ├── __init__.py
│   │   └── mandelbrot.py
│   └── simple
│       ├── __init__.py
│       └── mandelbrot.py
├── README
└── setup.py

3 directories, 7 files
$
```

现来快速分析将要打包的应用程序的文件夹结构：

- ❑ 顶级目录命名为 mandelbrot。它有一个 __init__.py，一个 README 文件和一个 setup.py 文件。
- ❑ 该目录有两个子目录—— mp 和 simple。
- ❑ 每个子文件夹由两个文件组成，即 __init__.py 和 mandelbrot.py。这些子文件夹将形成子模块，每个子模块包含 Mandelbrot 集的各自实现。

注意： 为了将 Mandelbrot 模块安装为可执行脚本，代码已更改为向每个 mandelbrot.py 模块添加主要方法。

（1）__init__.py 文件

__init__.py 文件允许将应用程序中的一个文件夹转换为包。这里的文件夹结构中有 3 个包：第一个是顶级包 mandelbrot，其余两个为子包，即 mandelbrot.simple 和 mandelbrot.mp。

顶层的 __init__.py 是空文件，另外两个有以下单行语句：

```
from . import mandelbrot
```

注意：相对导入是确保子包正在导入本地 mandelbrot.py 模块而不是顶级的 mandelbrot 包。

（2）setup.py 文件

setup.py 文件是整个包的中心点，现来看看：

```
from setuptools import setup, find_packages
setup(
    name = "mandelbrot",
    version = "0.1",
    author = "Anand B Pillai",
    author_email = "abpillai@gmail.com",
    description = ("A program for generating Mandelbrot fractal
images"),
    license = "BSD",
    keywords = "fractal mandelbrot example chaos",
    url = "http://packages.python.org/mandelbrot",
    packages = find_packages(),
    long_description=open('README').read(),
    classifiers=[
        "Development Status :: 4 - Beta",
        "Topic :: Scientific/Engineering :: Visualization",
     "License :: OSI Approved :: BSD License",
 ],
 install_requires = [
     'Pillow>=3.1.2',
     'pymp-pypi>=0.3.1'
     ],
 entry_points = {
     'console_scripts': [
         'mandelbrot = mandelbrot.simple.mandelbrot:main',
         'mandelbrot_mp = mandelbrot.mp.mandelbrot:main'
         ]
     }
```

对 setup.py 文件的全面讨论超出了本章的范围，但请注意以下几个要点：

- setup.py 文件允许作者创建包的许多元数据，如名称、作者姓名、电子邮箱、包关键字等。这些在创建包的元信息方面非常有用，方便人们在包发布到 PyPI 后搜索它们。

- ❑ 此文件中的主要字段之一是包，它是由 setup.py 文件创建的包（和子包）的某个列表。可利用 setuptool 模块提供的 find_packages 辅助函数来执行此操作。
- ❑ 在 install-requires 关键词中提供了安装要求，其中依次列出了类 pip 格式的依赖关系。
- ❑ entry_points 用于配置包安装的控制台脚本（可执行程序）。下面来看看其中一条控制脚本：

```
mandelbrot = mandelbrot.simple.mandelbrot:main
```

这条命令告诉包资源加载器去加载名为 mandelbrot.simple.mandelbrot 的模块，并在调用脚本 mandelbrot 时执行 main 函数。

（3）安装软件包

软件包可以使用以下命令安装：

```
$ python setup.py install
```

以下截图显示了几个初始安装步骤。

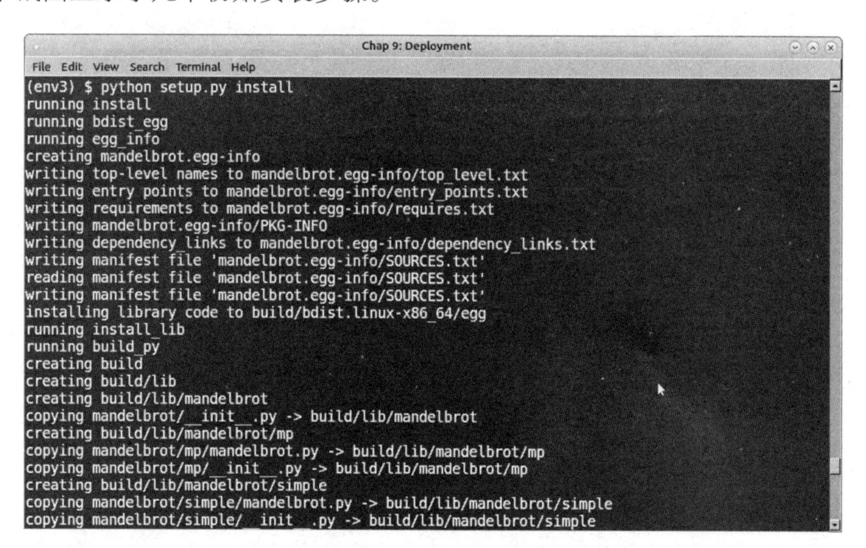

注意： 已将此软件包安装到名为 env3 的虚拟环境中。

（4）把软件包发布到 PyPI

Python 中的 setup.py 文件加上 setuptool/distutil 生态系统，不仅可以用来安装和打包代码，还可以向 Python 包索引提交代码。

将你的软件包发布到 PyPI 是非常容易的，只有以下两个要求：

- ❑ 一个包含合适 setup.py 文件的包。
- ❑ PyPI 网站上的一个账户。

现在通过执行以下步骤将新的 Mandelbrot 包发布到 PyPI。

1）首先，需要在主目录中创建一个 .pypirc 文件以存放一些细节——主要是用于 PyPI 账户授权的详细信息。以下是作者隐藏了密码的 .pypirc 文件。

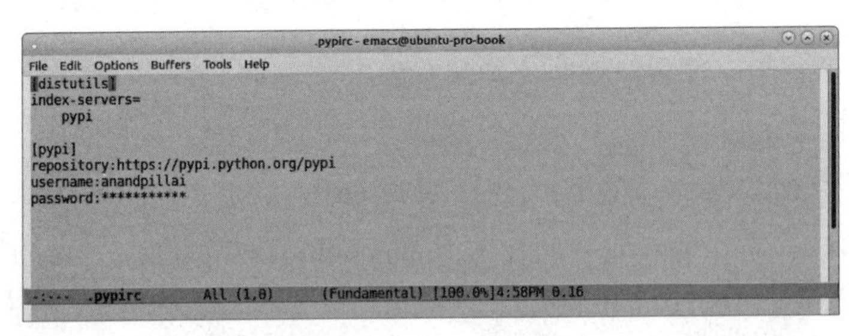

2）一旦这样做了之后，使用 register 命令注册就像运行 setup.py 一样简单：

```
$ python setup.py register
```

以下截图显示了控制台上的实际命令。

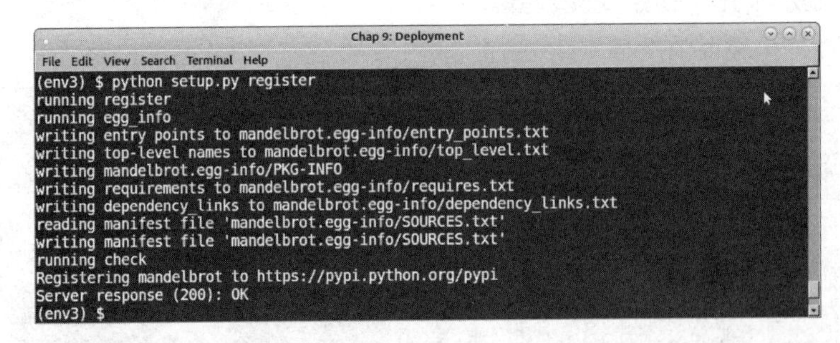

但是，最后一步只通过提交元数据来注册该包。没有把提交源代码数据中的包数据作为此步骤的一部分。

3）为了将源代码也提交给 PyPI，应运行以下命令：

```
$ python setup.py sdist upload
```

```
(env3) $ python setup.py sdist upload
running sdist
running egg_info
writing mandelbrot.egg-info/PKG-INFO
writing dependency_links to mandelbrot.egg-info/dependency_links.txt
writing entry_points to mandelbrot.egg-info/entry_points.txt
writing top-level names to mandelbrot.egg-info/top_level.txt
writing requirements to mandelbrot.egg-info/requires.txt
reading manifest file 'mandelbrot.egg-info/SOURCES.txt'
writing manifest file 'mandelbrot.egg-info/SOURCES.txt'
running check
creating mandelbrot-0.1
creating mandelbrot-0.1/mandelbrot
creating mandelbrot-0.1/mandelbrot.egg-info
creating mandelbrot-0.1/mandelbrot/mp
creating mandelbrot-0.1/mandelbrot/simple
making hard links in mandelbrot-0.1...
hard linking README -> mandelbrot-0.1
hard linking setup.py -> mandelbrot-0.1
hard linking mandelbrot/__init__.py -> mandelbrot-0.1/mandelbrot
hard linking mandelbrot.egg-info/PKG-INFO -> mandelbrot-0.1/mandelbrot.egg-info
hard linking mandelbrot.egg-info/SOURCES.txt -> mandelbrot-0.1/mandelbrot.egg-info
```

以下是新包在 PyPI 服务器上的视图。

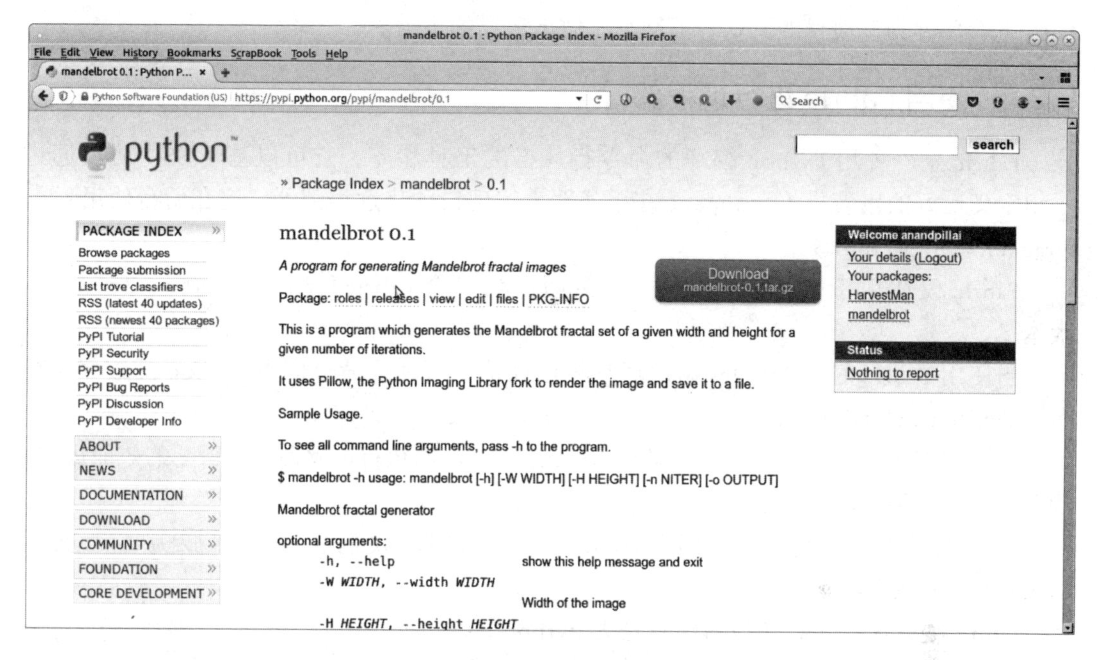

现在可以通过 pip 安装软件包，完成软件开发周期：首先是打包、部署，然后是安装。

7. PyPA

Python 打包管理局（Python Packaging Authority，PyPA）是一个 Python 开发人员工作组，负责维护与 Python 打包有关的标准和相关应用程序。

PyPA 的网站是 https://www.pypa.io/，且可以通过 https://github.com/pypa/ 在 GitHub 上维护相关应用程序。

下表列出了由 PyPA 维护的项目。你已经看到过其中的一些，如 pip、virtualenv 和 setuptool，其他的可能是新的。

项目	描述
setuptool	一系列针对 Python distutil 的增强功能
virtualenv	用于创建沙箱式 Python 环境的工具
pip	一种用于安装 Python 软件包的工具
packaging	由 pip 和 setuptool 使用的用于打包的核心 Python 实用程序
wheel	用于创建车轮分配的 setuptool 的扩展，是 Python eggs（ZIP 文件）的替代品，在 PEP 427 中指定
twine	setup.py 上传的一个安全的替代
warehouse	新的 PyPI 应用程序，可以在 https://pypi.org 上看到
distlib	实现有关 Python 代码打包和分发功能的低级库
bandersnatch	一个用于镜像 PyPI 内容的 PyPI 镜像客户端

感兴趣的开发人员可以访问 PyPA 网站并签约其中的一个项目，通过访问 PyPA 的 Github 存储库为该项目的测试、提交补丁做出自己的贡献。

9.2.2 使用 Fabric 进行远程部署

Fabric 是一种用 Python 编写的命令行风格的工具和库，它可以基于 SSH 协议通过一组定义良好的包装袋（wrapper）在服务器上实现自动化远程部署。它在后台使用 ssh-wrapper 库和 paramiko。

Fabric 仅适用于 Python 2.x 版本。然而，有一个 Fabric3 适用于 Python 2.x 和 3.x 版本。

当使用 Fabric 时，DevOps 用户通常将远程系统管理员命令作为 Python 函数部署在名为 fabfile.py 的 fabfile 中。

当远程系统已经配置了用户机器的 SSH 公钥，从而执行部署时，Fabric 的效能最好，因此不需要提供用户名和密码。

以下是服务器上的远程部署示例。在本例中，我们正在远程服务器上安装 Mandelbrot 应用程序。

fabfile 看起来如下，可以看出它是为 Python 3 编写的：

```
from fabric.api import run

def remote_install(application):

    print ('Installing',application)
    run('sudo pip install ' + application)
```

以下是运行此操作的示例，将其安装在远程服务器上。

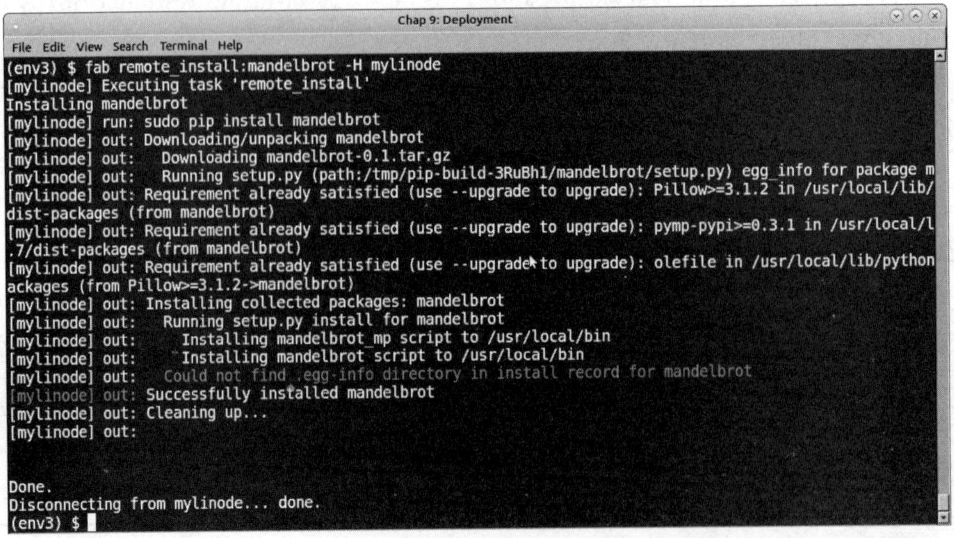

```
Chap 9: Deployment
File  Edit  View  Search  Terminal  Help
(env3) $ fab remote_install:mandelbrot -H mylinode
[mylinode] Executing task 'remote_install'
Installing mandelbrot
[mylinode] run: sudo pip install mandelbrot
[mylinode] out: Downloading/unpacking mandelbrot
[mylinode] out:   Downloading mandelbrot-0.1.tar.gz
[mylinode] out:   Running setup.py (path:/tmp/pip-build-3RuBh1/mandelbrot/setup.py) egg_info for package m
[mylinode] out: Requirement already satisfied (use --upgrade to upgrade): Pillow>=3.1.2 in /usr/local/lib/
dist-packages (from mandelbrot)
[mylinode] out: Requirement already satisfied (use --upgrade to upgrade): pymp-pypi>=0.3.1 in /usr/local/l
.7/dist-packages (from mandelbrot)
[mylinode] out: Requirement already satisfied (use --upgrade to upgrade): olefile in /usr/local/lib/python
ackages (from Pillow>=3.1.2->mandelbrot)
[mylinode] out: Installing collected packages: mandelbrot
[mylinode] out:   Running setup.py install for mandelbrot
[mylinode] out:     Installing mandelbrot_mp script to /usr/local/bin
[mylinode] out:     Installing mandelbrot script to /usr/local/bin
[mylinode] out:   Could not find .egg-info directory in install record for mandelbrot
[mylinode] out: Successfully installed mandelbrot
[mylinode] out: Cleaning up...
[mylinode] out:


Done.
Disconnecting from mylinode... done.
(env3) $
```

DevOps 工程师和系统管理员可以使用一组预定义的 fabfile 来完成跨多个服务器的不同系统和应用程序的自动化部署任务。

注意：虽然它是用 Python 编写的，但 Fabric 可以用于自动部署任何类型的远程服务器管理和配置任务。

9.2.3　使用 Ansible 进行远程部署

Ansible 是一个用 Python 编写的配置管理和部署工具。它可以被认为是一个基于 SSH 协议的包装袋，其脚本支持通过任务进行编排。这些任务可以通过易于管理的名为 playbooks 的单元进行组装，而这些单元将一组主机映射到一组角色。

Ansible 使用"事实（fact）"——"fact"是运行任务之前收集到的系统和环境信息——来检查在运行任务之前是否需要更改任务状态来获得预期的结果。

这样可以安全地将 Ansible 任务重复运行在服务器上。良构的 Ansible 任务是**等幂的**（idempotent），因为它们在远程系统上只具有零到少量的副作用。

Ansible 是用 Python 编写的，可以使用 pip 来安装。

它使用自己的名为 /etc/ansible/hosts 的主机文件来保存运行其任务的主机信息。

一个典型的 Ansible 主机文件可能看起来如下所示：

```
[local]
127.0.0.1

[webkaffe]
139.162.58.8
```

以下是一个来自名为 dependencies.yaml 的 Ansible playbook 代码片段，它通过 pip 在名为 **webkaffe** 的远程主机上安装了几个 Python 包。

```
---
- hosts: webkaffe
  tasks:
    - name: Pip - Install Python Dependencies
      pip:
          name="{{ python_packages_to_install | join(' ') }}"

      vars:
          python_packages_to_install:
          - Flask
          - Bottle
          - bokeh
```

下面是一个使用 ansible-playbook 在命令行中运行 playbook 的截图。

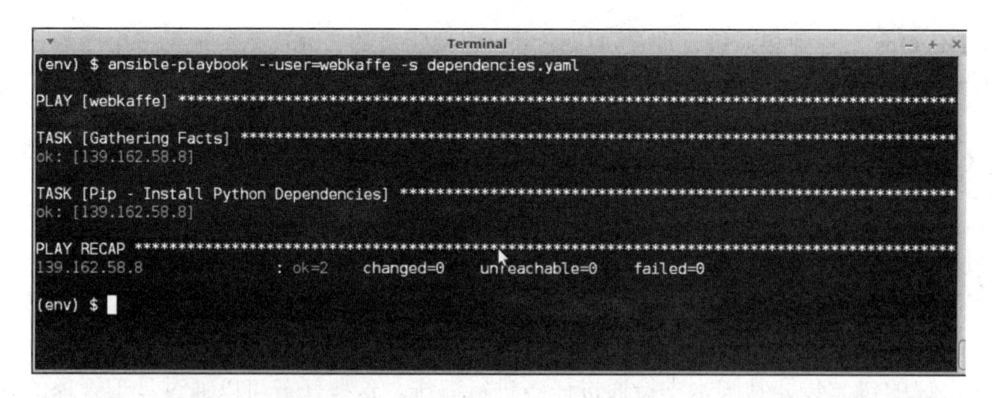

Ansible 是一种简单而有效的管理远程依赖关系的方式，得益于它的等幂 playbook，它在任务完成上比 Fabric 要好得多。

9.2.4　使用 Supervisor 管理远程守护进程

Supervisor 是一个客户端 / 服务器系统，可用于控制 Unix 和类 Unix 系统上的进程。它主要由名为 supervisord 的服务器守护进程和命令行客户端组成，它与名为 supervisorctl 的服务器进行交互。

Supervisor 还提供一个基本的 Web 服务器，可以通过端口 9001 访问。它可以查看正在运行的进程的状态，也可以通过此端口启动 / 停止进程。Supervisor 不在任何版本的 Windows 上运行。

Supervisor 是使用 Python 编写的应用程序，因此可以通过 pip 安装。它仅在 Python 2.x 版本上运行。

通过 Supervisor 管理的应用程序应通过 Supervisor 守护进程配置文件进行配置。默认情况下，这些文件位于 /etc/supervisor.d/conf 文件夹中。

但是，可以通过将其安装到虚拟环境并将配置保留在虚拟环境中，从而在本地运行 Supervisor。事实上，这是运行多个 Supervisor 守护进程的常用方法，每个守护进程都管理着特定于虚拟环境的进程。

这里不会深入讨论使用 Supervisor 的细节或例子，但是使用 Supervisor 比使用传统方法（如系统 rc.d 脚本）具有以下一些好处：

- 通过使用客户端 / 服务器系统来解耦进程创建 / 管理和进程控制。supervisor.d 文件通过子进程管理进程。用户可以通过 supervisorctl，即客户端，获取进程的状态信息。此外，虽然大多数传统的 rc.d 进程需要 root 或 sudo 访问，但 Supervisor 进程可以由系统的普通用户通过客户端或通过 Web UI 进行控制。
- 由于 supervisord 使用子进程来启动进程，因此可以将其配置成在崩溃时可以自动重新启动。相比于依靠 PID 文件的做法，该方法可以更容易地获得更准确的子进程状态。

- Supervisor 支持进程组机制（process group），允许用户按优先级顺序定义进程。多个进程可以按照特定的顺序作为一个进程组来完成启动和停止。这种做法在应用程序中创建进程之间存在临时依赖时，可以允许实现细粒度的进程控制（例如，进程 B 要求 A 运行，C 要求 B 运行等）。

接下来将通过概述一些常见的部署模式来结束本章的所有讨论。架构师可以使用部署模式解决与可部署性相关的很多常见问题。

9.3　部署——模式和最佳实践

可用不同的部署方法或模式解决诸如停机次数、降低部署风险以及软件的无缝开发和部署等问题。

- **连续部署**：连续部署是软件准备随时上线的部署模式。只有不断地整合包括开发、测试和预演在内的多个层次，才能做到连续交付。在连续部署模式中，多个产品部署的任务可能通过某个部署管道在一天内自动进行。由于连续不断部署的是变更增量，因此连续部署模式可最大限度地减少部署风险。在敏捷软件开发环境中，它也可以帮助用户在一完成开发和测试后就立即通过查看产品运行环境中的实时代码，来直接跟踪进度。还有一个额外的优势是，可以更快地获得用户反馈，从而更快地迭代代码和功能。
- **蓝绿部署**：第 5 章已讨论过这一点。蓝绿部署（BlueGreen 部署）保持两个产品运行环境，且彼此密切相关。在一个给定的实例中，一个环境是活的（蓝色）。你将新的部署变更放到其他环境中（绿色），一旦测试完成并准备部署到活的环境中，就要切换系统——即绿色变成活动状态，蓝色变成备份状态。蓝绿部署可大大降低部署风险，因为对于新部署中出现的任何问题，你只需要将路由器或负载平衡器切换到新的环境就可解决。通常，在典型的蓝绿系统中，一个系统是产品运行环境（活的），另一个是预演环境，当然你可以切换它们的角色。
- **金丝雀发布**：如果要在最终面向全部潜在用户的部署之前，先让部分用户测试一下软件中的变更，可以使用此方法。在金丝雀发布中，首先面向部分用户毫无保留地展现所有的变更情况。一种简单的方法是内部测试（dogfooding），就是先将所有变更展现给内部员工。另一种方法是 beta 测试，邀请一些受众群体来测试软件早期功能。其他相关的方法包括根据地理位置、人口特征和个人资料选择用户。金丝雀发布除了使公司免受由软件不好的功能引起的用户突然的负面反应之外，还允许以增量的方式管理负载和容量扩展问题。例如，如果特定功能变得流行，并开始驱动比之前多 100 倍的用户访问你的服务器，传统的部署可能会引起服务器故障和可用性问题，而使用金丝雀发布逐步部署则不会这样。如果你不想做复杂的用户描绘和分析，地理路由是一种可用于选择用户子集的技术。负载更多地发送到部署在特定地理位置或数据中心的节点而不是其他节点。金丝雀发布也与增量推出或分阶推出的概念相关。

- **水桶测试（A/B 测试）**：这是将应用程序或网页的两个不同版本部署到产品运行环境以测试哪个版本更受欢迎和/或具有更多参与者的技术。在产品运行环境中，你的受众群体的一部分会看到 A 版本的应用程序（或页面）——控件或基本版本，而另一部分人会看到 B 版本或修改的（变体）版本。上述情况通常会等概率发生（都是 50%），而尽管同金丝雀发布一样，可以使用用户个人资料、地理位置或其他复杂的模型。使用分析仪表板收集用户体验和参与度，然后确定更改是否具有积极的、消极的或中立的反响。
- **诱导混乱**：这是一种有意引入错误或禁用部分产品运行环境以测试其对故障的恢复能力和/或可用性水平的技术。

产品运行服务器有漂移的问题——除非你使用连续部署或类似的方法进行同步，否则产品运行服务器通常会偏离标准配置。一种测试系统的方法是故意禁用部分产品运行环境。比如，可以随机禁用负载均衡器配置中 50% 的节点，并查看系统的其余部分如何执行。

查找和排除未使用代码部分的类似方法是在部分配置中注入一些随机秘密（例如，一个你认为多余且不再需要的 API）。然后，观察产品运行环境中应用程序的运行。由于随机秘密会导致这个 API 失败，如果应用程序的活动部分仍然使用依赖代码，则它将在产品运行环境中失败。否则，则表明可以安全地删除这部分代码。

Netflix 有一款叫作 Chaos Monkey 的工具，它会自动在产品运行环境中注入故障，然后测量影响。

诱导混乱使得 DevOps 工程师和架构师了解系统中的弱点，也了解正在遭受配置漂移的系统，找到并删除应用程序中不必要或未使用的部分。

9.4　本章小结

本章讨论如何将 Python 代码部署到产品运行环境中；也讨论了影响系统可部署性的不同因素。接着讨论了部署架构中的层次，例如传统的四层、三层和两层架构，包括开发、测试、预演/QA 和产品运行环境层次的组合。

紧接着讨论了 Python 代码打包的各种细节；也详细讨论了 pip 和 virtualenv 工具，以及 pip 和 virtualenv 如何协同工作，以及如何使用 pip 安装一组需求，并使用它来设置类似的虚拟环境；还快速浏览了可重定位的虚拟环境。

然后讨论了 PyPI——Python 包索引工具，它在网络上托管了 Python 第三方软件包；还详细介绍了使用 setuptool 和 setup.py 文件设置 Python 包的示例。此处，以

Mandelbrot应用程序为例。

本章展示了如何使用元数据将包注册到PyPI，以及如何上传包数据（包括它的代码）；还简要介绍了PyPA及其项目。

之后，讨论了在Python中常用的两个部署工具——用于远程自动部署的Fabric以及用于在Unix系统上进行远程管理的Supervisor。在结束本章前，还概述了常见的部署模式，以解决部署问题。

本书的最后一章将讨论各种调试代码的技术，以找出潜在的问题。

第 10 章　各种用于调试的技术

程序调试通常很难，有时候甚至比编写程序更困难。很多时候，程序员需要花大量的时间去寻找一些难以捉摸的问题代码（bug），因为程序中的问题代码一般不会自己轻易地暴露出来。

许多开发人员，甚至是优秀的开发人员，都会觉得问题排查（troubleshooting）是一门比较难的艺术。很多情况下，程序员会采用复杂的调试技术，而实际上一些简单的方法就可以做到这一点。例如，正确放置打印语句和有目的地进行代码注释等。

当涉及代码调试时，Python 提供了自身的问题集。Python 作为一种动态类型的语言，程序员在编程时在假定某种类型（其实可能是别的类型）时会发生类型相关的异常，这在 Python 中很常见。命名错误和属性错误都属于类似的类别。

本章将专注于在其他地方很少讨论的内容。

下面是本章将要讨论的主题：

- 最大子阵列问题
  - “print”的力量
  - 分析和重写
  - 代码计时和代码优化
- 简单的调试技巧和技术
  - 词搜索器程序
  - 词搜索器程序——调试步骤 1
  - 词搜索器程序——调试步骤 2
  - 词搜索器程序——最终代码
  - 跳过代码块
  - 停止执行
  - 使用 wrapper 来控制外部依赖
  - 使用函数的返回值或数据来替换函数（模拟）
    - 将来自文件的数据保存或加载为缓存
    - 将来自内存的数据保存或加载为缓存
    - 返回随机数据或模拟数据
    - 生成随机患者数据
- 作为一种调试技术的日志记录

- 简单的应用程序日志记录
- 高级日志记录——日志记录器对象
  - 高级日志记录——自定义格式和记录器
  - 高级日志记录——写入系统日志

❑ 调试工具——使用各种调试器

- 一个使用 pdb 的调试会话场景
- pdb——两个相似的工具
  - iPdb
  - pdb++

❑ 高级调试——跟踪

- trace 模块
- lptrace 程序
- 使用 strace 的系统调用跟踪

10.1　最大子阵列问题

对于初学者，来看一个有趣的问题。在这个问题中，目标是找到混合了负数和正数的整数数组（序列）的最大连续子阵列。

例如，有以下数组：

```
>>> a  = [-5, 20, -10, 30, 15]
```

快速扫描会明显地发现子阵列 [20, −10, 30, 15] 具有最大和，即 55。

假设作为第一个切入点，你写下了下面这段代码：

```
import itertools

# max_subarray: v1
def max_subarray(sequence):
    """ Find sub-sequence in sequence having maximum sum """

    sums = []

    for i in range(len(sequence)):
        # Create all sub-sequences in given size
        for sub_seq in itertools.combinations(sequence, i):
            # Append sum
            sums.append(sum(sub_seq))

    return max(sums)
```

现在来试着输出：

```
>>>  max_subarray([-5, 20, -10, 30, 15])
65
```

这个输出明显是错误的，因为数组中任何子阵列的任何人工加法似乎都不会产生超过 55 的数字。对此，需要调试代码。

10.1.1 “print”的力量

为了调试前面的例子，一个简单的策略性放置“print”语句的代码如下所示。我们打印出内 for 循环中的子序列。

该函数修改如下：

```
def max_subarray(sequence):
    """ Find sub-sequence in sequence having maximum sum """

    sums = []
    for i in range(len(sequence)):
        for sub_seq in itertools.combinations(sequence, i):
            sub_seq_sum = sum(sub_seq)
            print(sub_seq,'=>',sub_seq_sum)
            sums.append(sub_seq_sum)

    return max(sums)
```

现在执行代码并打印以下输出：

```
>>> max_subarray([-5, 20, -10, 30, 15])
((), '=>', 0)
((-5,), '=>', -5)
((20,), '=>', 20)
((-10,), '=>', -10)
((30,), '=>', 30)
((15,), '=>', 15)
((-5, 20), '=>', 15)
((-5, -10), '=>', -15)
((-5, 30), '=>', 25)
((-5, 15), '=>', 10)
((20, -10), '=>', 10)
((20, 30), '=>', 50)
((20, 15), '=>', 35)
((-10, 30), '=>', 20)
((-10, 15), '=>', 5)
((30, 15), '=>', 45)
((-5, 20, -10), '=>', 5)
((-5, 20, 30), '=>', 45)
((-5, 20, 15), '=>', 30)
((-5, -10, 30), '=>', 15)
((-5, -10, 15), '=>', 0)
((-5, 30, 15), '=>', 40)
```

```
((20, -10, 30), '=>', 40)
((20, -10, 15), '=>', 25)
((20, 30, 15), '=>', 65)
((-10, 30, 15), '=>', 35)
((-5, 20, -10, 30), '=>', 35)
((-5, 20, -10, 15), '=>', 20)
((-5, 20, 30, 15), '=>', 60)
((-5, -10, 30, 15), '=>', 30)
((20, -10, 30, 15), '=>', 55)
65
```

通过查看打印语句的输出，问题就很清晰了。

这里有一个子阵列 [20, 30, 15](在前面的输出中以粗体突出显示)，它产生了和 65。然而，这不是有效的子阵列，因为元素在原始数组中不是连续的。

显然，程序是错误的，需要修改。

10.1.2　分析和重写

快速分析告诉我们，这里的罪魁祸首是使用了 itertools.combinations。我们使用它作为快速从数组中生成不同长度的所有子阵列的方法，但是使用 combinations **不会**遵循项目的顺序而是生成**所有**组合，从而导致出现不连续的子阵列。

显然，我们需要重写它。下面是第一次重写尝试：

```
def max_subarray(sequence):
    """ Find sub-sequence in sequence having maximum sum """

    sums = []

    for i in range(len(sequence)):
        for j in range(i+1, len(sequence)):
            sub_seq = sequence[i:j]
            sub_seq_sum = sum(sub_seq)
            print(sub_seq,'=>',sub_seq_sum)
            sums.append(sum(sub_seq))

    return max(sums)
```

现在输出如下：

```
>>> max_subarray([-5, 20, -10, 30, 15])
([-5], '=>', -5)
([-5, 20], '=>', 15)
([-5, 20, -10], '=>', 5)
([-5, 20, -10, 30], '=>', 35)
([20], '=>', 20)
([20, -10], '=>', 10)
([20, -10, 30], '=>', 40)
([-10], '=>', -10)
([-10, 30], '=>', 20)
```

```
([30], '=>', 30)
40
```

答案还是不正确的，它给出了次优答案40，而不是正确答案55。再一次，靠“print”语句来拯救，因为它会清楚地告诉我们主阵列本身没有被考虑——这里出现了一个**大小差一** bug。

> **注意**：当编程中用于迭代序列（数组）的数组索引与正确的值相比**少一个**或**多一个**时，编程中会出现大小差一或一次性错误。这通常在序列索引从零开始的语言（例如 C/C++、Java 或 Python）中出现。

在本例中，大小差一错误出现在这一行：

```
"sub_seq = sequence[i:j]"
```

正确的代码应该如下所示：

```
"sub_seq = sequence[i:j+1]"
```

有了这个修复，我们的代码按预期产生输出：

```
# max_subarray: v2
def max_subarray(sequence):
    """ Find sub-sequence in sequence having maximum sum """

    sums = []

    for i in range(len(sequence)):
        for j in range(i+1, len(sequence)):
            sub_seq = sequence[i:j+1]
            sub_seq_sum = sum(sub_seq)
          print(sub_seq,'=>',sub_seq_sum)
            sums.append(sub_seq_sum)

    return max(sums)
```

下面是输出结果：

```
>>> max_subarray([-5, 20, -10, 30, 15])
([-5, 20], '=>', 15)
([-5, 20, -10], '=>', 5)
([-5, 20, -10, 30], '=>', 35)
([-5, 20, -10, 30, 15], '=>', 50)
([20, -10], '=>', 10)
([20, -10, 30], '=>', 40)
([20, -10, 30, 15], '=>', 55)
([-10, 30], '=>', 20)
([-10, 30, 15], '=>', 35)
([30, 15], '=>', 45)
55
```

假设现在你认为代码是完整的。

你将代码传递给审阅者，他们提出你的代码虽然称为 max_subarray，实际上忘记返回子阵列本身，而只返回了总和。还有一个反馈意见是你不需要维护一系列的和。

你结合这些反馈生成了一个 3.0 版本的代码，修复了上述两个问题：

max_subarray: v3

```
def max_subarray(sequence):
    """ Find sub-sequence in sequence having maximum sum """

    # Trackers for max sum and max sub-array
    max_sum, max_sub = 0, []

    for i in range(len(sequence)):
        for j in range(i+1, len(sequence)):
            sub_seq = sequence[i:j+1]
            sum_s = sum(sub_seq)
            if sum_s > max_sum:
                # If current sum > max sum so far, replace the values
                max_sum, max_sub = sum_s, sub_seq

    return max_sum, max_sub

>>>  max_subarray([-5, 20, -10, 30, 15])
(55, [20, -10, 30, 15])
```

请注意，最后一个版本的代码中删除了 print 语句，因为逻辑已经正确，所以不需要调试。

至此，一切都完成了。

10.1.3　代码计时和代码优化

如果稍微分析一下代码，你会发现代码扫描了整个序列两遍，一次外部和一次内部。因此如果序列包含 n 个项目，则代码要执行 $n \times n$ 遍。

从第 4 章可以知道，这样的代码以 $O(n^2)$ 的性能顺序执行。可以通过 with 运算符使用一个简单的 context-manager 来测量代码花费的实际时间。

上下文管理器如下所示：

```
import time
from contextlib import contextmanager

@contextmanager
def timer():
    """ Measure real-time execution of a block of code """

    try:
        start = time.time()
```

```
        yield
    finally:
        end = (time.time() - start)*1000
        print 'time taken=> %.2f ms' % end
```

现来修改代码以创建一个不同大小的随机数组，用于测量所花费的时间。为此写一个如下函数：

```
import random

def num_array(size):
    """ Return a list of numbers in a fixed random range
    of given size """

    nums = []
    for i in range(size):
        nums.append(random.randrange(-25, 30))
    return nums
```

把我们的逻辑用于各种大小的数组，从 100 开始：

```
>>> with timer():
... max_subarray(num_array(100))
... (121, [7, 10, -17, 3, 21, 26, -2, 5, 14, 2, -19, -18, 23, 12, 8,
   -12, -23, 28, -16, -19, -3, 14, 16, -25, 26, -16, 4, 12, -23, 26,
    22, 12, 23])
time taken=> 16.45 ms
```

对于 1000 项的数组，代码如下所示：

```
>>> with timer():
... max_subarray(num_array(100))
... (121, [7, 10, -17, 3, 21, 26, -2, 5, 14, 2, -19, -18, 23, 12, 8,
   -12, -23, 28, -16, -19, -3, 14, 16, -25, 26, -16, 4, 12, -23, 26,
    22, 12, 23])
time taken=> 16.45 ms
```

这大约需要 3.3s。

输入大小为 10 000 时，代码将运行 2 ～ 3h。

是否有一种优化代码的方法？是的，同样的代码有一个 O（n）版本，如下所示：

```
def max_subarray(sequence):
    """ Maximum subarray - optimized version """

    max_ending_here = max_so_far = 0

    for x in sequence:
        max_ending_here = max(0, max_ending_here + x)
        max_so_far = max(max_so_far, max_ending_here)

    return max_so_far
```

有了这个版本，所花的时间要少得多：

```
>>> with timer():
... max_subarray(num_array(100))
... 240
time taken=> 0.77 ms
```

对于 1000 项的数组，所花费的时间如下：

```
>>> with timer():
... max_subarray(num_array(1000))
... 2272
time taken=> 6.05 ms
```

对于 10 000 项的数组，时间约为 44ms：

```
>>> with timer():
... max_subarray(num_array(10000))
... 19362
time taken=> 43.89 ms
```

10.2　简单的调试技巧和技术

在前面的例子中看到了“print”语句的能力。以类似的方式，可以使用其他简单的技术来调试程序，而无须诉诸于调试器。

调试可以被认为是一个逐步排查的过程，直到程序员找到真相——引起 bug 的原因。它基本上涉及以下步骤：

- 分析代码，并提出一组可能是 bug 的根源的假设（原因）。
- 通过使用适当的调试技术逐一测试每个假设。
- 在测试的每个步骤，要么找到引起 bug 的根源——测试成功了，告诉你问题所在，这也正是进行测试的原因；要么测试失败，则需要继续测试下一个假设。
- 重复最后一步，直到找到引起 bug 的原因或者丢弃当前你认为是可能原因的一组假设。然后重新启动整个循环，直到找到真正原因。

10.2.1　词搜索器程序

本节将使用实例逐个查看一些简单的调试技术。我们将从一个词搜索器程序的例子开始，该程序在文件列表中查找包含特定词的行，并在另一个列表中添加和返回该行。

以下是词搜索器程序的代码：

```
import os
import glob

def grep_word(word, filenames):
    """ Open the given files and look for a specific word.
    Append lines containing word to a list and
```

```
    return it """

    lines, words = [], []

    for filename in filenames:
        print('Processing',filename)
        lines += open(filename).readlines()


    word = word.lower()
    for line in lines:
        if word in line.lower():
            lines.append(line.strip())

    # Now sort the list according to length of lines
    return sorted(words, key=len)
```

你可能已经注意到上述代码中的微小 bug——它会将词添加到错误的列表中。它从列表“行”中读取词，并将其添加到同一列表，这将导致列表不停增长。当程序遇到包含给定词的单行代码时，该程序将进入一个无限循环。

运行当前目录下的程序：

```
>>> parse_filename('lines', glob.glob('*.py'))
(hangs)
```

在某一天，你可能轻易地发现了这个 bug。而在运气不好的一天，你可能发现不了而被困住，由于没有注意到正在读取的和被添加的是同一个列表。

以下是你可以做的几件事情：

- 由于代码挂起且有两个循环，找出导致问题的循环。要做到这一点，要么在两个循环之间放置一个 print 语句，要么放置一个 sys.exit 函数。后一个函数会使解释器在函数放置处退出。
- 开发人员可能会错过 print 语句，特别是当代码中有许多 print 语句时，但是肯定不会错过 sys.exit。

10.2.2 词搜索器程序——调试步骤 1

代码重写如下，在两个循环之间插入特定的 sys.exit(...) 调用：

```
import os
import glob

def grep_word(word, filenames):
    """ Open the given files and look for a specific word.
    Append lines containing word to a list and
    return it """

    lines, words = [], []
```

```
    for filename in filenames:
        print('Processing',filename)
        lines += open(filename).readlines()

    sys.exit('Exiting after first loop')

    word = word.lower()
    for line in lines:
        if word in line.lower():
            lines.append(line.strip())

    # Now sort the list according to length of lines
    return sorted(words, key=len)
```

当第二次尝试时，得到如下输出：

```
>>> grep_word('lines', glob.glob('*.py'))
Exiting after first loop
```

现在很清楚，问题不在第一个循环中。你现在可以继续调试第二个循环（假设你没有看到错误的变量使用，因此你通过调试来解决问题。）

10.2.3　词搜索器程序——调试步骤 2

当你怀疑循环中的代码块引起了一个 bug 时，有一些技巧可以用来调试它，并确认你的怀疑。这些技巧包括以下内容：

- 在代码块前策略性地放置 continue 语句。如果问题消失，那么可以确定特定的代码块或任何在它之后的代码块是问题所在。你可以继续向下移动 continue 语句，直到找出导致问题的特定代码块。
- 让 Python 使用"if 0:"前缀来跳过代码块。如果代码块只有一行或几行代码，这种方法更加有用。
- 如果一个循环中有很多代码，并且循环执行很多次，"print"语句可能不会帮助你太多，因为大量的数据将被打印出来，并且很难筛选和扫描，所以难以找出问题所在。

我们将使用第一个技巧来弄清楚这个问题。以下是修改后的代码：

```
def grep_word(word, filenames):
    """ Open the given files and look for a specific word.
    Append lines containing word to a list and
    return it """

    lines, words = [], []

    for filename in filenames:
        print('Processing',filename)
        lines += open(filename).readlines()
```

```
    # Debugging steps
    # 1. sys.exit
    # sys.exit('Exiting after first loop')

    word = word.lower()
    for line in lines:
        if word in line.lower():
            words.append(line.strip())
            continue

    # Now sort the list according to length of lines
    return sorted(words, key=len)
```

```
>>> grep_word('lines', glob.glob('*.py'))
[]
```

现在执行代码，很明显问题出在处理步骤中。这里只需要一步就找出了 bug，因为程序员最终通过调试的过程看到了引发问题的那一行代码。

10.2.4 词搜索器程序——最终代码

我们花了一些时间通过前几节介绍的调试步骤找出了程序中的问题。因此假定程序员现在能够在代码中找到问题并解决它。

以下是修复了 bug 的最终代码：

```
def grep_word(word, filenames):
    """ Open the given files and look for a specific word.
    Append lines containing word to a list and
    return it """

    lines, words = [], []

    for filename in filenames:
        print('Processing',filename)
        lines += open(filename).readlines()


    word = word.lower()
    for line in lines:
        if word in line.lower():
            words.append(line.strip())

    # Now sort the list according to length of lines
    return sorted(words, key=len)
```

输出如下：

```
>>> grep_word('lines', glob.glob('*.py'))
['for line in lines:', 'lines, words = [], []',
```

```
    '#lines.append(line.strip())',
    'lines += open(filename).readlines()',
    'Append lines containing word to a list and',
    'and return list of lines containing the word.',
    '# Now sort the list according to length of lines',
    "print('Lines => ', grep_word('lines', glob.glob('*.py')))"]
```

总结一下迄今为止学到的简单的调试技巧，并且再来看一些相关的技巧和技术。

10.2.5　跳过代码块

程序员在调试期间可以跳过他们怀疑造成了 bug 的代码块。如果该代码块在一个循环内，则可以使用 continue 语句跳过执行来完成。

如果该代码块位于循环之外，则可以使用“ if 0 : ”和将可疑代码移动到依赖块来完成，如下所示：

```
if 0:
    # Suspected code block
    perform_suspect_operation1(args1, args2, ...)
    perform_suspect_operation2(...)
```

如果此 bug 消失，那么可以确定问题就在这段可疑的代码块中。

这个技巧本身有缺陷，因为它需要在右边缩进大块代码，一旦调试完成，应当恢复。因此不建议任何超过 5 ～ 6 行的代码使用这种方法。

10.2.6　停止执行

如果处于忙碌的编程阶段，并试图找出一个难以捉摸的 bug，且已经尝试过 print 语句，也使用过了调试器和其他方法，那么一个相当激烈但往往非常有用的方法是，在怀疑的代码段中或在其之前使用 sys.exit 函数停止代码执行。

sys.exit(<strategic message>) 能够让程序在其运行轨道上停止，因此程序员**不能错过**它。它在以下场景中非常有用：

- 一段复杂的代码中存在一个与输入的特定值或范围相关的难以捉摸的 bug，这会导致一个被捕获并被忽视的异常，但稍后会在程序中引发问题。
- 在这种情况下，检查特定的值或范围，然后退出代码，通过 sys.exit 在异常处理程序中使用正确的信息可以帮助你找出问题。然后程序员可以决定通过改正输入或变量处理代码来修复这个 bug。

在编写并发程序时，错误地使用资源锁或其他东西，会使跟踪诸如死锁、竞争条件等 bug 变得困难。由于通过调试器调试多线程或多进程程序是非常困难的，一种简单的技术是在执行正确的异常处理代码后将 sys.exit 放入可疑函数中。

- 当你的代码有严重的内存泄漏或无限循环时，一段时间后就难以进行调试了，另外，你还无法精准定位问题。将 sys.exit(<message>) 从一行代码移到下一行代码，直到确定问题。

10.2.7 使用 wrapper 来控制外部依赖

如果怀疑问题不在你的函数内，而是在代码调用的函数中，则可以使用此方法。

由于该函数不在你的控制范围之内，所以可以尝试在你能控制的模块中使用 wrapper 函数替换它。

例如，以下是用于处理串行 JSON 数据的通用代码。假设程序员发现了一个处理某些数据（可能具有某个键值对）的 bug，并怀疑外部 API 是 bug 的根源。这个 bug 可能是 API 超时、返回一个损坏的响应，或者在最坏情况下导致程序崩溃：

```
import external_api
def process_data(data):
    """ Process data using external API """

    # Clean up data-local function
    data = clean_up(data)
# Drop duplicates from data-local function
data = drop_duplicates(data)

# Process line by line JSON
for json_elem in data:
    # Bug ?
    external_api.process(json_elem)
```

验证这一点的一种方式是为数据的特定范围或值虚构 API。在这种情况下，可以通过创建一个 wrapper 函数来完成，如下所示：

```
def process(json_data, skey='suspect_key',svalue='suspect_value'):
    """ Fake the external API except for the suspect key & value """

    # Assume each JSON element maps to a Python dictionary

    for json_elem in json_data:
        skip = False

        for key in json_elem:
            if key == skey:
                if json_elem[key] == svalue:
                    # Suspect key,value combination - dont process
                    # this JSON element
                    skip = True
                    break

        # Pass on to the API
        if not skip:
```

```
            external_api.process(json_elem)

def process_data(data):
    """ Process data using external API """

    # Clean up data—local function
    data = clean_up(data)
    # Drop duplicates from data—local function
    data = drop_duplicates(data)

    # Process line by line JSON using local wrapper
    process(data)
```

如果怀疑确实是正确的，这将使问题消失。然后，你可以将其用作测试代码，并通过与外部 API 的利益相关者沟通来解决问题，或编写代码以确保在发送到 API 的数据中跳过问题键值对（problem key-value pair）。

10.2.8　用函数的返回值或数据来替换函数（模拟）

在现代的 Web 应用程序编程中，你永远离不开程序中的阻塞 I/O 调用。这可能是一个简单的 URL 请求，一个稍微涉及外部 API 的请求，或者可能是一个代价高的数据库查询，这样的调用可能是 bug 的根源。

你可能会发现以下情况之一：

- 来自这种调用的返回数据可能是造成问题的原因。
- 调用本身是造成问题的原因，例如 I/O 或网络错误、超时或资源竞争。

当遇到代价高的 I/O 问题时，重复它们通常会是一个问题，这是因为：

- I/O 调用需要时间，因此调试会花费大量时间，从而让你无法专注于真正的问题。
- 随后的调用对于该问题可能不可重复，因为外部请求可能每次返回稍微不同的数据。
- 如果使用的是从外部购买的 API，那么这个调用实际上可能会花你的钱，所以不能在调试和测试时穷举大量此类调用。

在这些情况下，一种非常有用的常见技术是保存这些 API/ 函数的返回数据，然后使用返回数据代替 API/ 函数本身来模拟函数。这是一种类似于模拟测试的方法，但它在调试的上下文中使用。

现在来看一个 API 的例子，该 API 返回网站上的**商家信息**，给出一个商家地址，包括名称、街道地址、城市等细节。代码如下所示：

```
import config

search_api = 'http://api.%(site)s/listings/search'

def get_api_key(site):
```

```
    """ Return API key for a site """

    # Assumes the configuration is available via a config module
    return config.get_key(site)

def api_search(address, site='yellowpages.com'):
    """ API to search for a given business address
    on a site and return results """

    req_params = {}
    req_params.update({
        'key': get_api_key(site),
        'term': address['name'],
        'searchloc': '{0}, {1}, {1}'.format(address['street'],
                                            address['city'],
                                            address['state'])})
    return requests.post(search_api % locals(),
                         params=req_params)

def parse_listings(addresses, sites):
    """ Given a list of addresses, fetch their listings
    for a given set of sites, process them """

    for site in sites:
        for address in addresses:
            listing = api_search(address, site)
            # Process the listing
            process_listing(listing, site)

def process_listings(listing, site):
    """ Process a listing and analzye it """

     # Some heavy computational code
     # whose details we are not interested.
```

注意：代码做了一些假设，其中之一是每个站点都有相同的 API URL 和参数。请注意，这只是出于说明的目的。实际上，每个网站的 API 格式都会非常不同，包括它的 URL 及其接收的参数。

请注意，在最后一段代码中，实际工作在 process_listings 函数中完成，其代码未显示，这里只是描述性的例子。

假设你正在尝试调试此功能。但是，由于 API 调用的延迟或错误，你发现自己浪费了大量宝贵的时间来获取列表。那么可以使用哪些技术避免这种依赖关系呢？以下是可以做的几件事情：

- 将列表保存到文件、数据库或内存中存储，并按需加载，而不是通过 API 获取列表。

- 通过缓存或 memoize 模式缓存 api_search 函数的返回值，以便在第一次调用后进一步调用，从内存返回数据。
- 模拟数据，并返回与原始数据具有相同特征的随机数据。

下面依次来看看这些方法。

1. 将来自文件的数据保存或加载为缓存

在这种技术中，可以使用输入数据中的唯一键构造文件名。如果磁盘上存在匹配文件，则打开该文件并返回数据。否则，进行调用并写入数据。这可以通过文件缓存装饰器来实现，如以下代码所示：

```
import hashlib
import json
import os

def unique_key(address, site):
    """ Return a unique key for the given arguments """

    return hashlib.md5(''.join((address['name'],
                                address['street'],
                                address['city'],
                                site)).encode('utf-8')).hexdigest()

def filecache(func):
    """ A file caching decorator """

    def wrapper(*args, **kwargs):
        # Construct a unique cache filename
        filename = unique_key(args[0], args[1]) + '.data'

        if os.path.isfile(filename):
            print('=>from file<=')
            # Return cached data from file
            return json.load(open(filename))

        # Else compute and write into file
        result = func(*args, **kwargs)
        json.dump(result, open(filename,'w'))

        return result

    return wrapper

@filecache
def api_search(address, site='yellowpages.com'):
    """ API to search for a given business address
    on a site and return results """

    req_params = {}
```

```
    req_params.update({
        'key': get_api_key(site),
        'term': address['name'],
        'searchloc': '{0}, {1}, {1}'.format(address['street'],
                                            address['city'],
                                            address['state'])})
    return requests.post(search_api % locals(),
                         params=req_params)
```

以下是上述代码的工作原理：

1）api_search 函数以 filecache 作为装饰器进行装饰。

2）filecache 使用 unique_key 作为函数来计算用于存储 API 调用返回值的唯一文件名。在本例中，unique_key 函数使用商业名称、街道、城市与所查询网站的组合的散列值，以构建唯一值。

3）第一次调用该函数时，通过 API 获取数据并将其存储在文件中。在进一步调用期间，直接从文件中返回数据。

这在大多数情况下效果很好。大多数据只被加载过一次，并且在进一步调用时从文件缓存返回。但是，这会遇到过期数据（stale data）的问题，因为一旦创建了文件，数据总是会从其中返回的。同时，服务器上的数据可能已经更改。

数据可以通过使用内存中的键值存储来保存，而不是保存在磁盘上的文件中。为此，可以使用 Memcached、MongoDB 或 Redis 等知名键值存储。下面的示例将向你展示如何使用 Redis 将 filecache 装饰器替换为 memorycache 装饰器。

2. 将来自内存的数据保存或加载为缓存

在这种技术中，使用输入参数中的唯一值构造唯一的内存缓存键值。如果通过该键值进行查询并在缓存存储上找到了缓存，则从存储中返回其值。否则，进行调用，缓存被写入。为了确保数据不会过时，可以使用一种固定的**生存时间（TTL）**。我们使用 Redis 作为缓存存储引擎：

```
from redis import StrictRedis

def memoize(func, ttl=86400):
    """ A memory caching decorator """

    # Local redis as in-memory cache
    cache = StrictRedis(host='localhost', port=6379)

    def wrapper(*args, **kwargs):
        # Construct a unique key

        key = unique_key(args[0], args[1])
        # Check if its in redis
        cached_data = cache.get(key)
        if cached data != None:
```

```
            print('=>from cache<=')
            return json.loads(cached_data)
        # Else calculate and store while putting a TTL
        result = func(*args, **kwargs)
        cache.set(key, json.dumps(result), ttl)

        return result

    return wrapper
```

注意：我们正在重用以前代码示例中 unique_key 的定义。

在代码的其余部分，唯一的改变是，用 memoize 替换 filecache 装饰器：

```
@memoize
def api_search(address, site='yellowpages.com'):
    """ API to search for a given business address
    on a site and return results """

    req_params = {}
    req_params.update({
        'key': get_api_key(site),
        'term': address['name'],
        'searchloc': '{0}, {1}, {1}'.format(address['street'],
                                            address['city'],
                                            address['state'])})
    return requests.post(search_api % locals(),
                         params=req_params)
```

此版本代码对比上一版本的优势如下：

- 缓存存储在内存中。不会创建其他文件。
- 缓存是用 TTL 创建的，超过它则超时，所以过时数据的问题被规避了。TTL 可以定制，在此示例中默认为一天（86 400s）。

还有一些模拟外部 API 调用和类似依赖关系的其他技术，其中一些列出如下：

- 在 Python 中使用 StringIO 对象读 / 写数据，而不是使用文件。例如，可以轻松地将 filecache 或 memoize 装饰器修改为使用 StringIO 对象
- 使用可变默认参数（如字典或列表）作为缓存并将结果写入。由于 Python 中的可变参数在重复调用后保持其状态，因此它有效地用作一种内存缓存。
- 通过编辑系统主机文件，为相关主机添加条目，并将其 IP 置为 127.0.0.1，来实现对本地机器（IP 地址为 127.0.0.1）上的服务的更换 / 伪造 API 调用，从而替换外部 API。对 localhost 的调用总是返回一个标准的（通用的）响应。

例如，在 Linux 和其他 POSIX 系统上，你可以在 /etc/hosts 文件中添加如下一行代码：

```
# Only for testing—comment out after that!
127.0.0.1 api.website.com
```

注意：要记住在测试后注释掉这行。这种方法是非常有用和聪明的

3. 返回随机数据或模拟数据

对性能测试和调试最有用的另一种技术是使用与原始数据类似但不相同的数据来填充函数。

例如，假设你正在讨论一种适用于特定保险计划下的病人 / 医生数据的应用程序（例如美国的 Medicare/Medicaid、印度的 ESI），以分析和发现模式，如常见的疾病、政府开支方面的 10 大健康问题等。

假设你的应用程序预计一次从数据库中加载和分析数万行的患者数据，预计在高峰负载下将达到 1000 000 ～ 2000 000。你希望调试应用程序，并在此类负载下查找性能特征，但你没有任何真实的数据，因为数据还处于收集阶段。

在这种情况下，生成和返回模拟数据的库或函数非常有用。本节将使用第三方 Python 库来完成此操作。

4. 生成随机患者数据

假设对于一个患者，我们需要以下基本属性：

- 姓名
- 年龄
- 性别
- 健康问题
- 医生姓名
- 血型
- 是否投保
- 上次就医的日期

Python 中的 schematics 库提供了一种使用简单类型生成此类数据结构的方法，然后可以对其进行验证、转换和模拟。

schematics 是可以通过 pip 使用以下命令安装的库：

```
$ pip install schematics
```

要生成一个只有名字和年龄的 Person 模型，就像在 schematics 中编写一个类一样简单：

```
from schematics import Model
from schematics.types import StringType, DecimalType

class Person(Model):
```

```
    name = StringType()
    age = DecimalType()
```

生成模拟数据，将返回一个模拟对象，并用以下方式创建一个**原语**：

```
>>> Person.get_mock_object().to_primitive()
{'age': u'12', 'name': u'Y7bnqRt'}
>>> Person.get_mock_object().to_primitive()
{'age': u'1', 'name': u'xyrh40EO3'}
```

可以使用 schematics 创建自定义类型。对于 Patient 模型，例如，假设只对 18 ~ 80 岁的年龄组感兴趣，需要返回该范围内的年龄数据。

以下自定义类型为我们完成了这件事：

```
from schematics.types import IntType

class AgeType(IntType):
    """ An age type for schematics """

    def __init__(self, **kwargs):
        kwargs['default'] = 18
        IntType.__init__(self, **kwargs)

    def to_primitive(self, value, context=None):
        return random.randrange(18, 80)
```

此外，由于 schematics 库返回的名称只是随机字符串，它们还有一些改进的余地。以下 NameType 类通过返回混合元音和辅音的名称来改进：

```
import string
import random

class NameType(StringType):
    """ A schematics custom name type """

    vowels='aeiou'
    consonants = ''.join(set(string.ascii_lowercase) - set(vowels))

    def __init__(self, **kwargs):
        kwargs['default'] = ''
        StringType.__init__(self, **kwargs)

   def get_name(self):
        """ A random name generator which generates
        names by clever placing of vowels and consontants """

        items = ['']*4

        items[0] = random.choice(self.consonants)
        items[2] = random.choice(self.consonants)
```

```
        for i in (1, 3):
            items[i] = random.choice(self.vowels)

        return ''.join(items).capitalize()

    def to_primitive(self, value, context=None):
        return self.get_name()
```

当组合这两种新类型时，Person 类在返回模拟数据时看起来要好得多：

```
class Person(Model):
    name = NameType()
    age = AgeType()
```

```
>>> Person.get_mock_object().to_primitive()
{'age': 36, 'name': 'Qixi'}
>>> Person.get_mock_object().to_primitive()
{'age': 58, 'name': 'Ziru'}
>>> Person.get_mock_object().to_primitive()
{'age': 32, 'name': 'Zanu'}
```

以类似的方式，很容易得出一套自定义类型和标准类型来满足 Patient 模型所需的所有属性：

```
class GenderType(BaseType):
    """A gender type for schematics """

    def __init__(self, **kwargs):
        kwargs['choices'] = ['male','female']
        kwargs['default'] = 'male'
        BaseType.__init__(self, **kwargs)


class ConditionType(StringType):
    """ A gender type for a health condition """

    def __init__(self, **kwargs):
        kwargs['default'] = 'cardiac'
        StringType.__init__(self, **kwargs)

    def to_primitive(self, value, context=None):
        return random.choice(('cardiac',
                              'respiratory',
                              'nasal',
                              'gynec',
                              'urinal',
                              'lungs',
                              'thyroid',
                              'tumour'))

import itertools
```

```
class BloodGroupType(StringType):
    """ A blood group type for schematics  """

    def __init__(self, **kwargs):
        kwargs['default'] = 'AB+'

        StringType.__init__(self, **kwargs)

    def to_primitive(self, value, context=None):
        return ''.join(random.choice(list(itertools.product(['AB','A',
'O','B'],['+','-']))))
```

现在，将所有这些与一些标准类型、默认值组合到 Patient 模型中，可得到以下代码：

```
class Patient(Model):
    """ A model class for patients """

    name = NameType()
    age = AgeType()
    gender = GenderType()
    condition = ConditionType()
    doctor = NameType()
    blood_group = BloodGroupType()
    insured = BooleanType(default=True)
    last_visit = DateTimeType(default='2000-01-01T13:30:30')
```

现在，创建任意大小的随机数据就像用任何数字 *n* 对 Patient 类调用 get_mock_object 方法一样简单：

```
patients = map(lambda x: Patient.get_mock_object().to_primitive(),
range(n))
```

例如，要创建 10 000 个随机患者数据，我们使用以下内容：

```
>>> patients = map(lambda x: Patient.get_mock_object().to_primitive(),
range(1000))
```

该数据可以作为模拟数据输入到处理函数，直到实际数据可用。

注意：Python 中的 Faker 库也可用于生成各种伪数据，如姓名、地址、URI、随机文本等。

现在让我们从这些简单的技巧和技术转移到更多相关的事情上，主要是在应用程序中配置日志记录。

10.3　作为一种调试技术的日志记录

Python 附带了通过适当命名的 logging 模块进行日志记录的标准库支持。虽然 print

语句可以作为一个快速的基本调试工具，但实际调试主要是要求系统或应用程序生成一些日志。日志记录是有用的，原因如下：

- 日志通常保存在特定的日志文件中，使用时间戳，并在服务器上保留一段时间直到它们被转出。这样即使程序员在问题发生后的一段时间内进行调试，调试也很容易。
- 可以在不同级别进行日志记录——从基本的 INFO 到详细的 DEBUG 级别——更改应用程序输出的信息量。这允许程序员在不同级别的日志记录中进行调试，以提取他们想要的信息，并找出问题。
- 可以编写自定义日志记录器，以对各种输出进行记录。在最基本的情况下，日志记录是针对日志文件进行的，但是也可以编写针对套接字、HTTP 流、数据库等的日志记录器。

10.3.1 简单的应用程序日志记录

在 Python 中配置简单的日志记录相当容易，如下所示：

```
>>> import logging
>>> logging.warning('I will be back!')
WARNING:root:I will be back!

>>> logging.info('Hello World')
>>>
```

因为默认在 WARNING 级别配置日志记录，因此执行上述代码时不会发生任何异常。但是配置日志记录去更改其级别非常简单。

以下代码在 info 级别将日志记录更改为日志，并添加目标文件以保存日志：

```
>>> logging.basicConfig(filename='application.log', level=logging.DEBUG)
>>> logging.info('Hello World')
```

如果检查 application.log 文件，则会发现它包含以下几行：

```
INFO:root:Hello World
```

为了向日志行添加时间戳，我们需要配置日志记录格式。可以用如下方法完成：

```
>>> logging.basicConfig(format='%(asctime)s %(message)s')
```

结合这个，最终的日志记录配置如下：

```
>>> logging.basicConfig(format='%(asctime)s %(message)s',
filename='application.log', level=logging.DEBUG)
>>> logging.info('Hello World!')
```

现在，application.log 的内容看起来如下所示：

```
INFO:root:Hello World
2016-12-26 19:10:37,236 Hello World!
```

日志记录支持可变参数，用于向作为第一个参数的模块字符串提供参数。

参数由逗号分隔的直接日志记录不工作。例如：

```
>>> import logging
>>> logging.basicConfig(level=logging.DEBUG)
>>> x,y=10,20
>>> logging.info('Addition of',x,'and',y,'produces',x+y)
--- Logging error ---
Traceback (most recent call last):
  File "/usr/lib/python3.5/logging/__init__.py", line 980, in emit
    msg = self.format(record)
  File "/usr/lib/python3.5/logging/__init__.py", line 830, in format
    return fmt.format(record)
  File "/usr/lib/python3.5/logging/__init__.py", line 567, in format
    record.message = record.getMessage()
  File "/usr/lib/python3.5/logging/__init__.py", line 330, in getMessage
    msg = msg % self.args
TypeError: not all arguments converted during string formatting
Call stack:
  File "<stdin>", line 1, in <module>
Message: 'Addition of'
Arguments: (10, 'and', 20, 'produces', 30)
```

但是，我们可以使用以下内容：

```
>>> logging.info('Addition of %s and %s produces %s',x,y,x+y)
INFO:root:Addition of 10 and 20 produces 30
```

前面的例子很好用。

10.3.2　高级日志记录——日志记录器对象

直接使用 logging 模块进行日志记录的方法在大多数简单情况下可用。但是，为了从 logging 模块中提取最大值，我们应该使用记录器对象。它也允许我们进行大量的定制，如自定义格式、自定义处理程序等。

让我们编写一个返回自定义日志记录器的函数。它接收应用程序的名称、日志级别和另外两个选项——日志文件名，以及是否打开控制台日志记录：

```
import logging
def create_logger(app_name, logfilename=None,
                            level=logging.INFO, console=False):
```

```
    """ Build and return a custom logger. Accepts the application
name,
    log filename, loglevel and console logging toggle """

    log=logging.getLogger(app_name)
    log.setLevel(logging.DEBUG)
    # Add file handler
    if logfilename != None:
        log.addHandler(logging.FileHandler(logfilename))

    if console:
        log.addHandler(logging.StreamHandler())

    # Add formatter
    for handle in log.handlers:
        formatter = logging.Formatter('%(asctime)s : %(levelname)-8s -
%(message)s', datefmt='%Y-%m-%d %H:%M:%S')

        handle.setFormatter(formatter)

    return log
```

现在仔细分析一下函数：

1）它使用 logging.getLogger 工厂函数创建了一个 logger 对象，而不是直接使用 logging 模块。

2）默认情况下，记录器对象是无用的，因为它没有配置任何处理程序。处理程序是流包装器，负责关注到特定流的日志记录，例如控制台、文件、套接字等。

3）在此记录器对象上进行配置，如设置级别（通过 setLevel 方法）和添加处理程序，例如将日志记录到文件的 FileHandler 和将日志记录到控制台的 StreamHandler。

4）日志消息的格式化在处理程序上完成，而不是在记录器对象本身上完成。我们使用标准格式 <timestamp>: <level>-<message>，并使用 YY-mm-dd HH:MM:SS 作为时间戳的日期格式。

现来看看下面的操作：

```
>>> log=create_logger('myapp',logfilename='app.log', console=True)
>>> log
<logging.Logger object at 0x7fc09afa55c0>
>>> log.info('Started application')
2016-12-26 19:38:12 : INFO     - Started application
>>> log.info('Initializing objects...')
2016-12-26 19:38:25 : INFO     - Initializing objects…
```

检查同一目录中的 app.log 文件，显示以下内容：

```
2016-12-26 19:38:12 : INFO    —Started application
2016-12-26 19:38:25 : INFO    —Initializing objects…
```

1. 高级日志记录——自定义格式和日志记录器

现在看看如何根据我们的要求创建和配置记录器对象。有时候需要进行上述操作，并在日志行中打印额外的数据，这有助于调试。

有一个常见问题会在调试应用程序时出现，尤其是性能关键的应用程序，那就是找出每个函数或方法需要花费多少时间。现在，虽然可以通过下面这些方法来完成，例如使用分析器对应用程序进行分析，或者使用先前讨论的某些技术（例如定时器上下文管理器），但是经常可以编写一个定制的记录器来完成。

假设你的应用程序是一个商家信息 API 服务器，它对列出 API 请求进行响应，就像前面的小节讨论的那样，开始工作时，它需要初始化一些对象并从数据库中加载一些数据。

假设作为性能优化的一部分，你已经调整了这些例程，并希望记录它们花费了多少时间。现来看看是否可以编写一个自定义记录器来完成这项工作：

```
import logging
import time
from functools import partial

class LoggerWrapper(object):
    """ A wrapper class for logger objects with
    calculation of time spent in each step """

    def __init__(self, app_name, filename=None,
                       level=logging.INFO, console=False):
        self.log = logging.getLogger(app_name)
        self.log.setLevel(level)

        # Add handlers
        if console:
            self.log.addHandler(logging.StreamHandler())

        if filename != None:
            self.log.addHandler(logging.FileHandler(filename))

        # Set formatting
        for handle in self.log.handlers:

          formatter = logging.Formatter('%(asctime)s [%(timespent)s]:
%(levelname)-8s - %(message)s', datefmt='%Y-%m-%d %H:%M:%S')
             handle.setFormatter(formatter)


        for name in ('debug','info','warning','error','critical'):
            # Creating convenient wrappers by using functools
            func = partial(self._dolog, name)
            # Set on this class as methods
            setattr(self, name, func)
```

```
        # Mark timestamp

        self._markt = time.time()

    def _calc_time(self):
        """ Calculate time spent so far """

        tnow = time.time()
        tdiff = int(round(tnow - self._markt))

        hr, rem = divmod(tdiff, 3600)
        mins, sec = divmod(rem, 60)
        # Reset mark
        self._markt = tnow
        return '%.2d:%.2d:%.2d' % (hr, mins, sec)

    def _dolog(self, levelname, msg, *args, **kwargs):
        """ Generic method for logging at different levels """

        logfunc = getattr(self.log, levelname)
        return logfunc(msg, *args, extra={'timespent': self._calc_
time()})
```

我们已经建立了一个名为 LoggerWrapper 的自定义类。现来分析代码，看看它的作用：

1）这个类的 __init__ 方法与之前写的 create_logger 函数非常相似。它采用相同的参数，构造处理器对象，并配置记录器。但是，这一次，记录器对象是外部 LoggerWrapper 实例的一部分。

2）格式化程序需要一个名为 timespent 的附加变量模板。

3）看起来没有定义直接的记录方法。然而，使用部分函数技术，可将 _dolog 方法包装在不同级别的日志记录中，并通过使用 setattr 动态地将它设置在类中作为记录方法。

4）_dolog 方法通过使用第一次初始化标记的时间戳计算每个例程花费的时间，然后在每次调用中重置。使用名为 extra 的字典参数将所花费的时间发送到日志记录方法。

现在看看应用程序如何使用这个记录器包装器来测量在关键例程中花费的时间。以下是一个假设的 Flask Web 应用程序的例子：

```
# Application code
log=LoggerWrapper('myapp', filename='myapp.log',console=True)

app = Flask(__name__)
log.info("Starting application...")
log.info("Initializing objects.")
init()
log.info("Initialization complete.")
log.info("Loading configuration and data …")
```

```
load_objects()
log.info('Loading complete. Listening for connections …')
mainloop()
```

请注意，花费的时间记录在时间戳之后的方括号内。

假设最后的代码产生如下输出：

```
2016-12-26 20:08:28 [00:00:00]: INFO    —Starting application...
2016-12-26 20:08:28 [00:00:00]: INFO     - Initializing objects.
2016-12-26 20:08:42 [00:00:14]: INFO     - Initialization complete.
2016-12-26 20:08:42 [00:00:00]: INFO     - Loading configuration and data
...
2016-12-26 20:10:37 [00:01:55]: INFO     - Loading complete. Listening
for connections
```

从日志行可以看出，显然初始化需要 14s，而配置和数据的加载需要 115s。

通过添加类似的日志行，你可以快速、合理准确地估计应用程序关键片段花费的时间。另一个额外的优点是这个时间保存在日志文件中，你不需要专门计算并将它保存在其他地方。

注意：使用这个自定义记录器，给定日志行花费的时间显示为上一行例程花费的时间。

2. 高级日志记录——写入系统日志

POSIX 系统（如 Linux 和 Mac OS X）有一个系统日志文件，应用程序对其进行写入操作。通常，此文件作为 /var/log/syslog 存在。现来看看如何将 Python 日志记录配置为写入系统日志文件。

需要做的主要更改是添加一个系统日志处理程序到记录器对象中，如下所示：

```
log.addHandler(logging.handlers.SysLogHandler(address='/dev/log'))
```

修改 create_logger 函数，使其能写入系统日志，看看以下完整代码：

```
import logging
import logging.handlers

def create_logger(app_name, logfilename=None, level=logging.INFO,
                             console=False, syslog=False):
    """ Build and return a custom logger. Accepts the application
        name,
    log filename, loglevel and console logging toggle and syslog
toggle """

    log=logging.getLogger(app_name)
    log.setLevel(logging.DEBUG)
    # Add file handler
```

```
    if logfilename != None:
        log.addHandler(logging.FileHandler(logfilename))

    if syslog:
        log.addHandler(logging.handlers.SysLogHandler(address='/dev/
                       log'))

    if console:
        log.addHandler(logging.StreamHandler())

    # Add formatter
    for handle in log.handlers:
        formatter = logging.Formatter('%(asctime)s : %(levelname)-8s
                  - %(message)s',  datefmt='%Y-%m-%d %H:%M:%S')
        handle.setFormatter(formatter)

    return log
```

现在让我们尝试在将日志记录写入系统日志时创建一个记录器：

```
>>> create_logger('myapp',console=True, syslog=True)
>>> log.info('Myapp - starting up…')
```

下面来检查一下系统日志，看看它是否真的被记录：

```
$ tail -3 /var/log/syslog
Dec 26 20:39:54 ubuntu-pro-book kernel: [36696.308437] psmouse serio1:
TouchPad at isa0060/serio1/input0 - driver resynced.
Dec 26 20:44:39 ubuntu-pro-book 2016-12-26 20:44:39 : INFO     - Myapp -
starting up...
Dec 26 20:45:01 ubuntu-pro-book CRON[11522]: (root) CMD (command -v
debian-sa1 > /dev/null && debian-sa1 1 1)
```

输出显示它确实被记录了。

10.4 调试工具——使用各种调试器

大多数程序员倾向于将调试视为调试器应该做的事情。在本章中，我们至此已经看到调试是一门艺术，而不仅仅是一门精确的科学，调试可以使用很多的技巧和技术，而不是直接跳转到调试器。但是，我们迟早将在本章遇到调试器就在这里。

Python Debugger 或者说众所周知的 pdb，它是 Python 运行时的一部分。

在一开始运行脚本时就可以调用 pdb，如下所示：

```
$ python3 -m pdb script.py
```

但是，程序员调用 pdb 最常见的方法是将以下行插入要进入调试器的代码中的某个位置：

```
import pdb; pdb.set_trace()
```

使用它来尝试调试本章第一个例子的一个实例，即最大子阵列的和。将以 O(*n*) 版本的代码为例进行调试：

```
def max_subarray(sequence):
    """ Maximum subarray - optimized version """

    max_ending_here = max_so_far = 0
    for x in sequence:

     # Enter the debugger
     import pdb; pdb.set_trace()
     max_ending_here = max(0, max_ending_here + x)
     max_so_far = max(max_so_far, max_ending_here)

return max_so_far
```

10.4.1　一个使用 pdb 的调试会话

调试器在程序运行后立即进入第一个循环中：

```
>>> max_subarray([20, -5, -10, 30, 10])
> /home/user/programs/maxsubarray.py(8)max_subarray()
-> max_ending_here = max(0, max_ending_here + x)
-> for x in sequence:
(Pdb) max_so_far
20
```

可以使用“s”停止执行，pdb 将执行当前行，然后停止：

```
> /home/user/programs/maxsubarray.py(7)max_subarray()
-> max_ending_here = max(0, max_ending_here + x)
```

可以通过简单地将变量输出来检查它们，然后按“Enter”键：

```
(Pdb) max_so_far
20
```

当前堆栈跟踪可以使用“w”或 where 打印，箭头（→）表示当前堆栈帧：

```
(Pdb) w
  <stdin>(1)<module>()
> /home/user/programs/maxsubarray.py(7)max_subarray()
-> max_ending_here = max(0, max_ending_here + x)
```

执行可以通过使用“c”或 continue 继续执行，直到下一个断点：

```
    > /home/user/programs/maxsubarray.py(6)max_subarray()
-> for x in sequence:
```

```
(Pdb) max_so_far
20
(Pdb) c

> /home/user/programs/maxsubarray.py(6)max_subarray()
-> for x in sequence:
(Pdb) max_so_far
20
(Pdb) c
> /home/user/programs/maxsubarray.py(6)max_subarray()
-> for x in sequence:
(Pdb) max_so_far
35
(Pdb) max_ending_here
35
```

在上面的代码中，继续对 for 循环进行三次迭代，直到最大值从 20 变成 35。看看已经运行到序列的哪个位置：

```
(Pdb) x
30
```

我们还有一个项目，也就是最后一个项目。现在使用“l”或 list 命令检查源代码：

```
(Pdb) l
  1
  2     def max_subarray(sequence):
  3         """ Maximum subarray - optimized version """
  4
  5         max_ending_here = max_so_far = 0
  6  ->     for x in sequence:
  7             max_ending_here = max(0, max_ending_here + x)
  8             max_so_far = max(max_so_far, max_ending_here)
  9             import pdb; pdb.set_trace()
 10
 11         return max_so_far
```

可以分别使用“u”或 up 和“d”或 down 命令来上下移动堆栈帧：

```
(Pdb) up
> <stdin>(1)<module>()
(Pdb) up

*** Oldest frame
(Pdb) list
[EOF]
(Pdb) d
> /home/user/programs/maxsubarray.py(6)max_subarray()
```

```
-> for x in sequence:
```

现在从函数中返回：

```
(Pdb) r
> /home/user/programs/maxsubarray.py(6)max_subarray()
-> for x in sequence:
(Pdb) r
--Return--
> /home/user/programs/maxsubarray.py(11)max_subarray()->45
-> return max_so_far
```

函数返回值为 45。

比起这里提到的，pdb 还有很多其他的命令。但是，我们并不打算将此会话作为一个完整的 pdb 教程。感兴趣的程序员可以参考网上的文档来了解更多信息。

10.4.2　pdb——两个相似的工具

Python 社区已经构建了许多建立在 pdb 之上的有用工具，但是增加了更多有用的功能、开发人员的易用性，或两者兼而有之。

1. iPdb

iPdb 是启动 iPython 的 pdb，它导出函数以访问 iPython 调试器。它还具有 tab 命令补全 (tab completion)、语法高亮、更好的回溯和内省方法。

iPdb 可以通过 pip 安装。

以下截图显示了使用 iPdb 的调试会话，与之前使用的功能相同。观察 iPdb 提供的语法高亮显示。

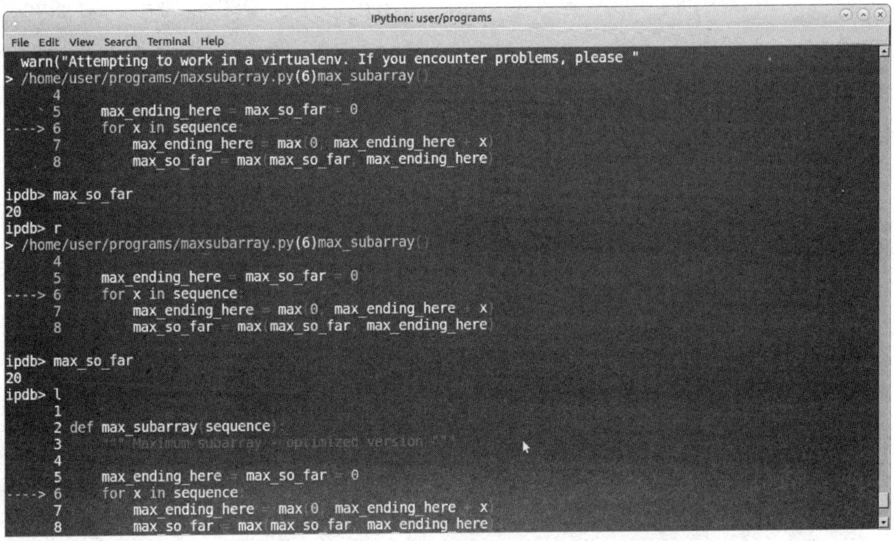

```
IPython: user/programs
File  Edit  View  Search  Terminal  Help
  warn("Attempting to work in a virtualenv. If you encounter problems, please "
> /home/user/programs/maxsubarray.py(6)max_subarray()
      4
      5     max_ending_here = max_so_far = 0
----> 6     for x in sequence:
      7         max_ending_here = max(0, max_ending_here + x)
      8         max_so_far = max(max_so_far, max_ending_here)

ipdb> max_so_far
20
ipdb> r
> /home/user/programs/maxsubarray.py(6)max_subarray()
      4
      5     max_ending_here = max_so_far = 0
----> 6     for x in sequence:
      7         max_ending_here = max(0, max_ending_here + x)
      8         max_so_far = max(max_so_far, max_ending_here)

ipdb> max_so_far
20
ipdb> l
      1
      2 def max_subarray(sequence):
      3     """ Maximum subarray - optimized version """
      4
      5     max_ending_here = max_so_far = 0
----> 6     for x in sequence:
      7         max_ending_here = max(0, max_ending_here + x)
      8         max_so_far = max(max_so_far, max_ending_here)
```

还应该注意，iPdb 相比于 pdb 提供一个更全面的堆栈跟踪。

```
IPython: user/programs
File Edit View Search Terminal Help
      1
      2 def max_subarray(sequence):
      3     """ Maximum subarray - optimized version """
      4
      5     max_ending_here = max_so_far = 0
----> 6     for x in sequence:
      7         max_ending_here = max(0, max_ending_here + x)
      8         max_so_far = max(max_so_far, max_ending_here)
      9         import ipdb; ipdb.set_trace()
     10
     11     return max_so_far

ipdb> w
  /home/user/programs/maxsubarray.py(14)<module>()
     10
     11     return max_so_far
     12
     13 if __name__ == "__main__":
---> 14     print(max_subarray([20, -5, -10, 30, 10]))

> /home/user/programs/maxsubarray.py(6)max_subarray()
      4
      5     max_ending_here = max_so_far = 0
----> 6     for x in sequence:
      7         max_ending_here = max(0, max_ending_here + x)
      8         max_so_far = max(max_so_far, max_ending_here)

ipdb>
```

注意 iPdb 使用 iPython 而不是 Python 作为默认运行时。

2. pdb++

pdb++ 是具有类似 iPdb 功能的 pdb 的替代品，但它可以工作在默认的 Python 运行时而不需要 iPython。pdb++ 也可以通过 pip 安装。

一旦安装了 pdb++，它将在导入 pdb 的所有地方接管工作，所以根本不需要更改代码。

pdb++ 有智能命令解析。例如，如果存在与标准 pdb 命令配对的变量名，pdb 将优先执行命令而不是显示变量内容。pdb++ 智能化了这一点。

下面是一个实战中的 pdb++ 截图，包括语法高亮、tab 命令补全和智能命令解析。

```
IPython: user/programs
File Edit View Search Terminal Help
-> print(max_subarray([20, -5, -10, 30, 10]))
[1] > /home/user/programs/maxsubarray.py(6)max_subarray()
-> for x in sequence:
(Pdb++) max
             max              max_ending_here  max_so_far        max_subarray
(Pdb++) max_so_far
20
(Pdb++) c
[1] > /home/user/programs/maxsubarray.py(6)max_subarray()
-> for x in sequence:
(Pdb++) c
[1] > /home/user/programs/maxsubarray.py(6)max_subarray()
-> for x in sequence:
(Pdb++) x
-10
(Pdb++) c
[1] > /home/user/programs/maxsubarray.py(6)max_subarray()
-> for x in sequence:
(Pdb++) max_s
          max_so_far     max_subarray
(Pdb++) max_so_far
35
(Pdb++) c
[1] > /home/user/programs/maxsubarray.py(6)max_subarray()
-> for x in sequence:
(Pdb++) c=x
(Pdb++) c
10
(Pdb++)
```

10.5　高级调试——跟踪

从一开始就跟踪程序的做法通常可以用作高级调试技术。这允许开发人员跟踪程序执行，查找调用者 / 被调用者的关系，并找出程序运行期间执行的所有函数。

10.5.1　trace 模块

Python 自带一个默认的 trace 模块作为其标准库的一部分。

trace 模块采用 -trace、--count 或者 -listfuncs 选项之一。

第一个选项在执行时跟踪并打印所有源行。第二个选项生成一个带注释的文件列表，它显示了执行语句的次数。最后一个选项简单地显示运行程序执行的所有函数。

以下是 trace 模块的 -trace 选项调用的子阵列问题的截图。

```
IPython: user/programs
File  Edit  View  Search  Terminal  Help
$ python3 -m trace --trace maxsubarray.py
 --- modulename: maxsubarray, funcname: <module>
maxsubarray.py(2): def max_subarray(sequence):
maxsubarray.py(12): if __name__ == "__main__":
maxsubarray.py(13):     print(max_subarray([20, -5, -10, 30, 10]))
 --- modulename: maxsubarray, funcname: max_subarray
maxsubarray.py(5):     max_ending_here = max_so_far = 0
maxsubarray.py(6):     for x in sequence:
maxsubarray.py(7):         max_ending_here = max(0, max_ending_here + x)
maxsubarray.py(8):         max_so_far = max(max_so_far, max_ending_here)
maxsubarray.py(6):     for x in sequence:
maxsubarray.py(7):         max_ending_here = max(0, max_ending_here + x)
maxsubarray.py(8):         max_so_far = max(max_so_far, max_ending_here)
maxsubarray.py(6):     for x in sequence:
maxsubarray.py(7):         max_ending_here = max(0, max_ending_here + x)
maxsubarray.py(8):         max_so_far = max(max_so_far, max_ending_here)
maxsubarray.py(6):     for x in sequence:
maxsubarray.py(7):         max_ending_here = max(0, max_ending_here + x)
maxsubarray.py(8):         max_so_far = max(max_so_far, max_ending_here)
maxsubarray.py(6):     for x in sequence:
maxsubarray.py(7):         max_ending_here = max(0, max_ending_here + x)
maxsubarray.py(8):         max_so_far = max(max_so_far, max_ending_here)
maxsubarray.py(6):     for x in sequence:
maxsubarray.py(10):     return max_so_far
45
 --- modulename: trace, funcname: _unsettrace
trace.py(77):         sys.settrace(None)
$
```

可以看到，trace 模块跟踪整个程序执行，逐行打印代码行。由于这段代码大部分都是 for 循环，实际上你可以看到循环中的代码行打印了循环执行的次数（5 次）。

-trackcalls 选项跟踪并打印调用者和被调用函数之间的关系。

trace 模块还有许多其他选项，例如跟踪调用、生成注释文件列表、报告等。这里不会对这些进行详尽的讨论，因为读者可以在网上查阅该模块的文档，以了解更多信息。

10.5.2　lptrace 程序

在调试服务器并尝试在生产环境中查找性能或其他问题时，程序员需要的通常不是 Python trace 模块提供的 Python 系统或堆栈跟踪，而是将这个 trace 模块实时附加到一个进程并查看哪些函数正在执行。

注意：lptrace 可以使用 pip 来安装。请注意它不适用于 Python 3。

lptrace 包允许这样做。它通过其进程 ID（例如正在运行的服务器、应用程序等）附加到运行 Python 程序的现有进程，而不是通过脚本运行。

在下面的截图中，你可以看到 lptrace 在调试第 8 章中的 Twisted 聊天服务器。会话显示客户端 andy 连接时的活动。

```
IPython: user/programs
File Edit View Search Terminal Help
$ python3 -m trace --trackcalls maxsubarray.py
45

calling relationships:

*** /usr/lib/python3.5/trace.py ***
    trace.Trace.runctx -> trace._unsettrace
  --> maxsubarray.py
    trace.Trace.runctx -> maxsubarray.<module>

*** maxsubarray.py ***
    maxsubarray.<module> -> maxsubarray.max_subarray
$
```

有很多日志行，但你可以观察到当客户端连接时记录 Twisted 协议的一些众所周知的方法，例如 connectionMade。诸如 accept 之类的套接字调用也可以被视为从客户端接收连接的一部分。

10.5.3 使用 strace 的系统调用跟踪

strace 是一个 Linux 命令，允许用户跟踪由正在运行的程序涉及的系统调用和信号。它不是 Python 独有的，但是它可以用于调试任何程序。strace 可以与 lptrace 组合使用，以便对其系统调用进行故障排除。

strace 类似于 lptrace，因为它可以附加到正在运行的进程，也可以调用它从命令行运行一个进程，但是在连接到诸如服务器之类的进程时它更有用。

例如，此截图显示 strace 命令附加到聊天服务器时的运行输出。

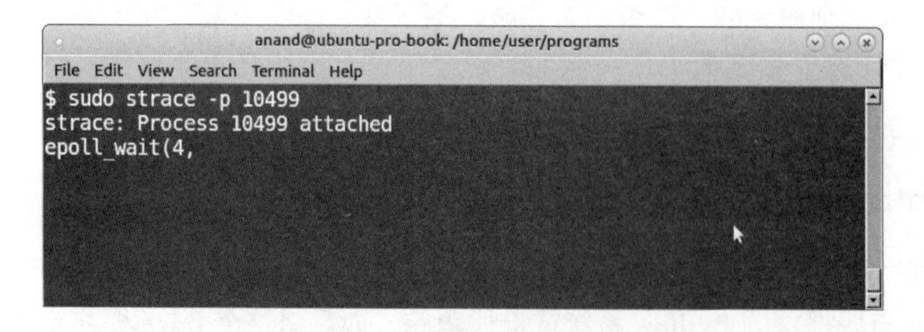

strace 命令证实了等待传入连接的 epoll 句柄的服务器的 lptrace 命令的结论。

strace 命令显示了连接到 Twisted 聊天服务器的客户端的系统调用情况

```
anand@ubuntu-pro-book: /home/user/programs
File Edit View Search Terminal Help

[{EPOLLIN, {u32=3, u64=14887175234342879235}}], 4, -1) = 1
accept(3, {sa_family=AF_INET, sin_port=htons(44874), sin_addr=inet_addr("127.0.0.1")}, [16
]) = 10
fcntl(10, F_GETFD)                       = 0
fcntl(10, F_SETFD, FD_CLOEXEC)           = 0
fcntl(10, F_GETFL)                       = 0x2 (flags O_RDWR)
fcntl(10, F_SETFL, O_RDWR|O_NONBLOCK)    = 0
epoll_ctl(4, EPOLL_CTL_ADD, 10, {EPOLLIN, {u32=10, u64=14887175234342879242}}) = 0
accept(3, 0x7ffd17f2acd0, 0x7ffd17f2accc) = -1 EAGAIN (Resource temporarily unavailable)
epoll_wait(4, [{EPOLLIN, {u32=11, u64=14887175234342879243}}], 5, -1) = 1
recvfrom(11, "", 65536, 0, NULL, NULL)   = 0
epoll_ctl(4, EPOLL_CTL_DEL, 11, 0x7ffd17f2aa60) = 0
shutdown(11, SHUT_RDWR)                  = 0
close(11)                                = 0
epoll_wait(4,
```

strace 是一个非常强大的工具，可以与特定于运行时的工具（例如 Python 的 lptrace）相结合，以便在生产环境中进行高级调试。

10.6　本章小结

本章介绍了不同的 Python 调试技术。从简单的 print 语句开始，紧接着是一些简单的调试 Python 程序的技巧，例如在循环中使用 continue 语句，在代码块之间策略性地放置 sys.exit 调用等。

然后详细讨论了调试技术，特别是在模拟和随机生成数据方面。结合例子讨论了诸如缓存文件和内存数据库（如 Redis）的技术。

使用 Python schematics 库的示例展示了如何为医疗保健领域的假设应用程序生成随机数据。

接下来是关于日志记录以及如何使用它作为调试技术。讨论了使用 logging 模块进行简单的日志记录，使用 logger 对象进行高级日志记录，并通过创建一个 LoggerWrapper 来封装讨论，该自定义格式用于记录函数花费的时间。还讨论了写入系统日志的一个例子。

本章的结尾专门讨论了调试工具，包括 pdb（Python 调试器）的基本命令，并快速介绍了类似的工具，即 iPdb 和 pdb++，它们提供了更好的体验。最后简要讨论了诸如 lptrace 和 Linux 上无处不在的 strace 程序之类的跟踪工具。

至此，本书结束。